国际电气工程先进技术译丛

电力系统稳定与控制
（原书第 3 版）

Power System Stability and Control（Third Edition）

［美］ 雷欧纳德 L. 格雷斯比 （Leonard L. Grigsby） 主编

李相俊　李生虎　金恩淑　等译

机 械 工 业 出 版 社

本书共分为三部分,第1部分为电力系统保护,介绍了变压器保护,同步发电机保护,输电线路保护,系统保护,数字继电保护,利用录波器录波分析系统性能,系统大停电事故等方面的研究内容。第2部分为电力系统动态与稳定性,介绍了电力系统稳定性,暂态稳定性,小信号稳定性和电力系统振荡,电压稳定性,直接法稳定性分析,电力系统稳定控制,电力系统动态建模,广域监测和态势感知,电力系统稳定性与动态安全性能评估,含汽轮发电机电力系统的动态相互作用,电力系统风电接入,柔性交流输电系统(FACTS)的研究内容。第3部分为电力系统运行与控制,介绍了能量管理,发电控制:经济调度和机组组合,状态估计,最优潮流计算,安全性分析的研究内容。

本书深入浅出、通俗易懂,非常适合作为电气工程类专业本科生与研究生的教材,也可作为电力系统控制领域研究人员的参考书。

译 者 序

本书于 2012 年由 CRC 出版社出版，是电力系统控制与稳定性领域的经典著作。主编 Leonard L.（"Leo"）Grigsby 曾在得克萨斯理工大学、俄克拉荷马州立大学、弗吉尼亚理工大学和奥本大学任教。在他的教学生涯中，Grigsby 教授获得了 13 个优秀教学奖。

Grigsby 教授是 IEEE 会士。在 1998～1999 年期间，担任 IEEE 电力和能源部第七部门主管的董事会成员。他获得了 7 项杰出服务奖，如 1984 年的 IEEE 百年勋章，1994 年的电力工程学会荣誉服务奖和 2000 年的 IEEE 千年奖章。在 Grigsby 教授的学术生涯中，对网络与控制理论在电力系统建模、仿真、优化与控制应用中的相关项目进行研究。目前，他是 CRC 出版社出版的"电气工程手册系列丛书"编辑，在电力系统领域享有很高的声誉。

此外，Miroslav M. Begovic，Prabha S. Kundur 和 Bruce F. Wollenberg 分别参与并承担了本书三部分编写工作。Miroslav M. Begovic 是佐治亚州亚特兰大佐治亚理工学院电气和计算机工程学院的教授，是美国佐治亚理工学院 ECE 学院的电力能源小组主席，IEEE PES 新兴技术协调委员会主席，IEEE PES 杰出讲师。Prabha S. Kundur 博士从加拿大安大略省多伦多大学获得电气工程专业博士学位。他在电力行业工作经验超过 40 年。2003 年，Kundur 博士入选加拿大工程院院士。2011 年，入选美国国家工程院的外籍院士。Wollenberg 博士是美国国家工程院院士、IEEE 会士。他也是 Tau Beta Pi、Eta Kappa Nu 和 Sigma Xi 荣誉会员，IEEE 电力工程学会电力系统工程委员会的前任主席。

本书共分为三部分，第 1 部分为电力系统保护，介绍了变压器保护，同步发电机保护，输电线路保护，系统保护，数字继电保护，利用录波器录波分析系统性能，系统大停电事故等方面的研究内容。第 2 部分为电力系统动态与稳定性，介绍了电力系统稳定性，暂态稳定性，小信号稳定性和电力系统振荡，电压稳定性，直接法稳定性分析，电力系统稳定控制，电力系统动态建模，广域监测和态势感知，电力系统稳定性与动态安全性能评估，含汽轮发电机电力系统的动态相互作用，电力系统风电接入，柔性交流输电系统（FACTS）的研究内容。第 3 部分为电力系统运行与控制，介绍了能量管理，发电控制：经济调度和机组组合，状态估计，最优潮流计算，安全性分析的研究内容。

本书深入浅出、通俗易懂，非常适合作为电气工程类专业本科生与研究生的教材，也可作为电力系统控制领域研究人员的参考书。

　　本书的翻译分工如下：金恩淑教授负责本书第 1 部分，李生虎教授负责本书第 2 部分，李相俊教授级高级工程师负责本书第 3 部分。

　　中国电力科学研究院的李相俊对全书译稿在技术内容上进行了审核。同时，金雨薇、黄杰杰、董王朝、孙琪、汪秀龙、唐彩林、王鹏飞、王上行、何宇婷、李跃、孙楠、任杰、张栋、董德华等人也参与了本书部分内容的翻译。在本书出版之际，译者向支持译著出版的机械工业出版社以及本书的责任编辑表示衷心的感谢。感谢中国电力科学研究院刘科研博士对本书出版的关心与帮助。

　　由于本书涉及了一个非常宽广的研究领域，而译者的学识有限，书中肯定有值得商讨之处，敬请广大读者批评指正。

李相俊

主 编 简 介

雷欧纳德 L.（"Leo"）格雷斯比（Leonard
L. Grigsby）在得克萨斯州的拉伯克市得克萨斯理工
大学获得了电气工程专业理学学士及理科硕士，并
在俄克拉荷马州立大学获得博士学位。先后在得克
萨斯理工大学、俄克拉荷马州立大学和弗吉尼亚理
工大学电气工程专业任教。1984 年以来，他一直在
奥本大学任教，先后担任了佐治亚州的电力教授和
阿拉巴马州的电力教授，目前任电气工程专业的名
誉教授。1990 年作为东京电力公司的电气工程首席教授，在东京大学工作了 9
个月。其研究方向是网络分析、控制系统以及电力工程。

在其教育生涯中，格雷斯比教授获得了 13 次杰出教师奖。包括 1980 年
弗吉尼亚理工大学 William E. Wine 优秀教师奖，1986 年美国工程教育协会、美
国电话电报公司优秀教师奖，1988 年爱迪生电力学院动力工程教育工作者奖，
1990 到 1991 年度奥本大学杰出研究生讲师，1995 年 IEEE 3 区 Joseph
M. Beidenbach 优秀工程学教育奖，1996 年奥本大学 Birdsong 优秀教师奖，以及
2003 年由 IEEE 电力工程学会颁发的杰出电力工程教育者奖。

格雷斯比教授，IEEE 终生会员，1998 到 1999 年担任 IEEE PES 第七处的主
任。在该机构 30 个不同的岗位工作过，从分会、部门、大区域到国际层次都有
参与。鉴于此，他获得了 7 次杰出服务奖，包括 1984 年的 IEEE 纪念奖章，1994
年的电气工程协会卓越功勋奖和 2000 年的 IEEE 千禧年奖章等。

在其学术生涯中，格雷斯比教授在网络应用和模型控制理论、仿真、优化及
电力系统控制等相关项目中进行了大量研究；先后指导了 35 位硕士生和 21 位博
士生；并与其学生、同事共同发表了超过 120 篇的技术论文，编写了一本关于工
业网络技术的教材；目前担任 CRC 出版社系列出版的《电气工程师手册》的总
主编。在 1993 年，因其对电气工程领域的卓越贡献而被正式纳入得克萨斯理工
大学电气工程学院。

撰 稿 人

Mark Adamiak
General Electric
Wayne, Pennsylvania

Bajarang L. Agrawal
Arizona Public Service Company
Phoenix, Arizona

Alexander Apostolov
OMICRON Electronics
Los Angeles, California

John Appleyard
S&C Electric Company
and
Quanta Technology
Cary, North Carolina

Miroslav M. Begovic
Georgia Institute of Technology
Atlanta, Georgia

Gabriel Benmouyal
Schweitzer Engineering Laboratories, Ltd.
Pullman, Washington

Anjan Bose
Washington State University
Pullman, Washington

John R. Boyle
Power System Analysis
Signal Mountain, Tennessee

Claudio Cañizares
Department of Electrical and Computer
   Engineering
University of Waterloo
Waterloo, Ontario, Canada

Aranya Chakrabortty
Department of Electrical and Computer
   Engineering
North Carolina State University
Raleigh, North Carolina

Charles Concordia
Consultant

Jeff Dagle
Pacific Northwest National Laboratory
Richland, Washington

Ian Dobson
Department of Electrical and Computer
   Engineering
Iowa State University
Ames, Iowa

Mohamed E. El-Hawary
Department of Electrical and Computer
   Engineering
Dalhousie University
Halifax, Nova Scotia, Canada

Ahmed Elneweihi
British Columbia Hydro
   and Power Authority
Vancouver, British Columbia, Canada

Richard G. Farmer
School of Electrical, Computer and Energy
   Engineering
Arizona State University
Tempe, Arizona

R. Matthew Gardner
Dominion Virginia Power
Richmond, Virginia

Jay C. Giri
ALSTOM Grid, Inc.
Redmond, Washington

Mevludin Glavic
Quanta Technology
Raleigh, North Carolina

Robert Haas
Haas Engineering
and
KY RESC
Villa Hills, Kentucky

Nouredine Hadjsaid
Institut National Polytechnique
    de Grenoble
Grenoble, France

Stanley H. Horowitz
Consultant
Columbus, Ohio

Yi Hu
Quanta Technology
Raleigh, North Carolina

Reza Iravani
Department of Electrical and Computer
    Engineering
University of Toronto
Toronto, Ontario, Canada

Danny Julian
ABB Inc.
Raleigh, North Carolina

Dmitry Kosterev
Bonneville Power Administration
Portland, Oregon

Prabha S. Kundur
Kundur Power Systems Solutions, Inc.
Toronto, Ontario, Canada

Einar Larsen
General Electric Energy
Schenectady, New York

Jason G. Lindquist
Siemens Energy Automation
Minneapolis, Minnesota

Vahid Madani
Pacific Gas & Electric
San Francisco, California

Yakout Mansour
California Independent System Operator
Folsom, California

Rui Menezes de Moraes
Universidade Federal Fluminense
Rio de Janeiro, Brazil

Kip Morison
British Columbia Hydro
    and Power Authority
Vancouver, British Columbia, Canada

Damir Novosel
Quanta Technology
Raleigh, North Carolina

Reynaldo Nuqui
Asea Brown Boveri
Cary, North Carolina

Manu Parashar
ALSTOM Grid, Inc.
Redmond, Washington

John Paserba
Mitsubishi Electric Power Products, Inc.
Warrendale, Pennsylvania

Arun Phadke
Virginia Tech
Blacksburg, Virginia

Pouyan Pourbeik
Electric Power Research Institute
Palo Alto, California

William W. Price
Consultant
Livingston, Texas

Donald G. Ramey (retired)
Siemens Corporation
Apex, North Carolina

Charles W. Richter Jr.
Charles Richter Associates, LLC
Kenmore, Washington

Juan Sanchez-Gasca
General Electric Energy
Schenectady, New York

Walter Sattinger
Department of System Management Support
Swiss Grid
Laufenburg, Switzerland

Neil K. Stanton
Stanton Associates
Medina, Washington

Glenn W. Swift
APT Power Technologies
Winnipeg, Manitoba, Canada

Carson W. Taylor (retired)
Bonneville Power Administration
Portland, Oregon

James S. Thorp
Virginia Tech
Blacksburg, Virginia

Dan Trudnowski
Department of Electrical Engineering
Montana Tech
Butte, Montana

Rajiv K. Varma
Department of Electrical and Computer
   Engineering
University of Western Ontario
London, Ontario, Canada

Vijay Vittal
School of Electrical, Computer and Energy
   Engineering
Arizona State University
Tempe, Arizona

Lei Wang
Powertech Labs Inc.
Surrey, British Columbia, Canada

Bruce F. Wollenberg
Department of Electrical and Computer
   Engineering
University of Minnesota
Minneapolis, Minnesota

目　　录

第 3 部分　电力系统运行与控制

Bruce F. Wollenberg

第1部分 电力系统保护

Miroslav M. Begovic

第1章 变压器保护

Alexander Apostolov, John Appleyard, Ahmed Elneweihi, Robert Haas and Glenn W. Swift

变压器故障类型·变压器保护类型·特殊情况·特殊应用·恢复·参考文献

第2章 同步发电机保护

Gabriel Benmouyal

功能简介·定子故障的差动保护（87G）·定子绕组接地故障保护·励磁（回路）接地保护·失磁保护（40）·不平衡电流（46）·逆功率保护（32）·过励磁保护（24）·过电压（59）·电压不平衡保护（60）·系统后备保护（51V 和 21）·失步保护·汽轮发电机频率异常运行·发电机误上电保护·发电机断路器失灵·发电机切机原则·发电机数字多功能继电器的影响·参考文献

第3章 输电线路保护

Stanley H. Horowitz

继电保护的性质·电流保护·距离继电器·纵联保护·继电器设计·参考文献

第4章 系统保护

Miroslav M. Begovic

简介·扰动：原因和补救措施·暂态稳定与失步保护·过载和低频减载·电压稳定性和低压减载·特殊保护方案·现状：技术基础·未来在控制和保护方面的改进·参考文献

第5章 数字继电保护

James S. Thorp

采样·抗混叠滤波器·$\Sigma - \Delta$ A - D 转换器·相量采样·对称分量·算法·参考文献

第6章 利用录波器录波分析系统性能

John R. Boyle

第7章 系统大停电事故

Ian Dobson

参考文献

Miroslav M. Begovic 是佐治亚州亚特兰大佐治亚理工学院电气和计算机工程学院的教授。他曾在弗吉尼亚理工学院（布莱克斯堡）获得电气工程博士学位，以及在塞尔维亚贝尔格莱德的贝尔格莱德大学获得电气工程硕士和电气工程学士学位。Begovic 博士的研究方向是电力系统的监测、分析和控制，以及可再生能源和可持续能源系统的开发和应用。他成为 IEEE PES 电力系统中继委员会成员已经近 20 年，主持了第一个广域保护和应急控制工作组以及系统保护小组委员会中的一些其他工作组。而且，作为电压稳定保护工作组的成员之一，获得 IEEE PES 工作组最佳报告奖。Begovic 博士是美国乔治亚理工学院 ECE 学院的电力能源小组主席、IEEE PES 新兴技术协调委员会主席、IEEE PES 杰出讲师，还在 2010 – 2011 年被选为 IEEE 权力与能源学会理事。他还是 IEEE 的成员以及 Sigma Xi，Eta Kappa Nu，Phi Kappa Phi 和 Tau Beta Pi 的成员。

第1章 变压器保护

Alexander Apostolov
OMICRON Electronics
John Appleyard
S&C Electric Company
Ahmed Elneweihi
British Columbia Hydro and
Power Authority
Robert Haas
Haas Engineering
Glenn W. Swift
APT Power Technologies

1.1 变压器故障类型

很多情况会引起电力变压器故障。统计表明，绕组故障是最常见的变压器故障（ANSI/IEEE，1985）。绝缘老化是造成绕组故障的主要原因，通常是由潮湿、过热、振动、电压浪涌以及变压器穿越性故障期间产生的机械应力引起的。

第二个最有可能引起变压器故障的原因是有载分接开关调压。机械切换装置故障、连接高阻抗负荷、绝缘漏电（痕迹），过热和绝缘油污染都会引起分接头切换失败。

第三个最有可能引起变压器故障的原因是变压器套管（故障）。一般老化、污染、裂缝、内部潮湿，以及漏油都可能导致套管故障。另外两个可能的原因是人为和动物破坏引起套管外部闪络。

变压器的铁心问题来源于铁心绝缘损坏、接地端开路或叠片短路。

其他情况的故障是由电流互感器，漏油是由于油箱焊接不当，金属颗粒油污染、过负荷、过电压引起的。

1.2　变压器保护类型

1.2.1　电气量

1.2.1.1　熔断器

电力熔断器用于变压器故障保护已有很多年。当变压器容量大于10MVA时，通常建议采用更灵敏的装置，如在本节后面所介绍的差动继电器。熔断器的维护（费用）低的经济性保护方案。不需要与保护和控制设备、断路器以及变电站蓄电池（Station Battery）相配合。

然而熔断器也存在一些缺点，它只能对变压器的某些内部故障提供有限的保护。熔断器也是单相设备，某些系统故障可能只由一只熔断器保护。这将导致单相设备连接到三相用户。

熔断器选择标准包括良好的熔断能力，用电高峰和紧急情况下的计算负荷电流，配合研究电源侧和低压侧保护装置，预计变压器体积和绕组配置（ANSI/IEEE，1985）。

1.2.1.2　过电流保护

过电流继电器通常可提供与电力熔断器同等水平的保护。某些情况下，利用过电流继电器测量零序电流，可以实现更高的灵敏度和更短的故障切除时间。这种应用允许启动值低于预期的最大负荷电流。也可以应用到瞬时过电流继电器，只能反应75%的变压器故障。该方法需要精确计算故障电流，但不需要与低压侧保护装置配合。

过电流继电器不具有与熔断器相同的维护和成本上的优势，它需要与保护和控制设备、断路器以及变电站蓄电池相互配合。过电流继电器只是总投资的一小部分，选用过电流继电器时，通常加入差动继电器来提高变压器保护（性能）。这种情况下，过电流继电器将为差动继电器提供后备保护。

1.2.1.3　差动保护

变压器保护中使用最广泛的装置是制动式差动继电器，该继电器比较变压器绕组流入和流出的电流值。为确保不同条件下保护可靠动作，主保护元件具有多比率制动特性（Multislope Restrained Characteristic）。当变压器分接头处于调节范围极限时（如果采用有载分接开关），初始斜率应确保对变压器内部故障的灵敏性，并允许高达15%的不匹配度。电流高于变压器额定值时，由于CT饱和可能会引起额外的误差。

　　然而，变压器投入期间，差动元件有可能误动作。根据投入时刻和变压器铁心磁化状态可能会发生涌流。由于励磁涌流仅在励磁绕组中流通，因此会产生差动电流。采用传统的 2 次谐波制动（原理）在涌流时闭锁继电器，会导致由于线路电流互感器饱和所产生的 2 次谐波引起的严重内部故障时，继电器动作速度明显减慢。为了克服这一问题，某些继电器利用波形判别技术来检测涌流。励磁涌流时差动电流波形特征是，每个周期有一段时间其幅值非常小，如图 1.1 所示。通过测量低电流持续时间可以识别涌流。差动电流中励磁涌流的检测，可用来闭锁低定值制动式差动算法的某一

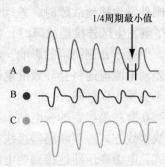

图 1.1　变压器涌流波形

相。另一种快速方法采用无制动的瞬动装置来检测高幅值故障，该方法将在后文中介绍。

　　当电力变压器突然甩负荷时，变压器输入端电压可能会上升额定值的 10% ～20%，使变压器稳态励磁电流明显增加。这导致励磁电流仅在某一绕组中流通，因此产生差动电流，可能上升到较高值，使得差动保护动作。该（差动电流）波形特点是存在 5 次谐波，通常利用傅里叶算法可检测差动电流中的 5 次谐波含量。利用 5 次谐波与基波的比值来检测励磁电流，并闭锁制动式差动保护功能。通过检测任意相的过励磁情况，可闭锁低定值差动保护的特殊相。

　　变压器不同的故障类型，会导致故障电流幅值变化范围较大。当变压器内部故障的故障电流较大时，要求能够快速切除故障，以减小电流互感器饱和的影响，避免变压器损坏。无制动、高定值的瞬动差动元件可以确保快速切除这类故障，该元件本质上是通过测量输入电流峰值以确保快速切除伴有 CT 饱和的内部故障。制动单元通常利用更多的波形采样值来计算电流的有效值。高定值差动保护在励磁涌流或过励磁条件下不会被闭锁，因此，定值的设定必须躲过最大的励磁涌流。

　　另一方面故障为低电流绕组故障，传统差动保护无法切除这类故障。接地故障保护反应接地故障时具有更高的灵敏度，因此能够保护更多绕组。每个绕组上都有一个基于高阻抗环流原理的独立元件。

　　变压器有多种可能的绕组结构，从而会导致不同绕组间电压和电流相移。为了补偿变压器两绕组之间的相移，差动继电器必须进行相位校正（详见 1.3 节）。

　　除了对变压器进行相移补偿，还需要考虑保护方案中（变压器）一次侧零序电流的分布。传统上，通过适当连接辅助电流互感器或（变压器）一次侧电流互感器二次绕组三角形联结，来过滤零序电流。变压器微机保护中，当需要

CT 三角形联结时，零序电流过滤可以利用软件实现。外部接地故障导致变压器绕组出现零序电流的情况下，必须采用某种零序电流过滤器。这样可以保证保护范围外发生接地故障时，差动继电器不会误动作。例如，△/丫联结的电力变压器丫侧发生区外接地故障时，将会导致零序电流流入与丫侧绕组相连的电流互感器，但由于△侧绕组的影响，没有零序电流流入与△侧绕组相连的电流互感器，即差动电流流通将会导致继电器动作。当继电器采用有效的零序电流过滤器时，将不会发生误跳闸。

在有些最典型的变电站中，尤其是在传输层，通常采用一台半断路器或环形母线接线方式。双断路器接线方式虽然不常见，但仍然有所应用。采用上述接线方式，电力变压器连接到变电站时，变压器保护需要连接三组或更多组的电流互感器。如果变压器是三绕组变压器或是第三绕组连接到低压二次输电系统的自耦变压器，将采用四组或者更多组的电流互感器。

强烈建议，每套（保护）应采用独立的继电器输入连接方式以保护变压器，否则会导致差动继电器误动作。对于继电保护工程师来说，继电器的合理测试是另一个具有挑战性的任务。

1.2.1.4 过励磁

系统电压上升或频率下降会导致过励磁。事实上，变压器能够承受电压上升同时频率也上升的情况，但不能承受电压上升而频率降低的情况。当电压与频率比值超过一个很小值时，变压器就不能继续运行。

过励磁保护不需要快速跳闸。事实上，暂态系统扰动会引起保护跳闸，但它并不会损坏变压器，因此瞬时跳闸是不可取的。

报警器是在低于门槛值时被触发，用于启动校正措施。报警器有一定的延时，其动作特性通常可以选择定时限或反时限特性。

1.2.2 机械量

大多数用于检测变压器故障的机械方法有两种。它们具有灵敏的故障检测能力，并利用差动继电器和过电流继电器为其提供辅助保护。

1.2.2.1 瓦斯积聚

第一种方法是（基于）变压器内部过热导致绝缘油分解引起瓦斯积聚（的特点）。热量来源于电弧或铁心过热。该继电器用于保护变压器油箱，它能检测油中气体上升。这种继电器也被称为巴克霍尔兹继电器（气体继电器），它灵敏性较高，足以检测非常小的故障。

1.2.2.2 压力继电器

第二种方法是（基于）故障引起变压器内部压力上升的特点。一种设计方案适用于气体绝缘变压器，（压力继电器）安装在油上部的气体空间。另一种设计方案是压力继电器安装在最低液面下，并反应油压的变化。两种设计均采用一个均压系统，用以补偿温度引起的压力变化（ANSI/IEEE，1985）。

1.2.3　热量

1.2.3.1　热点温度

变压器设计中，设计者认为绕组中存在变压器最热点（ANSI/IEEE，1995）。测量最热点温度的意义是对温度和绝缘纸纤维素降解速率之间关系进行假设。瞬时报警或跳闸的阈值通常设定为高于满负荷额定热点温度的合理值（注意：温升65℃$^{\ominus}$时，阈值为110℃）。此外，继电器或监测系统可以在数学上对降解速率进行积分，即通过绝缘老化速度可以进行过负荷估计。

1.2.3.2　过励磁导致发热

变压器铁心磁通密度（B）、感应电压（V）以及频率之间的关系如下：

$$B = k_1 \frac{V}{f} \tag{1.1}$$

式中　k_1——特定变压器的常数。

当磁通密度 B 上升超过正常值的110%，即饱和开始时，非叠片结构金属构件包括箱体中的杂散磁通涡流会导致变压器发热。由于式（1.1）中用电压/频率比值来定义磁通密度水平，因此检测该比值的继电器有时被称为"伏特/赫兹"继电器。过励磁和过磁通情况相同。由于温度上升与功率对时间的积分成正比（忽略冷却过程），因此伏特/赫兹－时间可以采用反时限特性。另一种方法是在特定单位磁通（过励磁倍数）下可以采用定时限报警或跳闸。

1.2.3.3　电流谐波分量导致发热（ANSI/IEEE，1993）

如果采用的测量方法不是真有效值法，那么测量非正弦电流时将导致电流有效值（I_{RMS}）不准确。

$$I_{RMS}^2 = \sum_{n=1}^{N} I_n^2 \tag{1.2}$$

式中　n——谐波次数；

　　　N——最高谐波次数；

　　　I_n——谐波电流有效值。

如果过负荷继电器仅利用电流 I_1 的基波分量来确定 I^2R 热效应，那么将会低估热效应。对于数字继电器来说，真有效值法完全依赖于抗混叠滤波器的通带及采样率。

　　$\ominus$　温升65℃是指满负荷时绕组平均额定温升。

第二个影响为铜或铝绕组中高频涡流损耗引起的发热。谐波引起的绕组涡流损耗与谐波幅值的二次方及谐波次数的二次方成正比。数学表达式为

$$P_{EC} = P_{EC-RATED} \sum_{n=1}^{N} I_n^2 n^2 \qquad (1.3)$$

式中　　　P_{EC}——绕组的涡流损耗；

　　　$P_{EC-RATED}$——额定绕组涡流损耗（60Hz）；

　　　　I_n——以基波电流为基准值的第 n 次谐波电流标幺值。

式（1.2）与式（1.3）中谐波的影响有根本性的差异。式（1.3）中，由于 n^2 因子的存在，谐波次数越高，其影响越大。IEEE 标准 C57.110—1986（R1992）中提出了两种计算变压器降额因子的经验方法。

1.2.3.4　太阳能感应电流引起的发热

太阳磁场干扰将导致地球表面出现地磁感应电流（GIC）（EPRI，1993）。这些直流电流几十分钟就能够达到数十安培，并流入接地变压器中性点，导致铁心偏磁。它在单相变压器中影响最大，而在三相心式变压器中其影响可以忽略不计。铁心饱和将引起电流中出现 2 次谐波含量，使得 2 次谐波制动式变压器差动继电器安全性提高，但灵敏性下降。此时，气压继电器可提供内部故障所需的其他跳闸信号。另一种影响是变压器散热量增加，对于有储油柜系统的变压器，可通过气体（积聚）继电器来实现保护。而热点跳闸并不完善，因为常用的热点仿真模型并没有考虑 GIC。

1.2.3.5　有载分接头切换引起的过热

欠载分接开关箱内的载流触头破坏会引发过热。利用发热特征，检测过热的方法是在主油箱和分接开关箱安装磁性温度传感器。尽管该方法不能够精确测量每个位置上的内部温度，但由于误差相同，所以温度差比较精确。因此，如果继电器/监测仪检测到温度差随时间发生明显的变化，则说明是过热。

1.3　特殊情况

1.3.1　电流互感器

当应用于变压器保护时，电流互感器的电流比选择和性能需要特别注意。变压器特有问题包括变压器绕组电压比、励磁涌流、绕组分接头和有载分接开关，它们为工程上实现安全可靠的变压器保护带来很大困难。对于比较来自多组 CT 电流的差动保护来说，必须考虑 CT 饱和和有载分接头切换引起的误差。为了躲过饱和/不匹配引起的误差，过电流继电器定值必须大于这些误差。

1.3.1.1 CT 电流不匹配

正常条件下，理论上变压器差动继电器电流和与其相连的所有电流互感器二次电流相同，因此电流不会流入其动作线圈。然而，电流互感器电流比和变压器绕组的电压比很难精确地匹配。由于变压器甩负荷和带负荷抽头或有载分接开关的存在，依靠系统电压和变压器负荷来改变变压器绕组电压比是不可能实现的。

当选择继电器动作定值时，必须计算与差动继电器相连的所有电流互感器之间的最高二次电流不匹配。如果采用带有延时的过电流保护，延时定值也必须考虑相同情况。最大负荷和穿越性故障情况下也应该进行不匹配计算。

1.3.1.2 电流互感器（CT）饱和

CT 饱和对内部故障动作（信赖性）、外部故障不动作（安全性）的变压器保护性能具有不利影响。

内部故障时，如果因 CT 饱和在 CT 二次回路中产生的电流谐波分量高到足以使继电器制动，则谐波制动式继电器的可靠性将会受到不利影响。随着电流互感器饱和，最初以 2 次谐波和 3 次谐波为主，但随故障电流直流分量的衰减，偶次谐波逐渐消失。当制动谐波分量减小时，继电器最终将动作。这些继电器通常包括不受谐波制动的瞬时过电流元件，但定值非常高（通常为变压器额定值的 20 倍）。该元件在严重内部故障时会动作。

外部故障时，如果电流互感器不平衡饱和十分严重，足以使产生的误差电流高于继电器定值，则变压器差动保护的安全性将会受影响。每个电流互感器回路中装有制动线圈的继电器将更安全。当电流互感器与母线断路器连接而不是与变压器本身连接时，安全问题尤为重要。这种情况下，由于它们不受变压器阻抗限制，因此外部故障电流可能会非常大。

1.3.2 励磁涌流（初始励磁涌流、恢复性涌流、和应涌流）

1.3.2.1 初始励磁涌流

当变压器断电后投入时，暂态磁化或励磁电流，可能达到高达 30 倍的满载时电流瞬时峰值。这可能会导致变压器过电流保护或差动保护动作。磁化电流仅在一个绕组中流通，因此，当内部故障时会出现在差动继电器中。

防止差动继电器因涌流而动作的技术包括，检测电流谐波和电流为 0 的（一段）时间，它们都是励磁涌流的特征。前者利用励磁涌流中谐波的存在，特别是 2 次谐波来抑制继电器动作。后者是通过测量电流为 0 的（一段）时间，得到故障和励磁涌流的差异，励磁涌流时电流为 0 的时间比故障时长。

1.3.2.2 恢复性涌流

电压骤降后又恢复到正常电压时，也会产生励磁涌流。通常，这会发生在外部故障切除后。由于变压器在电压恢复之前没有完全断电，此时的励磁涌流通常没有初始投入时严重。

1.3.2.3　和应涌流

当（某变压器）的相邻变压器投入时，在该变压器中会出现励磁涌流。投入变压器偏移的励磁涌流将会在已投入运行的并联变压器中流通，其幅值会小于初始励磁涌流。

恢复性涌流和和应涌流现象表明，不仅仅是在断电一段时间后投入变压器时需要、在励磁涌流时一直需要制动变压器保护。

1.3.3　一－二次侧相移

标准的△-丫联结变压器，电流在△侧和丫侧之间将有30°相移。用于传统差动继电器的 CT 必须采用丫-△联结（变压器绕组联结相反），以补偿变压器相移。

相位补偿通常设置在微机型变压器保护中，通过软件为每个变压器绕组虚拟连接电流互感器，与电压比补偿相同，它将取决于制动输入所选配置，这样一次侧电流互感器也可采用星形联结。

1.3.4　匝间故障

匝间故障产生的故障电流幅值低且很难检测。通常，在过电流保护或差动保护检测到之前，故障将持续且将影响未故障绕组，或电弧通过变压器其他部分。

（匝间故障的）早期发现，通常是依靠可以测量瓦斯积聚或变压器油箱内气压变化的设备。

1.3.5　穿越性故障

穿越性故障对变压器和变压器保护都有影响。它取决于故障严重程度、频率及持续时间，即使变压器阻抗限制故障电流，穿越性故障电流也能够导致变压器机械损坏。

对于变压器差动保护来说，穿越性故障时电流互感器不匹配和饱和会产生动作电流。当选择保护方案时，必须考虑电流互感器电流比，继电器灵敏度以及动作时间。带有制动线圈的差动保护为这些穿越性故障提供更好的安全性。

1.3.6　后备保护

后备保护，通常过电流继电器或阻抗继电器应用于变压器的一侧或两侧，实现两种功能。一种功能是作主保护的后备，最可能是差动继电器，并且在主保护拒动时动作。

第二种功能是保护变压器过热或机械损坏。保护应该能够检测这些外部故障并且及时动作，以防止变压器被损坏。变压器穿越性故障承受能力达到上限之前，保护必须动作。如果变压器尺寸或阻抗很大，变压器只采用差动保护时，必须确保其他保护装置在变压器损坏前切除外部故障。

1.4　特殊应用

1.4.1　并联电抗器

并联电抗器保护的变化取决于电抗器的类型、大小和系统应用。保护继电器（在并联电抗器中）的应用类似于在变压器中的应用。

差动继电器是最常见的保护方法（布莱克本，1987）。它具有分相输入，将为连接在一起的三个单相电抗器或一个单独的三相电抗器提供保护。电流互感器必须可用在三相电抗器中每个绕组每相和中性点端。

相间和接地过电流继电器可以作差动继电器的后备。在某些情况下，当电抗器很小且存在成本问题时，适合采用过电流继电器作为唯一的保护。

变压器匝间故障是最难检测的，因为电抗器端电流的变化很小。对于油浸电抗器，快速压力继电器将会为其提供良好的保护；对于不接地的干式电抗器，过电压继电器（装置 59）可用于电抗器中性点和开口三角处的电压互感器之间（ABB，1994）。

负序继电器和阻抗继电器也可以用于电抗器保护，但是应该详细研究其应用。

1.4.2　Zig-Zag 变压器

Zig-Zag（或接地）变压器最常见的保护是与一次侧套管电流互感器相连的三个过电流继电器。这些电流互感器必须接成三角形，以过滤不需要的零序电流（ANSI/IEEE，1985）。

传统差动继电器也可用来切除故障。一次侧套管电流互感器并联连接到同一个输入端，而中性点侧电流互感器连接到另一个输入端（布莱克本，1987）。

位于中性点的过电流继电器将为上述任意方案提供接地后备保护。它必须与系统中其他接地继电器相互配合。

快速压力继电器可以为匝间故障提供良好的保护。

1.4.3　相位角调节器和电压调节器

相位角和电压调节器的保护随发电机组结构的不同而变化。订购时制造商应该制定出保护（方案），以确保电流互感器安装在机组中合适位置，以支持所制定的保护方案。差动继电器、过电流继电器、快速压力继电器可以结合使用，以提供充分的保护（布莱克本，1987；ABB，1994）。

1.4.4 单元系统

一个单元系统由发电机和与之相连的升压变压器组成。发电机绕组采用星形联结，中性点通过一个高阻接地系统接地。发电机侧的升压变压器低压侧绕组采用三角形联结，在接地故障时将发电机从系统中隔离。变压器高压侧绕组采用（中性点）直接接地的星形联结。通常在发电机和变压器之间不安装断路器。

常用方法是用包含两个设备在内的整体变压器（发电机－变压器组）差动保护来保护变压器和发电机。安装额外的差动继电器仅用于保护变压器可能更合理。这种情况下，整体差动保护可作为变压器差动保护的辅助或后备保护。此时，很可能需要采用另一个特定差动继电器来保护发电机。

伏特/赫兹继电器的作用是获取电压与频率的比值，通常用于过励磁保护。发电机起动和退出过程中，当频率降低或大量甩负荷时，可能导致过电压和超速，单元（机组）变压器可能会产生过励磁（ANSI/IEEE，1985）。

其他应用方面，通常匝间故障是由快速压力继电器为其提供灵敏的保护，而不是由差动继电器最初检测出来。

阻抗继电器或电压控制过电流继电器应用于单元（机组）变压器的发电机侧，可以为相间故障提供后备保护。必须连接阻抗继电器以反应变压器故障（布莱克本，1987）。

1.4.5 单相变压器

单相变压器有时用来构成三相变压器组。本节前面描述的标准保护方法，也适用于单相变压器组。如果变压器组的一侧或两侧采用三角形联结，并且变压器套管上的电流互感器为保护用，那么可以不采用标准差动连接。

为了提供适当的接地故障保护，必须利用每个套管上的电流互感器（布莱克本，1987）。

1.4.6 持续电压不平衡

持续电压不平衡条件下，星形联结的芯式变压器没有三角形联结的第三绕组，可能会产生破坏性的发热。这种情况下，变压器可能由持续循环电流引起破坏性发热。这种情况可利用监测变压器组温度的温度继电器或可识别"有效的"第三绕组电流的过电流继电器进行检测（ANSI/IEEE，1985）。

1.5 恢复

对于一个电力系统而言，电力变压器具有不同程度的重要性，它取决于变压器的大小、成本和应用，其范围为由发电机升压到输电/配电系统中的某一位置，或者也可作为一个辅助单元。

当保护继电器跳闸将变压器由电力系统中切除，通常会采取紧急措施使其恢复运行。跳闸时应该收集系统数据和独立变压器历史信息，并根据变压器状态做出明确的决策。当发生电气故障时，不应该对变压器进行再次通电。

由于保护继电器、保护方案、系统后备保护或未考虑异常系统条件等缺陷，经常可能导致变压器不正确动作。系统运行人员经常在未收集到足够证据以确定跳闸具体原因时，就试图使变压器恢复运行。运行应始终认为是合理的，除非证明其不合理。

系统中变压器越重要，就越需要先进的保护和监测设备。这将有利于收集变压器断电的相关证据。

1.5.1 历史

应该保留单个变压器维护、检修问题和继电器中断的日常运行记录，用来建立全面的历史信息。继电器动作信息应该包括在跳闸之前的系统条件信息。当未发现跳闸原因时，所有被监测区域的记录是非常重要的。当确定未发生故障时，仍必须有操作正确与否的结论。定期气体分析提供了正常可燃气体值的记录。

1.5.2 示波器、事件记录器、气体监测器

变压器跳闸时，系统监测设备启动并生成记录，通常能够提供必要的信息，以确定是否有变压器电气短路或是否有"穿越性故障"。

1.5.3 生产日期

1980 年前制造的变压器设计及构造很可能不满足 ANSI/IEEE C57. 109 标准中所述的严重穿越性故障情况。应该计算穿越故障电流最大值并与短路电流值相比较，以决定是否跳闸。另外，应该联系制造商，以获得单个变压器符合 ANSI/IEEE C57. 109 标准的参考资料。

1.5.4 励磁涌流

具有谐波制动单元的差动继电器通常用于防止变压器投入时跳闸。然而当变压器采用具有延时的无谐波制动的差动继电器或比率制动式继电器以防止励磁涌

流跳闸时，可能会在励磁涌流时误动，导致系统运行人员在未分析、检查、测试的情况下试图恢复变压器运行。此时，很可能由于历史数据的掩盖，在通电时发生电气故障。

继电器谐波制动电路通常采用由其工厂设置的励磁涌流谐波百分比阈值或制造商提供的预定阈值，以防止变压器投入时继电器误动作。近年来，一些变压器采用晶粒取向硅钢并设计以使励磁涌流中制动谐波百分比很低。某些情况下，这些值小于制造商推荐的最小阈值。

1.5.5　继电器动作

变压器保护装置不仅能够跳闸，而且要防止向变压器供电的所有电源重合闸。通常采用辅助"闭锁"继电器来实现这一功能。该闭锁继电器需要在变压器投入前进行手动复位。该回路建议在决定重新投入前对变压器进行人工检查和测试。

继电器故障、不准确的整定值及配合失败均会导致保护不正确动作。处于测试和接线检查过程中的新装置最容易受到损害。通过设计，当上游或下游系统故障不能正确切除时，后备保护将动作。

参　考　文　献

ANSI/IEEE C57.109-1993, *IEEE Guide for Transformer through Fault Current Duration*, 1993.

ANSI/IEEE Std. 62-1995, *IEEE Guide for Diagnostic Field Testing of Electric Power Apparatus—Part 1: Oil Filled Power Transformers, Regulators, and Reactors*, 1995.

ANSI/IEEE C57.91-1995/2002, *IEEE Guide for Loading Mineral Oil-Immersed Transformers*, 1995/2002.

ANSI/IEEE C57.104-2008, *Guide for the Interpretation of Gases Generated in Oil-Immersed Transformers*, 2008.

ANSI/IEEE C37.91-2008, *IEEE Transformer Protection Guide*, 2008.

ANSI/IEEE C57.12.10-2010, *IEEE Standard Requirements for Liquid-Immersed Power, Transformers*, 2010.

Blackburn, J.L., *Protective Relaying: Principles and Applications*, Marcel Decker, Inc., New York, 1987.

Elmore, W.A., ed., *Protective Relaying, Theory and Application*, ABB, Marcel Dekker, Inc., New York, 1994.

GEC Measurements, *Protective Relays Application Guide*, Stafford, England, 1975.

IEEE Std. C57.110-2008, *IEEE Recommended Practice for Establishing Liquid-Filled and Dry Type Power and Distribution Transformer Capability When Supplying Nonsinusoidal Load Currents*, 2008.

Mason, C.R., *The Art and Science of Protective Relaying*, John Wiley & Sons, New York, 1996.

Rockefeller, G. et al., Differential relay transient testing using EMTP simulations, in *Paper Presented to the 46th Annual Protective Relay Conference (Georgia Tech.)*, Atlanta, GA, April 29–May 1, 1992.

Solar magnetic disturbances/geomagnetically-induced current and protective relaying, Electric Power Research Institute Report TR-102621, Project 321-04, EPRI, Palo Alto, CA, August 1993.

Warrington, A.R. van C., *Protective Relays, Their Theory and Practice*, Vol. 1, Wiley, New York, 1963, Vol. 2, Chapman and Hall Ltd., London, U.K., 1969.

第 2 章 同步发电机保护

Gabriel Benmouyal

Schweitzer Engineering

Laboratories，Ltd.

发电机故障发生概率较低，但一旦发生故障，其危害十分严重，导致修复费用非常昂贵，因此从设备保护角度来看，发电机是电力网络中一种特殊设备。大多数情况下，为保证发电（系统）完整性，必须避免发生误跳闸；当发生严重故障时，若无绝对要求，应首先切除发电机。此外，针对发电机异常运行状态，应装设其他类型的保护，例如过电压、过励磁、低频或低/过速保护等。

应该注意的是，所有的保护基本原理都类似，但是在一定程度上，发电机保护和其他所有保护的"理论方法"都不相同。例如，某些功能如过励磁、后备阻抗元件、失步，乃至防误上电并不适用于其他设备。无论如何，目前可采用数字式多功能发电机保护具有完整且功能广泛的继电器，但考虑经济原因，需要加装其他保护元件。

原动机的性质对保护功能在系统里的实现会产生一定的影响。例如，在运行过程中，保护会忽略水力发电机频率异常情况，但是会重点关注蒸汽涡轮机低频情况。

当同时处理水力和蒸汽涡轮机时，发电机（电动机）运行保护的灵敏度（测量较低的负有功功率的能力）会成为一个问题。原动机的性质最终将影响发电机跳闸方案。当延时跳闸对发电机无不利影响时，蒸汽涡轮机常采用顺序跳闸，对此稍后将进行介绍。

本章主要讲述发电机保护的基本原理和实现方法。如果读者想要进一步了解发电机保护，请参考其他书籍，特别推荐 ANSI/IEEE（C37.106，C37.102，C37.101）指南。指南中，同步发电机相关部分详细介绍了北美发电机保护方法。本书的编写均参考上述书籍。

2.1 功能简介

表 2.1 给出了保护继电器及其在发电机保护中的常见功能。继电器单线图如图 2.1 所示。

继电器类型见表 2.1，发电机保护中的大多数保护继电器不只适用于该设备，而且还适用于其他各种设备。

表 2.1 发电机保护中常见的继电器

装置编号	功能描述	继电器类型
87G	发电机相间绕组保护	差动保护
87T	升压变压器差动保护	差动保护
87U	变压器 – 发电机组差动保护	差动保护
40	失励磁电压或失励磁电流保护	偏移导纳继电器
46	不平衡电流保护测量负序相电流	带时限过电流继电器
32	逆功率保护（防止倒拖保护）	逆功率继电器
24I	过励磁保护	电压/频率继电器
59	相过电压保护	过电压继电器
60	电压互感器熔断器的检测	电压平衡继电器
81	欠频和过频保护	频率继电器
51V	系统故障的后备保护	电压控制或电压抑制的带时限过电流继电器
21	系统故障的后备保护	距离继电器
78	失步保护	偏移特性导纳和遮挡器特性相结合

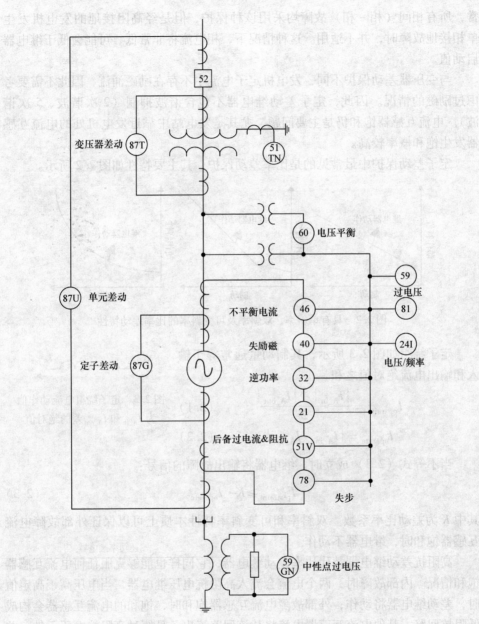

图 2.1 典型的发电机 – 变压器保护方案

2.2 定子故障的差动保护 (87G)

为了防止定子相间故障，保护通常将快速差动继电器分别安装在三相上。通常，所有相间（相－相）故障均采用该种保护，但是经高阻接地的发电机发生单相接地故障时，并不适用。这种情况下，相电流将非常低，可能会低于继电器启动值。

与变压器差动保护不同，发电机定子电流中不存在励磁涌流，因此不需要考虑过励磁的情况。因此，定子差动继电器不包含谐波抑制（2 次谐波、5 次谐波）。电流互感器饱和仍是主要问题，尤其是发电站中靠近发电机处的电流互感器发生饱和概率较高。

定子差动保护中最常见的是比率差动保护，其主要特性如图 2.2 所示。

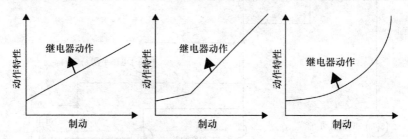

图 2.2　具有单斜率、双斜率及可变斜率的比率差动特性

定子绕组如图 2.3 所示，其制动量通常等于输入和输出电流绝对值之和。

$$I_{restraint} = \frac{|\,I_{A\_in}\,| - |\,I_{A\_out}\,|}{2} \qquad (2.1)$$

$$I_{operate} = |\,I_{A\_in} - I_{A\_out}\,| \qquad (2.2)$$

图 2.3　定子绕组电流动作值为 I_{A_in} 和 I_{A_out} 差的绝对值

当不等式（2.3）成立时，继电器将输出故障的信号：

$$I_{restraint} \geq K \cdot I_{operate} \qquad (2.3)$$

其中 K 为差动比率系数。双斜率和可变斜率特性本质上可以保证外部故障电流互感器饱和时，继电器不动作。

高阻抗差动继电器替代比率差动继电器，它同样也能够克服任何电流互感器饱和情况。内部故障时，两个电流会流入高阻抗电压继电器，当电压高于高定值时，差动继电器将动作；外部故障电流互感器饱和时，饱和的电流互感器会构成低阻抗回路，其他电流互感器电流将从该回路流出，且绕过高阻抗电压元件，差动继电器不会动作。

大多数情况下，带有谐波制动的变压器差动继电器可为定子绕组提供后备保护，该区域（见图 2.1）包括发电机和升压变压器。

部分或完全覆盖发电机区域的阻抗元件也将为定子差动保护提供后备保护。

2.3　定子绕组接地故障保护

定子接地故障保护很大程度上取决于发电机接地方式。发电机必须通过阻抗接地，这样可以减小单相接地故障时的电流值（电流水平）。固态发电机接地时，该电流会达到破坏性的水平。为了避免上述情况，至少要通过电阻或电抗来实现低阻抗接地。高阻抗通过电阻连接到配电变压器二次绕组，可将单相接地故障电流限制在几安培。

定子接地故障最常见和最基本的保护是高阻抗接地保护，它将一个过电压元件连接在接地变压器二次侧，如图 2.4 所示。

故障点距离发电机中性点较近时，由于电压低于电压元件启动值，因此过电压元件不动作。为了 100% 保护定子绕组，可采用以下两种方法：

1）利用中性点和发电机机端产生的 3 次谐波；

2）电压注入技术。

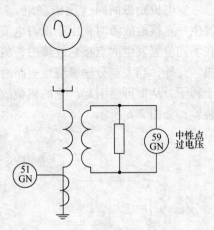

图 2.4　定子中性点接地过电压保护

如图 2.5 所示，大多数发电机中性点和机端会产生少量的 3 次谐波电压。3 次谐波电压取决于发电机运行点，如图 2.5a 所示。通常在满负荷时，3 次谐波电压更高。如果故障点靠近中性点，则中性点 3 次谐波电压将接近于零，机端电压会增加。但是，如果故障点靠近机端，则机端的 3 次谐波电压将接近于零，而中性点的 3 次谐波电压将增加。基于上述原理，设计了三种可行方案，继电器有三种选择：

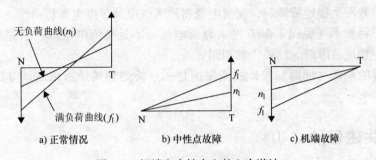

a) 正常情况　　　　b) 中性点故障　　　　c) 机端故障

图 2.5　机端和中性点上的 3 次谐波

1）利用中性点 3 次谐波低电压保护，在中性点故障时，保护将动作。

2）利用机端3次谐波过电压保护，靠近中性点故障时，保护将动作。

3）最灵敏的方案是采用3次谐波差动继电器，它主要检测中性点和机端的3次谐波比值（Yin et al.，1990）。

2.4　励磁（回路）接地保护

发电机励磁回路（励磁绕组、励磁机、断路器）是不接地的直流回路。当发生一点接地故障时，由于没有电流流过，因此不会影响发电机运行。但是，当在不同位置发生两点接地故障时，将会流过相当大的电流，从而烧坏转子和励磁机。此外，当大部分励磁绕组短路时，由于气隙磁通异常失去平衡，使得力作用于转子，从而可能引起严重的机械故障。为了避免这种情况，可以采用某些保护装置，如图2.6所示。

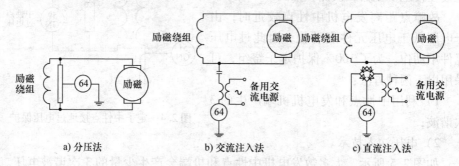

a) 分压法　　　　　　　b) 交流注入法　　　　　　c) 直流注入法

图2.6　不同类型的励磁（励磁）接地保护

第一种技术（见图2.6a）是在励磁绕组并联一个电阻。电阻中点通过灵敏的电流继电器接地，当励磁回路一点接地时，由于电流流过该继电器，继电器将动作。该技术的缺点是当励磁绕组中点接地时，保护将检测不到故障。

第二种技术（见图2.6b）是将交流电压叠加在励磁绕组一点上。当励磁绕组某些位置发生接地故障时，交流电流将流入继电器，继电器将动作。

第三种技术（见图2.6c）注入直流电压而不是交流电压。当励磁回路某些位置发生接地故障时，结果仍然相同。

最好的励磁（回路）接地故障保护是一旦检测到接地故障，就立即切除发电机。

2.5　失磁保护（40）

发电机失磁是指发电机的励磁电流突然消失，它可能由各种因素引发，使其发展成如下情况：

1）当励磁突然消失时，发电机的有功功率在几秒内将几乎保持不变。由于励磁电压降低，发电机的输出电压将逐渐降低。为了补偿降低的电压，电流将以同样速度增加。

2）发电机变为欠励磁状态，将吸收越来越多负的无功功率。

3）由于发电机电压与电流之间的比值越来越小，使得相电流超前相电压，发电机机端正序测量阻抗将进入到阻抗平面的第二象限。经验表明，正序阻抗值将在 X_d 和 X_q 中确定。

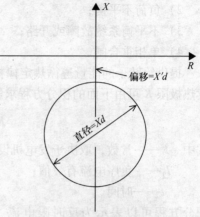

图 2.7　失磁偏移姆欧特性

最常用的失磁保护是偏移导纳继电器，如图 2.7（IEEE，1989）所示。发电机机端电压和电流输入到继电器，通常具有一定延时。大多数现代数字继电器通常利用正序电压和正序电流来求取发电机机端正序阻抗值。

图 2.8 显示了励磁电压在 0 秒时刻消失时，200MVA 发电机经 8% 阻抗变换器连接到无限大母线时的正序阻抗数字仿真轨迹。

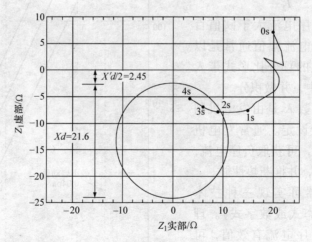

图 2.8　失磁正序阻抗轨迹

2.6　不平衡电流（46）

由于定子中电流不平衡，将产生负序电流，从而引起转子表面产生两倍频电流。相应地，可能会导致转子过热，引发大量的热量和机械损失（由于热效反应）。

引起暂时性或永久性电流不平衡的原因有很多，其中包括：

1）系统不对称；

2）负荷不平衡；

3）不平衡系统故障或开路；

4）单相重合闸。

提供给转子的能量遵循热定律标准，它和负序电流的二次方成正比。因此，发热极限 K 可由下面的积分方程求解：

$$K = \int_0^t I_2^2 \mathrm{d}t \qquad (2.4)$$

式中　K——常数，取决于发电机设计及其体积；

　　　I_2——负序电流有效值；

　　　t——时间。

积分方程可以表示为反时限电流特性，最长时间可根据负序电流得到

$$t = \frac{K}{I_2^2} \qquad (2.5)$$

当测量负序电流大于阈值百分比时，负序电流幅值通常是以对额定相电流的百分比形式带入到式（2.5）中，并做积分。

热容量常数 K 是由发电机制造商通过试验设定。通常发电机安装有热电偶，可获取负序电流，记录温度上升，并推断热性能。

46 继电器可实现三种技术（机电式、静态式或数字式）。理想状态下的负序电流有效值，可通过不同的测量原理来获取。根据相量测量的基本原理，数字继电器能够测量负序电流基波分量。图2.9 给出了典型的继电器特性。

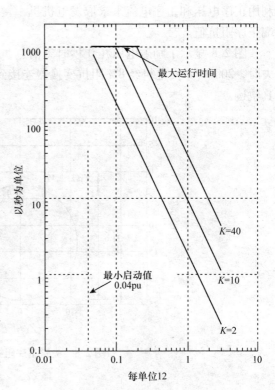

图2.9　典型静态或数字反时限46曲线

2.7　逆功率保护（32）

很多情况下，发电机作为电动机运行。逆功率保护更适用于带励磁的同步发电机供电网络中原动机突然切除的情况，此时电力系统将把发电机作为电动机运行。

如果发电机没有正确连接到电力系统中，发电机作为电动机运行其状态可能更恶劣。如发电机转速低于同步转速，因误操作导致发电机回路断路器闭合时，将会发生上述情况。典型情况是发电机处于盘车状态、缓慢减速至停止或者已停止。该现象被称为"发电机误上电"。应对上述情况的保护方案各有不同，将在本章稍后叙述。

发电机作为电动机运行会造成不利的影响，特别是对蒸汽涡轮机。最基本的现象是，蒸汽环境下涡轮转子叶片的旋转将造成鼓风损失。鼓风损失是转子直径和叶片长度的函数，并且与蒸汽密度成正比。因此，在任何情况下，蒸汽密度越高，鼓风损失越大。根据上述讨论，可以得出如下结论：逆功率保护与其说是发电机保护，不如说是原动机保护。

检测发电机作为电动机运行的最有效方法是监测流入发电机的有功功率。如果有功功率为负且低于设定的门槛值，则视为电动机运行状态。功率继电器的灵敏性和定值取决于原动机作为电动机运行时的能量。

燃气轮机、大型压缩机是很大的负荷，可以高达机组铭牌额定值的50%。功率继电器的灵敏性并不是关键问题。

柴油发动机（不在气缸内燃烧），负荷高达机组额定值的25%，而灵敏性依然不是关键问题。

水轮机，若叶片低于尾水渠，则作为电动机运行时能量会很高。根据以上情况，当逆功率低于额定功率的0.2%~2%时，需要配置灵敏的逆功率继电器。蒸汽涡轮机在完全真空和零蒸汽输入情况下，作为电动机运行时将吸收0.5%~3%的额定功率，此时要求配置灵敏的功率继电器。

2.8　过励磁保护（24）

当发电机或升压变压器铁心饱和超过额定值时，杂散磁通将流入非叠片元件。而这些元件不能传送磁通，因此会立即损坏热或电介质。

动态电磁回路中，电压根据楞次定律而产生：

$$V = K\frac{\mathrm{d}\phi}{\mathrm{d}t} \tag{2.6}$$

将测得的电压进行积分，可得到磁通估计值。假设正弦电压幅值为 V_p 和频率为 f，在正半周或负半周内积分可得

$$\phi = \frac{1}{K}\int_0^{T/2} V_p \sin(\omega t + \theta)\, dt = \frac{V_p}{2\pi fK}(-\cos\omega t)\Big|_0^{T/2} \tag{2.7}$$

磁通估计值与峰值电压和频率的比值成正比。这种保护被称为电压/频率继电器。

$$\phi = \frac{V_p}{f} \tag{2.8}$$

将磁通估计值与最大门槛值相比较。根据静态技术，电压/频率继电器实际上是将测量电压在正或负（或两者）半周内进行积分，所得数值与磁通成正比。数字继电器，可连续测量频率和相电压幅值，直接进行比值计算，如式（2.8）所示。

ANSI/IEEE 标准，发电机和变压器均限定为 1.05pu（变压器二次侧带额定负载时，功率因数为 0.8 或更大；空载时为 1.1pu）。根据 ANSI/IEEE 指南和标准，传统上采用定时限和反时限特性。图 2.10 所示为定时限特性，图 2.11 所示为反时限特性。

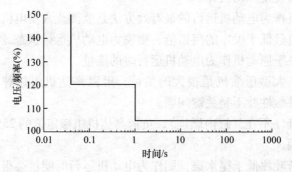

图 2.10　定时限特性

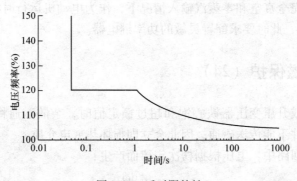

图 2.11　反时限特性

电压/频率继电器首要要求是必须同时测量电压幅值和较宽范围内的频率。

2.9　过电压（59）

过电压是指电压/频率超过限值，因此需要采用过电压继电器。尤其是水电机组，C37-102 建议同时采用瞬时元件和反时限元件。瞬时元件应设定为额定电压的 130% ~ 150%，反时限元件应具有 110% 额定电压的启动电压，利用电压调节器进行调压。

2.10　电压不平衡保护（60）

很多原因能够导致电压相位信号的丢失，其中主要原因是电压互感器回路中的熔断器故障。其他原因包括接线错误，电压互感器故障，连接点断开，维修过程中的误操作等。

电压互感器的作用是为保护继电器和电压调节器提供电压信号，电压互感器信号丢失将可能导致某些保护继电器误动作，并且因电压调节器引起发电机过励磁。电压互感器信号的丢失对保护继电器的影响有：

1）功能 21：距离继电器。系统和发电机相间故障的后备保护。

2）功能 32：逆功率继电器。具有防止倒拖功能以及顺序跳闸、误上电功能。

3）功能 40：失磁保护。

4）功能 51V：电压制动的带时限过电流继电器。

通常情况下，一旦检测到熔断器故障，应闭锁上述功能。

大型发电机常用方法是采用两套电压互感器进行保护、电压调节和测量。因此，检测电压互感器信号丢失的最常见方法是在两个二次侧相电压之间连接电压平衡继电器，如图 2.12 所示。当熔断器故障时，会导致电压不平衡，使得继电器动作。通常，不平衡电压设定为 15% 左右。

数字继电器的出现，能够采用基于对称分量的复杂算法，以检测电压互感器信号的丢失。当出现一个或多个电压互感器信号丢失的情况时，会引起下列现象：

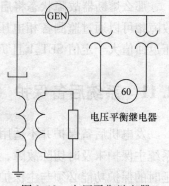

图 2.12　电压平衡继电器

1）正序电压降低，负序电压升高。降低的幅度取决于熔断器故障的相数。

2）非故障状态下，电压互感器信号丢失时，电流的幅值和相位不应变化，即负序和零序电流应一直低于最小限值。因此故障状态和电压互感器信号丢失，可以通过监测正序和负序电流的变化来进行区分。若电压互感器信号丢失，正序和负序电流应一直低于最小耐受水平。

上述条件可构成一个复杂的逻辑方法，以确定是电压互感器信号丢失还是故障。图 2.13 表示的是基于对称分量的电压互感器单或双熔断器故障判别的逻辑实现。

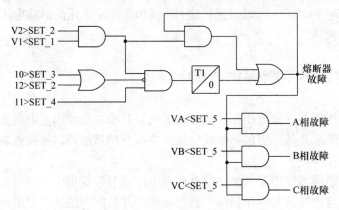

图 2.13　基于对称分量的熔断器故障判别

当时间延时大于 T_1 时，在相同时间（或条件）下如果满足下列条件：

1）正序电压低于电压定值 SET_1；

2）负序电压高于电压定值 SET_2；

3）存在一个小电流，其正序电流 I_1 高于很小的定值 SET_4，而其负序电流 I_2 和零序电流 I_0 低于很小的定值 SET_3。

那么熔断器故障状态将启动为 1 状态，由于闭锁效应将保持该状态。熔断器故障相可以通过监测各相电压，并与定值 SET_5 进行比较来判别。一旦正序电压返回值大于定值 SET_1 且负序电压消失，则熔断器故障状态返回到 0 状态。

2.11　系统后备保护（51V 和 21）

发电机后备保护并不适用于发电机故障，而适用于系统故障，即系统故障而系统主保护未及时切除故障，此时为了切除故障需要切除发电机。根据定义，带延时的保护功能必须与主保护系统相配合。

系统后备保护（见图 2.14）必须为相间故障和接地故障提供保护。为了保护相间故障，通常有两种方案：采用具有电压抑制或电压控制的过电流继电器或阻抗继电器。

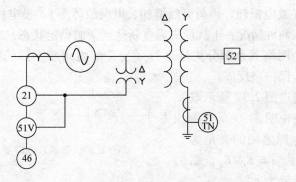

图 2.14　后备保护的基本原理

通过电压监测的过电流继电器的基本原理是利用发电机外部故障时机端电压将会降低的特征，对于电压控制过电流继电器，若电压不低于阈值，则闭锁过电流元件；而对于电压抑制过电流元件，其启动电流的降低与电压的降低成正比（见图 2.15）。

阻抗型后备保护可以应用于升压变压器的高压侧或是低压侧。通常情况下，线路继电器中，3 个 21 元件将反应系统中所有类型相间故障。

如图 2.16 所示，导纳元件允许反向偏移是为了做发电机部分或全部绕组的后备。

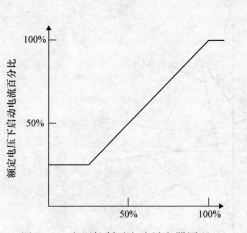

图 2.15　电压抑制过电流继电器原理

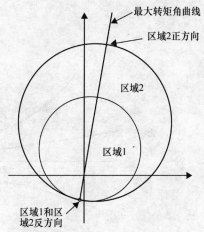

图 2.16　典型 21 元件应用

2.12　失步保护

当电网中发电和负荷平衡时，电网频率将稳定，发电机内角也将保持恒定。

若出现不平衡（发电损耗、负荷突然增加、电网故障等），发电机内角将发生变化，可能会导致两种情况：干扰消失后重新达到新的稳定状态，或发电机内角不稳定，发电机与网络其余部分失步运行（变化的内角或不同的频率）。对于后者，可利用失步保护来反应。

该原理可通过图2.17所示双端电源网络进行说明。

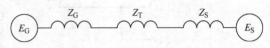

图2.17 基本双端电源网络

如果两端电源之间的夹角为 θ，电压幅值比为 $n = E_G/E_S$，那么正序阻抗可表示为

$$Z_R = \frac{n(Z_G + Z_T + Z_S)(n - \cos\theta - j\sin\theta)}{(n - \cos\theta)^2 + \sin^2\theta} - Z_G \tag{2.9}$$

如果 $n = 1$，式（2.9）可简化为

$$Z_R = \frac{n(Z_G + Z_T + Z_S)(1 - j\cot g\theta/2)}{2} - Z_G \tag{2.10}$$

该方程表示的阻抗轨迹为一条直线，在其中点处垂直相交于相量 $Z_S + Z_T + Z_G$。如果 n 不等于1，轨迹将变成如图2.18所示的圆。两端电源之间的夹角 θ 为 Z_R 与 Z_G 末端连线和 Z_R 与 Z_S 首端连线之间的夹角，通常该夹角取很小的值。失步情况下，假设该夹角很大，当其达到180°时，它将经过 $Z_S + Z_T + Z_G$ 的中点。

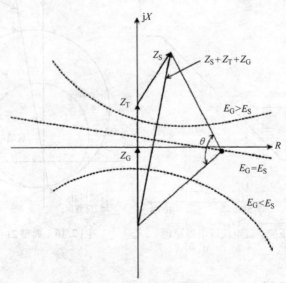

图2.18 不同电源夹角时的阻抗轨迹

通常由于机械惯性，阻抗 Z_R 将缓慢移动。利用该特征，失步状态往往可通过导纳继电器和双遮挡器特性复合进行检测，如图 2.19 所示，当阻抗轨迹进入到导纳圆且落在两个遮挡器特性之间的时间间隔长于预设的延时，则设定为失步。利用该方法，当 Z_R 穿过遮挡器特性时，双端电源之间的夹角可假定为很大的值。失步保护的实施，通常需要细致研究，并进行稳定性仿真以确定稳定和不稳定振荡时的性质和轨迹。失步保护最重要的要求之一是稳定时失步保护不能切除发电机。

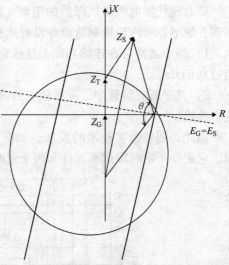

图 2.19　带有遮挡器特性的失步导纳检测器

2.13　汽轮发电机频率异常运行

频率异常保护主要针对的是水轮发电机而不是汽轮发电机。如果汽轮机异步运行，低压汽轮机叶片可能在其固有频率产生共振，叶片机械疲劳从而导致其损伤和故障。

图 2.20（ANSI C37.106）所示为典型汽轮机运行界限曲线，允许在 60Hz 左右连续运行，限制时间区域位于连续运行区域上方和下方，不允许超出运行区域。

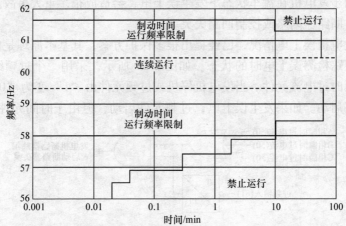

图 2.20　典型的汽轮机运行特性（修改于 ANSI = IEEE C37.106 – 1987，图 6）

随着现代发电机微机保护的出现（IEEE, 1989），就低频汽轮机保护的数字实现，继电器和汽轮机制造商并没有达成共识。然而，必须考虑以下几点：

1）频率通常可在连续基础上且较宽的频率范围内测量。测量频率准确度已超过 0.01Hz。

2）几乎所有装置中，一些独立的过频或欠频定时限功能可以组合形成一个复合曲线。

因此，随着数字技术的发展，如图 2.21 所示的典型过/欠频方案很容易实现，它由一个定时限过频元件和两个定时限欠频元件构成。

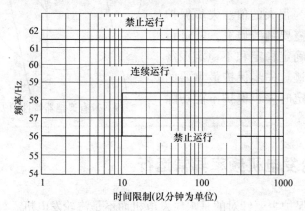

图 2.21 典型频率异常保护特性

2.14 发电机误上电保护

以往同步发电机在盘车状态下发生误上电，会造成很多重大事故。其原因有人为错误、断路器闪络或控制回路失灵。

针对发电机误上电情况，已经提出很多保护方案，其基本原理是监测停机状态和快速跟踪检测误上电时的状态。如图 2.22 所示，采用一个过频继电器监测三个单相瞬时过电流元件。当发电机停机或过频元件由"1"变为"0"状态时，时间元件将启动。如果发生误上电，过频元件启动，但由于时间元件延时返回，

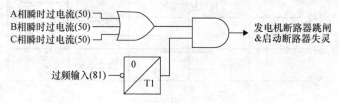

图 2.22 频率监测过电流误上电保护

瞬时过电流元件将会断开发电机断路器。该过程也可利用电压继电器来实现。

　　根据 2.22 所示的逻辑图，无法检测发电机同步运行过程中发生单相或三相断路器闪络导致的误上电情况。这种情况下，当发电机达到同步转速时，过电流元件输出信号将被闭锁。

2.15　发电机断路器失灵

　　发电机断路器失灵遵循其他应用中相同功能的一般模式：一旦保护装置检测到故障，时间元件将监测故障的切除。如果经过一段延时之后，仍能检测到故障，可知断路器没有断开，则将该信号发送给备用断路器，将其断开。

　　图 2.23 为传统断路器失灵保护图，在发电机同步之前通过增加设备（条件）以检测闪络情况。除保护继电器检测故障外，还可利用安装在升压变压器中性点的瞬时过电流继电器检测闪络情况。如果该继电器动作且断路器触点（52b）关闭（断路器打开），则判定发生闪络，启动断路器失灵保护。

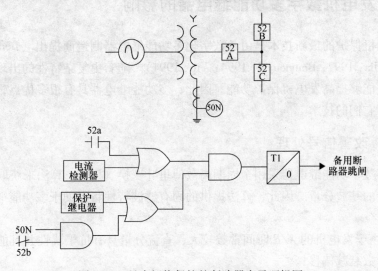

图 2.23　具有闪络保护的断路器失灵逻辑图

2.16　发电机切机原则

　　一旦检测到故障，通常采用以下 4 种方法切除发电机：

　　1）通过关闭其阀门，断开励磁（开关）和发电机断路器，以同时跳闸包括同时关闭原动机。这种方法主要适用于发电机内部严重故障。

　　2）切机包括同时断开励磁（开关）和发电机断路器。

3）机组切除只断开发电机断路器。

4）顺序跳闸适用于汽轮机，为了防止机组超速应先跳开汽轮机阀，然后断开励磁（开关）和发电机断路器。

图 2.24 表示顺序跳闸功能实现逻辑图。如果满足以下三个条件：①有功功率低于负的预设阈值 SET_1；②关闭蒸汽阀或差压开关（任意一个都能切除原动机）；③启动顺序跳闸功能，则将跳闸信号发送给励磁（开关）和发电机断路器。

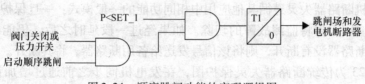

图 2.24　顺序跳闸功能的实现逻辑图

2.17　发电机数字多功能继电器的影响

发电机保护的最新技术是由各数字化多功能继电器制造商提出（Benmouyal，1988；Yalla，1992；Benmouyal，1994；Yip，1994）。随着更复杂特性的出现，通过软件算法能够提高发电机保护功能。因此，多功能继电器具有很多优点，其中大部分源于它们的技术。

2.17.1　改善信号处理

大多数多功能继电器采用全周期离散傅里叶变换（DFT）算法来获取电流和电压相量的基波分量。因此，算法提供的固有滤波特性将有助于多功能继电器的实现：

1）由于发电机的 X/R 时间常数较大，直流分量具有抗干扰性并且能够很好地抑制指数衰减偏移；

2）谐波抗干扰；

3）保护功能能够在一个周期的标称响应时间内快速响应。

根据以上优势，序分量可通过电压和电流相量的数学计算来获得。

但是要记住，使用数字多功能继电器时，波形的基波相量并不是唯一的参数。其他参数，根据特定算法的特性，如波形的峰值或有效值能够通过简单算法求得。

许多技术已被用来测量与频率无关的相量幅值，因此，在频率偏移很大时，具有稳定的灵敏性。第一种技术被称为频率跟踪，无论频率或发电机转速为多少，一个周期内采样数是恒定的。数字锁相回路可以实现这样的功能，它从本质上提供了一个直接测量频率或发电机转速的方法（Benmouyal，1989）。第二种技术可以保持采样周期不变，但是数据窗的时间长度随着发电机频率周期的变化而变化，这将导致一个周期的采样数发生变化（Hart 等，1997）。第三种技术是测量电流或电压波形的有效值。该量随频率的变化是有限的，因此，该技术允许在一个广泛频率范围内测量波形的幅值。

通过数字计算方法，可进一步改进对发电机频率的测量。大多数情况下，准确度可达到频率的 1% 或更大，现代算法可实现更好的抗谐波和抗噪声功能。

2.17.2　改善保护功能

数字处理能力固有的优势有助于以下功能的实现：

1）定子差动保护能使很多功能有所改善。首先是外部故障时检测 CT 饱和，可能会使保护继电器发生动作。而当电流互感器电流比不完全匹配时，可以将此（误）差值自动或手动引入到该算法中，以闭锁差动保护。

2）为了适用于电压互感器高压侧相间故障，后备 21 元件不再需要进行星角转换。这种变换可以在继电器内部计算完成。

3）电压互感器熔丝熔断的检测区域中，可以采用对称分量来识别故障相。因此，实现复杂的逻辑方案，将只闭锁受故障相影响的保护功能。例如，如果 51V 实现三相独立，一旦检测到一相熔丝熔断，则足以闭锁该保护功能。此外，与传统电压平衡继电器方案相反，使用这种现代算法只需采用一个单相电压互感器。

4）由于不同的功能能够在较大的频率间隔内记录它们的特性，因此没必要为启动或退出保护而监测频率。

5）通过测量相和中性点的 3 次谐波电压，能够改进 100% 定子接地保护。

6）通过采用以下两种技术：前面提到的频率跟踪算法；利用正序电压和电流（因为它们的比值与频率无关），能够使 $R-X$ 平面上的偏移导纳阻抗继电器特性与频率无关。

7）某些功能（三相固有现象）可以通过利用正序电压和电流量来实现。例如失磁或失步（保护）。

8）逆功率保护，可以通过数字技术改善其准确度和灵敏度。

9）为了用户的需求，数字技术允许调整反电压/频率曲线。这些相同的曲线很容易用程序编写。从这个角度来看，电压/频率保护功能可以通过运行曲线和发电机或升压变压器损伤曲线之间的密切配合来提高。

成套多功能发电机保护还包括其他功能，它可以利用微处理器设备的固有功能，这些功能包括示波器和事件记录、时间同步、多定值、测量、通信、自监控和诊断。

参 考 文 献

Benmouyal, G., Design of a universal protection relay for synchronous generators, CIGRE Session, No. 34–09, 1988.

Benmouyal, G., An adaptive sampling interval generator for digital relaying, *IEEE Transactions on Power Delivery*, 4(3), 1602–1609, July 1989.

Benmouyal, G., Adamiak, M.G., Das, D.P., and Patel, S.C., Working to develop a new multifunction digital package for generator protection, *Electricity Today*, 6(3), March 1994.

Berdy, J., Loss-of-excitation for synchronous generators, *IEEE Transactions on Power Apparatus and Systems*, PAS-94(5), September/October 1975.

Guide for abnormal frequency protection for power generating plant, ANSI/IEEE C37.106-1987, 1987.

Guide for AC generator protection, ANSI/IEEE C37.102.

Guide for generator ground protection, ANSI/IEEE C37.101.

Hart, D., Novosel, D., Hu, Y., Smith, R., and Egolf, M., A new frequency tracking and phasor estimation algorithm for generator protection, *IEEE Transactions on Power Delivery*, 12(3), 1064–1073, July 1997.

Ilar, M. and Wittwer, M., Numerical generator protection offers new benefits of gas turbines, *International Gas Turbine and Aeroengine Congress and Exposition*, Cologne, Germany, June 1992.

Institute of Electrical and Electronics Engineers (IEEE), IEEE recommended practice for protection and coordination of industrial and commercial power systems, ANSI/IEEE 242-1986, 1986.

Institute of Electrical and Electronics Engineers (IEEE), Power Engineering Education Committee, IEEE Power Engineering Society, and Power Systems Relaying Committee, *IEEE Tutorial on the Protection of Synchronous Generators*, Piscataway, NJ: IEEE Service Center, IEEE Catalog No. 95TP102, 1995.

Mozina, C.J., Arehart, R.F., Berdy, J., Bonk, J.J., Conrad, S.P., Darlington, A.N., Elmore, W.A. et al., Inadvertent energizing protection of synchronous generators, *IEEE Transactions on Power Delivery*, 4(2), 965–977, April 1989.

Wimmer, W., Fromm, W., Muller, P., and Ilar, F., Fundamental considerations on user-configurable multifunctional numerical protection, 34–202, CIGRE Session, 1996.

Working Group J-11 of Power System Relaying Committee (PSRC), Application of multifunction generator protection systems, *IEEE Transactions on Power Delivery*, 14(4), 1285–1294, October 1999.

Yalla, M.V.V.S., A digital multifunction protection relay, *IEEE Transactions on Power Delivery*, 7(1), 193–201, January 1992.

Yin, X.G., Malik, O.P., Hope, G.S., and Chen, D.S., Adaptive ground fault protection schemes for turbogenerator based on third harmonic voltages, *IEEE Transactions on Power Delivery*, 5(2), 595–601, July 1990.

Yip, H.T., *An Integrated Approach to Generator Protection*, Canadian Electrical Association, Toronto, ON, Canada, March 1994.

第 3 章 输电线路保护

Stanley H. Horowitz
Consultant

　　输电线路保护的研究提出了许多基本的继电保护思想，这些思想在某种程度上可应用于其他类型的电力系统保护。虽然每个元件都有它们自己独有的问题，但是可靠性、选择性、近后备、远后备、保护区、协调性、速动性的概念，它们出现在一个或多个电气设备的保护中都是围绕输电线路保护来考虑的。

　　由于输电线路也和相邻线路或设备相连，输电线路保护必须与其他所有元件保护兼容。这就需要整定值、动作时间和特性的配合。

　　电力系统保护的目的是检测故障或不正常运行状态，并采取纠正措施。这就要求继电器必须能够评估各种参数，以建立所需的纠正措施。显然，继电器不能阻止故障发生。它主要目的是为了检测故障并采取必要的措施，尽量减少对设备或系统的损坏。在保护装置处或在适当区域边界端子处的电压和电流是反映故障存在最常采用的参数。电力系统保护的根本问题是定义可以区分正常状态和不正常状态的阈值。这个问题很复杂，实际上现在意义上的"正常"指的是在保护区域外。从这方面来看，设计一个安全的继电保护系统最大的意义就是可以主导所有继电保护系统的设计。

3.1 继电保护的性质

3.1.1 可靠性

从系统保护角度来说，可靠性有着不同于一般规划或运行的特殊定义。继电器误动作的方式有两种：一是该动作时拒动，二是不该动作时误动。为了解决以上两种情况，可靠性的定义由两部分组成：

信赖性是指继电保护能够正确反应其设计和运行的所有应该动作的故障。

安全性是指对于任何故障继电器均不会误动作。

大多数继电器和继电器方案是可靠的，因为系统本身非常强大足以承受保护的不正确地动作（失去安全性），而拒动（失去信赖性）可能对系统性能方面的影响是灾难性的。

3.1.2 保护区

安全性是根据电力系统区域定义的，称为保护区，保护区是给定继电器或保护系统的保护范围。如果继电器只反应保护区内故障，则该继电器将认为是安全的。图 3.1 为典型的输电线路、母线和变压器保护区，每个设备都有其各自的保护区。图示还标明了封闭区，该区域里的所有电力设备均被监控；开放区将限制故障电流的变化。封闭区也被称为差动区、单元或绝对选择性；开放区也被称为非单元、非限制区域或相对选择性。

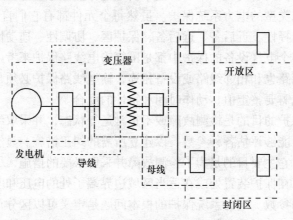

图 3.1 封闭区和开放区

保护区一般借助于电流互感器（CT）实现保护范围的划分，电流互感器向继电器提供输入量。当电流互感器能够检测出区内故障时，断路器则断开该区域内所有电力设备，使其隔离故障。若电流互感器是断路器的一部分，它将成为一个自然区域边界。当电流互感器不是断路器必不可少的一部分时，必须特别注意故障检测和故障中断逻辑。电流互感器还定义了保护区，但通信信道必须用于实现跳闸功能。

3.1.3　速动性

我们希望尽可能快地将故障从电力系统中切除。由于暂态现象的存在使得波形发生严重畸变导致故障的发生，然而，继电器必须基于电压和电流波形做出决策。继电器必须将这些波形中的有用信息和重要信息分离，以保证继电保护做出安全决策。这些注意事项要求继电器需要一定的时间做出具有一定程度确定性的决策。继电保护响应时间与确定性程度之间的关系是对立的，是所有保护系统中最基本的特性之一。

虽然继电器的动作时间往往各不相同，一般继电器按其动作速度可进行如下分类：

1）瞬时继电器——这类继电器一经做出安全决策就立即动作，没有加入时间延迟来降低继电器的响应。

2）时间延迟继电器——在继电器做出决策和开始动作之间加入一段延时。

3）快速继电器——这类继电器必须在规定的额定时间内动作。目前，该额定时间为50ms（即60Hz系统含有三个周期）。

4）超快速继电器——这一术语不包含在继电器标准中，但通常被认为动作时间为4ms甚至更少。

3.1.4　主保护和后备保护

一个给定保护区的主保护系统被称为主保护。它以最快的时间动作，并对系统正常运行的影响最小。345kV及以上的超高压（EHV）系统中，一般采用完全相同的两套主保护系统，以防其中一个主保护链中的元件拒动。因此，这一双重原则也可以解决继电器本身故障（问题）。通常，可以使用来自不同制造商的继电器，或是基于不同运行原则的继电器，以避免共模故障。两套主保护系统的动作时间和跳闸逻辑都是相同的。

保护链上的每个元件配置双重保护是不可行的。在高压（HV）和超高压系统中，传感器和断路器的成本都是非常昂贵的，而且双重设备的成本可能是不合理的。甚至在低压系统中，继电器本身可能都不被双重化。在这种情况下，开始启用继电器后备保护设置。后备保护比主保护动作时间长，需要切除系统中更多的元件，以清除故障。

远后备保护——这些继电器位于不同的位置，有完全独立的继电器、电池、传感器和断路器，它们是后备保护。一般没有故障可以影响两套继电器。然而，复杂的系统配置可能会显著影响备用保护所期望的远端继电器检测所有故障的能力。此外，远后备切除的系统电源会多于系统允许值。

近后备保护——这类继电器不会遇到和远后备同样的难题，但安装在同一变电站，并且和主保护共用一些元件。近后备与主保护拒动的原因可能一样。

3.1.5　重合闸

自动重合闸不需要人为干预，但是可能需要一些特定联锁（装置），比如准同步或检同步，电压或开关设备校对，或其他安全或运行约束。自动重合闸可以迅速动作或延迟动作。快速重合闸（HSR）仅仅为故障电弧消散的时间，60Hz系统下一般为 15～40 周期，而延迟重合闸有特定的协调时间，通常在 1s 以上。快速重合闸有可能导致发电机轴扭矩损坏，应用前应仔细检查。

美国通常的做法是对于所有故障均跳开三相，然后同时重合三相。然而在欧洲，对于单相短路接地故障，通常断开故障相，然后重合该相。这种做法在美国有一定的应用，但并不普遍。三相系统中的一相由于单相短路接地故障断开，另外两个非故障相的电压和电流趋向于维持故障相断电后的故障电弧。根据线路的长度、工作电压、负荷电流，可能需要补偿电抗器来消除"二次电弧"。

3.1.6　系统配置

虽然输电线路保护的基本原理在几乎所有的系统配置中适用，但还有一些不同的应用情况下或多或少地依赖于特定的情况。

工作电压——高压输电线路工作电压为 138kV 及以上，中压输电线路工作电压为 34.5～138kV，配电网电压为 34.5kV 及以下。这些都不是严格的定义，一般仅用作识别输电系统并给出合适的保护类型。更高电压等级系统通常会更复杂，因此继电系统造价更昂贵。这是因为电压等级越高，相关设备的成本就越高，对电力系统安全性要求更高。因此，继电器成本更高也是合理的。

线路长度——线路的长度直接影响保护类型、继电器应用及其整定值。有必要将线路长度分为短线路、中等长度线路和长线路，虽然定义的短线路、中等长度线路、长线路是不准确的，但有助于建立一个通用的继电保护配置（方案）。短线路系统，电源与线路阻抗的比值大（例如大于 4），长线路该比值一般为0.5 或 0.5 以下，中等长度线路该比值在 0.5～4 之间。但是，必须注意的是，线路的单位阻抗随线路额定电压而变化，比其物理长度或阻抗的变化大。因此，某一电压等级下的短线路可能是另一电压等级下的中等长度线路或长线路。

多端线路——通常，输电线路向其他电源提供中间节点，不需要断路器或其他开关装置的费用，这样的配置被称为多端线路。这是加强电力系统的一种低成本措施，但同时为保护工程师提出了特殊的难题。困难在于继电器仅由本地传感器获取输入，即保护安装处的电压、电流。如图 3.2 所示，中间电源故障电流未被检测。总的故障电流为本地故障电流加上中间电源提供的故障电流，保护安装处的电压为两个电压降总和，其中一个为未被监测的电流和相连线路阻抗的乘积。

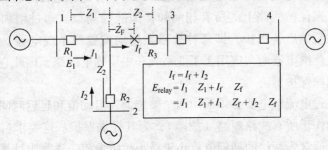

$$I_f = I_f + I_2$$
$$E_{relay} = I_1 \quad Z_1 + I_f \quad Z_f$$
$$= I_1 \quad Z_1 + I_1 \quad Z_f + I_2 \quad Z_f$$

图 3.2　本地继电器的横向影响

3.2　电流保护

3.2.1　熔断器

配电线路中最常用的保护装置是熔断器。不同制造商的熔断器，特性有很大的不同，其特性必须从他们的产品说明书中获得。图 3.3 所示为最小熔点和总清除曲线的时间 – 电流特性。

最小熔点时间是在启动电流大到足以导致电流敏感元件熔化和电弧发生瞬时之间。总清除时间（TCT）为从过电流开始到最终电流中断的总时间；即 TCT 等于最小熔点与电弧时间之和。

除了不同的熔化曲线，熔断器还具有不同承受负荷的能力。制造商应用表显示了三种负荷电流值：持续负荷、热负荷启动和冷负荷启动。持续负荷是超过 3h 或更长时间熔断器不会损坏的最大电流。热负荷可以持续运行，中断并且无熔化立即通电。冷负荷会使运行中断30min，而且是当服务恢复时导致多样性丢失的

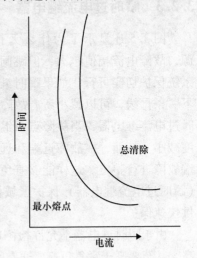

图 3.3　熔断器的时间 – 电流
特性曲线

大电流。由于这期间熔断器也会降温，冷负荷启动和热负荷启动可能接近相似的值。

3.2.2　反时限过电流继电器

延时过电流继电器（TDOC）主要应用于提供相间和接地保护的辐射型配电网。两相和单相接地继电器是对上述继电器的基本补充。这种配置可通过使用最少的继电器，来保护线路上的所有相间和接地故障类型。通过增加第三段继电器，以提供完整的后备保护，即每种故障类型均配置两个继电器，这是首选方法。延时过电流继电器通常应用于工业系统和中压输电线路，因此它的成本要比距离保护或纵联保护低。

所有延时过电流继电器必须采用两个整定值：启动值和延迟时间。选取启动值使继电器动作于所有线路短路（故障），为其提供保护。这要求启动值大于最大负荷电流，通常为两倍的期望值；小于最小故障电流，通常为计算得到的相 - 相或相 - 地短路电流的 1/3。如果有可能，启动值还应对相邻线路或相邻装置提供后备保护。时间延迟是一个独立参数，它能通过各种方式获得，如通过感应盘式杠杆（磁盘感应杆）或外部定时器设定。延时目的是使各继电器之间能够互相配合。图 3.4 为单相 TDOC 模型曲线族。纵坐标的时间为毫秒或秒，取决于继电器型号；横坐标为启动值的倍数，以规范所有故障电流的曲线。图 3.5 显示了延时过电流继电器在径向线上如何互相配合。

3.2.3　瞬时过电流继电器

图 3.5 还显示了为什么无其他辅助，TDOC 不能使用。故障点越靠近电源，故障电流幅值越大，但跳闸时间越长。增加瞬时过电流继电器，可以使该系统保护切实可行。如果瞬时继电器可检测几乎整条线路的故障，但是不包含下一条母线，可以减小所有故障的切除时间，如图 3.6 所示。为了合理使用瞬时过电流继电器，当故障点由继电器沿线路向远端移动时，短路电流必须大幅度减小。然而，在故障近端和远端之间必须有足够大的故障电流差，以便对近端故障进行整定。这样能够避免故障点超过线路末端时继电器动作，并为线路（瞬时过电流继电器）保护区域提供快速保护。并仍为可检测到的线路部分提供快速保护。

由于瞬时继电器不允许检测超出本段线路的部分，因此其整定值必须非常高，甚至要高于紧急负荷。通常瞬时继电器整定值设为正常运行情况下最大值的 125% ~130% 时，继电器可正确动作；当其整定值设为最小值的 90% 时，继电器可能误动。

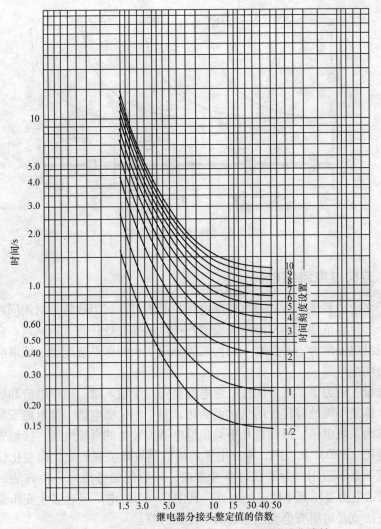

图 3.4 反时限过电流继电器的时间 – 电流特性曲线簇

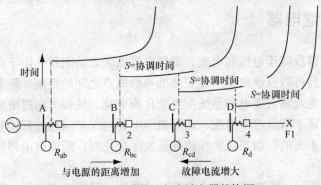

图 3.5 反时限过电流继电器的协调

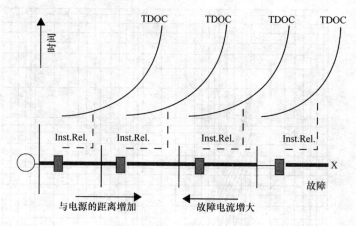

图 3.6　瞬时继电器的影响

3.2.4　方向过电流继电器

对于多电源系统，方向过电流继电保护必不可少，当故障方向相同时必须抑制跳闸。如果幅值相同的故障电流能够在继电器安装处任意方向流通，它将不能和上一级继电器配合，并且对于相同故障，除了极特殊系统配置，该继电器上一级为无方向继电器。

极化量——为了实现方向性，继电器需要两个输入量；动作电流和参考量或极化量，该量不随故障位置的变化而变化。对于相位继电器，继电器安装处的极化量通常为系统电压。极化量几乎总是继电器安装处的系统电压。接地方向可利用零序电压（3E0）来表示。零序电压的幅值随故障位置的变化而变化，并且在某些情况下并不适用。为了获得参考方向，一般优先考虑另一种方法，即利用丫0/△联结电力变压器中性点的电流。其中在一个发电厂里有多个变压器组，最常见的方法就是将所有电流互感器的中性点并联。

3.3　距离继电器

距离继电器反应于电压和电流，即继电器安装处的阻抗。由于单位阻抗值不变，因此继电器可以反映出继电器安装处与故障点之间的距离。随着电力系统愈加复杂，故障电流随着发电和系统配置变化而变化，使得方向过电流继电器变得很难适用和整定于所有故障情况，而距离继电器当保护线路外部发生变化时，其整定值始终是不变的。而当保护线路外部发生变化时，距离继电器整定值始终是不变的。

如图 3.7 所示，距离继电器通常有三种类型，可通过它们的应用和动作特性来进行分类。

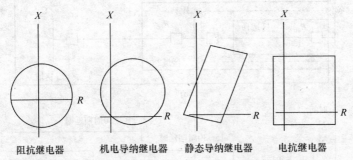

阻抗继电器　　　机电导纳继电器　　　静态导纳继电器　　　电抗继电器

图 3.7　距离继电器特性（来自 Horowitz, S. H. and Phadke, A. G., Power System Relaying, 2nd ed., 1995. Research Studies Press, U. K. 获许可）

3.3.1　阻抗继电器

阻抗继电器具有圆特性，其圆心位于 $R-X$ 复平面原点。它没有方向性，主要用作故障检测器。

3.3.2　导纳继电器

距离继电器最常用的是导纳继电器。它在纵联方案中为跳闸继电器，而在阶段式距离方案中为后备继电器。其特性经过 $R-X$ 复平面原点，因此具有方向性。机电设计中，其特性为圆特性；静态设计中，其特性相当于输电线路阻抗特性。其可以描述为符合输电线路阻抗。

3.3.3　电抗继电器

电抗继电器具有直线特性，仅反应被保护线路的电抗。它无方向性，作为跳闸继电器用于辅助导纳继电器，并构成与电阻无关的整体保护。它特别适用于故障电弧电阻和线路长度相同数量级的短线路。

图 3.8 为三段式距离保护方案，为本级保护线路的 80% ~ 90% 提供瞬时保护（区域 1）；为该线路剩余部分提供延时保护（区域 2），为部分相邻线路作后备保护；区域 3 也能为相邻线路作后备保护。

三相电力系统中，可能有 10 种故障类型：三个单相接地短路，三个相间短路，三个两相接地短路和一个三相短路。无论任何故障类型，继电器都必须提供相同的整定值，如果继电器连接到线电压和线电流，则这是可能实现的。（如果连接继电器以响应线电压和线电流，这是可能的。）Δ 量定义为任意两相量之差，如 $E_a - E_b$ 为 a 相和 b 相之间的 Δ 量。一般情况下，x 相和 y 相之间的多相故障，

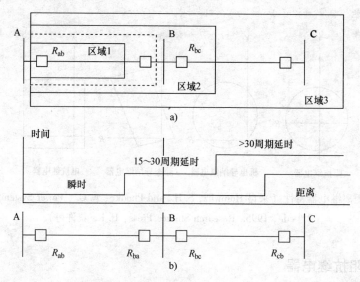

图 3.8　三段式距离保护（保护 100% 本段线路并作相邻线路的后备保护）

可以表示为

$$\frac{E_x - E_y}{I_x - I_y} = Z_1 \tag{3.1}$$

其中 x 和 y 可以为 a 相、b 相或 c 相，Z_1 为继电器安装处与故障点之间的正序阻抗。对于接地距离继电器，必须采用故障相电压和补偿的故障相电流。

$$\frac{E_x}{I_x + mI_0} = Z_1 \tag{3.2}$$

其中，m 为取决于线路阻抗的常数，I_0 是输电线路零序电流。完整的继电器是由三个相间距离继电器和三个接地距离继电器组成的，这是高压和超高压系统首选保护方案。

3.4　纵联保护

如图 3.8 所示，阶段式距离保护不能瞬时切除全线故障。大多数情况下，从系统的稳定性考虑，这是不可取的。为了瞬时保护区域 1 中未包含的 10% ~ 20% 线路，将相关故障点信息利用通信通道由线路一端传输到线路另一端。通信方式有电力线载波、微波、光纤和导引线通信。无论通信方式如何，其基本原理相同，具体的设计细节遵循以下原则。

电力线载波利用保护线路本身作为通道，在 60Hz 工频上叠加一个高频信号。由于被保护线路也是用于启动保护装置的媒介，因此采用闭锁信号。这意味着，如果没有接收到来自远端的闭锁信号，线路两端将跳闸。

微波或光纤通道独立于被保护输电线路，所以可以采用跳闸信号。

导引线通信由于铜导线阻抗的限制，通常用于两端距离不是很长，一般小于 10mile[⊖]的低压线路。

3.4.1　方向比较

美国最常见的纵联保护方法是闭锁式方向比较法，采用电力线载波（通信）。事实上，在一个给定终端，利用方向继电器很容易判断其故障方向是正向还是反向。将这些方向信息传送到远端，通过运用恰当的逻辑，利用两端信息可以确定故障发生在保护线路上还是保护线路外。由于电力线路本身作为通信介质，因此需要采用闭锁信号，如果线路本身损坏出现跳闸信号则线路传输不了。

3.4.2　远方跳闸

如果通信通道独立于电力线路，跳闸方案是可行的保护方案。采用相同的方向保护逻辑来确定故障位置，将跳闸信号传送到远端。有几种不同的方法能够提高可靠性。可以发送直接跳闸信号，或者可以采用附加的超范围或欠范围方向继电器监测跳闸，以提高系统可靠性。欠范围继电器不能保护线路全长，即区域1。超范围继电器的保护范围大于被保护线路，如区域 2 或区域 3。

3.4.3　相位比较

相位比较是一种比较线路两侧电流之间相角的差动方法。如果电流相位相同，则保护范围内无故障；如果电流相位相差 180°，则线路范围内发生故障。可采用任何通信方式。

3.4.4　导引线

除了对两根金属导线上的相电流进行比较，导引线继电器是一种类似于相位比较的线路差动保护方式。导引线通道通常租用本地通信公司电路。然而，由于通信公司逐渐采用微波或光纤取代有线设施，因此必须对这种保护密切监控。现在有越来越多的电力公司安装自己的导缆。

3.4.5　电流差动

最近，随着通信技术的发展已经可以实现短距离的电流差动方案与用在当地变压器和发电机的方案类似。在电流差动方案中，进行精准的差动测量。理想情

⊖　1mile = 1609.344m，后同。

况下，该差值应为零或等于线路上的任何抽头负荷。实际上，由于 CT 误差比不匹配或各种线路电容电流，这可能不现实。关于每个终端电流的相位和幅度的信息必须由所有终端提供，以防止外部故障操作。因此，必须提供适合于传输这些数据的通信介质。

3.5 继电器设计

3.5.1 机电式继电器

早期的继电器设计是利用电流和磁通之间电磁相互作用产生的驱动力，就像一个电机。这些驱动力是由输入信号、存储在弹簧中的能量以及缓冲器联合生成。活塞式继电器通常通过单个驱动量来驱动，而感应式继电器是由单个或多个输入量来启动（见图 3.9、图 3.10）。虽然现有的机电式继电器已成为应用于新结构的主要保护装置。然而在当前改进，在微机继电器的应用能力和通用性和价格方面已使其成为在几乎所有新安装中所选择的保护。

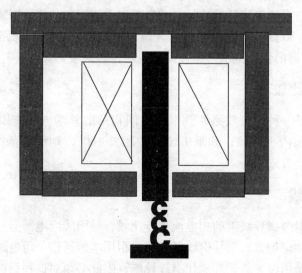

图 3.9 活塞式继电器

3.5.2 固态继电器

现代电力系统的扩大和日益增加的复杂性，需要保护继电器具有更高的性能和更复杂的特性。随着半导体和其他相关元件的发展，这已成为可能，许多设计中都会使用，通常称为固态或静态继电器。机电式继电器所具有的所有功能和特

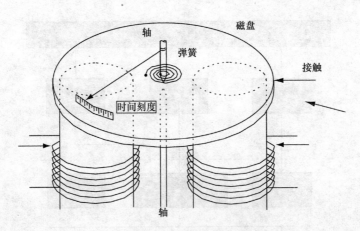

图 3.10 感应式圆盘继电器的结构原理

性，固态继电器同样也具备。固态继电器采用低功率元件，但承受极端温度、湿度、过电压或过电流的能力有限。可反复验证其整定值以更接近容许值，与机电式继电器固定特性相反，可以通过调整逻辑元件形成其特性。这在不利的继电保护情况下具有明显优势。将固态继电器设计、组装和测试作为一个体系，使得制造商将承担继电器正确操作的所有责任。图 3.11 为一个固态瞬时过电流继电器。

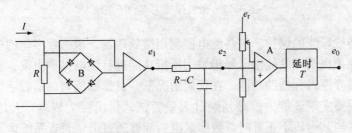

图 3.11 一种固态瞬时过电流延迟的可能的电路结构

3.5.3 微机保护

众所周知，继电器相当于一个模拟式计算机。它获取到输入信号后，经机电式或电子式处理，形成转矩或逻辑输出信号，并以此决定是否使触点闭合或输出信号。随着可靠耐用的高性能微处理器的出现，显然，一台数字计算机就能够完成上述相同的功能。由于常用继电器的输入量是由电力系统的电压和电流构成，因此有必要获取这些参数的数字表示。通过对模拟信号的采样，并利用恰当的算法可以生成相应的数字信号。图 3.12 中的功能模块展示了数字继电器的通常配置。

数字继电器发展的早期阶段，设计微机保护以取代现有保护功能，如输电线

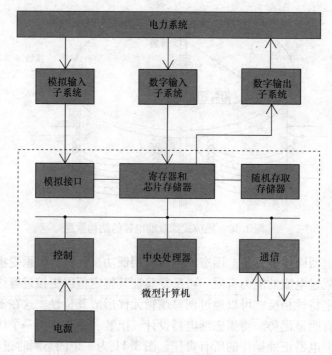

图 3.12　微机保护主要的子系统

路、变压器或母线的保护。某些继电器利用微处理器，根据数字化的模拟信号来进行继电保护决策；其他继电器仍采用模拟功能进行继电保护决策，利用数字技术来实现必要逻辑和辅助功能。在任何情况下，自诊断能力都是数字继电器的主要优势；而要实现该能力，必须经过大量尝试，付出巨大成本，并增加其复杂性。此外，当其运转不正常时，数字继电器能够通过通信警告系统运行人员，允许远程诊断、合理修正。

　　数字继电器在其他方面也有一定的改进。能够实时改变系统条件的自适应功能，是软件控制继电器的一个固有且重要的特性。这种自适应能力正迅速成为未来电力系统可靠性的一个重要方面。

　　随着微机继电器成为主要保护装置，两个行业标准对保护系统特别感兴趣。这些是暂态数据交换通用格式和同步相量。

参 考 文 献

Horowitz, S.H. and Phadke, A.G., *Power System Relaying*, 3rd edn., 2009, John Wiley & Sons, Ltd., Chichester, U.K.

第4章 系统保护

Miroslav M. Begovic

Georgia Institute of Technology

4.1　简介

大多数保护系统设计均是由独立元件构成，电力系统中系统级扰动成为电力行业的一个常见且具有挑战性的问题。电力系统中大部分扰动的发生，都要求保护和控制配合来阻止系统性能下降，使系统恢复正常状态，使扰动影响最小化。本地保护系统可能会受到扰动的影响而不能保护整个系统。造成电力系统扰动的现象有各种类型的系统不稳定、过载和电力系统连锁效应[1-5]。

电力系统规划必须考虑严格的运行裕量、减少冗余以及由于整个行业重组导致的新约束。广域监测和控制系统中先进的测量和通信技术将会提供更新、更快速、更好的方法来检测和控制紧急情况[6]。

4.2　扰动：原因和补救措施[7]

造成电力系统扰动的现象分为以下几类：暂态不稳定、电压不稳定、过载、电力系统联锁效应等。通常采用各种继电保护和紧急控制措施来减缓扰动。

失步保护主要用以消除由于失步导致发电机损坏的可能性。如果电力系统即将解列，应该沿着边界将系统解列成由平衡负载和发电机构成的孤岛。距离继电器通常用于实现失步保护功能，根据检测失步情况，发出闭锁或跳闸信号。

防止失步最常见的预测方法是等面积准则及其变形。该方法将电力系统假设为某一区域相对其他区域振荡的等值双机模型。如果假设成立，该方法具有快速检测失步的能力。

电力系统中电压不稳定是由重载、无功电源不足、不可预测的突发事件和变压器调压不协调引起的。这些情况都可能造成系统崩溃（过去时有发生，而且全球许多电力系统中都得到了证实）。

随着输电系统负载的加重，电压不稳定的风险也逐渐增大。典型的电压不稳定情况起始于系统高负荷运行，随后由于故障、过负荷或过励磁，导致继电器动作。

电力系统中一个或几个元件过载，将会导致系统中更多元件和输电线路联锁过载，最终会导致整个电力系统崩溃。

恢复有功功率平衡的一种快速、简单、可靠的方法是通过低频继电器减负荷。基于特定系统的特性和实用性来设计减载方案有很多种方法。

系统的频率变化是功率不足的结果，频率变化率是功率不足的一个瞬时指标，能实现功率不平衡的初始识别。然而，由于发电机之间的相互影响，发电机转速的变化实质上是振荡的。这些振荡取决于传感器位置和发电机响应。具有较小惯性的系统会导致振荡时峰–峰值更大，继电器需要充足的时间来可靠计算实际的频率变化率。在靠近系统电气中心的负荷母线处进行测量，不易受振荡影响（峰–峰值较小），并且可以进行实际应用。惯性较小的系统会导致振荡频率更高，从而能更快地计算出实际的频率变化率。然而，这也会引起频率变化率更快的变化，并且最终导致频率大幅度下降。频率自适应设置和频率微分继电器会使频率扩展功能的实现更有效和可靠。

4.3 暂态稳定与失步保护

当故障发生或者拓扑结构改变时，将会影响系统的功率平衡，瞬时的功率失衡将会造成发电机之间的振荡。稳定的振荡导致系统从一个平衡点（故障前）到另一个平衡点（故障后）的转换，而不稳定的振荡将会使发电机振荡超出允许范围。如果振荡比较剧烈，那么该站的辅助设备也将遭受严重的电压波动，最终跳闸。如果这种情况发生，发电机的后续同步可能需要很长时间。因此，有必要将处于瞬时不稳定振荡的发电机切除，来保证辅助设备的供电。

瞬时振荡的频率通常在 0.5Hz 和 2Hz 之间。由于故障对系统的影响几乎是瞬间改变的，因此，利用暂态扰动时变化速度缓慢可以用来区分两者（瞬时振荡和故障）。为了例证，我们假设一个电力系统由一条输电线路连接 A、B 两台发电机来构成。图 4.1 所示为两发电机间稳定和不稳定振荡的轨迹，并且将它们之间的输电线路阻抗继电器特性在阻抗平面上表示出来。稳定振荡由远处的稳定工作点移动到继电器的动作区，甚至进入动作区，然后离开。不稳定的轨迹则会穿过继电器的整个动作区。继电器任务是检测，然后根据情况跳开（或闭锁）该继电器。检测主要是通过具有多种特性的失步继电器来进行。当继电器检测到阻抗轨

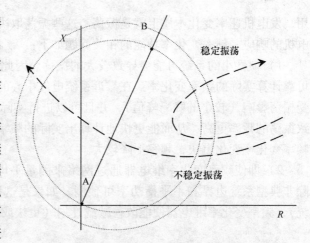

图 4.1 阻抗平面上稳定和不稳定振荡的轨迹

迹进入外区（较大半径的圆），定时器启动，根据阻抗轨迹移动到内区（较小半径的圆）的速度，或离开外区的速度，发出跳闸（或闭锁）指令。继电器特性可以选择直线特性，被称为"遮挡器特性"，以防止重载被误认为是故障或不稳定状态。另一个可以用来检测瞬时振荡的信息是对称的，并且不产生任何零序和负序电流。

电力系统解列迫在眉睫的情况下，失步保护沿着边界动作，将会形成由平衡负载和发电机构成的孤岛。距离继电器通常用于实现失步保护的功能，根据检测到失步情况而发出闭锁或跳闸信号。防止失步最常见的预防方案是等面积准则及其变形。等面积准则，假设电力系统为一个区域相对其他区域振荡的等效双机模型。当假设成立时，该方法具有快速检测失步的能力。

4.4 过载和低频减载

由于过载而使电力系统中一个或多个设备运行中断，将会导致其他设备过载。若没有及时减载，就会发生电力系统联锁效应，造成电力系统解列。电力系统解列，会形成发电机与负荷不平衡的孤岛。这种不平衡的结果将导致其与频率标准值的偏差。如果发电机不能有效控制这种不平衡，则需要减载或切除发电机。特殊保护系统或失步继电器也能够启动解列。

恢复有功功率平衡的一种快速、简单、可靠的方法是通过低频保护进行减载。为了最大限度提高动作的可靠性和稳定性，减载往往设计成多步进行，每步减载和频率设置都要仔细选择。基于特定系统的特性和实用性来设计减载计划有很多种方法。系统功率不足的最终结果是频率变化，频率变化率是功率不足的一个瞬时指标，能实现功率不平衡的初始识别。然而，由于发电机之间的相互作

用，发电机速率变化本质上就是振荡。这些振荡取决于系统中传感器的位置和发电机的响应。频率变化率功能的相关问题如下：

1）惯性小的系统可能会导致较大的振荡。因此，继电器需要充足的时间来可靠计算实际的频率变化率。在靠近系统电气中心的负荷母线处进行测量，不易受振荡影响（较小的峰–峰值），并且可以进行实际应用。惯性较小的系统会导致振荡的频率更高，从而能更快地计算出实际的频率变化率。然而，这也会造成频率变化率变化更快，频率下降较大。

2）即使频率变化率继电器通过网络来测量平均值，也很难正确设定它们，除非典型系统边界和不平衡功率可预测。如果是这种情况（例如工业和城市系统），频率变化率继电器便能改善减载计划（更快或更具有选择性的计划）。

4.5 电压稳定性和低压减载

IEEE 电力系统工程委员会的系统动态特性附属委员会对电压稳定的定义为：作为系统维持电压的能力，当负荷增加时，负荷功率也会增加，电压稳定可以调节功率和电压。此外，电压崩溃被定义为：由于电压不稳定，造成电力系统的某个重要部分出现很低的电压分布的过程。人们认为这种不稳定是由负荷特性造成的，而不是由发电机的转子运动引起功角的不稳定造成的。

电压稳定性问题表征为几个显著特点：系统电压分布低，线路无功过大，无功供应不足，电力系统重载。电压崩溃通常在有征兆的一段时间后突然发生，可能持续几秒钟到几分钟，有时几小时。电压崩溃往往由低概率的单个或多个突发事件促成的。电压崩溃需要长时间才能恢复，由此会使大量用户停电很长一段时间。减缓电压崩溃的方案需要利用其特征来及时判断出电压崩溃的形式，并采取纠正措施。

电压崩溃模型的分析主要分为静态和动态两类：

1）快速：系统结构干扰，包括设备中断或设备中断而引起的故障。这些干扰可能和暂态稳定特征相似，有时很难区分它们，但这两种类型的减缓方法基本相似，因此区分它们并不重要。

2）缓慢：负载干扰，如系统负载的波动。负载波动缓慢从本质上可以被看成是静止的。它们导致系统稳定平衡状态移动缓慢，使得通过稳定状态离散序列而不是动态模型预测电压分布变化成为可能。

图 4.2 象征性展示了一个通过缓慢的负载变化进行的稳定和不稳定电力系统平衡联合的过程（鞍结分岔），这个过程导致了电压崩溃（联合时系统状态突然沿着中心流形离开），VPQ 曲线（见图 4.2）表示当负荷的有功（P）和无功（Q）功率可以任意变化时，双母线系统模型的负载电压 V 的轨迹。

图 4.2 所示为当有功（P）和无功（Q）功率单独变化时，负载电压 V 的轨迹。它以距离投影的形式体现了有功和无功功率裕度。电压稳定边界表现为 PQ 平面上的投影（一个明显的曲线）。可以看出：①电压崩溃会有许多可能的轨迹（和点）；②有功和无功功率裕度取决于初始工作点和电压崩溃的轨迹。

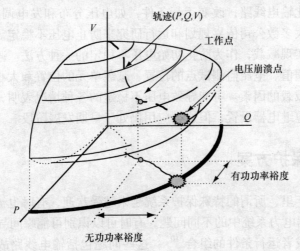

图 4.2　电压、有功负荷、无功负荷及电压崩溃之间的关系

利用观测结果得到精确的电压崩溃近似指标方面，已经有许多次尝试。通常是基于一定应力下给定系统状态的测量以及表明该系统的稳定或近似不稳定状态的某些参数推导。

规划和运行可利用系统状态测量参数，来避免电压崩溃的发生。然而，系统状态预测和实时获取参数都很困难。这些参数的快速推导和分析，对避免由于拓扑改变或负载迅速变化而引起的紧急情况下发生电压崩溃而快速启动自动校正措施是很重要的。

如果某些可直接测量的关键参数，能够实时快速地发现电压崩溃，那么这些参数是最可取的。衡量指标之一为输出无功功率对负荷参数（有功负荷和无功负荷）的灵敏度。当系统接近电压崩溃时，负载很小的增加就会造成系统吸收无功功率大幅度增加。这些增加的无功功率吸收，必须由该区域无功功率的动态电源提供。在电压崩溃瞬间，关键电源输出无功功率变化率相对于关键母线上负荷增加量趋于无穷大。

离线研究中，输出无功功率对负荷参数的灵敏度模型比较容易计算，但在实时应用中可能会有问题，它需要全系统的测量信息。影响灵敏度的两大因素是重要的发电机（需要提供系统所需的大多数无功功率）和重要的负载（即使是其自身负载参数的微小变化，也会导致系统拓扑结构中该位置的无功传输损耗增幅最大）。这样的灵敏度模型标准表示一个有效的近似指标，但有一点仍较难解释。它不是输出无功功率，但它对负载参数的倒数在电压即将崩溃时变为无穷大。

电压不稳定可以通过以下补救措施相结合来减缓：在靠近负荷中心增设无功补偿设备；强化输电线路；改变运行条件，如电压分布和发电调度，协调保护、控制和减载。大多数公司依靠规划和运行研究来防止电压不稳定。许多公司利用本地电压测量实现减载，作为防止初始电压不稳定的一种方法。减载的效率取决于选定的电压阈值、电压监测试点的位置、减载单元的位置和大小，以及运行条件等可能影响减载的因素。可能导致电压不稳定的各种情况表明，最准确的决策应该包含自适应继电器设置，但这类应用仍处于早期发展阶段。

4.6 特殊保护方案

过去的几年里，所谓的特殊保护系统越来越受欢迎，有时也被称为补救实施方案[8,9]。根据电力系统中的不同问题，有时可以识别可能瞬间导致极其严重后果的突发事件或者运行条件的组合[10]。这些问题包括输电线路故障、断线和可能由最初意外事件导致的连锁效应、发电机退出运行、负荷水平快速变化、高压直流（HVDC）输电或柔性交流输电系统（FACTS）设备问题，或以上事件的任意组合等。

在多种不同的特殊保护方案（SPS）中，一些方案的命名已经用于描述其大概种类[2]：特殊稳定控制，动态安全控制、应急备用方案，补救实施方案、自适应保护方案、校正实施方案、安全增强方案等，从继电保护严格意义上讲，我们不把任何控制方案作为 SPS，而是指具有以下特性的继电保护系统[9]：

1）SPS 和系统条件协调配合，可以运行（配备），或退出（解除）。

2）SPS 反应低概率事件；因此它们一年多都很少启动一次。

3）SPS 运行方便，预定控制规则，通常基于大量离线研究进行计算。

4）通常，为了做出决策和调用控制规则，SPS 包括由多个位置远程采集测量数据（监测控制和数据采集，即 SCADA）的通信系统。

SPS 的设计过程基于以下进行[2]：

1）临界条件的识别：根据大量系统离线稳态研究，系统的各种运行条件和突发事件都被当作潜在危险，其中临界条件被确定是最危险的。临界条件的持续监测、检测和减缓问题已通过离线研究得到解决。

2）识别触发（器）：它们是用于检测临界条件的可测信号。通常，这些检测是通过复杂的启发式逻辑推理来实现，采用逻辑电路来完成任务："如果事件 A 与事件 B 同时发生，或事件 C 发生，那么……"决策逻辑的输入称为识别触发（器），可以作为系统中继电器的一部分，有时和一些测量设备（SCADA）相结合。

3）操作人员控制：尽管在 SPS 设计过程中做了大量的仿真和研究，也有必要包括人为干预，即有必要包括反馈回路中的人机交互。因为并不是一直需要 SPS，因此需要操作人员决定配备或解除它们。

以下是参考文献［8，9］中提出的 SPS 方案：

1）切除机组；

2）甩负荷；

3）低频减载；

4）系统解列；

5）汽轮机阀门控制；

6）稳压器；

7）高压直流控制；

8）失步保护；

9）动态制动；

10）发电机快速减负荷；

11）无功补偿；

12）方案组合。

其中一些方案已在前文中叙述过。大体趋势是向更复杂的方案发展，能超越目前的解决方案，并且利用最新技术发展优势和系统分析中的进展。其中一些趋势会在下面进行叙述[6]。

4.7　现状：技术基础

4.7.1　相量测量技术[7]

同步相量测量技术已经成形，并作为监测系统平台而迅速获得认可。它提供可监测和控制电力系统的一个理想的测量系统，特别在严峻的条件下。该技术的基本特征是，实时测量电力系统的正序电压和电流，时间同步精准。这样可以对基于位置分散广泛的测量和基于控制措施的实时测量进行精确比较。相量计算通常采用快速递归型离散傅里叶变换（DFT）。

同步是通过一个全球卫星定位（GPS）系统实现的。GPS 是美国政府资助项目，免费提供全球方位和时间。它可以提供 $1\mu s$ 级以上连续精确对时。如果未来其他同步信号可以提供保持同步的足够的精确度，那么这些信号也是可用的。本地专有系统可利用微波或光纤传播同步信号。另外两个精确定位系统，一个是俄罗斯的全球卫星导航系统（GLONASS），一个是欧洲的伽利略系统，也能提供精确的时间。GPS 发送信号由接收机接收，将锁相采样时钟脉冲传送给模数转换系统。采样数据被转换成代表采样波形时间标签的一组复杂数字。三相相量组合构成正序测量。

任何利用采样数据的微机型继电器都能成为正序测量设备，利用从外部导出的同步脉冲，例如来自 GPS 接收机，可以放置在相同的时间基准。因此，可能所有微机型继电器都能提供同步相量测量。当以这种方式测量电流时，模数转换器必须有足够高的分辨率，以便轻载时达到足够的精确度。一个 16 位 A－D 转换器通常能提供足够的分辨率，从而既能采集轻载时电流，也能采集故障电流。

为了最有效地利用相量测量，通常需要某种数据集中器。最简单的是一个系统检索测量位置记录文件，通过记录时间节点使不同位置的文件相关联。利用相量测量的精度可以进行系统和事件分析。对于实时应用而言，需要连续数据采集。相量集中器输入由大量 PUM 传送来的相量测量数据，进行数据检查，记录扰动，再将合并的数据流传送给其他监测和控制应用装置。这种类型的装置同时满足硬件和软件实时应用的需要，并为系统分析保存数据。利用相量测量单元－相量数据集中器（PMU－PDC）技术进行测试表明从测量到在中央控制器使用数据的时间间隔，直接链接时快达 60ms，二次链接时快达 200ms。这些时间满足多种广域控制的要求。

一个更显著的成就是广域测量系统（WAMS）概念。它包括用于广域互联系统分析的所有类型的测量。这种类型的应用不需要实时性，没有不足之处。其主要元素是具有足够精度的时间标签，以使多源数据明确关联，并能使所有数据具有相同标准。准确性和及时获取数据也是很重要的。当然其系统范围、精确的时间标签及相量测量是广域测量系统的基本要素。

4.7.2　通信技术[7]

通信系统是广域继电保护系统的一个重要组成部分。通信系统对广域继电保护和控制系统运行所需信息进行分配和管理。然而，由于通信信息可能会丢失，继电保护系统必须能够检测通信系统错误以及容错。继电保护系统和通信系统相互独立，尽可能少受相同故障模式的影响也很重要。在过去这是主要的问题根源。

为了满足这些复杂的要求，通信网络必须快速、稳定、可靠运行。考虑实现这些目标的最重要因素是通信网络的类型和拓扑、通信协议以及媒介。这些因素将依次影响通信系统的带宽，通常表现为每秒传输数据位数（BPS），数据传输的延时，可靠性和通信错误处理。

目前，电力行业使用由电力线载波、无线电、微波、专用电话线路、卫星系统和光纤构成的模拟和数字通信相结合的系统。系统中每个部分都有其作为最佳解决方式时的应用。下面对每部分的优点和缺点进行了简要总结。

电力线载波通常比较便宜，但覆盖距离有限、带宽低。它最适合于站与站之间的保护以及与难以接入其他站的小站之间的通信。微波成本低效益高而且可靠，但维护量大。它适用于所有应用中的一般通信。无线电带宽较窄，但适用于移动应用或难以接入其他站的地点。卫星系统同样可以有效地到达难以接入的地点，但对于延迟长的地点是不适用的，而且价格昂贵。专用电话线路对于由标准载波提供服务，需要固定连接的地点非常适用。从长远来看它们较为昂贵，所以对于需要多通道的地点来说，专用电话线路通常不是最好的解决方案。光纤系统是最新的方式。它们安装和设置都很昂贵，但预计有更高的成本效益。它们具有使用现有通道电容先行权以及在使用地点间直接通信的优点。此外，它们具有符合现代数据通信要求的高带宽。

光纤系统可采用几种类型的通信协议。两种最常见的是同步光网络（Sonet/SDH）和异步传输模式（ATM）。宽带以太网越来越受欢迎，但在主干系统中不常用。Sonet 系统是定向通道，每个通道都有需要（投入）或不需要（退出）的时段。如果在特定时间特定通道没有数据，则系统只传送空包。相比之下，当数据到达专用数据包，ATM 则向系统上传数据。随着数据包传输，信道将被重组。由于没有发送空包，因此它效率更高，但是它需将数据包优先排序和分类。每个系统都有不同的系统管理方案来应对这些问题。

同步光网络是世界电力行业公认的协议，并在以下两个标准下均可采用：①Sonet（同步光网络）是在 ANSIt1.105 和 Bellcore GR 标准下的美国系统；②国际电信联盟（ITU）标准下的同步数字体系（SDH）。

Sonet 和 SDH 网络以环形拓扑结构为基础。这种拓扑结构是一个双向环，它的每个节点能够向任一方向发送数据；数据可以在环上的任一方向移动来连接任意两个节点。如果环在任何一节点断开，节点将检测与断开点相关的其他节点，必要的话会自动改变传输方向。但是，一个典型的网络，可能由树、环和网状拓扑结构混合而成，而不是只有主干环这种严格意义上的环。

自愈（或生存性）能力是 Sonet/SDH 网络的一个显著特征，因为它是一个环形拓扑结构。这意味着，如果两个节点之间的通信丢失，它们之间的通信将切换到环的保护路径。切换到保护路径的速度最快达 4ms，完全适用于任何广域保护和控制系统。

通信协议是现代数字通信必不可少的部分。电力行业中最普遍且适用于广域继电保护和控制的协议是分布式网络协议（DNP）、Modbus、IEC870-5 以及公共设施通信体系/制造报文规范（UCA/MMS）。传输控制协议/互联网协议

（TCP/IP），可能是使用最广泛的协议，必然会应用于广域继电保护中。

公共设施通信体系/制造报文规范（UCA/MMS）协议是电力公司和供应商合作成果（电力科学研究院协调）。它解决了电力行业所有的通信需求。其"端对端"通信能力，允许任一节点与广域网络中的其他节点交换实时控制信号。DNP 和 Modbus 同样都是实时性的协议，适用于继电保护。以太网上的 TCP 协议实时性要求不高，但除了通信量低以外，与其他协议表现相同。其他速度较慢的协议，如美国控制中心之间的通信协议（ICCP），欧洲的 TASEII 处理水平高但应用速度和 SCADA 一样较慢。许多其他协议也可采用，但在电力行业并不常用。

4.8 未来在控制和保护方面的改进

可以改进现有的保护/控制系统，且新的保护/控制系统可发展成更适用于系统级扰动期间常见系统状况的系统。现有系统的改进主要是通过本地测量技术的提高，开发更好的算法和基于远程通信的新系统的改进来实现。然而，即使通信链接环节存在，但仅采用本地信息的传统系统仍然需要改进，因为它们应该起到恢复原始状态的作用。如今 SCADA 系统中增加的功能和通信能力，为智能和自适应控制提供了机会，为系统级扰动提供了保护。相反又可以使网络得以充分利用，不易受大扰动的影响。

失步继电器必须快速和可靠动作。目前启动或闭锁距离继电器的失步技术不能完全满足电力系统保护和控制的要求。失步保护系统的主要成果是多机失步情况研究。新一代的失步继电器需要更多的测量信息，包括本地以及远程信息，并产生更多输出信息。整个继电保护系统的结构必须由中央控制进行分配和协调。继电保护系统为了应对复杂性问题，大多数的决策由本地做出。继电保护系统最好是自适应的，以应对系统的变化。为了进行失步预测，必须从系统级方法入手，找出关键信息以及如何以可接受的速度和精度处理信息。

电压不稳定保护也应作为分层结构的一部分。设计新一代电压不稳定保护的合理方法是，首先设计一个仅有本地信号的电压不稳定继电器。为了在某处选择适当的通信信号，应当明确本地信号的局限性。然而，为了设计一个可靠的保护，通信信号的最小集合应该始终是已知的，并且需要具有以下特点：①确定必要测量点数目递减算法，必要测量点主要测量电压稳定监测、分析、控制所需信息且其信息缺失最少；②方法的发展（即灵敏性分析），它应具备所有现有的本地保护技术，并且在安全性和可靠性方面都有良好的表现。

参 考 文 献

1. Horowitz, S.H. and Phadke, A.G., *Power System Relaying*, John Wiley & Sons, Inc., New York, 1992.
2. Elmore, W.A., ed., *Protective Relaying Theory and Applications*, ABB and Marcel Dekker, New York, 1994.
3. Blackburn, L., *Protective Relaying*, Marcel Dekker, New York, 1987.
4. Phadke, A.G. and Thorp, J.S., *Computer Relaying for Power Systems*, John Wiley & Sons, New York, 1988.
5. Anderson, P.M., *Power System Protection*, McGraw Hill and IEEE Press, New York, 1999.
6. Begovic, M., Novosel, D., and Milisavljevic, M., Trends in power system protection and control, *Proceedings 1999 HICSS Conference*, Maui, Hawaii, January 4–7, 1999.
7. Begovic, M. and Working Group C-6 of the IEEE Power System Relaying Committee, Wide area protection and emergency control, Special Publication of IEEE Power Engineering Society at a IEEE Power System Relaying Committee, May 2002. Published electronically at http://www. pespsrc.org/
8. Anderson, P.M. and LeReverend, B.K., Industry experience with special protection schemes, IEEE/CIGRE Committee Report, *IEEE Transactions on Power Systems, PWRS*, 11, 1166–1179, August 1996.
9. McCalley, J. and Fu, W., Reliability of special protection schemes, IEEE Power Engineering Society paper PE-123-PWRS-0-10-1998.
10. Tamronglak, S., Horowitz, S., Phadke, A., and Thorp, J., Anatomy of power system blackouts: Preventive relaying strategies, *IEEE Transactions on Power Delivery, PWRD*, 11, 708–715, April 1996.

第 5 章　数字继电保护

James S. Thorp

Virginia Tech

　　20 世纪 60 年代末和 70 年代初，数字继电器最初出现在 Rockefeller（1969），Mann 和 Morrison（1971），Poncelet（1972）所写的论文和早期现场试验中（Gilchrist 等人，1972，Rockefeller 和 Udren，1972）。考虑到当时计算机的费用，Rockefeller（1969）提出用一个单一高成本的小型计算机在变电站中完成多个继电保护计算。除了需要高成本、大功率外，早期的小型计算机系统与现代系统相比（速度）较慢，并且只能进行简单计算。我们有理由相信计算机会变得更小、更快、更便宜，（同时）结合微机继电保护的优势，会使该领域持续发展。IEEE 指南微机保护第 3 版中（Sachdev，1997）罗列了 1970 年以来该领域 1100 多种刊物。近 2/3 的论文都致力于研究和比较算法。目前尚不清楚这一趋势是否应该继续下去，但除算法以外的问题在今后应该得到更多的关注。

　　很大程度上，微机保护已经达到预期效果。数字继电器自监控和校验功能相比以前技术有明显优势。许多继电器一年只有几个周期起作用。很大一部分干扰可以追溯到继电器中的"隐藏故障"，继电器只有在特定系统条件下才能检测到（Tamronglak 等，1996）。数字继电器能够检测自身故障并且在发生误动作之前可以切除故障，这也是数字继电保护最主要的优势之一。

　　微处理器的改革出现了一种情况，使人们在选择继电器时，由于经济原因会选择采用数字继电器。随着复杂数字继电器硬件成本的急剧下降，传统（模拟）继电器的成本逐渐增加。即使软件成本高，但由于数字继电器接线成本低，所以它仍然是经济之选。先前介绍的微机系统里，输电线路保护的各个区域所需要的全部功能需要用不同的控制板以及大量接线来实现。例如，相间距离保护需要装设相－相和三相故障保护、接地距离保护、接地过电流保护、试验计划、断路器失灵保护，重合闸需要冗余布线、几百瓦的功率以及很多控制板。单片机系统是独立单元，已经取代旧系统，需要 10W 功率，并只能直接接线。

现代数字继电器能够提供 SCADA（数据采集与监视控制）系统，测量和录波器录波。线路继电器还可以提供故障位置信息。调制解调器或广域网（WAN）可以有效地利用这些数据。变电站局域网（LAN）可以将保护模块与本地主机相连。复杂的多功能继电器需要大量的定值。处理定值管理的技术正在发展。随着通信技术的改善，在广域保护和控制中正在考虑微机保护的可行性。

5.1　采样

采样过程在微机保护中是必不可少的，它通过处理单元得到所需数据进行计算，继电保护根据计算结果做出决策。12 位和 16 位的 A－D 转换器都正在使用。负荷电流和故障电流的最大区别是在 A－D 转换器中，前者需要更强的驱动力而后者需要更高的精度。当未饱和的故障电流只有 12 位时，很难准确测量负荷电流。应该注意的是，大多数保护功能不需要用此精确的负荷电流测量。虽然也有应用，如水轮发电机保护，其中采样率是取决于电力系统额定频率，大多数继电器应用都是固定采样率，为电力系统额定频率的倍数。

5.2　抗混叠滤波器

ANSI/IEEE 标准 C37.90，为装设继电保护装置提供抗冲击能力（SWC）标准。该标准由振荡和瞬态测试构成。通常浪涌滤波器在 A－D 转换之前，连接一个抗混叠滤波器。理想情况下的信号 $x(t)$ 提出 A－D 转换器 $x(t)$ 对某些频率 ω_c 是限带宽的，即 $x(t)$ 的傅里叶变换只限制低于 ω_c 的低通带，如图 5.1 所示。采样频率 ω_s 的低通信号产生是由低通变换复制转移构成的变换信号，如图 5.2 所示。如果 $\omega_s - \omega_c > \omega_c$ 即，$\omega_s > 2\omega_c$，那么 $z(t)$ 利用一个理想低通滤波器可以恢复原始信号 $x(t)$。目前信号采样利用的是奈奎斯特采样定理，采样频率为最高频率的两倍。如果 $\omega_s < 2\omega_c$，采样信号被称为"混叠"信号，低通滤波器的输出信号不是原始信号。在某些应用中，为了避免混叠，需要已知信号频率成分、选择采样频率，在数字继电保护应用中，通过在采样之前过滤信号来选定采样频率和限制信号频率成分，以确保其最高频率小于采样频率的一半。使用的滤波器被称为抗混叠滤波器。

混叠也发生在离散序列采样或抽样。例如，如果利用高采样率如 7200Hz 为示波法提供数据，那么在 720Hz 时从每 10 个采样里提取数据，用于继电保护。在提取每 10 个采样的过程中（抽取）将产生混淆，除非提供截止频率为 360Hz 的数字抗混叠滤波器。

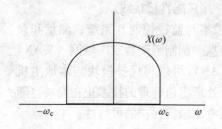

图 5.1 有限带宽函数的傅里叶变换   图 5.2 抽样信号 $x(t)$ 的傅里叶变换

5.3 $\Sigma - \Delta\, A - D$ 转换器

经过多次评估，奈奎斯特定理在采样方面有一定优势。它可能会改变采样点的分辨率。所谓的 $\Sigma - \Delta A - D$ 转换器是基于高采样率的 1 位转换器。考虑在高频率 $T = 1/f_s$ 时采样信号 $x(t)$，即 $x[n] = x[nT]$ 当前采样值与 α 倍的前一个采样值之差

$$d[n] = x[n] - \alpha x[n-1] \tag{5.1}$$

如果 $d[n]$ 通过字长为 Δ 的量化器进行量化，则

$$x_q[n] = \alpha x_q[n-1] + d_q[n] \tag{5.2}$$

这种量化被称为增量调制，如图 5.3 所示。当一位数字转换器输入为 $d[n]$，输出 $d_q[n]$ 时，z^{-1} 是单位延时。输出 $x_q[n]$ 阶梯近似于信号 $x(t)$，阶梯宽度为 T 秒，高度为 Δ。增量调制输出有两种误差类型：一种是输入快速变化时，最大坡度 Δ/T 较小（见图 5.3）；一种是由于信号 $x(t)$ 变化缓慢引起振荡。量化器下面的反馈回路离散近似于 $\alpha = 1$ 的积分器。$\alpha < 1$ 相当于不完全积分。增量调制流程图如图 5.4 所示。由于阶梯含有高频量，因此需要低通滤波器（LPF）。增量调制器改善两种误差类型之前，要在低通滤波器前进行积分变换。另外，两个积分器可以相互结合。

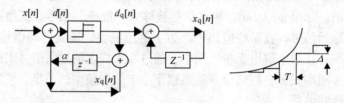

图 5.3 增量调制器和误差

调制器可以被认为是电压跟踪电路。在一个大带宽中，通过过采样提高分辨率，以传播量化噪声。它可能整形量化噪声，因此在高频中噪声很大，接近直流时噪声很小。将整形噪声与陡峭

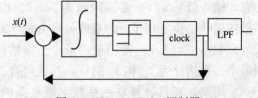

图 5.4　Sigma - Delta 调制器

截止频率的数字低通滤波器相结合，能够生成一个 16 位二进制数比较器。例如，20kHz16 位的结果可以由 400kHz 的原始采样频率得到。

5.4　相量采样

相量是一个复杂的量，用于表示时间的正弦函数，如交流电压和电流。为了方便通过相量来计算交流电路中的功率，将相量幅值设为正弦波形有效值。一个正弦量及其相量表示如图 5.5 所示，定义如下：

正弦量相量

$$y(t) = Y_\text{m}\cos(\omega t + \phi)\quad Y = \frac{Y_\text{m}}{\sqrt{2}}\text{e}^{\text{j}\phi}$$

(5.3)

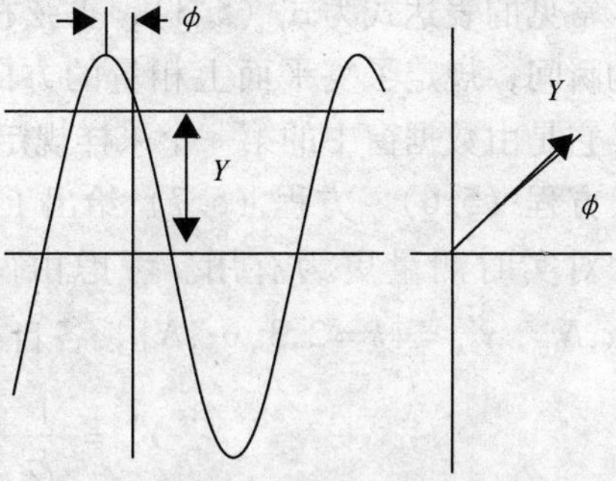

相量表示为单频正弦波，在暂态条件下不能直接适用。然而考虑到相量表示在一个有限窗观察到的波形基频分量的估计（量），因此相量的概念可用于暂态条件下。如果 n 个采样 y_k，从信号 $y(t)$ 的一个周期波形中获得：

图 5.5　相量表示

$$Y = \frac{1}{\sqrt{2}}\frac{2}{N}\sum_{k=1}^{N}y_k\text{e}^{-\text{j}k\frac{2\pi}{N}}\qquad(5.4)$$

$$Y = \frac{1}{\sqrt{2}}\frac{2}{N}\left\{\sum_{k=1}^{N}y_k\cos\left(\frac{k2\pi}{N}\right) - \text{j}\sum_{k=1}^{N}y_k\sin\left(\frac{k2\pi}{N}\right)\right\}\qquad(5.5)$$

采样角 θ 为 $2\pi/N$，如下：

$$Y = \frac{1}{\sqrt{2}}\frac{2}{N}(Y_\text{c} - \text{j}Y_\text{s})\qquad(5.6)$$

$$Y_\text{c} = \sum_{k=1}^{N}y_k\cos(k\theta)\qquad(5.7)$$

$$Y_\text{s} = \sum_{k=1}^{N}y_k\sin(k\theta)$$

注意，输入信号 $y(t)$ 必须限带为 $N\omega/2$，以避免混叠误差。在白噪声情况下，离散傅里叶变换（DFT）的基频分量由式（5.4）～式（5.7）得出，可以显示出式（5.4）～式（5.7）是相量的最小二乘估计。如果数据窗不是半周期的倍数，则最小二乘估计为 Y_c 和 Y_s 的一些其他组合，式（5.6）不再成立。短窗口（小于一个周期）相量计算在一些数字继电保护中广泛应用。目前，我们主要讨论电力系统额定频率的半周期倍数的数据窗。

如图 5.5 中所示，当获得采样数 1 时，数据窗立即开始。采样集 y_k 为：

$$y_k = Y_m \cos(k\theta + \phi) \tag{5.8}$$

将 y_k 由式（5.8）代入到式（5.4）

$$Y = \frac{1}{\sqrt{2}} \frac{2}{N} \sum_{k=1}^{N} Y_m \cos(k\theta + \varphi) e^{-jk\theta} \tag{5.9}$$

或者

$$Y = \frac{1}{\sqrt{2}} Y_m e^{j\phi} \tag{5.10}$$

常见的表达式为式（5.3），正弦相量表示为式（5.3）。获得第一个数据采样的瞬间，规定了复平面上相量的方向。相量的参考轴，即为图 5.5 中的水平轴，它是由数据窗中的第一个采样规定的。

方程（5.6）～方程（5.7）给出了一种通过输入信号计算相量的算法。递归算法对实时测量更为有用。考虑由两个相邻采样集计算相量：$y_k = \{k = 1, 2, \cdots, N\}$，$y'_k = \{k = 2, 3, \cdots, N\}$，各自相对应的相量 Y^1 和 $Y^{2'}$ 分别为：

$$Y^1 = \frac{1}{\sqrt{2}} \frac{2}{N} \sum_{k=1}^{N} y_k e^{-jk\theta} \tag{5.11}$$

$$Y^{2'} = \frac{1}{\sqrt{2}} \frac{2}{N} \sum_{k=1}^{N} y_{k+1} e^{-jk\theta} \tag{5.12}$$

我们可以修正式（5.12）以完善递归相量计算，如下：

$$Y^2 = Y^{2'} e^{-j\theta} = Y^1 + \frac{1}{\sqrt{2}} \frac{2}{N} (y_{N+1} - y_1) e^{-j\theta} \tag{5.13}$$

根据采样角 θ，相量 $Y^{2'}$ 的角度大于相量 Y^1 的角度 θ，因此相量 Y^2 与相量 Y^1 的角度相等。当输入信号是一个恒定的正弦波时，由式（5.13）计算得到的相量为恒定的复数。一般情况下，相量 Y，相当于数据 $y_k\{k = r, r+1, r+2, \cdots, N+r-1\}$，根据递归公式将 Y^{r+1} 修正为

$$Y^{r+1} = Y^r e^{-j\theta} = Y^r + \frac{1}{\sqrt{2}} \frac{2}{N} (y_{N+r} - y_r) e^{-j\theta} \tag{5.14}$$

式（5.13）中相量的递归计算非常有效。它从原来的相量正反馈一个新的

相量，同时通过旧数据窗完成了对相量的大部分计算。

5.5　对称分量

对称分量是三相网络中电压和电流的线性变换。对称分量变换矩阵 S 转换了相量，电压 E_ϕ（也可以是电流）变为对称分量 E_s：

$$E_s = \begin{bmatrix} E_0 \\ E_1 \\ E_2 \end{bmatrix} = SE_\phi = \frac{1}{3}\begin{bmatrix} 1 & 1 & 1 \\ 1 & \alpha & \alpha^2 \\ 1 & \alpha^2 & \alpha \end{bmatrix}\begin{bmatrix} E_a \\ E_b \\ E_c \end{bmatrix} \tag{5.15}$$

$(1,\ \alpha,\ \alpha^2)$ 是三个统一立方根。对称分量变换矩阵 S 是三相平衡电路阻抗矩阵上的相似变换，将这些矩阵对角化。对称分量，用下标（0，1，2）分别表示电压（或电流）的零、正、负序分量。三相不平衡网络中，主要分析负序和零序分量。目前，我们只着重讨论正序分量 E_1（或 I_1）。这个分量能够测量电力系统中的平衡或正常的电压和电流。正序分量只允许采用单相电路模拟三相网络，且规定近似于准稳态网络状态。施加正序激励电流和电压时，所有发电机都会产生正序电压，且所有机器处于最佳工作状态。故障或是其他异常不平衡不存在情况下，电力系统专门用来生产和利用纯正序电压和电流。式（5.15）给出了相量的正序分量：

$$Y_1 = \frac{1}{3}(Y_a + \alpha Y_b + \alpha^2 Y_c) \tag{5.16}$$

或者，利用式（5.14）给出相量的递归形式

$$Y_1^{r+1} = Y_1^r + \frac{1}{\sqrt{2}}\frac{2}{N}\left[(x_{a,N+r} - x_{a,r})e^{-jr\theta} + \alpha(x_{b,N+r} - x_{b,r})e^{-jr\theta} + \alpha^2(x_{c,N+r} - x_{c,r})e^{-jr\theta}\right]$$

$$\tag{5.17}$$

如果每周期采样 12 次，则 α 和 α^2 相当于 $\exp(j4\theta)$ 和 $\exp(j8\theta)$，它们分别可以由式（5.17）得到

$$Y_1^{r+1} = Y_1^r + \frac{1}{\sqrt{2}}\frac{2}{N}\left[(x_{a,N+r} - x_{a,r})e^{-jr\theta} + (x_{b,N+r} - x_{b,r})e^{j(4-r)r\theta} + (x_{c,N+r} - x_{c,r})e^{j(8-r)\theta}\right]$$

$$\tag{5.18}$$

仔细筛选出一个采样率——如为电力系统额定频率的 3 倍——能够快速有效地完成对称分量计算。方程与式（5.18）类似，也同样适用于负序和零序分量。序分量可以用来计算与故障类型无关的故障距离。给出了三相系统中 10 种可能发生的故障类型（三个线 - 地，三个相 - 相，三个相 - 相 - 接地和三相），利用早期微机系统能够在计算故障距离之前确定故障类型。错误的故障类型识别会导致继电器动作延时。对称分量继电器可以解决这个问题。随着微处理器速度的发

展，现在能够同时计算出 6 种所有的相－地和相－相故障距离，以解决故障分类问题。

由于采用同步相量测量，因此仍需要计算正序量。相量在电力系统上表示各母线的电压和电流，能够确定电力系统的状态。如果测量几个相量时，需要具有相同参考量。在上一节中提到过的参考量，它是由采样瞬间决定的。为了得到一个相同的参考量，它必须实现采样脉冲同步。实现精确时间同步，必须采用同步相量测量。例如，利用相量测量来估计或验证电力系统网络主要运行特性的状态，如输电线路上潮流可以确定置信度。分析电力系统运行特性有很多其他方法，如事故评估、稳定裕度等，都可以表示电力系统的状态，即相量。时间同步的准确度可以直接转换为测量不同相量之间相角差的准确度。电力网络中，输电线路两端之间的相位角可能相差几度，在发生极其不稳定振荡时可能会达到180°。在这些情况下，假定希望测量角度差小至 1°，则准确度应高于 0.1°。幸好，1μs 级的同步准确度能够通过全球定位系统（GPS）卫星实现。在 60Hz 的电力系统中，1μs 相当于 0.022°，这已经超出了我们的需求。实时相量测量已经在静态状态估计、频率测量和广域控制中得到广泛应用。

5.6 算法

5.6.1 参数估计

大多数继电保护算法提取电流和电压波形信息，以使继电器做出决策。例如：电流和电压相量可以用来计算阻抗、有效值，电流可以用于过电流继电器，电流的谐波含量可以用于抑制变压器保护。参数估计法是将多种算法相结合。假定电流或电压采样值已知，（其他）某些参数未知。简单的信号可表示为：

$$y(t) = Y_c\cos\omega_0 t + Y_s\sin\omega_0 t + e(t) \tag{5.19}$$

式中　ω_0——电力系统额定频率；

Y_c 和 Y_s——未知量；

$e(t)$——误差信号。（在该简单模型中，所有量都不是基频信号）。

需要注意的是，在上式中，我们假定电力系统频率是已知的。如果 Y_c 和 Y_s 是已知量，我们可以计算基频相量。在 T 秒的采样间隔，

$$y_n = y(nT) = Y_c\cos n\theta + Y_s\sin n\theta + e(nT) \tag{5.20}$$

则 $\theta = \omega_0 t$ 为采样角。若当前信号不同于基频信号，上式将与式（5.19）类似，$e(t)$ 需包含这些信号。例如，如果包含二次谐波，式（5.19）可以修改为：

$$y_n = Y_{1c}\cos n\theta + Y_{1s}\sin n\theta + Y_{2c}\cos 2n\theta + Y_{2s}\sin 2n\theta + e(nT) \tag{5.21}$$

很显然，参数估计需要更多的采样，它包含更多项。方程（5.21）可以包含任

意谐波量（数量由采样率限定），电流指数偏移，或任何已知信号都有可能包含在故障后波形内。无论多么详细的公式，$e(t)$ 都将包含不可预测的因素，它们来自：

1）传感器（电流互感器和电压互感器）；

2）故障电弧；

3）行波效应；

4）A – D 转换器；

5）电流中的指数偏移；

6）抗混叠滤波器的瞬态响应；

7）电力系统本身。

对于某些算法来说，电流偏移量不是误差信号，在某些其他算法中，会被忽略。电力系统产生的信号是暂态的，它取决于故障位置、故障入射角和电力系统结构。电力系统暂态过程在抗混叠滤波器后会出现低频。

通式为：

$$y_n = \sum_{k=1}^{K} s_k(nT)Y_k + e_n \tag{5.22}$$

如果 y 代表 n 个采样向量，Y 为 K 个未知系数的向量，则得到由 K 个未知系数组成的 N 个方程

$$y = SY + e \tag{5.23}$$

矩阵 S 是由信号 s_k 的采样构成

$$S = \begin{bmatrix} s_1(T) & s_2(T) & \cdots & s_K(T) \\ s_1(2T) & s_2(2T) & \cdots & s_K(2T) \\ \vdots & \vdots & & \vdots \\ s_1(NT) & s_2(NT) & \cdots & s_K(NT) \end{bmatrix} \tag{5.24}$$

由于误差 e 和方程数大于未知数个数（$N > K$），因此有必要估计 Y。

5.6.2 最小二乘拟合

选择估计 $\hat{Y}$ 的标准，是最小化误差的二次方和，如式（5.23），即

$$e^T e = (y - SY)^T(y - SY) = \sum_{n=1}^{N} e_n^2 \tag{5.25}$$

它能够表示最小二次方误差［方程（5.25）的最小值］产生，当

$$\hat{Y} = (S^T S)^{-1} S^T y = By \tag{5.26}$$

其中 $B = (S^T S)^{-1} S^T$。计算表明，矩阵 S 可以离线构建一个"算法"，即，由一组存储数乘以 N 个采样，得到 K 个参数的估计值。式（5.26）的行表示多

个不同算法，它取决于采样对信号 $s_K(nT)$ 和时间间隔的选择。

5.6.3 离散傅里叶变换（DFT）

当矩阵 $S^T S$ 是对角矩阵时，方程（5.26）为最简形式。利用基频一个周期窗的 N 次谐波的正弦和余弦信号，可以形成熟悉的离散傅里叶变换（DFT）。

$$
\begin{aligned}
s_1(t) &= \cos(\omega_0 t) \\
s_2(t) &= \sin(\omega_0 t) \\
s_3(t) &= \cos(2\omega_0 t) \\
s_4(t) &= \sin(2\omega_0 t) \\
&\vdots \\
s_{N-1}(t) &= \cos(N\omega_0 t/2) \\
s_N(t) &= \sin(N\omega_0 t/2)
\end{aligned}
\tag{5.27}
$$

估计是由下式给出：

$$
\hat{Y}_{Cp} = \frac{2}{N} \sum_{n=0}^{N-1} y_n \cos(pn\theta)
$$
$$
\hat{Y}_{Sp} = \frac{2}{N} \sum_{n=0}^{N-1} y_n \sin(pn\theta)
\tag{5.28}
$$

注意：谐波参数同样采用方程（5.28）进行估计。谐波在线路保护中的作用很小，但在变压器保护中起重要作用。可以看出，基频相量可以由下式得到

$$
Y = \frac{2}{N\sqrt{2}}(Y_{C1} - jY_{S1})
\tag{5.29}
$$

如果利用电压和电流相量比求得阻抗，则式（5.29）中可省略归一化因子。

5.6.4 微分方程

另一种算法是基于系统物理模型参数估计。线路保护中，物理模型是串联 $R-L$ 电路，它能够表示故障线路。变压器保护中，利用类似方法采用电感和电阻构成的磁通电路作为模型。系统在这两种情况下采用微分方程。

5.6.4.1 线路保护算法

图5.6中串联 $R-L$ 电路是故障线路模型。由电路模型产生的电流偏移不

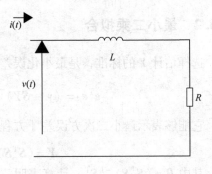

图5.6 故障线路模型

作为误差信号。

$$v(t) = Ri(t) + L\frac{\mathrm{d}i(t)}{\mathrm{d}t} \qquad (5.30)$$

在 k，$k+1$，$k+2$ 采样

$$\int_{t_0}^{t_1} v(t)\,\mathrm{d}t = R\int_{t_0}^{t_1} i(t)\,\mathrm{d}t + L(i(t_1) - i(t_0)) \qquad (5.31)$$

$$\int_{t_1}^{t_2} v(t)\,\mathrm{d}t = R\int_{t_1}^{t_2} i(t)\,\mathrm{d}t + L(i(t_2) - i(t_1)) \qquad (5.32)$$

利用梯形积分来求取积分（假设 t 很小）

$$\int_{t_0}^{t_1} v(t)\,\mathrm{d}t = R\int_{t_0}^{t_1} i(t)\,\mathrm{d}t + L(i(t_1) - i(t_0)) \qquad (5.33)$$

$$\int_{t_1}^{t_2} v(t)\,\mathrm{d}t = R\int_{t_1}^{t_2} i(t)\,\mathrm{d}t + L(i(t_2) - i(t_1)) \qquad (5.34)$$

R 和 L 由下式给出

$$R = \left[\frac{(v_{k+1} + v_k)(i_{k+2} - i_{k+1}) - (v_{k+2} + v_{k+1})(i_{k+1} - i_k)}{2(i_k i_{k+2} - i_{k+1}^2)}\right] \qquad (5.35)$$

$$L = \frac{T}{2}\left[\frac{(v_{k+2} + v_{k+1})(i_{k+1} + i_k) - (v_{k+1} + v_k)(i_{k+2} + i_{k+1})}{2(i_k i_{k+2} - i_{k+1}^2)}\right] \qquad (5.36)$$

应当注意的是，采样值出现在式（5.35）和式（5.36）的分子和分母上。分母不是恒定的，而是随着时间变化而变化，在局部极小点，电流和电流的导数很小。对于纯正弦电流来说，该电流与其导数值从来不同时变小，但当产生偏移时有可能在一小段时间都很小。

该算法的误差信号包括不满足微分方程的条件，如长线路模型中并联元件的电流。若某（时间）间隔内分母很小，则式（5.35）和式（5.36）中分子误差将被放大，导致对结果估计的误差很大。它也很难使窗口超过 3 个采样。对于大多数采样来说，建议在短窗口结果被处理之后，求解这种复杂的方程。然而，短窗口简单平均法估计是不恰当的。

一种计算方法如下：如果在区域内估计 R 和 L 值，则计数器数值增加；如果在区域外估计，则计数器数值减少（Chen 和 Breingan，1979）。通过规定计数器在跳闸前达到一定的阈值，即使延时动作，也可保证动作可靠性。例如，如果采样率为每周期 16 次，则设定阈值为 6，跳闸决策最快在半个周期做出。每个不良估计，会使决策增加两个采样的延迟。继电保护做出决策的实际时间是可变的，它取决于精确数据。

利用中值滤波器可以替代这种计算方法（Akke 和索普，1997）。中位操作根据它们的幅值来排列输入值，并选择中间值作为输出。中值滤波器具有奇数个输入。长度为 5 的中值滤波器在输入 $x[n]$ 和输出 $y[n]$ 之间具有输入 – 输出的关系，由下式给出

$$y[n] = \text{median}\{x[n-2], x[n-1], x[n], x[n+1], x[n+2]\} \qquad (5.37)$$

长度为 5、7、9 的中值滤波器已被应用到短窗口微分方程算法的输出中（Akke 和 Torp，1997）。当消除孤立尖峰噪声时，中值滤波器将保留输入的基本特征。调整继电保护决策所需的时间利用的滤波器长度，而不是计数器方法。

5.6.4.2 变压器保护算法

实际上，电力变压器保护所有算法均采用比率差动保护原理。算法之间的差异在于算法如何能够在过励磁和涌流条件下抑制差动保护动作。基于谐波制动算法，结合现有模拟保护，利用式（5.10）计算二次和五次谐波（Torp 和 Phadke，1982）。由于需要计算二次谐波，因此这些算法采用不超过一个周期的测量电流。谐波计算能够提供可靠动作，因为暂态故障产生的谐波分量会使继电器动作时间延迟约一个周期。

集成变电站中，设有其他微机继电保护，可以在变压器保护算法中考虑使用电压信息。变电站局域网（LAN）中连接的多功能保护模块会共享电压信息。电压幅值能够在数字式"跳闸抑制"中起到抑制作用（Harder and Marter，1948）。故障线路物理模型与微分方程模型类似，可以利用变压器的磁通构建。端电压为 $v(t)$，绕组电流为 $i(t)$，磁链为 $L(t)$ 的微分方程表示为：

$$v(t) - L\frac{di(t)}{dt} = \frac{d\Lambda(t)}{dt} \qquad (5.38)$$

其中 L 是绕组漏感。

利用梯形积分，对式（5.38）进行积分

$$\int_{t_1}^{t_2} v(t)dt - L[i(t_2) - i(t_1)] = \Lambda(t_2) - \Lambda(t_1) \qquad (5.39)$$

得到

$$\Lambda(t_2) - \Lambda(t_1) = \frac{T}{2}[v(t_2) + v(t_1)] - L[i(t_2) - i(t_1)] \qquad (5.40)$$

或者

$$\Lambda_{k+1} = \Lambda_k + \frac{T}{2}[v_{k+1} + v_k] - L[i_{k+1} - i_k] \qquad (5.41)$$

由于式（5.41）中初始磁通 L_0 未知，除非独立传感，磁通 – 电流曲线的斜率为

$$\left(\frac{\mathrm{d}\Lambda}{\mathrm{d}i}\right)_k = \frac{T}{2}\left[\frac{v_k + v_{k-1}}{i_k - i_{k-1}}\right] - L$$
(5.42)

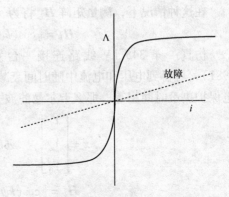

图 5.7 故障条件下的磁通－电流特性

如图 5.7 所示，磁通－电流特性斜率的变化取决于故障是否存在。算法必须能够区分励磁涌流（斜率在大值、小值之间变化）和故障（斜率一直很小）。用于线路保护的微分方程算法同样可以适用。如果斜率低于门槛值且差动电流指示跳闸，则计数器增加；如果斜率高于门槛值且差动电流不指示跳闸，则计数器减少。

5.6.5 卡尔曼滤波器

随着状态方程参数估计的发展，卡尔曼滤波器针对估计问题提供了一个解决方案。它已被广泛应用于动态系统的估计问题。它用于继电保护中，是为了利用滤波器处理随时间变化的测量问题的能力。卡尔曼滤波器可以用来模拟该问题，它有必要表示为一个参数估计的状态方程形式

$$x_{k+1} = \phi_k x_k + \Gamma_k w_k$$
(5.43)

$$z_k = H_k x_k + v_k$$
(5.44)

方程（5.43）（状态方程）表示一段时间后参数的变化，式（5.44）表示测量结果。w_k 和 v_k 为表示状态噪声的离散时间随机过程，即分别为随机输入参数变化和测量误差。通常情况下，w_k 和 v_k 被假定为不相关，采样之间不关联。如果 w_k 和 v_k 为零，那么通常假设

$$E\{w_k w_j^{\mathrm{T}}\} = Q_k ; k = j$$
$$= 0 ; k \neq j$$
(5.45)

矩阵 $\boldsymbol{Q}_k$ 和 $\boldsymbol{R}_k$ 是随机过程的协方差矩阵，并随着 k 的变化而变化。式（5.43）中的矩阵 $\boldsymbol{\phi}_k$ 是状态转移矩阵。如果假设一个纯正弦采样为

$$y(t) = Y_c \cos(\omega t) + Y_s \sin(\omega t)$$
(5.46)

在对应 $\omega \Delta \tau = \psi$ 的等时间间隔，该状态将为

$$\boldsymbol{x}_k = \begin{bmatrix} Y_c \\ Y_s \end{bmatrix}$$
(5.47)

状态转移矩阵为

$$\boldsymbol{\phi}_k = \begin{bmatrix} 1 & 0 \\ 0 & 1 \end{bmatrix}$$
(5.48)

在这种情况下，测量矩阵 H_k 将为

$$H_k = \begin{bmatrix} \cos(k\psi) & \sin(k\psi) \end{bmatrix} \qquad (5.49)$$

仿真一条 345 kV 线路连接一台发电机和一个负荷（Gurgis and Brown，1981），可得到电压和电流中随时间衰减的噪声协方差。如果衰减时间常数与继电保护决策时间相等，那么卡尔曼滤波方程恰好可以解决此估计问题。

$$\boldsymbol{x} = \begin{bmatrix} Y_c \\ Y_s \\ Y_0 \end{bmatrix} \qquad \boldsymbol{\phi}_k = \begin{bmatrix} 1 & 0 & 0 \\ 0 & 1 & 0 \\ 0 & 0 & e^{-\beta t} \end{bmatrix}$$

$$H_k = \begin{bmatrix} \cos(k\psi) & \sin(k\psi) 1 \end{bmatrix} \qquad (5.50)$$

电压被模拟成式（5.48）和式（5.49）。用三种状态模拟电流来说明指数偏移。

测量协方差矩阵为

$$R_k = K e^{-k\Delta t/T} \qquad (5.51)$$

选择 T 为线路时间常数的一半，电压和电流采用不同的 K_s。卡尔曼滤波器采用离散傅里叶算法来估算电压和电流相量。该滤波器必须由某些其他软件来启动和终止。计算开始后，数据窗继续增长，直到过程停止。这不同于固定数据窗，如在一个周期进行傅里叶计算。不断增长的数据窗具有一定的优势，但如果开始时出现错误，也具有局限性，如果计算开始后发生故障，将很难恢复。

卡尔曼滤波器假定一个初始状态 x 的统计描述，并递归地对状态估计进行更新。假设初始状态是一个独立的随机向量过程 w_k 和 v_k，具有已知的平均值和协方差矩阵 P_0。递归计算包括计算增益矩阵 K_k。估计是下式给出

$$\hat{x}_{k+1} = \boldsymbol{\phi}_k \hat{x}_k + K_{k+1} \begin{bmatrix} z_{k+1} - H_{k+1} \hat{x}_k \end{bmatrix} \qquad (5.52)$$

式（5.52）中的第一项是通过状态转移矩阵对原始估计的更新，第二项是增益矩阵 K_{k+1} 乘以残差。式（5.52）括号内表示观测值 z_k 和预测值之差，即预测测量的残差。增益矩阵可以进行递归计算。所涉及的计算量取决于状态向量维数。对于这里所描述的线性问题，这些计算可以离线进行。在没有衰减的测量误差的情况下，卡尔曼滤波器提供的数据窗与不断增长的数据窗略有不同。研究表明，在半周期的倍数时，卡尔曼滤波器得到的恒定误差协方差估计值与离散傅里叶算法得到的数值相同。

5.6.6　小波变换

小波变换是一种信号处理工具，取代了傅里叶变换在数据压缩、声纳和雷达、通信以及生物医学中的应用。在信号处理领域，微波与滤波器组之间有相当多的重叠。在其应用中，由于需要用不同方式处理时间 - 频率分辨率，因此小波

变换被视为改进的傅里叶变换。傅里叶变换提供了一个分解的时间指数函数，$e^{j\omega t}$，它一直存在。我们应该考虑到在前面章节中提到的 DFT 计算处理过的信号一直被周期性延长。也就是说，数据窗表示一个周期的周期信号。采样率和数据窗长度决定了计算的频率分辨率。虽然这些限制是很好理解和直观的，但它们在一些应用如（数据）压缩中有严重的局限性。小波变换提出了一种解决这些局限性的方法。

傅里叶变换可以表示为

$$X(\omega) = \int_{-\infty}^{\infty} x(t)e^{-j\omega t}dt \tag{5.53}$$

傅里叶变换计算之前，数据窗的影响可以通过假设信号 $x(t)$ 是加窗的来捕获。

$$X(\omega,t) = \int_{-\infty}^{\infty} x(\tau)h(t-\tau)e^{-j\omega\tau}d\tau \tag{5.54}$$

小波变换可表示为

$$X(s,t) = \int_{-\infty}^{\infty} x(\tau)\left[\frac{1}{\sqrt{s}}h\left(\frac{\tau-t}{s}\right)\right]d\tau \tag{5.55}$$

式中　s——尺度参数；

　　　t——时间偏移。尺度参数可以替换为傅里叶变换的频率参数。如果 $h(t)$ 的傅里叶变换为 $H(\omega)$，那么 $h(t/s)$ 的傅里叶变换为 $H(s\omega)$。注意，对于一个大的且不变的 $h(t)$，当很小的 s 在频率中传播变换时，s 将压缩变换。有些情况需要信号 $h(t)$ 做"母小波"（本质上 $h(t)$ 具有有限的能量，是一个带通信号）。例如，$h(t)$ 可能是一个带通滤波器的输出。毫无疑问，为了能够表示信号，只需要知道小波变换 s 和 t 的离散值。尤其是

$$s = 2^m, t = n2^m \quad m = \cdots, -2, 0, 1, 2, 3, \cdots$$
$$n = \cdots, -2, 0, 1, 2, 3, \cdots$$

较低的 m 值对应较小的 s 值或较高的频率。

如果 $x(t)$ 限制在 BHz 的频带内，那么可以通过 $T_s = 1/2B$ 时刻的采样来表示。

$$x(n) = x(nT_s)$$

一个母小波相当于一个理想的带通滤波器，阐释了一些观点。图 5.8 显示对应于 $m=0$，1，2，3 的滤波器，图 5.9 显示相应的时间函数。由于 $x(t)$ 频率低于 B 赫兹，因此 m 值必须为正。由图 5.10 可以看到该过程的结构。图中，LPF$_R$ 和 HPF$_R$ 是截止频率为 RHz 的低通和高通滤波器；带有向下箭头的圆圈和 2 表示

每一个采样的过程。例如，带通滤波器首行输出只有 $B/2\mathrm{Hz}$ 的带宽，则在 $2T_s$ 时刻抽取到 T_s 秒时刻的采样。

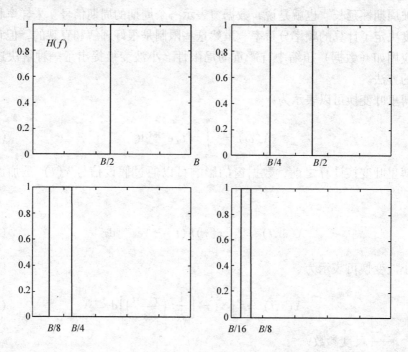

图 5.8 $m = 0$，1，2，3 时的理想带通滤波器

如果取一个由 8 个数字所组成的信号，设定低通滤波器为两个采样平均值 $(x(n) + x(n+1))/2$，高通滤波器为 $(x(n) - x(n+1))/2$（盖尔和尼尔森，1999），则可能对压缩法有更多的理解。例如，

$$x(n) = \begin{bmatrix} -2 & -28 & -46 & -44 & -20 & 12 & 32 & 30 \end{bmatrix}$$

我们可以得到

$$h_1(k_1) = \begin{bmatrix} 13 & -1 & -16 & 1 \end{bmatrix}$$
$$h_2(k_2) = \begin{bmatrix} 7 & -8.5 \end{bmatrix}$$
$$h_3(k_3) = \begin{bmatrix} 7.75 \end{bmatrix}$$
$$I_3(k_3) = \begin{bmatrix} -0.75 \end{bmatrix}$$

如果我们截断成

$$h_1(k_1) = \begin{bmatrix} 16 & 0 & -16 & 0 \end{bmatrix}$$
$$h_2(k_2) = \begin{bmatrix} 8 & -8 \end{bmatrix}$$
$$h_3(k_3) = \begin{bmatrix} 8 \end{bmatrix}$$
$$I_3(k_3) = \begin{bmatrix} 0 \end{bmatrix}$$

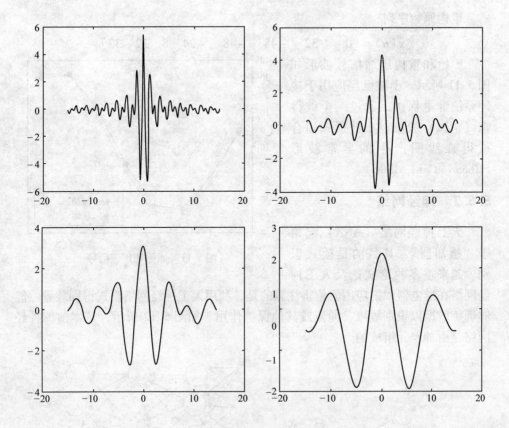

图 5.9　图 5.8 中滤波器的脉冲响应

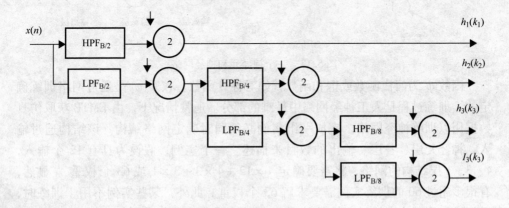

图 5.10　级联滤波器结构

重构原始序列

$$\overline{x}(n) = \begin{bmatrix} 0 & -32 & -48 & -48 & -24 & 8 & 32 & 32 \end{bmatrix}$$

原始和重构压缩信号波形如图 5.11 所示。小波已经应用于接地系统继电保护，通过一个彼得森（消弧）线圈以小波形式拟合彼得森线圈产生的异常波形（Chaari et al. ，1996）。

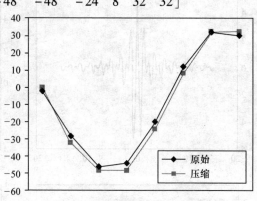

图 5.11　原始和压缩信号

5.6.7　神经网络

人工神经网络（ANN）起始于"感知器"，其目的是模式识别。越来越多的论文论及人工神经网络在继电器中的应用。值得注意的是，利用人工神经网络模式识别装置，能够训练数据以识别故障、涌流或其他保护作用。如图 5.12 所示，基本前馈神经网络是由神经元组成的。

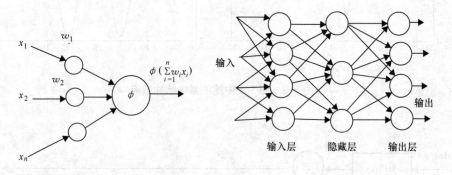

图 5.12　一个神经元和神经网络

·　函数 ϕ 为门槛函数或饱和函数就如对称 S 函数。权重 w_i 是通过网络训练确定的。训练过程是人工神经网络中最难的部分。通常情况下，由 EMTP 获取仿真数据用以训练神经网络。完成一组实例必须同时确定网络结构。该结构通过输入、神经元层、各层、输出的数目来描述。一个实例，假设为具有 12 个输入，4、3、1 层结构的网络，将需要确定 $4 \times 12 + 4 \times 3 + 3 \times 1$ 或 63 个权重。显然，有很多超过 60 的训练实例需要求解 63 个权重。此外，某些实例不用于训练时，需要进行测试。训练过程中软件对确定训练顺序是至关重要的。一旦求解出权重，设计者往往被问到，将输入组合传递给人工神经网络时，它将如何运行。回答这些问题的能力很大程度上取决于训练顺序的广度函数。

人工神经网络在继电保护中的应用包括高阻抗故障检测（Eborn 等人，1990），变压器保护（Perez 等人，1994），故障分类（Palstein 和 Kulicke，1995 年），故障方向判别，自适应重合闸（Aggarwal 等，1994），以及旋转电机保护（Chow 和 Yee，1991 年）。

参 考 文 献

Aggarwal, R.K., Johns, A.T., Song, Y.H., Dunn, R.W., and Fitton, D.S., Neural-network based adaptive single-pole autoreclosure technique for EHV transmission systems, *IEEE Proceedings—C*, 141, 155, 1994.

Akke, M. and Thorp, J.S., Improved estimates from the differential equation algorithm by median post-filtering, *IEEE Sixth International Conference on Development in Power System Protection*, Nottingham, U.K., March 1997.

Chaari, O., Neunier, M., and Brouaye, F., Wavelets: A new tool for the resonant grounded power distribution system relaying, *IEEE Transactions on Power Delivery*, 11, 1301, July 1996.

Chen, M.M. and Breingan, W.D., Field experience with a digital system with transmission line protection, *IEEE Transactions on Power Apparatus and Systems*, 98, 1796, September/October 1979.

Chow, M. and Yee, S.O., Methodology for on-line incipient fault detection in single-phase squirrel-cage induction motors using artificial neural networks, *IEEE Transactions on Energy Conversion*, 6, 536, September 1991.

Dalstein, T. and Kulicke, B., Neural network approach to fault classification for high speed protective relaying, *IEEE Transactions on Power Delivery*, 10, 1002, April 1995.

Eborn, S., Lubkeman, D.L., and White, M., A neural network approach to the detection of incipient faults on power distribution feeders, *IEEE Transactions on Power Delivery*, 5, 905, April 1990.

Gail, A.W. and Nielsen, O.M., Wavelet analysis for power system transients, *IEEE Computer Applications in Power*, 12, 16, January 1999.

Gilcrest, G.B., Rockefeller, G.D., and Udren, E.A., High-speed distance relaying using a digital computer, Part I: System description, *IEEE Transactions on Power Apparatus and Systems*, 91, 1235, May/June 1972.

Girgis, A.A. and Brown, R.G., Application of Kalman filtering in computer relaying, *IEEE Transactions on Power Apparatus and Systems*, 100, 3387, July 1981.

Harder, E.L. and Marter, W.E., Principles and practices of relaying in the United States, *AIEE Transactions*, 67, Part II, 1005, 1948.

Mann, B.J. and Morrison, I.F., Relaying a three-phase transmission line with a digital computer, *IEEE Transactions on Power Apparatus and Systems*, 90, 742, March/April 1971.

Perez, L.G., Flechsiz, A.J., Meador, J.L., and Obradovic, A., Training an artificial neural network to discriminate between magnetizing inrush and internal faults, *IEEE Transactions on Power Delivery*, 9, 434, January 1994.

Poncelet, R., *The Use of Digital Computers for Network Protection*, International Council on Large Electric Systems (CIGRE), Paris, France, pp. 32–98, August 1972.

Rockefeller, G.D., Fault protection with a digital computer, *IEEE Transactions on Power Apparatus and Systems*, 88, 438, April 1969.

Rockefeller, G.D. and Udren, E.A., High-speed distance relaying using a digital computer, Part II. Test results, *IEEE Transactions*, 91, 1244, May/June 1972.

Sachdev, M.S. (Coordinator), Advancements in microprocessor based protection and communication, IEEE Tutorial Course Text Publication, Publication No. 97TP120-0, 1997.

Tamronglak, S., Horowitz, S.H., Phadke, A.G., and Thorp, J.S., Anatomy of power system blackouts: Preventive relaying strategies, *IEEE Transactions on Power Delivery*, 11, 708, April 1996.

Thorp, J.S. and Phadke, A.G., A microprocessor based voltage-restraint three-phase transformer differential relay, *Proceedings of the South Eastern Symposium on Systems Theory*, 312, April 1982.

第6章 利用录波器录波分析系统性能

John R. Boyle

Power System Analysis

现代电力系统保护是通过仅对电力系统故障反应灵敏的继电器构成的复杂系统来完成的。

因为继电器动作迅速，安装在适当位置的自动录波器在系统异常时可以用于确定保护继电器性能。录波器信息用来检测如下项目：

1）故障的出现；

2）故障的严重程度和持续时间；

3）故障特征（A 相接地故障、AB 两相接地故障，等）；

4）线路故障定位；

5）继电器性能的完整性；

6）断路器在电路中断时的有效性；

7）重复性故障的发生；

8）永久性故障；

9）去游离所需的滞后时间；

10）设备故障；

11）问题的原因和可能的解决方法。

分析录波图的另一个重要方面是收集数据进行统计分析，这将需要重新检查所有故障波形图。其优点是能够发现早期问题，并在造成多个中断或设备损坏的严重问题之前进行纠正。

如图 6.1 所示，分析录波器录波应考虑故障特征。变电站 Y 由两条线路和一台变压器构成，高压侧绕组接地。录波器信息可从母线电压互感器、线路 1 上断路器 A 的线路电流以及变压器中性点电流中获得。线路 1 上发生 A 相接地故障时，录波器显示 A 相电压明显下降，并伴随着线路 1 的 A 相电流和变压器中性点电流上升。A 相断路器在 3 个周期内切除故障。在故障期间，线路 1 接收到的载波是"off"，允许两端（断路器 A 和 B）快速跳闸。没有证据表明，交流或直流电流互感器饱和，包括任何一相电流互感器或变压器中性点电流互感器。整个故障期间，线路 2 所接收的载波信号是"on"，使"X"端跳闸，以闭锁断路器"D"。这表明，线路 2 的载波接地继电器正确动作。由于预算和人员的限制，通常不会做这种类型的分析。录波器仍广泛地用于分析已知故障实例（断路器失灵、变压器损坏等），同时录波器分析也可以用来作为一种防止设备故障的维护手段。

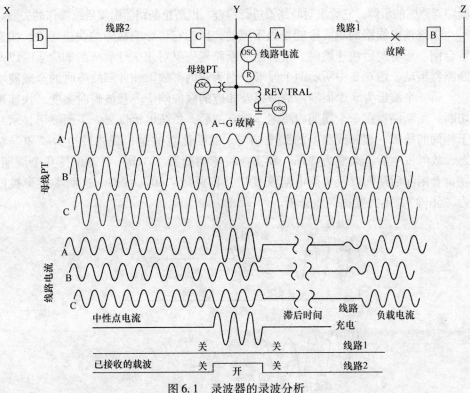

图 6.1　录波器的录波分析

作为一种维护手段，利用波形图可以直观地将操作分为正确（A 类）和疑似（B 类），如图 6.2 所示。第一个故障电流波形（左上图），由于实质上是正弦曲线且在 3 个周期内切除，因此被归为 A 类。根据断路器特性，可能为 4 或 5 个周期的故障切除时间，但仍被归为 A 类（4 或 5 周期断路器等）。直流偏移波形的形成，由于它显示为 4 个周期的故障切除时间以及无饱和正弦波形，因此也被归为 A 类。

可疑波形（B）如图 6.2 的右

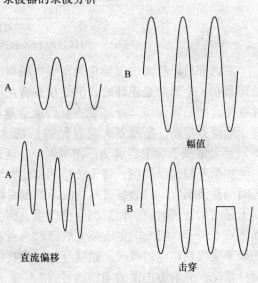

图 6.2　利用录波器作为维护手段

上角所示。右上角的电流幅值需要通过故障研究来确定。某些断路器具有临界中断能力，应检测近距离故障时所产生接近或超过其中断能力时的电流。右下角的波形是断路器重燃的示例，它要求对断路器进行检查，以防止断路器引起后续操作的失败。

关键输电线路的载波性能是很重要的，因为它将影响故障的快速切除、快速重合闸、重合闸后快速跳闸、重合闸后断路器失灵对永久性故障的响应延时以及断路器拒动。图 6.3 中所示两个波形分别为对内部故障和外部故障时的全载波响应。第一个波形为 3 个周期的故障以及相应的载波响应。载波瞬时突变，快速被切断，使断路器在 3 个周期内跳闸。重合闸后，负荷电流恢复。下面波形显示对于相同的故障，相邻线路上的载波响应。需要注意的是，载波最初为"off"状态，故障发生后不久变为"on"状态。故障切除后，"on"状态保持几个周期，在重合闸滞后期间以及负荷电流恢复后，将保持"off"状态。这两类波形被归为"正确"，不需要进一步分析。

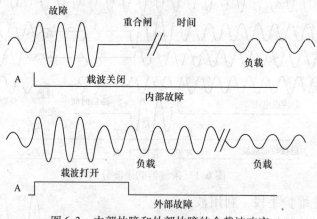

图 6.3　内部故障和外部故障的全载波响应

对内部故障载波响应异常的实例如图 6.4 所示。需要注意的是，载波响应在故障最初 3 个周期是正确的，但是在重合闸滞后期间，载波返回到"on"状态，并在重合闸后将保持"on"状态。因此会延时 2 个周期跳闸。更令人关注的是，对于断路器拒动，断路器失灵（保护）切除时间的响应延迟。断路器失灵（保护）启动取决于继电器启动，在本例中，延迟 2 个周期。

如果不检验录波图，将无法检测到此类异常的载波响应。同理，对内部故障延时的载波响应，将会导致初始故障的延时跳闸，如图 6.5 所示。然而，相邻线路上延时的载波响应，使情况会更严重，因为它将导致两条甚至多条线路切断，如图 6.6 所示。图 6.1 中线路 1 故障时，所有区外线路应接收到载波闭锁信号，如果未接收到相应的载波闭锁信号，则将获得足够强的信号以跳闸。图 6.6 所示两种情况，分别为正常的闭锁信号（"A"）和异常的闭锁信号（"B"）。如图所示，正常的闭锁信号是指在检测到故障 1 个周期内闭锁（变为"on"），故障被

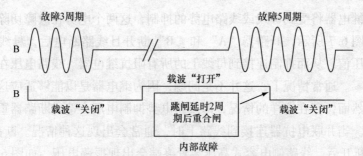

图 6.4　内部故障的异常载波响应的实例

切除后几个周期不闭锁（变为"off"）。图 6.6 中最下面所示波形为异常闭锁信号，它由"off"到"on"状态约迟 1.5 个周期。跳闸元件和闭锁元件的区别是跳闸信号先发，断路器"A"在 3 个周期内切除故障后，断路器"D"在 1.5 个周期内跳闸，这将导致变电站 Y 完全中断。

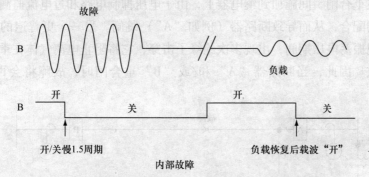

图 6.5　内部故障的载波响应延时，导致初始故障延时跳闸

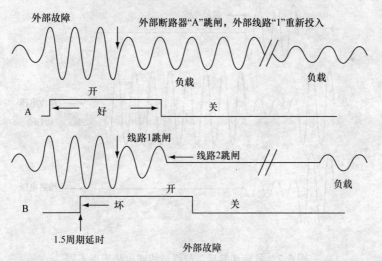

图 6.6　相邻线路上载波响应延时的影响更严重，因为它将会导致两条或者更多线路切断

　　阻抗继电器将受到母线或线路电势的抑制，这两个电势在故障切除后将存在差异。如图 6.7 所示，断路器"A"和"B"断开且线路断电后，母线电势将恢复到全电压值，从而抑制连接到母线上的所有阻抗继电器。线路电压在线路断电后将降为零。通常情况下，这并不是问题，因为继电器是以能够适应这种情况来设计的。然而，存在这样的情况，即线路电势抑制电压会造成断路器重合闸后继电器跳闸。当并联电抗器连接到线路上时，通常会出现这种情况。断路器"A"和"B"断开后，线路侧电容式高压装置终端会出现振荡电压，如图 6.8 所示波形。需要注意，此时电压波形不再是 60Hz 的波形，根据补偿度，电压频率通常会低于 60Hz。高电压情况下，由于线路上有较大的电容充电，因此振荡电压更明显。两个外部电压在平行线路之间传递能量，导致互为镜像振荡。输电线中间相电压通常是不断衰减的。这些振荡可以持续到 400 个周期或更长时间。这种异常电压在重合闸瞬间施加到继电器上，由于电压抑制电路和过电流监测元件之间缺乏协调配合，从而导致断路器（例如"A"）跳闸。另一个更普遍的问题是线路上出现振荡电压期间，出现多次绝缘子击穿，它将阻止电离气体在重合闸期间充分消散。因此，当断路器"A"和/或"B"重合闸时，故障将会再次出现，

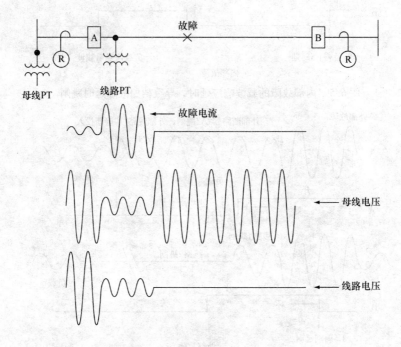

图 6.7　故障切除后，母线或线路电势表现不同

这种现象在录波图中可以很容易地看到。对此，通常采取的措施是搜索不良绝缘子或延长重合闸周期。

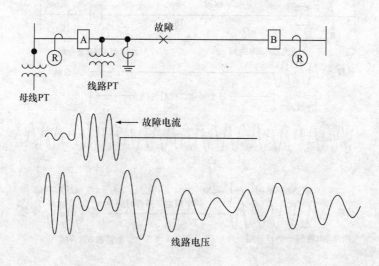

图 6.8　断路器 "A" 和 "B" 断开后波形示例

滞后时间的长短对于自动重合闸成功是很重要的。例如，161kV 线路研究表明，滞后时间要求去游离达到 90% 重合闸成功率。一般来说，一条正常线路（清洁的绝缘体）要求至少有 13 个周期的滞后时间。对比于 10 个周期滞后时间，重合闸成功率将下降到 50% 左右。录波图有助于确定滞后时间和重合闸失败的原因。值得注意的是，滞后时间是线路两端断路器特性的函数。图 6.9 所示为正常断路器动作特性（顶部波形）。图中，断路器在 3 个周期内跳闸，并且在 13 个周期内重合闸成功。顶部波形显示，动作迟缓的断路器 "A" 在 6 个周期内跳闸。由于总滞后时间减少到 10 个周期，导致重合闸失败，注意：录波图很容易显示这个问题。分析指出，继电器或断路器故障可能与断路器 "A" 相关。

图 6.10 所示为电流互感器（CT）饱和。该现象在电路中普遍存在，并能够导致差动电路和极化电路出现故障。顶部波形是未饱和的直流偏移波形，即二次波形与一次波形重合。与底部直流偏移波形相比较，后者清楚地显示 CT 饱和。如果变压器两侧连接两组电流互感器，高压侧电流互感器未饱和（顶部波形）、而低压侧电流互感器饱和（底部波形），差动电流流过继电器动作线圈，将会导致未发生故障的变压器断电。解决这一问题的方法是采用一个更高（等级）的 "C" 类电流互感器来替代低压侧有问题的电流互感器，以降低继电器灵敏度和减小故障电流幅值。极化电路同样也受电流互感器饱和的不利影响。将残余电路

与中性点极化电路相比较，来获得方向特征与极化电流显著变化，将会引起误跳闸。

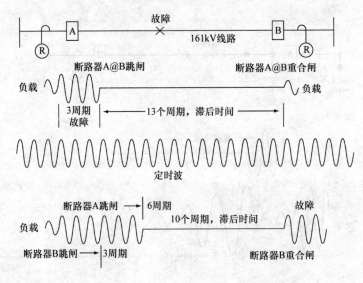

图 6.9　描述正常断路器动作特性（顶部波形）

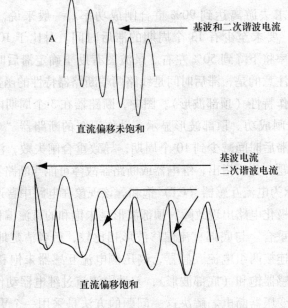

图 6.10　描述电流互感器（CT）饱和

　　如果载波由一端传输到另一端，而没有快速响应来为跳闸元件提供期望的闭锁功能，电流倒向可能会导致两条线路误跳闸。图 6.11 ~ 图 6.14 演示了每步过程。假设线路 1 的断路器 "B" 端发生故障（见图 6.11）。如图所示，此时将有 2000A 的接地故障电流由线路 "X" 端流向 "Y" 端，由于故障电流通过断路器 "A" 和 "B" 流向故障点，因此两个断路器均不会收到启动跳闸信号（载波 "off"）。然而，假设两个断路器不同时断开（断路器 "B" 在 3 个周期内断开，断路器 "A" 在 4 个周期断开）。首要关注的是线路 2 继电器的响应。在最初故障时，断路器 "A" 和 "B" 均闭合，闭锁载波信号必须由断路器 "D" 传送到断路器 "C"，以阻止断路器 "C" 跳闸。图 6.14 底部录波图所示为 3 个周期正确的 "on" 载波信号。然而，当断路器 "B" 在 3 个周期跳闸后，线路 2 的故障电流增加至 4000A，更重要的是此时电流方向发生改变，由 "Y" 端流向 "X" 端。瞬时反向电流要求由断路器 "C" 的方向继电器获取启动载波闭锁信号传送给断路器 "D"。如果其自身载波信号不能立即出现以阻止跳闸，可能导致断路器 "C" 跳闸，如图 6.13 所示。录波图录波如图 6.14 所示。如果断路器 "D" 由断路器 "C" 接收载波闭锁信号之前，断路器 "D" 方向元件动作，则此跳闸将是误动作。最终结果是相同的（线路 1 故障，使线路 2 跳闸）

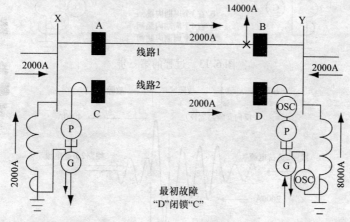

图 6.11　线路 1 的断路器 "B" 端故障（图 6.11 ~ 图 6.14 演示了每步过程）

　　断路器击穿会导致断路器严重故障。如果录波图在灭弧室连续击穿导致断路器损坏之前能够检测出灭弧室第一次击穿，则可以利用录波图来防止断路器故障，如图 6.15 所示。上面的波形击穿序列显示，1/2 周期灭弧室成功灭弧。下面的波形所示为灭弧室周围发生的击穿。击穿无法灭弧并持续至油严重碳化，随后就会在母线断路器端和断路器箱体（地）间出现故障。如图 6.15 所示，灭弧室旁路故障持续了 18 个周期。在闪络到断路器箱体前电弧持续时间的长短取决于碳化率，因此结果是一样的，对母线故障有极其严重的影响。示例中，母线故

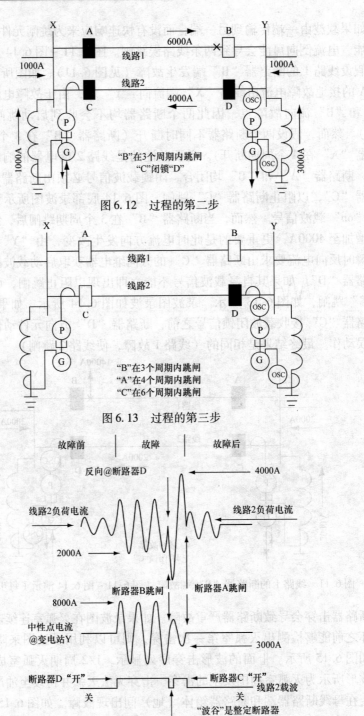

图 6.12　过程的第二步

图 6.13　过程的第三步

图 6.14　过程的最后一步

障导致了 8 个发电机、13 条 161kV 线路和 3 条 500kV 线路退出运行。造成巨大损失的原因是，燃油飘到相邻母线钢构上引起更多母线和线路故障，使变电站中所有相连接的设备断电。击穿（重燃）现象是由雷电连续击穿初期故障（绝缘子）造成的。在上面所给的例子中，避雷器安装在断路器的进线侧，并且在严重的初期故障后不会再发生击穿和断路器故障。

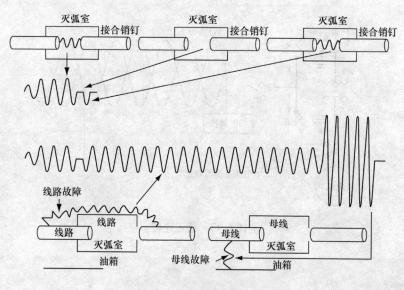

图 6.15   灭弧室的第一次击穿

微机保护中录波器能够用于分析系统问题，图 6.16 中提及了微机差动继电器装置为大型电机通电失败的问题。变压器两侧的电流互感器采用 Ｙ/Ｙ 联结，

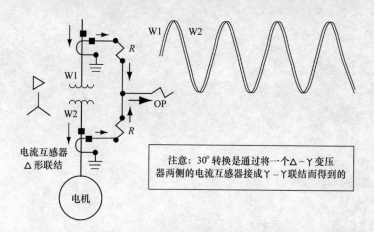

图 6.16   描述了微机差动继电器装置对大型电机通电失败

低压侧电流互感器采用△形联结。30°转换可在继电器中进行修正，并且在微机保护中由录波器可以精确显示出来，但是△形联结的电流互感器在通电电路中产生的电流将会导致误动作。注意，当低压侧电流互感器采用△形联结时，高压和低压侧电流 W1 和 W2 将同相位（错误）。录波器的输出明确指出了该问题。修正后的接线以及正确的波形如图 6.17 所示（W1 和 W2 相位相差 180°）。

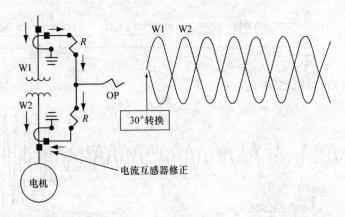

图 6.17　修正连接

第 7 章　系统大停电事故

Ian Dobson

Iowa State University

参考文献

　　大停电事故比较罕见，一旦发生将会对社会造成极大影响。电力系统有时会受到来自狂风或冰风暴等极端天气的大初始扰动。此外，即使电力系统发生微小的初始扰动，也能够级联成复杂的连锁故障，从而导致大范围停电。1996 年 8 月 10 日，美国西北部发生大停电，通过级联传播造成大约 750 万个用户停电（Kosterevet al，1999）。2003 年 8 月 14 日，俄亥俄州发生大停电，造成美国东北部和加拿大大约 5000 万个用户停电（U. S－Canada Power System Outage Task Force，2004）。尽管这样的极端事件很少发生，但一旦发生，直接损失预计可达数十亿美元，并扰乱商业和重要基础设施。大停电事故同时也会对电力系统调控方式和电力行业声誉有极大的影响。

　　大停电对于社会产生的直接损失是巨大的，对于社会和工业产生的间接损失来说同样也很严重。大停电后，恢复供电可能需要很长的时间，从而进一步使其影响复杂化和扩大，可能会导致继续停电；也可能会影响其他基础设施，如通信、运输、供水系统。例如，手机信号塔备用电源一般只能持续几个小时，而大范围的加油站加油泵可能无法使用。总之，延长停电时间会产生很多不良作用，包括对其他重要基础设施的影响，这些影响在发生小规模停电时不会发生或很容易减轻。另外，某些停电会造成社会混乱，例如抢劫，当发生这些社会影响时会使经济损失大幅度增加。除了经济影响，还可能会使人们生活困难甚至造成人员伤亡，因此必须加强工程师的工作责任感，以避免大停电事故的发生。

　　级联故障是连续削弱电力系统的相关事件序列。由于之前的事件，连续削弱意味着更容易发生之后的事件。因此，如果级联事件期间，负荷已经被切断造成中等规模停电，那么，级联进一步推进且引起大停电的可能性将提高。导致大停电事故的级联属性，虽然罕见，但具有发生的显著性概率。大停电事故统计具有相应的"重尾"分布，表明所有不同规模的停电，包括极端停电都可能发生。大事件的重尾统计表明，它是由大量独立的小事件引起的。这些大事件的发生概率极小，以至于它们发生的可能性可以忽略不计（大事件概率是许多独立小事件小概率的乘积）。

例如，图 7.1 显示了北美电力可靠性协会统计的由 1984 年到 1998 年北美主要输电停电数据（Carreras et al，2004；hines et al，2009）。图 7.1 在对数坐标上绘制了发生停电事故时的停电经验概率分布。随着停电情况的增加，这种大规模停电不太可能发生。概率降低的同时停电规模增加，大约在指数 –1 和 –2 之间满足幂律关系。指数 –1 的幂律关系在对数图上表现为斜率为 –1 的直线，它表明停电规模加倍只具有一半的概率。实际

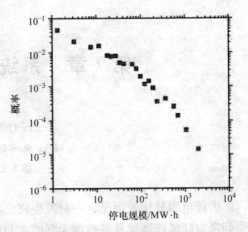

图 7.1　北美停电事故概率分布

电力系统中，幂律区域在一定程度上是有限的，因为可能发生的大停电事故，将切断所有联络线。一些国家也利用类似方式研究了停电规模统计（Dobson et al，2007）。

　　停电风险可以定义为停电概率和停电损失的乘积。进行一个简单的假设，虽然大停电产生的损失（尤其是间接损失）增加速度比线性变化速度更快（Newman et al，2011），但是停电损失大致与停电规模成正比。就幂律关系来说，随着损失的增加，大停电会以同样的速率减少，那么，大停电的风险相当于甚至超过了小规模停电的风险（Newman et al，2011）。因此，停电规模分布中的幂律区域严重影响大停电的风险。标准的概率技术假设事件之间是独立的，表明停电规模分布呈指数分布，它并不适用于具有幂律关系的系统风险分析。

　　输电网不是停滞不变的，它们正在逐渐不断地改进和升级硬件、软件、操作程序，以响应对方需求可靠、经济地传输功率。尤其是电力系统的可靠性在慢慢提高，随着它逐步发展成复杂系统，针对其任何的变化应进行相应的自我调节：如果电力系统运行裕度大，则停电概率降低，其经济效益主要从输电系统投资中获得，但同时电力系统裕度和可靠性会逐渐降低；另一方面，如果电力系统运行裕度小，会增加停电概率，当发生停电时，将进行相应升级，电力系统裕度和可靠性也会逐渐提高。即，除可靠性低会造成停电外，停电也会影响可靠性。注意：工程师们及其应对停电的方法是社会经济过程的重要组成部分。这表明，这些过程往往通过对重尾分布的停电统计形成电力系统可靠性。

　　我们现在考虑提出停电风险管理问题的影响。停电统计中的重尾分布表明，大停电间或也会发生，因此应该且必须降低停电风险，但它不可能（经济上或其他方面）消除大停电。特别是，大停电未必被视为"完美风暴"。尽管大停电风险评估面临重大挑战，但通常来说，避免停电问题应该是同时控制各种规模停

电的频率而不是简单地避免停电。因为降低小规模停电的频率出发点是好的，但至少从长远来看，会增加大停电的频率，同时也应注意减少各种规模的停电风险（Newman et al，2011）。有一种可能的情况是，减少小规模停电最终会使电力系统运行更接近于极限以获得实际的经济效益，但这样会增加大停电的风险（Kirschen and Strbac，2004；Newman et al，2011）。

这表明，特别是当开发更好的级联故障风险评估方法时，需要评估升级电网硬件、软件或程序对可靠性的广泛影响，包括小规模和大规模停电。例如，大多数停电情况下，保护系统会发挥重要作用（注意，在此并不是说保护系统是造成停电的首要原因，因为停电通常涉及多个系统。简单地说，停电涉及的系统通常包括某种形式的保护误操作或非预期运行）。当前，工程面临的挑战是设计保护系统以实现保护设备和避免简单系统发生小规模停电的目的。在未来，我们希望开发出对各种规模停电均具有较强稳定性且适应性的方法。

参 考 文 献

Carreras, B.A., D.E. Newman, I. Dobson, and A.B. Poole. 2004. Evidence for self-organized criticality in a time series of electric power system blackouts. *IEEE Transactions Circuits and Systems*, Part I. 51(9): 1733–1740.

Dobson, I., B.A. Carreras, V.E. Lynch, and D.E. Newman. 2007. Complex systems analysis of series of blackouts: Cascading failure, critical points, and self-organization. *Chaos*, 17: 026103.

Hines, P., J. Apt, and S. Talukdar. 2009. Large blackouts in North America: Historical trends and policy implications. *Energy Policy*, 37(12): 5249–5259.

Kirschen, D.S. and G. Strbac. 2004. Why investments do not prevent blackouts. *The Electricity Journal*, 17(2): 29–36.

Kosterev, D., C. Taylor, and W. Mittelstadt. 1999. Model validation for the August 10, 1996 WSCC system outage. *IEEE Transactions on Power Systems*, 14: 967–979.

Newman, D.E., B.A. Carreras, V.E. Lynch, and I. Dobson. 2011. Exploring complex systems aspects of blackout risk and mitigation. *IEEE Transactions on Reliability*, 60(1): 134–143.

Ren, H., I. Dobson, and B.A. Carreras. 2008. Long-term effect of the n-1 criterion on cascading line outages in an evolving power transmission grid. *IEEE Transactions Power Systems*, 23(3): 1217–1225.

U.S.-Canada Power System Outage Task Force. 2004. Final Report on the August 14, 2003 Blackout in the United States and Canada. US-Canada Power System Outage Task Force, Toronto, Ontario, Canada.

第 2 部分　电力系统动态与稳定性

Prabha S. Kundur

第 8 章　电力系统稳定性

Prabha S. Kundur

基本概念·电力系统稳定性分类·稳定性问题历史回顾·考虑稳定性的电力系统设计与运行·致谢·参考文献

第 9 章　暂态稳定性

Kip Morison

引言·暂态稳定性的基本原理·暂态稳定性的分析方法·影响暂态稳定性的因素·系统设计中对暂态稳定性的考虑·系统运行中对暂态稳定性的考虑·参考文献

第 10 章　小信号稳定性和电力系统振荡

John Paserba, Juan Sanchez – Gasca, Lei Wang, Prabha S. Kundur, Einar Larsen and Charles Concordia

电力系统振荡的本质·阻尼判据·研究步骤·抑制电力系统振荡·小扰动稳定分析的高阶项·模态辨识·总结·参考文献

第 11 章　电压稳定性

Yakout Mansour and Claudio Cañizares

基本概念·分析框架·电压稳定问题的缓解·参考文献

第 12 章　直接法稳定性分析

Vijay Vittal

直接法文献回顾·电力系统模型·暂态能量函数·暂态稳定评估·确定主导UEP·边界主导 UEP 法·TEF 法的应用和改进模型·参考文献

第 13 章　电力系统稳定控制

Carson W. Taylor

电力系统同步稳定基础概述·电力系统稳定控制的概念·电力系统稳定控制类型和线性控制可能性·动态安全评估·智能控制·广域稳定控制·电力行业重构对稳定控制的影响·近期停电事故的总结·总结·参考文献

第 14 章　电力系统动态建模

William W. Price and Juan Sanchez – Gasca

建模要求·发电机模型·励磁系统建模·原动机建模·负荷建模·输电设备建模·动态等效·参考文献

第 15 章 广域监测和态势感知

Manu Parashar, Jay C. Giri, Reynaldo Nuqui, Dmitry Kosterev, R. Matthew Gardner, Mark Adamiak, Dan Trudnowski, Aranya Chakrabortty, Rui Menezes de Moraes, Vahid Madani, Jeff Dagle, Walter Sattinger, Damir Novosel, Mevludin Glavic, Yi Hu, Ian Dobson, Arun Phadke and James S. Thorp

引言·WAMS 结构·WAMS 监视应用·WAMS 在北美的应用·WAMS 在世界范围内的应用·WAMS 发展路线图·参考文献

第 16 章 电力系统稳定性与动态安全性能评估

Lei Wang and Pouyan Pourbeik

定义与历史回顾·关注的现象·安全准则·建模·分析方法·控制与加强·离线 DSA·在线 DSA·现状与总结·参考文献

第 17 章 含汽轮发电机电力系统的动态相互作用

Bajarang L. Agrawal, Donald G. Ramey and Richard G. Farmer

引言·次同步谐振·装置引起的次同步振荡·超同步谐振（SPSR）·装置引起的超同步振荡·暂态轴系转矩振荡·参考文献

第 18 章 电力系统风电接入

Reza Iravani

引言·背景·风力机发电单元结构·风力发电系统·风电场建模与控制·参考文献

第 19 章 柔性交流输电系统（FACTS）

Rajiv K. Varma and John Paserba

引言·FACTS 概念·输电线路无功补偿·静止无功补偿器·晶闸管控制串联补偿器·静止同步补偿器·静止同步串联补偿器·统一潮流控制器·带储能的 FACTS 控制器·FACTS 控制器的协调控制·安装 FACTS 以改善电力系统动态性能·结论·参考文献

Prabha S. Kundur 博士从加拿大安大略省多伦多大学获得电气工程专业博士学位。他在电力行业工作经验超过 40 年。目前他是加拿大 Kundur Power System Solutions 公司的主席。在 1994—2006 年，他在 BC 水电公司下属研究和技术机构 Powertech Lab 公司担任主席兼 CEO。在加入 Powertech 之前，他在安大略水电公司工作近 25 年，从事电力系统规划与设计的高级研究工作。

Kundur 博士在多伦多大学（1979—）、英属哥伦比亚大学（1994—2006）担任兼职教授。他是《电力系统稳定与控制》一书的作者，该著作是当代相关研究的标准参考资料。在电力系统规划与设计领域，他提供了很多国际咨询，并且在很多电力公司、生产厂家和大学讲授技术课程。

多年来，Kundur 博士一直服务于和领导 IEEE。他在 IEEE 电力和能源分会（PES）中多次担任委员会和工作组主席。他在 1985 年被选为 IEEE 院士。他曾任 IEEE 电力系统动态特性委员会的主席。在 2005—2010 年，他是 IEEE PES 执行委员会的成员，以及 IEEE PES 分管教育的副主席。

Kundur 博士获得过多个 IEEE 奖项，包括 IEEE Nikola Tesla 奖（1997 年）、IEEE PES Charles Concordia 电力系统工程奖（2005 年）、IEEE 电力工程奖章（2010 年）。他也积极参与 CIGRE 事务。在 2002—2006 年，他担任 CIGRE C4 研究委员（涉及系统技术性能）主席。在 2006—2010 年，担任 CIGRE 管理理事会的成员。1999 年，他获得 CIGRE 技术委员会奖。在 2006 年，被授予 CIGRE 荣誉会员。

2003 年，Kundur 博士入选加拿大工程院院士。2011 年，入选美国国家工程院的外籍院士。2003 年，罗马尼亚布加勒斯特理工大学授予其荣誉博士学位。2004 年，加拿大滑铁卢大学授予其工学博士荣誉学位。

第8章 电力系统稳定性

Prabha S. Kundur

Kundur Power Systems

Solutions, Inc.

本章将给出电力系统稳定问题的一般描述，包括基本概念、分类和相关术语定义；回顾电力系统发展过程中的不同形式的稳定问题，以及分析与控制稳定问题的方法；探讨电力系统稳定性对其设计运行的要求。

8.1 基本概念

电力系统稳定性指在给定初始运行状态下，电力系统受到物理扰动后，恢复平衡运行状态，大多数变量不越限，从而保持系统完整的能力。除了为隔离故障元件或维持电网其他部分连续运行主动断开的发电机与负荷，整个电力系统保持联系，发电机与负荷并网，则认为维持了电力系统完整性。稳定是反作用力一种平衡态。当扰动使得一组反作用力持续处于不平衡态，就会导致失稳。

电力系统是一个高度非线性系统，运行于持续变化环境，其负荷、发电机出力、拓扑结构及关键运行参数持续发生变化。当遭受暂态扰动时，系统稳定与否不仅取决于扰动性质，还取决于初始运行状态。扰动规模大小不同。小扰动以负荷变化形式持续存在，系统作出调节以适应这些变化，维持理想运行状态并满足负荷需求。系统也要能经受许多严重大扰动，如输电线路短路或大型发电机跳闸。

暂态扰动发生后，若系统保持稳定，则会到达一个新的平衡态，且几乎保持完好无损。自动控制和可能的人为操作，将系统最终恢复至正常状态。另一方面，若系统失稳，则会导致失控，例如发电机间功角差持续增大，或者母线电压持续降低。取决于网络状态，电力系统局部不稳定可能导致连锁故障，以及大部分电力系统停运。

电力系统对扰动的响应可能涉及许多设备。例如，关键元件故障由继电保护隔离，会导致潮流、母线电压及发电机转速变化；电压变化会引起发电机与输电网的调压器动作；发电机转速变化会引起原动机调速器动作；考虑负荷特性差异，电压与频率变化会对其造成不同程度的影响。各设备保护装置会进一步响应系统变量的变化，从而影响电力系统性能。因此现代电力系统是一个高阶多变量过程，其动态特性受具有不同响应速度与特性的设备的影响。因此，取决于系统拓扑、运行模式与扰动形式，电力系统失稳可能以多种不同的形式发生。

传统意义的稳定性，是维持同步运行。因为电力系统主要依靠同步电机发电，系统正常运行的一个必要条件，是所有同步发电机保持同步。这种稳定性主要受发电机功角动态特性与有功－功角关系的影响。

即使未失步，失稳现象仍可能发生。例如发电机向感应电机供电的系统，在负荷电压跌落的情况下也会失稳。此时问题在于电压稳定及控制，而非保持同步。此类失稳同样会出现在大型电力系统的大面积负荷中。

若一个区域内电源与负荷严重不匹配，发电机与原动机控制、系统控制与特殊保护，将非常重要。如果协调不当，可能发生系统频率失稳，发电机与（或）负荷可能最终断开，导致系统大面积停电。这是发电机保持同步（直至被低频保护断开），但系统失去稳定的另一个案例。

鉴于稳定性问题的高维与复杂性，有必要做出一些简化假设，并采用适当精度的系统模型去分析特定类型问题。

8.2　电力系统稳定性分类

8.2.1　分类需求

电力系统稳定性是单个问题，但不能将其独立分析。电力系统不稳定具有多种形式，且受众多因素影响。对稳定性进行合理分类，极大地简化了稳定分析，包括辨识导致失稳的关键要素、制定提高稳定运行的方案等。基于下述考虑，对电力系统稳定性分类（Kundur，1994；Kundur and Morrison，1997）：

1）导致失稳的主要系统参数的物理特性。

2）根据扰动规模大小，确定稳定计算与判断预测的方法。

3）判断稳定性必须考虑的设备、过程与时间尺度。

图 8.1 给出了电力系统稳定性的分类。以下对不同稳定现象给出描述。

8.2.2　功角稳定性

功角稳定指电力系统中互联同步发电机在正常运行时与扰动后维持同步运行

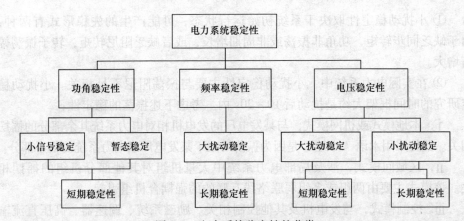

图 8.1 电力系统稳定性的分类

的能力，它取决于各同步发电机维持（恢复）电磁转矩与机械转矩平衡的能力。功角失稳的可能形式，是部分发电机功角增加，与其他发电机失去同步。

功角稳定问题研究电力系统固有的机电振荡。一个基本影响因素是同步发电机有功出力随其功角变化的方式。互联同步机组维持相互间同步的机制，是通过恢复力实现的。当存在作用力，使得一台或多台机组相对其他机组趋于加速（或减速）时，恢复力便会起作用。稳态运行下，每台同步发电机输入机械转矩与输出电磁转矩平衡，转速保持恒定。系统受到扰动后，平衡遭到破坏。依据转子运动方程，发电机转子加速（或减速）。如果一台发电机短时间内较另一台旋转更快，相对于其他较慢机组的转角位置就快增加。由此产生功角差，依据有功－功角关系，将慢速机组的部分负荷转移至快速机组，从而减少转速差与功角差。如前所述，有功－功角关系高度非线性化。超出一定范围后，功角差的增加将引起传输功率的降低，使得功角差进一步增加，导致失稳。在任意给定情形下，系统稳定性取决于转子位置偏差能否引起足够大的恢复转矩。

需要指出的是，失步可能发生在单台发电机与其他机组间，也可能发生在多组机群间。在后者情况下，各机群间解列后，机群内部维持同步。

扰动后同步发电机电磁转矩变化，可分为两个分量：

1）同步转矩分量，该分量与功角扰动保持同相位。

2）阻尼转矩分量，该分量与转速偏差保持同相位。

系统稳定性依赖于每台同步发电机的两个转矩分量。缺乏足够大的同步转矩，会导致非周期或非振荡失稳，而阻尼转矩不足会导致振荡失稳。

为了便于分析、深刻理解稳定内涵，从以下两个子分类来描述功角稳定性：

1）小扰动（或小信号）功角稳定性：与电力系统在小扰动下维持同步的能力相关。认为扰动足够小，从而允许将系统方程线性化。此类小扰动在正常系统运行中会持续不断发生，如负荷微小变化。

① 小扰动稳定性取决于系统初始运行状态，可能产生的失稳形式有两种：由于缺乏同步转矩，功角非振荡或非周期增长，或者缺乏阻尼转矩，转子振荡幅值增大。

② 在实际电力系统中，小扰动稳定性主要与振荡阻尼不足相关。小扰动稳定研究的时间框架大约是扰动后 10 ~ 20s 内。考虑下述振荡的稳定性：

ⅰ. 本地模式或机网模式，与某发电厂的发电机相对电力系统其余部分的摇摆相关。此处采用术语"本地"是因为振荡局限于某发电厂或电力系统的很小部分。

ⅱ. 区域间模式，涉及局部电力系统中大量机组对其他部分机组的摇摆相关。该模式主要由两组或多组弱联络线互联的的强耦合机组引起。

ⅲ. 控制模式，与发电机及其他控制相关。励磁系统、调速器、高压直流输电（HVDC）变流器、以及静态无功补偿器（SVC）参数设置不当，是此类失稳模式的常见起因。

ⅳ. 扭振模式，与汽轮发电机传动轴系统各旋转质量块有关。扭振模式失稳可能由励磁控制、调速器、HVDC 控制及串联电容补偿线路相互作用引起。

2）大扰动功角稳定性，常被称作暂态稳定性，与电力系统遭受剧烈暂态扰动后维持同步的能力有关。由此产生的系统响应，涉及发电机转子角度的大幅偏移，受非线性有功 – 功角关系影响。

暂态稳定性取决于系统初始运行状态及扰动严重程度。通常而言，扰动会改变系统，使得扰动前后稳态运行方式不同。暂态失稳形式为同步转矩不足导致的非周期性偏移，通常称之为第一摆稳定性。在大型电力系统中，暂态失稳并不全为单个模式下的第一摆失稳，也可能由多种模式叠加导致偏移量峰值增加，从而使得功角偏移超过第一摆稳定性约束。

暂态稳定研究的时间框架通常是扰动后 3 ~ 5s。在存在显著摇摆的超大型电力系统中，时间框架可延至 10s。如图 8.1 所示，小扰动稳定性与暂态稳定性，被归类为短期现象。

8.2.3　电压稳定性

电压稳定与电力系统在正常工作状态和遭受扰动后维持所有母线电压稳定的能力有关。可能的失稳形式，包括部分母线电压持续跌落或增长。电压失稳的可能后果，包括电压过低失去负荷，或电力系统整体性遭到破坏。

母线电压的持续跌落，也可能与功角失步有关。例如，两组发电机功角差接近或超过180°时失去同步，导致电网中电气中心附近电压降至很低（Kundur, 1994）。电压失稳也可能与功角失稳无关，即电压持续跌落，但是并不存在功角失稳。

电压失稳的常见原因，是当大量有功与无功功率流过输电线路时，在感抗上产生大量无功损耗与电压降。这限制了电网输电能力。当部分发电机组达到励磁上限时，输电能力与电压支撑被进一步限制。电压失稳主要是由负荷引起的。当扰动导致电网电压跌落时，配电调压器、变压器分接头、恒温控制器动作，以恢复负荷。负荷恢复增加了高压电网的压力，导致电压进一步降低。当负荷动态响应试图恢复功率消耗大于输电系统以及与其相连发电机的容量时，就会出现电压失稳的现象（Kundur，1994；Taylor，1994；Van Cutsem and Vournas，1998）。

虽然电压失稳最常见形式是电压持续跌落，但是也存在过电压失稳的可能，且至少在一个系统中出现过（Van Cutsem and Mailhot，1997）。当超高压（EHV）输电线路负载远小于波阻抗负载、且欠励磁限制器阻止发电机与（或）同步调相机吸收多余无功时，可能发生过电压失稳。在这种情况下，调节变压器分接头以控制负荷电压时，也可能导致电压失稳。

电压失稳问题同样可能发生于 HVDC 线路末端，通常与 HVDC 线路连接弱交流系统有关（CIGRE Working Group 14.05，1992）。HVDC 线路的控制策略，对此问题影响较大。

类似功角稳定性，将电压稳定性分为下述子类别：

1）大扰动电压稳定性，与在诸如系统短路、发电机切机或线路故障时电力系统控制电压的能力有关。该能力取决于系统 - 负荷特性，以及连续与离散控制的相互作用。判断大扰动稳定性，需要检验系统在足够长时间内的非线性动态响应，该时间段内足以分析变压器分接头、发电机励磁电流限制器的相互作用。研究时间框架可由几秒延至几十分钟，因此需要进行长期动态仿真（Van Cutsem et al.，1995）。

2）小扰动稳定性，与在诸如系统负荷的缓慢变化等小扰动后系统控制电压的能力有关，由给定时刻的负荷特性、连续与离散控制决定。小扰动稳定性可用来确定任意时刻系统电压对小扰动的响应。造成引起小扰动电压失稳的过程可由稳态描述，因此稳态分析可以有效确定稳定裕度，辨识影响稳定因素，检验大量系统状态与事故后场景（Gao et al，1992）。小扰动电压稳定的一个判据，是在给定运行条件下，系统中各母线电压幅值随着注入无功的增加而上升。若存在至少一条母线，其电压幅值（V）随着注入无功（Q）增加而下降，则该系统是不稳定的。也就是说，若每条 $V - Q$ 灵敏度皆为正，则系统电压稳定；只要存在一条母线，其 $V - Q$ 灵敏度为负，则系统电压失稳。

电压稳定性研究的时间框架在几秒至几十分钟之间，因此电压稳定性可能是短期现象，也可能是长期现象。按失稳持续时间对电压稳定分类，往往更有效：

1）短期电压稳定，与快速动作元件（如异步电机、电子控制负荷、HVDC 换流器等）的动态特性有关。典型大扰动场景，例如天气炎热、空调负荷较大，导致电力系统运行压力较大。若在负荷中心旁发生短路时，空调压缩机减速、大量吸收电流。随后断开输电/配电线路，故障被切除，电机在重新加速时又会大量吸收电流。若电力系统薄弱，电机会停转，可能造成大量失负荷，负荷中心可能电压崩溃。该短期现象，研究时长为几秒。分析此类问题时，有必要采用时域动态仿真，对负荷与电压控制等设备动态建模（Diaz de Leon and Taylor，2000）。

2）长期电压稳定，涉及慢速动作设备，如变压器分接头、温控负荷、发电机励磁电流限制器等。研究时间框架可长至几分钟。典型场景是 EHV 电网多条线路载荷较重、压力较大、无功备用最低时，失去了一条重载线路。扰动后，连接该线路的相邻 EHV 母线电压大幅下降，进而反映到配电网中。随着变压器分接头与馈线电压控制器恢复配网电压，负荷消耗功率得到恢复，进一步导致 EHV 线路载荷及系统整体无功需求的增加。若无功备用已达到最低值，附近发电机达到其励磁与电枢电流的时间 - 过负荷限制。具有电压控制能力的发电机越少，电力系统越容易发生电压失稳。

长期电力系统稳定的研究，时间框架可延长至数分钟，需要进行长期仿真以分析系统动态特性。然而，与初始扰动的严重程度相比，稳定性更多由扰动导致的设备停运所决定。在许多条件下，静态分析技术可用来估计稳定裕度、辨识影响稳定因素、调查分析大量场景（Morrison et al.，1993；Kundur，1994；Gao et al.，1996）。

8.2.4 频率稳定性

频率稳定性，是在严重扰动导致系统整体发电量与负荷严重失衡条件下，维持系统频率在额定范围内的能力。频率稳定取决于切除负荷最小条件下，恢复系统发电与负荷平衡的能力。

严重系统扰动通常会导致频率、潮流、电压及其他系统变量的大幅偏移，进而引起处理、控制与保护的动作，而这些都未在传统暂态稳定与电压稳定研究中进行建模。这些过程可能十分缓慢，如锅炉动态特性，或仅在极端情况下才被触发，例如过电压/过频率保护切除发电机。在大型互联电力系统中，此类情况通常与孤岛相关。此时频率稳定要求每个孤岛以最少负荷损失达到可接受的新平衡状态，取决于孤岛的平均频率表征的整体响应，而非机组间相对运动。通常频率稳定问题与设备响应不足、控制与保护设备协调性差及发电备用不足有关。此类案例参见相关文献（Kundur et al.，1985；Chow et al.，1989；Kundur.，1981）。

在频率失稳过程中，由频率及其他变量的偏移引起的过程与设备动作的时间特性，短至数秒（对应发电机控制与保护等设备的响应），长至数分钟（对应原动机能量供应系统与负荷调压器等设备的响应）。

尽管频率稳定受快速与慢速动态过程影响，但总体研究时间框架长达几分钟，因此频率稳定在图 8.1 中被归类为长期现象。

8.2.5 分类评述

稳定性分类基于多种考虑，以便辨识失稳原因、采用合适分析工具、建立适用于特定稳定问题的校正措施。不同失稳形式存在重叠，因为系统故障后可能出现多种形式的失稳。然而，系统事件的分类主要应基于主导因素，将其分为主要与电压、功角与频率相关的事件。

虽然电力系统稳定分类是处理复杂问题的一种有效且便利方式，但是要始终牢记系统总体稳定性。解决某类稳定性问题不应以牺牲另一种稳定性为代价，有必要从多个角度分析稳定性问题的多个方面。

8.3 稳定性问题历史回顾

20 世纪以来，随着电力系统的发展，出现了多种形式的失稳，不同时期稳定性的侧重点不同。分析与求解稳定性问题的方法，受计算工具、稳定理论、电力系统控制技术最新发展的影响。对其历史回顾，可更好地理解电力行业关于电力系统稳定性的措施。

电力系统稳定性首先在 20 世纪 20 年代得到重视（Steinmetz, 1920；Evans and Bergvall, 9124；Wilkins, 1926）。早期稳定性问题，与发电厂通过长线路向负荷中心送电相关。由于励磁器响应速度慢、调压器非连续动作，同步转矩不足，输电能力受稳态与暂态功角失稳限制。为了分析稳定性，建立了等面积定则、功率圆等图形技术。在早期可有效表达为双机系统的电力系统中，这些方法得到了成功应用。

随着电力系统复杂程度的增加，以及互联系统在经济性具有吸引力，稳定问题复杂度也增加了，系统不能当做双机系统进行处理。这导致了 20 世纪 30 年代网络分析仪的研制，可实现多机系统潮流分析。然而系统动态特性仍需采用逐步数值积分，手算求解转子运动方程。发电机用经典的"暂态电抗后的恒定电压源"表示。负荷采用恒定阻抗表示。

快速故障清除及快速励磁系统改善了电力系统稳定性。由于采用连续动作的调压器，消除了小扰动非周期失稳。随着对控制的依赖日渐上升，稳定研究的重心从输电网转至发电机，需要更加精确的同步发电机与励磁系统模型。

20 世纪 50 年代出现了模拟计算机，用于仿真分析单个发电机及其控制的动态特性，而非多机系统的整体特性。20 世纪 50 年代后期出现了数字计算机，为研究大型互联系统稳定性提供了理想工具。

20 世纪 60 年代，美国与加拿大的大部分电网都属于两个大型互联系统的一部分，其中一个位于东部，另一个位于西部。在 1967 年，在东西系统间搭建了小容量 HVDC 输电线路。如今北美电力系统实际上是一个大型电力系统。其他国家也存在相似系统互联的趋势。虽然系统互联互助，有利于改善运行经济性与可靠性，但也会增加稳定问题复杂程度以及失稳后果严重程度。1965 年 11 月 9

日的北美大停电，足够清楚地表明了上述问题。它使得公众、监管机构、工程师的注意力集中于稳定性问题以及电力系统可靠性的重要性。

直至最近，大部分电力企业的兴趣集中于暂态（功角）稳定性，研发了强大的暂态稳定分析程序，用具体设备模型对大型复杂系统建模。通过采用快速故障清除、快速响应励磁、串联电容、特殊稳定控制与保护方案，电力系统暂态稳定性得到了极大的改善。

快速励磁的推广使用与输电系统强度的下降，导致了对小扰动（功角）稳定性关注的增加。此类失稳通常认为是发电厂本地振荡模式或通过弱连接互联的发电机群区域振荡模式。小扰动稳定问题促进了特定研究方法的发展，例如采用特征值分析进行模态分析（Martins，1986；Kundur et al. ，1990）。此外，发电机励磁系统、静态无功补偿装置、HVDC 换流器更多采用辅助控制以解决系统振荡问题。基于电力电子元件的 FACTS（柔性交流输电系统）控制器，用于抑制电力系统振荡，也引起了广泛兴趣（IEEE PES Special Publication，1996）。

20 世纪 70 和 80 年代，频率稳定经历了一些重大事故，促使探讨其根本原因，采用长期动态仿真程序辅助研究（Davidson et al. ，1975；Converti et al. ，1976；Ontario Hydro，1989；Stubbe et al. ，1989；Inoue et al. ，1995）。许多此类研究关注系统扰动过程中火电厂的响应（Kundur，1981；Younkins and Johnson，1981；Kundur et al. ，1985；Chow et al. ，1989）。IEEE 改善大频率扰动下电厂响应工作小组，提出了指导方针（IEEE Working Group，1983）。最近的一份 CIGRE 特别小组报告也提到了在大频率扰动下的电力系统分析与建模需求。

自 20 世纪 70 年代末以来，电压失稳造成了全球范围内多起系统崩溃（IEEE，1990；Kundur，1994；Taylor，1994）。电压稳定问题曾经只限于弱辐射状配网。然而由于负荷增加与大功率、远距离输电，电压稳定已成为高度发达成熟电网的严重隐忧。结果，电压稳定在系统规划与运行研究中得到了越来越多的重视。为此研发了强大的分析工具（Gao et al. ，1992；Morrison et al. ，1993；Van Cutsem et al. ，1995），并建立了详细的判据与研究步骤。

另一个对现代电力系统动态特性有重大影响的趋势，是对可再生能源更加依赖，尤其是风能。最近数十年来风力发电技术逐渐成熟，风电已成为一种经济可行且环境友好的能源。如今风力发电已成为全世界许多电力系统发电组合中的重要组成部分。这要求风电场安装保护与控制系统，使得在电网扰动时成功穿越，从而提升电力系统整体性能。有必要采用合理模型进行细致的研究，以保证风电场成功并网。

如今的电力系统，除了变化的动态特性，由于希望充分利用现有设施，运行压力也日益增加。加剧的竞争、输电路径开放、建筑与环境约束，改变了电力系统运行，对电力系统安全性提出了更大的挑战。这从近年来许多大型停电事故可以足够清楚地看出，例如 1999 年 3 月 11 日巴西大停电、2003 年 8 月 14 日美国东北部 – 加拿大大停电、2003 年 9 月 23 日瑞典南部与丹麦东部大停电、2003 年 9 月 28 日意大利大停电。如今电力系统规划与运行需要仔细考虑各种形式的系统失稳。近年来，在为研究工程师提供强大的工具与技术方面，取得了长足的进步。诸如 Kundur（1994）等中描述的一系列辅助程序，为电力系统深入研究稳定性提供了方便。

8.4　考虑稳定性的电力系统设计与运行

为了提供可靠的服务，电力系统必须保持完整，并能够经受多种扰动。由于经济与技术的限制，没有电力系统能在所有可能的扰动与事故下维持稳定。实际电力系统的设计运行，仅要求在选定的事故下维持稳定，常称之为"设计事故"（Kundur，1994）。选定的事故集合通常由经验决定。考虑到电力系统由大量元件组成，事故选定通常基于其具有较高发生概率且具有较高严重程度。总体目标是达成设定系统安全水平所需的费用与收益的平衡。

尽管安全性主要由物理系统及其当前属性决定，下述措施能促进安全运行：

1）预防与紧急控制的合理选择与部署；

2）评估稳定约束并使电力系统运行在约束范围内。

建立系统运行约束的安全评估，过去在离线运行规划环境下进行，对所预测的近期系统状态进行详细稳定评估。将稳定性约束结果输入查阅表，运行人员通过其评估当前系统运行状态的稳定性。

在新的电网竞争环境下，电力系统无法再按结构化与保守的方式运行，可能产生很多的输电交易类型与组合。现今的趋势是采用在线安全评估，凭借电脑硬件与稳定性分析软件可予以实现（Morrison et al.，2004）。

除了在线动态安全评估，许多其他的新兴和正在出现的技术，也能大大降低大范围的停电事故的发生概率与影响，包括：

1）自适应保护；

2）广域监视与控制；

3）柔性交流输电（FACTS）设备；

4）分布式发电技术。

致谢

本章关于电力系统稳定性的定义与分类，是基于 IEEE/CIGRE 关于电力系统稳定性术语、分类与定义的联合特别小组所提供的报告。特别小组成员包括：Prabha Kundur（召集人）、John Paserba（秘书）、Venkat Ajjarapu、Goran Anderson、Anjan Bose、Claudio Canizares、Nikos Hatziargyriou、David Hill、Alex Stankovic、Carson Taylor、Thierry Van Cutsem 与 Vijay Vittal。该报告发表在 2004 年 8 月的 IEEE Transactions on Power Systems 与 2003 年 6 月的 CIGRE 技术指导书 213 中。

参 考 文 献

Chow, Q.B., Kundur, P., Acchione, P.N., and Lautsch, B., Improving nuclear generating station response for electrical grid islanding, *IEEE Trans. Energy Convers.*, EC-4, 3, 406, 1989.

CIGRÉ Task Force 38.02.14 Report, Analysis and modelling needs of power systems under major frequency disturbances, 1999.

CIGRÉ Working Group 14.05 Report, Guide for planning DC links terminating at AC systems locations having short-circuit capacities, Part I: AC/DC Interaction Phenomena, CIGRÉ Guide No. 95, 1992.

Converti, V., Gelopulos, D.P., Housely, M., and Steinbrenner, G., Long-term stability solution of interconnected power systems, *IEEE Trans. Power App. Syst.*, PAS-95, 1, 96, 1976.

Davidson, D.R., Ewart, D.N., and Kirchmayer, L.K., Long term dynamic response of power systems—An analysis of major disturbances, *IEEE Trans. Power App. Syst.*, PAS-94, 819, 1975.

Diaz de Leon II, J.A., and Taylor, C.W., Understanding and solving short-term voltage stability problems, in *Proceedings of the IEEE/PES 2000 Summer Meeting*, Seattle, WA, 2000.

Evans, R.D. and Bergvall, R.C., Experimental analysis of stability and power limitations, *AIEE Trans.*, 43, 39–58, 1924.

Gao, B., Morison, G.K., and Kundur, P., Voltage stability evaluation using modal analysis, *IEEE Trans. Power Syst.*, PWRS-7, 4, 1529, 1992.

Gao, B., Morison, G.K., and Kundur, P., Towards the development of a systematic approach for voltage stability assessment of large scale power systems, *IEEE Trans. Power Syst.*, 11, 3, 1314, 1996.

IEEE PES Special Publication, FACTS Applications, Catalogue No. 96TP116-0, 1996.

IEEE Special Publication 90TH0358-2-PWR, Voltage stability of power systems: Concepts, analytical tools and industry experience, 1990.

IEEE Working Group, Guidelines for enhancing power plant response to partial load rejections, *IEEE Trans. Power App. Syst.*, PAS-102, 6, 1501, 1983.

Inoue, T., Ichikawa, T., Kundur, P., and Hirsch, P., Nuclear plant models for medium- to long-term power system stability studies, *IEEE Trans. Power Syst.*, 10, 141, 1995.

Kundur, P., A survey of utility experiences with power plant response during partial load rejections and system disturbances, *IEEE Trans. Power App. Syst.*, PAS-100, 5, 2471, 1981.

Kundur, P., *Power System Stability and Control*, McGraw-Hill, New York, 1994.

Kundur, P., Lee, D.C., Bayne, J.P., and Dandeno, P.L., Impact of turbine generator controls on unit performance under system disturbance conditions, *IEEE Trans. Power App. Syst.*, PAS-104, 1262, 1985.

Kundur, P. and Morison, G.K., A review of definitions and classification of stability problems in today's power systems, Paper presented at the *Panel Session on Stability Terms and Definitions, IEEE PES Winter Meeting*, New York, 1997.

Kundur, P., Morison, G.K., and Balu, N.J., A comprehensive approach to power system analysis, CIGRE Paper 38–106, presented at the 1994 Session, Paris, France.

Kundur, P., Rogers, G.J., Wong, D.Y., Wang, L., and Lauby, M.G., A comprehensive computer program package for small signal stability analysis of power systems, *IEEE Trans. Power Syst.*, 5, 1076, 1990.

Martins, N., Efficient eigenvalue and frequency response methods applied to power system small-signal stability studies, *IEEE Trans. Power Syst.*, PWRS-1, 217, 1986.

Morison, G.K., Gao, B., and Kundur, P., Voltage stability analysis using static and dynamic approaches, *IEEE Trans. Power Syst.*, 8, 3, 1159, 1993.

Morison, G.K., Wang, L., and Kundur, P., Power System Security Assessment, *IEEE Power & Energy Mag.*, 2(5), 30–39, September/October 2004.

Ontario Hydro, Long-term dynamics simulation: Modeling requirements, Final Report of Project 2473–22, EPRI Report EL-6627, 1989.

Steinmetz, C.P., Power control and stability of electric generating stations, *AIEE Trans.*, XXXIX, 1215, 1920.

Stubbe, M., Bihain, A., Deuse, J., and Baader, J.C., STAG a new unified software program for the study of dynamic behavior of electrical power systems, *IEEE Trans. Power Syst.*, 4, 1, 1989.

Taylor, C.W., *Power System Voltage Stability*, McGraw-Hill, New York, 1994.

Van Cutsem, T., Jacquemart, Y., Marquet, J.N., and Pruvot, P., A comprehensive analysis of mid-term, voltage stability, *IEEE Trans. Power Syst.*, 10, 1173, 1995.

Van Cutsem, T. and Mailhot, R., Validation of a fast voltage stability analysis method on the Hydro-Quebec system, *IEEE Trans. Power Syst.*, 12, 282, 1997.

Van Cutsem, T. and Vournas, C., *Voltage Stability of Electric Power Systems*, Kluwer Academic Publishers, Dordrecht, the Netherlands, 1998.

Wilkins, R., Practical aspects of system stability, *AIEE Trans.*, 41–50, 1926.

Younkins, T.D. and Johnson, L.H., Steam turbine overspeed control and behavior during system disturbances, *IEEE Trans. Power App. Syst.*, PAS-100, 5, 2504, 1981.

第9章 暂态稳定性

Kip Morison

British Columbia Hydro

and Power Authority

9.1　引言

如第 7 章所言，早在 20 世纪 20 年代，电力系统稳定性就已被视为一个难题。那时候，典型系统结构是从偏远发电厂远距离向负荷中心送电。早期稳定问题往往由同步转矩不足造成，这是最早出现的暂态失稳。如第 8 章定义，暂态稳定性是电力系统遭受大扰动时仍能维持同步运行的能力。这种扰动包括输电元件故障、失去负荷、失去发电机，或者失去变压器、输电线路等输电设备。

近年来电力系统稳定问题出现了不同形式，但暂态稳定性仍是电力系统设计运行所要考虑的基本和重要的问题。虽然很多电力系统运行确实受到一些电压稳定、小扰动稳定等限制，但大多系统还是易于遭受某些特定运行方式或故障模式下的暂态失稳，因此理解和分析暂态稳定仍然非常重要。如本章后面所述，暂态失稳常发生在很短时间内（几秒），使得操作人员没有时间去控制缓解，因此需要在设计阶段处理这个问题，否则将对电力系统运行造成严重限制。

本章我们将讨论暂态稳定性的基本原理、分析方法、控制与加强措施，以及对电力系统设计与运行的影响等实际问题。

9.2　暂态稳定性的基本原理

多数电力工程师都熟悉发电机功角（δ）－时间图（见图 9.1）。这种"摆动曲线"是在发电机遭受特定扰动后绘制而得，显示了发电机功角能否恢复、在轨迹 a 的新平衡点振荡，还是如轨迹 b 般非周期性发散。前者被视为暂态稳定，而后者反之。什么原因决定一台发电机稳定与否？如何分析大电力系统稳定性？如果失稳，如何提高其稳定性？这是本章试图回答的问题。

对于暂态稳定性，我们需要理解两个基本概念：①摇摆方程；②有功 - 功角特性。它们可用于描述等面积准则，这是一个用图形来评估暂态稳定性的简单方法[1-3]。

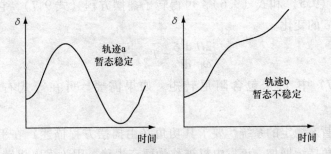

图 9.1　暂态稳定和失稳案例中发电机功角轨迹

9.2.1　摇摆方程

在同步发电机中，原动机对轴系施加机械转矩 T_m，发电机产生电磁转矩 T_e。扰动后，如果机械转矩大于电磁转矩，则存在加速转矩：

$$T_a = T_m - T_e \tag{9.1}$$

此式忽略了由于摩擦、铁心损耗和风阻引起的其他转矩。T_a 使发电机转子加速，而转动惯量 J 由发电机惯量和原动机惯量组成，因此

$$J \frac{\mathrm{d}\omega_m}{\mathrm{d}t} = T_a = T_m - T_e \tag{9.2}$$

式中　t——时间（s）；

ω_m——发电机转子的机械角速度（rad/s）。

通常我们用惯性时间常数 H 来表示这个等式，若 ω_{0m} 为额定机械角速度（rad/s），J 可以写成

$$J = \frac{2H}{\omega_{0m}^2} VA_{base} \tag{9.3}$$

因此

$$\frac{2H}{\omega_{0m}^2} VA_{base} \frac{\mathrm{d}\omega_m}{\mathrm{d}t} = T_m - T_e \tag{9.4}$$

此时，如果用 ω_r 表示转子角速度（rad/s），ω_0 为其额定值，上式可以写为

$$2H\frac{d\overline{\omega}_r}{dt} = \overline{T}_m - \overline{T}_e \tag{9.5}$$

最后可得

$$\frac{d\overline{\omega}_r}{dt} = \frac{d^2\delta}{\omega_0 dt^2} \tag{9.6}$$

式中 δ——相对于同步旋转坐标系的转子角位移（电角度，rad）。

结合式（9.5）和式（9.6），可得转子摇摆方程（式9.7），它描述了扰动过程中功角 δ 的变化。

$$\frac{2H}{\omega_0}\frac{d^2\delta}{dt^2} = \overline{T}_m - \overline{T}_e \tag{9.7}$$

式（9.7）中 T_e 未包含阻尼转矩。如果需要，可在等式右边增加附加项 $-K_D\Delta\overline{\omega}_r$。

扰动后暂态稳定的系统，要求其功角（由摇摆方程描述）在平衡点附近振荡。如果功角持续增加，该发电机被称为暂态失稳，因为发电机转子持续加速，不能达到一个新的平衡状态。在多机系统中，这样的发电机将"失步"，即与其他发电机失去同步。

9.2.2 有功–功角特性

考虑一个简单的经输电系统连接的单机无穷大系统，如图9.2所示。发电机用暂态电抗后的恒定电压源来简化（经典模型）。众所周知，由输电网络送到无穷大母线的有功存在最大值。发电机电磁功率 P_e 和功角 δ 有如下关系：

$$P_e = \frac{E'E_B}{X_T}\sin\delta = P_{max}\sin\delta \tag{9.8}$$

式中

$$P_{max} = \frac{E'E_B}{X_T} \tag{9.9}$$

式（9.8）可用图 9.3 表示。一开始有功增加，δ 也随之

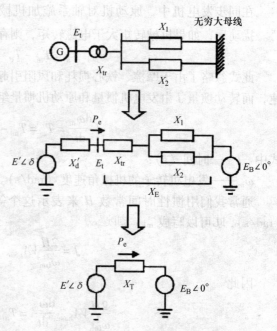

图9.2 单机无穷大系统的简单模型

增加。当有功达到最大值时，δ 增加到 90°。δ 超过 90°后，有功逐渐减小，直到 $\delta = 180°$，$P_e = 0$。这就是有功－功角关系，将输送有功表示为功角的函数。由式 (9.9) 可知，最大输送功率是发电机电压、无穷大母线电压、更重要的是输电电抗的函数。电抗越大（例如输电线路越长或联系越弱），最大有功越小。

如图 9.3 所示，对于给定发电机输入机械功率 P_{m1}，其输出功率为 P_e（等于 P_{m1}），对应功角为 δ_a。当机械功率增加到 P_{m2} 时，功角达到 δ_b。图 9.4 中一条输电线路停运，X_T 增加，P_{max} 减小。可以看到，相同输入功率（P_{m1}）下，只有一条输电线路时，功角增加到 δ_c。

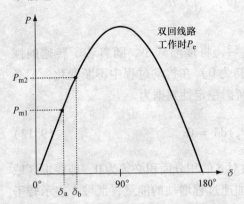

图 9.3　双回线运行时有功－功角关系

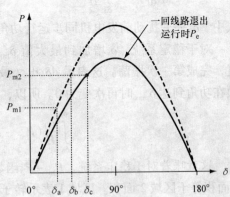

图 9.4　一回线路退出运行时有功－功角关系

9.2.3　等面积定则

将转子摇摆方程所定义的发电机动态行为和功角特性相结合，即可用等面积定则来解释暂态稳定的概念。图 9.5 中，对发电机输入机械功率施加阶跃扰动。

在初始功率为 P_{m0} 时，$\delta = \delta_0$，系统工作在 a 点。当输入功率阶跃到 P_{m1} 时（加速功率 $= P_{m1} - P_e$），由于转子不能立即加速，所以发电机沿着轨迹运动到 b 点。此时 $P_e = P_{m1}$，加速功率为 0。但是转子转速大于同步转速，功角继续增加。越过 b 点时，$P_e > P_m$，转子开始减速，直到功角达到最大值 δ_{max} 后，开始返回到 b 点。

通过以下分析可见，对于单机无穷大系统，没有必要绘制摇摆曲线以

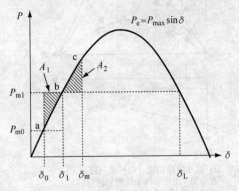

图 9.5　机械功率阶跃变化后有功－功角关系。用于确定等面积定则中的面积

确定发电机功角无限增大还是在平衡点附近波动。等面积定则用图解法确定稳定性，尽管一般不适合多机系统，但它可以帮助学习暂态功角稳定的概念。从式（9.7）的摇摆方程着手，用功率标幺值替代转矩。

$$\frac{d^2\delta}{dt^2} = \frac{\omega_0}{2H}(P_m - P_e) \tag{9.10}$$

等式两边同时乘 $2\delta/dt$，积分可得：

$$\left[\frac{d\delta}{dt}\right]^2 = \int_{\delta_0}^{\delta}\frac{\omega_0}{H}(P_m - P_e)d\delta \text{ 或} \frac{d\delta}{dt} = \sqrt{\int_{\delta_0}^{\delta}\frac{\omega_0}{H}(P_m - P_e)d\delta} \tag{9.11}$$

式中 δ_0——扰动前发电机同步运行功角。

对于稳定系统，δ 增加到最大值 δ_{max} 后，将逐渐减小，随着转子转速的恢复，完成第一次振荡。这表示 $d\delta/dt$（最初为 0）在扰动过程中不断变化，但必须在功角到达 δ_{max} 时再次变为 0。所以，暂态稳定性判据为

$$\int_{\delta_0}^{\delta}\frac{\omega_0}{H}(P_m - P_e)d\delta = 0 \tag{9.12}$$

这意味着对于稳定系统，$P_m - P_e$ 函数对 δ 的积分面积必须为 0，即要求区域 1 面积等于区域 2 面积。区域 1 表示转子加速过程增加的能量，区域 2 表示转子减速过程减少的能量。

对于稳定系统和不稳定系统，图 9.6 和图 9.7 分别在有功－功角特性曲线上下增加转子响应（由摇摆方程确定）。在这两种情况中，图 9.2 系统所受到扰动

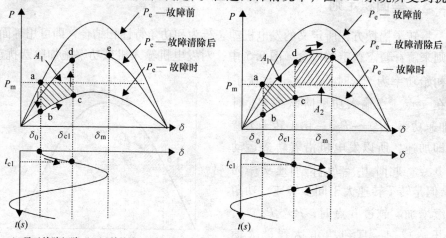

a) 显示故障切除（t_{c1}）前轨迹，在有功－功角曲线上从初始运行点移动到a点到b点到c点

b) 显示故障切除后轨迹，在有功－功角曲线上从c点到d点到e点

图 9.6　稳定算例中转子响应（由转子摇摆方程确定）叠加于有功－功角特性曲线

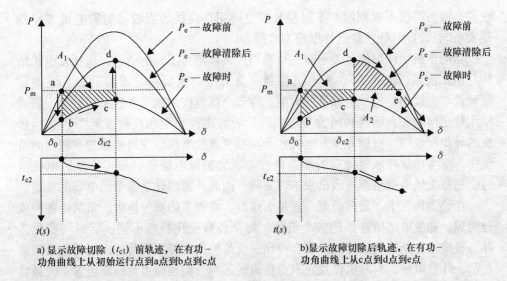

a) 显示故障切除（t_{c1}）前轨迹，在有功-
功角曲线上从初始运行点到a点到b点到c点

b) 显示故障切除后轨迹，在有功-
功角曲线上从c点到d点到e点

图 9.7 失稳算例中转子响应（由转子摇摆方程确定）叠加于有功-功角特性曲线

都是三相短路，唯一不同在于不稳定系统中，故障切除较晚。箭头表示了由摇摆方程和功角关系决定的功角轨迹。对于稳定系统，转子加速过程中获得的能量，等于减速过程中释放的能量（$A_1 = A_2$），功角到达最大值后能恢复。在不稳定系统中，转子加速过程中获得的能量，大于转子减速过程中释放的能量（由于故障时间过长），即 $A_1 > A_2$，功角持续增加而不能恢复。

9.3 暂态稳定性的分析方法

9.3.1 建模

前述暂态稳定基本概念都是基于高度简化模型。实际电力系统包含大量的变压器、输电线路和负荷。

在稳定评估中，电力系统往往用正序参数表示。网络由正序潮流模型表示，此模型定义了变压器拓扑结构、线路电抗、连接的负荷和发电机，以及扰动前电压。

同步发电机可由不同准确度模型表示，取决于仿真时长、扰动严重程度、所需精度等。最简单的模型由恒定内电势、固定暂态电抗和惯性时间常数组成，即所谓的经典模型。它忽略了很多特性：电压调节器动作、励磁磁链变化、发电机结构对交直轴暂态电抗的影响、原动机和负荷模型，以及励磁铁心饱和。过去采用经典模型以减少详细模型所需计算量，但是计算量对现在的仿真软件和计算机硬件来说，都已不成问题。不过经典模型还用在离扰动点较远的发电机（特别是大系统），此时往往缺乏详细模型数据。

当同步机用详细模型表示时，可获得经典模型得不到的效果，包括发电机结构（阻尼绕组、饱和等）、发电机控制（含有电力系统稳定器的励磁系统等）、原动机动态模型、机械负载等的影响。随着全球范围内风电渗透率的增加，需要使用特定模型去表示这些风力发电机，后者有多种类型和控制方案[4]，包括传统的异步发电机、双馈异步发电机和全功率变流发电机。在风电渗透率较高的系统中，应考虑这些风机特有的动态特性。当大型风电场里有很多小型风电机组时，把每个风电机组都表示出来不切实际，因此，需要建立整个风电场的模型。

在稳定仿真中，负荷模型一直是个难题。在许多仿真分析中，负荷由各种成分组成，如变电站所连接的各个负荷。每个负荷变化特性不同、随时间变化各异，很难建立能精确表达这些混合特性的负荷模型。等效负荷可以用简化模型来表示，计及电压，有时也计及频率对负荷的影响。但是很多负荷都包含了大量异步电动机。计及异步电机动态响应的模型，现在已广泛运用于综合负荷模型中[5]。

电网中还有大量其他设备，例如 HVDC 线路、控制装置、静态无功补偿装置，也需要在暂态稳定评估中予以详细建模。最后，需要对继电保护建模，包括线路保护（例如 mho 距离继电器）、失步保护、失磁保护以及其他特殊保护。

尽管电力系统模型可能非常大，需要用数以万计的系统状态来表示数以千计的发电机和其他设备，但是高效数值算法和现代计算能力，使得时域仿真软件得到广泛运用。而且由于暂态失稳时间通常在 1~5s，所以仿真时间不必过长。

9.3.2 分析方法

为了准确评估扰动后系统响应，所有重要元件都必须使用详细模型。电力系统完整的数学模型由大量代数方程和微分方程组成，包括：

1）发电机定子代数方程；
2）发电机转子回路微分方程；
3）功角摇摆方程；
4）励磁系统微分方程；
5）原动机和调速系统微分方程；
6）输电网络代数方程；
7）负荷代数方程和微分方程。

直接法稳定分析可以不直接求解系统微分方程（第 11 章），对此已做大量研究，但是最实用灵活的暂态稳定分析方法，是采用对非线性微分方程逐步积分的时域仿真方法。在时域仿真中用到各种数值积分方法，包括显式方法（如欧拉法和龙格－库塔法）和隐式方法（如梯形法）。积分方法的选择，主要取决于待研究系统的刚性。对于仿真步长受数值稳定性而非准确度影响的系统，隐式积分比显式积分更为适用。

9.3.3　仿真研究

现代仿真工具提供了复杂建模能力和先进数值求解方法。虽然各种仿真工具间多少存在差异，但基本要求和功能基本一致。

9.3.3.1　输入数据

1. 潮流

定义系统拓扑结构和初始运行状态。

2. 动态数据

包括发电机、电动机、输电线路保护、特殊保护、其他动态设备及其控制的模型型号和相关参数。

3. 用户自定义模型

当标准模型不能充分描述设备动态时，需要提供用户自定义模型。大多数仿真程序允许用户从库中构建控制模块（并定义输入），从而建立动态模型。

4. 程序控制数据

确定数值积分方法和仿真步长等选项。

5. 扰动数据

扰动详细信息，如故障时间、故障地点、故障类型、故障阻抗（如果需要）、故障持续时间、故障后失去的元件、以及仿真时间长度。

6. 系统监视数据

确定仿真过程中所监视（输出）的数据。系统模型一般很大，监视所有数据往往不可行：在每个时间步长内记录所有电压、相角、潮流、发电机输出功率等，数据量太大。所以通常只确定部分数据记录输出。

9.3.3.2　输出数据

1. 仿真日志

仿真过程中动作列表，如记录所施加的扰动、报告保护和控制动作以及遇到的任何数值计算问题。

2. 结果输出

大多数仿真工具都能输出数据阵列，以分析仿真结果。这些工具包括扫描工具（如寻找指定变量的最大偏移）、多变量表格和图形、动画、计算结果的地理可视化、便于存档的二进制输出。这些输出数据可确定系统是否能保持稳定，分析系统动态特性随时间的变化。

9.4　影响暂态稳定性的因素

实际电力系统中，影响暂态稳定的因素很多。基于早期小系统分析，可以确定以下影响因素：

1）从发电机看进去扰动后系统电抗。扰动后系统越弱，P_{max} 越小。

2）故障切除时间。故障持续时间越长，转子加速时间也越长，加速过程中获得动能越多，减速过程越难释放这些动能。

3）发电机惯性。惯性越大，功角变化率越低，故障期间所获得的动能越少。

4）发电机内电势（由励磁系统决定）和无穷大母线电压（系统电压）。电压越低，P_{max} 越小。

5）扰动前发电机载荷。载荷越大，越接近于 P_{max}。这意味着在转子加速期间，机组更容易失稳。

6）发电机内电抗。内电抗越小，P_{max} 越大，初始功角越小。

7）故障期间发电机输出功率是故障点和故障类型的函数。

9.5　系统设计中对暂态稳定性的考虑

如 9.1 节所述，暂态稳定性是设计电力系统时必须考虑的一个重要因素。在设计过程中，在各种运行方式和故障模式下，对电力系统进行时域仿真，以检验其稳定性。因为不可能设计在所有可能扰动下都稳定的系统，因此设计准则确定了系统稳定必须能承受的扰动集。通常扰动集包括发生概率更大的一些事件，这些事件将导致系统失去部分元件。典型事件如在正常时间内切除的三相短路、由于断路器故障而延迟切除的对地短路。多数情况下，稳定评估考虑失去单个元件（如变压器或输电线路），在扰动前另外一元件退出运行。因此在设计系统时，需要分析大量的扰动/故障模型。如果系统不稳定（或临界稳定），可采取各种方法来提高稳定性，包括：

1）减小输电线路电抗。通过增加并联线路、采用串联补偿、使用漏电抗更小的变压器等实现。

2）快速清除故障。在为维持稳定需快速清除故障时，采用两周波断路器。故障切除越快，故障期间发电机获得的动能越少。

3）动态制动。故障后投入并联电阻作为人造负荷，用以增加电磁功率输出，减缓转子加速。

4）调节并联补偿。维持系统电压，以提高发电机间的同步能力。

5）投切电抗器。接入并联电抗器，有可能提高发电机内电势和系统稳定性。

6）断路器单极跳合。电力系统中大部分故障是单相接地。然而在大多保护方案中，故障后保护三相跳闸。如果使用单相跳闸，只切除故障相，另两相间仍可流过功率，可大大降低事故影响。故障清除后，故障相又重新合上，绝缘介质去电离。

7）快关汽门。蒸汽阀快速关闭再打开，以减小扰动过程中的发电机加速功率。

8）切机。或许是提高暂态稳定性最古老、最常见的方法之一。在系统遭受扰动期间，断开选中的发电机，来减小流经关键输电断面的功率。

9）快速励磁。如前所述，增加发电机内电势有利于暂态稳定。通过快速动作的励磁系统，在系统遭受扰动时快速提高励磁电压。

10）特殊励磁系统控制。有可能设计一种特殊励磁系统，在暂态过程中通过不连续控制来提高内电势，以提高稳定性。

11）HVDC 线路特殊控制。快速增加或减少 HVDC 线路上直流功率，以帮助维持扰动后发电机/负荷不平衡问题。其效果与切机或切负荷相似。

12）系统受控解列和减载。作为提高系统稳定性的最后办法，设计控制方案，解列电网，使得各孤岛内发电和负荷平衡。有些孤岛中，需要切除部分负荷或发电机。在扰动后，通过将电网分区，可以防止不稳定扩散、影响其他区域。如果不稳定主要引起发电机切机，那么只要减载就足以控制系统。

9.6　系统运行中对暂态稳定性的考虑

虽然电力系统被设计成暂态稳定的，并且前述许多方法都可用来实现稳定，但实际上电力系统仍可能遭受失稳。这很大程度上是因为系统设计过程中所作假设的不确定性。这些不确定性有很多来源，包括：

1）负荷与发电预测。设计过程使用负荷大小、位置、特性，以及发电机位置和容量等预测信息。这些信息具有很强的不确定性。如果实际系统负荷高于预测值，那么发电机输出功率也会增加，系统压力更大，暂态稳定水平将显著降低。

2）系统拓扑。设计时一般假设所有元件都工作，或最多考虑两重故障。但在实际系统中，因为强迫停运（故障）或检修，同一时间可能有多个设备退出运行。显然，这些停运设备会大大弱化系统，降低系统稳定性。

3）动态建模。用于电力系统仿真的所有模型，甚至是最先进的模型，都是实际系统的近似。

4）动态数据。时域仿真结果很大程度上依赖于发电机及其控制模型的数据。在很多情况下，这些数据都是未知（假设为典型数据），或者是错误的（要么因为没有实地勘测，要么实际控制发生变化，而数据未及时更改）。

5）设备运行。在设计过程中，认为控制和保护都将正常动作。在实际系统中，继电器、断路器及其他控制，有可能拒动或误动。

为了解决实际系统运行中的不确定性，引入安全裕度。使用比设计采用模型更加准确的模型，如计及被维护设备、提高短期负荷预测精度等，来进行时域仿真（短期）。得到的暂态稳定极限，一般用关键断面允许最大潮流或关键电源所允许最大出力表示。根据稳定极限计算安全裕度，即实际系统在低于稳定极限（断面潮流或发电出力）下运行，两者差额为安全裕度。一般安全裕度用临界潮流或发电出力的百分比表示。例如，可以设置一个操作步骤，使得潮流运行极限比稳定极限值低 10%。

最近，在线乃至实时暂态稳定评估已成为一个越来越明显的趋势。基于状态估计的能量管理系统（EMS），按给定周期实际测量系统潮流，以确定系统结构和初始运行状态。潮流数据和暂态稳定所需其他数据，被传输给专用计算机的暂态稳定性软件，在给定时间内评估所有设定故障模式。目前，使用先进分析方法和高级计算机，在评估大量事故集合后，可以估计出 5 ~ 30s 内特大系统的暂态稳定性。在线评估基于电力系统实测信息，消除了许多不确定性，如负荷预测、发电预测、系统拓扑结构等，稳定分析结果更准确、更有意义。

参 考 文 献

1. Kundur, P., *Power System Stability and Control*, McGraw-Hill, Inc., New York, 1994.
2. Stevenson, W.D., *Elements of Power System Analysis*, 3rd edn., McGraw-Hill, New York, 1975.
3. Elgerd, O.I., *Electric Energy Systems Theory: An Introduction*, McGraw-Hill, New York, 1971.
4. Cigré working group WG C4.601 on Power System Security Assessment. Modeling and Dynamic Behavior of Wind Generation as It Relates to Power System Control and Dynamic Performance, CIGRE Technical Brochure, January 2007.
5. Kosterev, D. and A. Meklin, Load modeling in WECC, *Power Systems Conference and Exposition, 2006 (PSCE '06)*, Atlanta, GA, 2006.
6. IEEE Recommended Practice for Industrial and Commercial Power System Analysis, IEEE Std 399-1997, IEEE, New York, 1998.

第10章 小信号稳定性和电力系统振荡

John Paserba

Mitsubishi Electric, Power Products, Inc.

Juan Sanchez – Gasca

General Electric Energy

Lei Wang

Powertech Labs Inc.

Prabha S. Kundur

Kundur Power Systems, Solutions, Inc.

Einar Larsen

General Electric Energy

Charles Concordia

Consultant

10.1 电力系统振荡的本质

10.1.1 历史背景

从早期开始，阻尼振荡就被认为非常重要。在形成电力系统之前，J. C. Maxwell 开创了自动速度控制（调速器）中的振荡分析（速度控制是第一台蒸汽引擎成功运行的必要条件）。

交流发电机刚刚并列运行时，出现了机组间振荡。该振荡并非在意料之外。实际上，若意识到有功 – 功角曲线的斜率与发电机旋转惯性相互作用，会构成一个等效质量块 – 弹簧系统，即可预测振荡的发生。由于负荷持续变动，以及发电机设计和载荷的一些差异，振荡有可能持续被激发。特别是水轮发电机，阻尼很小，因此安装阻尼器（阻尼绕组）成为一个首选项。因为担心短路电流增加，一些人不得不接受安装阻尼器（Crary and Duncan, 1941）。需要指出的是，尽管产生实际负阻尼的唯一主要来源是涡轮调速器（Concordia，1969），但是实用的"治愈"是到处可见的。有两点是明显的，并且至今仍然成立。首先，自动控制实际上是负阻尼的唯一来源；其次，尽管辨识负阻尼来源是可取的，但是在其他地方增加阻尼，可能最有效、最经济。

此后，振荡似乎不再是一个重要问题。尽管出现过偶发振荡和明显弱阻尼，但是主要分析工作似乎完全忽略了阻尼。20 世纪 60 年代，当电网互联进程加快，更多发输电设备大面积扩展，情况突然改变了。或许最重要的是，在大型电网中发电机可能遭受较大的功角摇摆时，快速电压调节器产生负阻尼，这得到了广泛认可。（在 20 世纪 30 和 40 年代，这种可能性已众所周知，但是之后没有太多实际应用）。随着电力系统规模的扩大，特别是这些系统通过容量有限的联络线连接，振荡再次出现。（实际上，振荡从来没有完全消失，而仅仅没有被"看见"。）其原因如下：

1）对于系统间振荡，阻尼器不再起作用，因为其提供的阻尼，大约与有效外阻抗与定子阻抗和的二次方成反比，下降到以至于实际不存在阻尼。

2）自动控制的应用，增加了出现不利相互作用的可能性。即使没有这样的相互作用，这两个基本控制装置——调速器和发电机调压器——实际上总会在电力系统振荡频率范围内产生负阻尼：调速器影响较小，而自动电压调节器（AVR）影响更大一些。

3）尽管实际上自动控制装置是唯一可能产生负阻尼的设备，但不受控制系统的阻尼本身是很小的，很容易因为不断变化的负荷和发电量，引起不受欢迎的联络线功率振荡。

4）一台发电机上无关紧要的小振荡，可能汇合成一个联络线上的振荡。因其额定功率，联络线振荡是很显著的。

5）联络线载荷较重增加了摇摆可能性和振荡严重性。

为了计算阻尼对系统的影响，详细系统模型得到了广泛应用。相对于"经典"研究所需发电机惯性和输电阻抗来说，详细模型所需额外参数，较少为人所知。而且，电力系统全部阻尼通常是很小的，由正阻尼和负阻尼组成。因此，要得到真实的结果，就必须考虑所有已知模型来源，包括原动机、调速器、负荷、回路电阻、发电机阻尼器、发电机励磁，以及用于特定目的的各种控制装置。在大型电网中，特别是存在联络线振荡时，只有电力负荷和原动机（至少汽轮机驱动的发电机）这两个设备，可以提供正阻尼。

尽管电网稳定运行明显需要正的净阻尼，为什么要考虑其大小？更大的阻尼会降低（但是不会消除）振荡趋势和振荡幅值。如前所述，振荡不会被消除，即使阻尼设计最好的系统中阻尼也很小，仅仅占"临界阻尼"的一小部分。所以电力系统作为多个质量块和弹性组成系统的概念仍然有效，我们必须接受振荡。电力系统出问题的原因各种各样，取决于系统性质和运行状态。例如在早期，少数几个（或更多）发电机在联系相当紧密系统里并联时，振荡被发电机阻尼器抑制了。如果发生振荡，系统电压变化很小。最简单情况下，两台发电机并联接在同一母线，且负载相同，两者间振荡实际上不会引起电压变化，只是在两倍振荡频率时会发生变化。因此，发电机电压调节器不会被激励参与动作。此外，发电机间强耦合大大地降低了振荡模式的有效调节器增益。此时增加电压调节器响应（如提高暂态稳定性），系统阻尼并不会明显降低（在大多数情况下），但是暂态稳定性的提高相当可观。由电压调节器增益提高产生的负阻尼导致不稳定，已经在理论上得到论证（Concordia，1944）。

考虑一个系统通过联络线和另一个相似系统连接。联络线要足够强大，才能承受住失去任何一台发电机（但其容量只是系统容量的一小部分）。现在，联络线振荡时系统响应，和刚才描述非常不同。因为从任一系统来看，外部阻抗都很大，不仅大量失去发电机阻尼器的正阻尼，而且发电机机端电压也会受功角摇摆影响。这会导致发电机电压调节器动作，产生不想要的负阻尼。电压对功角的灵敏性，与初始功角和联络线载荷有关。因此，缺乏抑制方案时，联络线很容易振荡，特别当其重载时（在 CIGRE Technical Brochure No. 111，1996 的第 3 章阐述了多个案例）。这些联络线振荡是很麻烦的，特别是限制传输功率时，因为相对较大振荡被看作不稳定的先兆。

然后，继续互联，增加一个系统。如果把前面讨论的系统指定为 A 和 B，第三个系统 C 连接到 B 上，然后形成一个链路 A－B－C。如果功率按 A→B→C 或 C→B→A 的顺序流动，那么主要（也就是最低频率）振荡模式是 A 相对于 C，B 相对静止。然而，正如已指出的，B 系统电压是变化的。事实上，B 是作为一个同步调相机，促使 A 到 C 功率传输，因此承受电压波动。在互联电力系统历史上，此类情况已经发生好几次，是一个严重发展阻碍。在这个情况中，问题主要在 B 系统，但解决（至少缓解）方案主要在系统 A 和 C。采用目前任何可想象的可控电压支持，都几乎不可能单独维持 B 系统电压在合理范围内。另一方面，如果没有 B 系统，在同样传输功率下，振荡可能会更严重。事实上，没有大量串补或并补，同样功率传输或许不可能。如果功率传递是 A→B←C 或 A←B→C，产生严重振荡的可能性（和振荡产生的电压变化）会降低。此外，产生问题和解决方案都是这三个系统共同承担的，所以更容易实现有效补偿。为了获得最佳效果，所有功率传输情况都要被考虑到。

除了简要说明互联系统规模扩大后振荡重要性的变化，此处还介绍一些研究案例，这些案例使得增加系统阻尼重要性被广泛接受，发电机电压调节器是产生负阻尼主要原因被广为认可。这是对美国西海岸太平洋互联电网（交直流并联）暂态稳定性的一系列研究。这些研究指出，发生三相故障后，不稳定并不是由于发电机严重第一摆决定的，而是由事故后系统振荡不稳定导致的，后者导致两条并联交流线之一断开、引起输电阻抗增加。这表明阻尼对于暂态和稳态都是很重要的，并在全世界范围内引发了在发电机电压调节器上安装电力系统稳定器（PSS）的热潮，以此作为解决振荡的办法。

但是电网规模和线路载荷增加的压力，使得只安装 PSS 是不够的。当我们追求电网规模拓展与线路载荷增加的极限时，大部分时候制约因素是阻尼的不足。当我们在电网适当位置添加电压支持时，我们不仅增加了它的"强度"（如提高同步能力或更小的转移阻抗），也通过减轻发电机调压任务、降低调节增益，改善了其阻尼特性（如果发电机电压调节器已经产生负阻尼），还降低了调节器的增益。这也就是说，是否降低阻尼都是一个目标。然而，极限情况仍可能由阻尼不足引起。怎样提高阻尼呢？至少有三种选择：

1）在电压支持设备中添加信号（如线路电流）。

2）增加 PSS 输出（在现在较刚性的系统中是可行的）。或者两个都实施。

3）在一个全新的位置添加一个全新的设备。此时需要仔细考虑。

总的来说，由于调速器死区或是和系统频率控制相互作用，电力系统频率的振荡仍可在独立系统中发生，但是在大型互联系统中不大可能是一个主要问题。这些振荡更可能发生在子系统间联络线上，特别是当这些连接线很脆弱或重载时。载荷是相对的：被设计带一定正常载荷的"充足"联络线，现在可能大大重载，因此考虑振荡时，其动态特性也与弱联络线无异。可能最初设计线路时想来维持可靠性，但在现在存在商业压力，因为存在这条线路就要考虑到输电经济性。现在，存在"开放路径"，使得电力企业几乎使用每条线路来传输功率。取决于新增发电位置，这肯定会降低稳定性，减小阻尼。

10.1.2 基于相互作用特性对电力系统振荡分类

电力企业曾遇到以下类型的次同步频率振荡（Kundur，1994）：

1）本地机组模式振荡；

2）区域间模式振荡；

3）扭振模式振荡；

4）控制模式振荡。

本地机组模式振荡问题在上述类型中最常见的，涉及一个发电厂中发电机组相对于电力系统其他部分间的摇摆。这种问题常常由于出力较大、向弱输电系统供电发电机的 AVR 动作引起。采用高响应励磁系统时，问题更明显。本地机组振荡典型的固有频率在 1～2Hz 之间。它们特点很好理解，使用励磁系统辅助控制，即 PSS，很容易得到足够阻尼。

区域间模态是一个区域的多台电机与另一个区域的多台发电机间的摇摆。它们是由弱连接互联系统中强耦合的两台或多台发电机引起。这些固有频率通常范围是 0.1 ~ 1Hz。区域间模式振荡的特点很复杂，在某些方面和本地机组模式特点非常不同（CIGRE Technical Brochuure No. 111，1996；Kundur，1994；Rogers，2000）。

扭振模态振荡和汽轮发电机旋转（机械）部件有关。已有多起因为和控制装置（包括发电机组励磁和原动机的控制装置）相互作用引起扭振模式振荡的实例（Kundur，1994）：

1）在 1969 年在安大略 Lambton 发电厂 555MVA 燃煤机组应用 PSS 时，首次发现由励磁控制导致扭振模式不稳定。当时 PSS 采用信号是轴系发电机侧测量的基于转速的稳定信号，被发现激发最低的扭振模式（16Hz）。通过测量两个低压汽轮机间的转速，使用一个扭振滤波器，解决了该问题（Kundur et al.，1981；Wstson 和 Coultes）。

2）1983 年，在安大略的 Pickering B 核电站调试一台 635MVA 发电机组发现，扭转模式不稳定性是由于调速系统的相互作用。通过将蒸汽阀特性精确线性化，使用扭振滤波器，解决了该问题（Lee et al，1985）。

3）控制模式振荡和发电机组及其他装置控制有关。励磁系统、原动机、SVC、HVDC 参数设置不当，是控制模式失稳的常见原因。有时候，很难调节控制器来确保所有模式都有充分阻尼。Kundur et al（1981）描述了 1979 年在安大略水电厂 Nanticoke 机组调试 PSS 时的困难。其稳定器使用经过扭振滤波器的轴系转速信号。稳定器增益很高，足以稳定本地机组模式振荡，然而与发电机励磁磁系统相关的一个被称为"励磁模式"的控制模式变得不稳定。通过开发一个不需要扭振滤波器的稳定器，解决了该问题（Lee and Kundur，1986）。

尽管所有类型的振荡都是相关的，并且可能同时存在，本节重点关注影响区域间功率流动的机电振荡模式。

多机电力系统像是由一组由弹簧连接的质量块，表现出多种振荡模式。在很多系统中，阻尼这些机电摇摆模式是电力系统稳定、安全运行的关键因素（Kundur et al.，2004）。在交流输电系统中，发电机间功率传递是其内电势相量角度差的直接函数。影响发电机振荡的转矩，可以在概念上分为同步转矩和阻尼转矩（de Mello and Concordia，1969）。在大扰动后，同步转矩维持电力系统中发电机同步运行，对系统暂态稳定性很重要。对于小扰动来说，同步转矩决定了振荡频率。大多数稳定文献将同步转矩描述为功角关系的斜率，如图 10.1 所示，其中 K 表示同步转矩的大小。阻尼转矩决定了振荡衰减，对于第一摆后恢复系统稳定很重要。如前描述，阻尼受很多系统参数影响，通常很小。在控制装置作用下，阻尼有时是负的（这几乎是负阻尼的唯一"来源"）。负阻尼会导致振荡自发增长，直到继电器切除系统元件或达到限制周期。

图 10.2 显示了一个功率摇摆模式的示意图，表明了惯性（M）、阻尼（D）、同步（K）效应的影响。对于稳定运行点的扰动来说，模式加速转矩 ΔT_{ai} 等于模式电磁转矩 ΔT_{ei}（模式机械转矩 ΔT_{mi} 看作 0）。有效惯量是参与到摇摆的所有发电机的全部惯量的函数；同步转矩和阻尼转矩项依赖频率，并受到发电机转子电路、励磁控制和其他系统控制的影响。

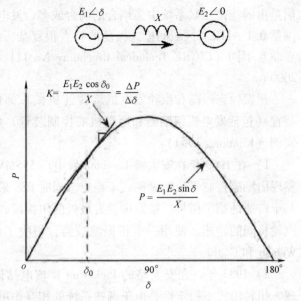

$$K = \frac{E_1 E_2 \cos \delta_0}{X} = \frac{\Delta P}{\Delta \delta}$$

$$P = \frac{E_1 E_2 \sin \delta}{X}$$

图 10.1　两个交流系统间简化有功 – 功角关系

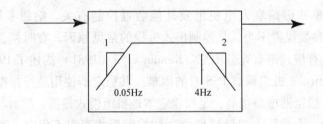

图 10.2　功率摇摆模式的概念框图

10.1.3　电力系统振荡本质的总结

前面的回顾，得到了很多关于电力系统振荡的重要结论和观察结果：

1）振荡是源于系统的固有模式，因此不能消除。但是可以调节它们的阻尼和频率。

2）随着电力系统的发展，现有模式的频率和阻尼会变化，可能出现新的模式。

3）负阻尼的来源是电力系统控制器，主要是励磁系统自动电压调节器。

4）区域间振荡和弱输电联系及重载有关。

5）区域间振荡经常涉及到不只一个电力企业，需要所有企业合作达成最有效和最经济的解决方案。

6）PSS 是改善阻尼区域间模式最常用的方法。

7）需要持续研究系统，以减小弱阻尼振荡的可能性。这种"预先"研究可能会避免电力系统遇到的很多问题（见 CIGRE Technical Brochure No. 111，1996 的第 3 章）。

必须清楚的是，避免振荡只是设计电力系统时需要考虑的很多方面之一，需要和经济性、可靠性、安全性、运行鲁棒性、环境影响、公众可接受性、电压和电能质量以及其他一些因素共同考虑。幸运的是，用于其他问题的许多设计功能，也有助于环节减轻振荡。然而，一个最重要的约束是，电力系统运行点相对于振荡来说必须是稳定的。

10.2 阻尼判据

振荡幅度衰减率的最好表示，是阻尼比 ζ。对于一个由复特征值 $\sigma \pm \omega$ 表示的振荡模式，阻尼比定义如下：

$$\zeta = \frac{-\sigma}{\sqrt{\sigma^2 + \omega^2}} \tag{10.1}$$

阻尼比 ζ 决定了振荡幅度的衰减率，其幅值的时间常数是 $1/|\sigma|$。换句话说，振幅在 $1/|\sigma|$ s 或在振荡 $1/(2\pi\zeta)$ 周期内衰减到初始振幅的 $1/e$ 或 37%（Kundur，1994）。由于振荡模态频率范围较宽，阻尼比比衰减时间常数更合适表示阻尼程度。例如，一个 5s 时间常数表示振幅衰减到初始振幅的 37%，对于一个 22Hz 的扭振模式，需要 110 个振荡周期，对于一个 1Hz 的本地机组模式需要 5 个周期，对于一个 0.1Hz 的区域间模式振荡需要半个周期。但是，对于所有的模式，0.032 的阻尼比表示在 5 个周期内相同程度的振幅衰减。

设计和运行电力系统时，需要满足以下标准，以适用所有预期的系统状况，包括设计故障集的事故后情况：

1）所有系统模式振荡的阻尼比（ζ）应超过一给定值。可接受的阻尼比最小值，与系统相关，基于运行经验和/或灵敏度研究；通常在 0.03 ~ 0.05 范围内。

2）小扰动稳定裕度应超过一给定值。稳定裕度是通过给定运行状态和绝对稳定极限（$\zeta = 0$）的差值得到，需要用物理量来量化，如发电厂出力、关键断面输电功率或者系统负荷水平。

10.3 研究步骤

因为以下原因，对小扰动稳定性的研究，在电力系统规划和运行中越来越重要：

1）大规模系统互联；

2）系统运行更接近输电极限；

3）变化的负荷特性；

4）执行小扰动稳定准则的管控要求。

一般需要对电力系统振荡建立研究步骤，从而让工程师理解研究目的和要求、准备合适模型、确定问题存在与否、辨识影响问题的因素，最终提供研发控制方案以缓解问题。

10.3.1　研究目标

小扰动稳定研究通常包括以下一个或几个目的：

1）在各种情况下，回顾电力系统的全部小扰动稳定性（Wang，2005）。

2）辨识关键模式（本地和区域间）和相关模态特征，以确定现有问题或在系统规划中发现的问题。

3）评估发电和输电扩建对小扰动稳定性的影响（Arabi at al.，2000）。伴随着可再生能源（风电、光伏等）技术的大规模集成，该问题非常重要（Gautam at al，2009）。

4）建立运行导则，例如由阻尼判据决定的输电极限（Chung et al.，2004）。

5）控制装置（如 PSS）的设计和参数调整（Bu et al.，2003）。

6）和系统振荡有关的事故后分析（EPRI，1997；Kosterev et al.，2001）。

10.3.2　性能要求

对小扰动稳定性的性能要求，主要根据系统中恶劣振荡模式的最低阻尼比设定的。一些旧的标准是根据时域仿真得到的振荡波形的峰值衰减率制定的。为了维持系统稳定运行，系统中任何模式阻尼比的最小值，必须大于零。在研究中，电力企业通常对最小阻尼比要求保留合理裕度（Midwest ISO，2009；PJM，2010）。例如在 PJM 输电规划中，所有模态的阻尼比不小于 3%。由于振荡模式性质和影响不同，对于不同类型的模态，强制阻尼要求也不同。例如，对局部模式是 5%，对区域间模式是 3%。

还有其他小扰动的性能标准。一个广为人知的例子，是关于励磁控制系统动态性能的 IEEE 标准（IEEE，1990）。这些标准用于调制控制系统参数、验证控制系统。

10.3.3　建模要求

对小扰动稳定性的要求和暂态稳定性分析相似。一些特殊要求如下：

1）一般不建议采用系统降阶或等效模型，除非研究全部集中于本地模式，或者研究是在线动态安全评估（DSA）的一部分，此时外部系统信息未知。

2）应包括对振荡产生影响的设备，如励磁机、AVR、PSS、HVDC 调制控制，以及柔性交流输电系统（如 SVC 和 STATCOM）的功率振荡阻尼（POD）。这甚至可能是强制的建模要求。例如，WECC 有一个规定：所有 PSS 必须投运以增强系统阻尼，并始终存在于系统模型中（WECC，2011）。

3）在小扰动分析中不适用的器件，无需出现在系统模型中，如特殊保护系统。

系统振荡（特别是本地振荡模式）对控制装置（如发电机 AVR）及其参数很敏感。不恰当的模型或参数会引起误解、甚至是不正确的研究结果。一个广为研究的例子，是 Rush Island 事故报告（Shah et al.，1995）。因此，在研究前先验证模型很重要。可以使用两种互补的方法：

1）基于测量的模型验证。通过现场测试推导和验证模型，已经一些完善的步骤，如 WECC，2010。

2）基于仿真的模型验证。使用仿真技术来验证模型性能。典型仿真包括励磁机阶跃响应和孤立动态设备模型的特征值分析。

10.3.4　系统状态设置

在小扰动稳定性分析中，常常需要考虑不同的系统状态，包括：

载荷水平：这在很大程度上影响区域间模式的特征，从重载到轻载，阻尼差异较大。

事故：事故削弱输电系统，降低本地和区域间模式振荡的阻尼。事故分析遵从可适用标准的要求，例如，NERC 可靠性标准中输电规划（NERC，2009）。

输电：在输电路径输电能力受到小扰动稳定限制的系统，要计及阻尼判据进行小扰动分析，以确定极限输电能力。这是一个迭代分析过程：调整输电路径的传输容量，以便在不违背阻尼判据前提确定最大输电容量。输电调整可用于系统调度完成以学习标准，或自适应调度完成以增加输电极限（Chung et al.，2004）。

10.3.5　分析和验证

尽管小扰动稳定性研究目的不同，但是主要关注点，是辨识可能存在安全隐患系统的关键振荡模式。这需要确定振荡模式的有效算法。传统非线性时域仿真方法（与暂态稳定分析中使用方法相同），可以用于振荡的阻尼评估。该方法常用额外工具对仿真结果进行事后处理，如使用 Prony 分析（Hauer，1999）。其优点是详细建模（比如非线性）如实产生了系统响应，以时域仿真形式给出结果，容易理解。另一方面，时域仿真方法辨识的电力系统振荡模式可能不全面，因为在特定仿真中，某些振荡模式可能没有被激发。而且，一次仿真可能只显示振荡模式的基本信息（主要是频率和阻尼），而非全面理解和控制这个模式所需的信息。这些不足可通过基于特征值分析的模式分析得到克服，即在给定运行点，将系统动态模型线性化，计算特征值。每个模式的稳定性，可以通过系统特征值清晰的辨识出来。使用特征向量可以辨识出模态振型、不同模式间关系、模式与系统变量或参数间关系（Kundur，1994）。另外可采用特殊的特征值算法，计算本地和区域间模式，以及与其相关的模态信息（Kundur，1994；Kundur et al.，1990；Martins and Quintao，2003；Martins 等，1992，1996，Senlyen and Wang，1998；Wang and Senlyen，1990）。电力企业拥有包含上述计算功能的强大计算机程序包，可以全面分析电力系统振荡（CIGRE，1996，2000；Wang et al.，2001）。

总之，模式分析辅以非线性时域仿真是研究电力系统振荡的最有效的方法。以下是系统小扰动稳定性分析的建议步骤：

1）使用小扰动稳定性程序，对感兴趣的模式类型进行特征值扫描，以发现弱阻尼模式。

2）对弱阻尼模式执行一次详细特征分析，以决定其特征和问题来源，帮助建立抑制措施，同时确定在时域仿真中需要监视的物理量。

3）对由特征分析辨识得到的临界算例，执行时域仿真。这有助于验证小扰动分析结果。另外，它展示了系统非线性是如何影响振荡的。

除了特征值分析，其他线性分析技术也已用于小扰动分析，特别是用于设计补救控制措施。这包括使用传递函数的零点和留数、频率响应、H_∞ 分析等（Klein 等，1995；Kundur，1994；Martins and Quintao，2003；Martins 等，1992，1996）。

从 1998 年到 2005 年，IEEE PES 分会电力系统动态性能委员会，资助了一系列关于小扰动稳定性和线性分析方法的专题研讨，参见 Gibbard 等（2001）和 IEEE PES（2000，2002，2003，2005）上发现。更多的信息可以在 IEEE PES 上看到（1995，2006）。

10.4 抑制电力系统振荡

很多电力系统安装设备来提高各种其性能，例如改善暂态稳定性、振荡稳定性、电压稳定性（Kundur 等，2004）。在很多情况下，这种设备是基于电力电子器件的，可以快速和持续控制。在输电系统应用案例包括 SVC、STATCOM、晶闸管控制串联串补（TCSC）。为了提高系统阻尼，在这些输电设备或发电设备的调节器中，可以采用附加阻尼控制器。附加控制应可调制设备输出、影响功率输出，从而给电力系统摇摆模式中增加阻尼。本节概述了一些问题，它们影响了阻尼控制能力，以改善电力系统动态性能（CIGRE Technical Brochure No. 111，1996；CIGRE Technical Brochure No. 116，2000；Levine，1995；Paserba，et al，1995）。

10.4.1　定位

设备选址对其稳定振荡模式非常重要（Larsen 等，1995；Martins and Lima，1990；Pourbeik 和 Gibbard，1996）。电力系统中很多可控设备的选址，是基于和稳定无关的问题（例如，HVDC 输电和发电机），唯一的问题是它们是否可以作为一个稳定援助来有效使用。对于其他设备，如 SVC、STATCOM、TCSC，以及其他 FACTS 控制器，安装设备主要是帮助输电系统，其稳定潜力将严重影响选址。选址时，装置成本是一重要因素。通常，总有一个位置可以最优利用设备可控性。如果设备分散于不同位置，需要容量较大设备来实现稳定目标。有时，考虑其他事项，如土地价格和可用性、环境法规（IEEE PES，1996）等时，个别设备的非最优位置，可以减小整体成本。

影响选址的另一个因素，是设备以鲁棒方式实现稳定目标，同时减小不利相互作用的风险。很多时候，这些问题可以通过选择合适输入信号、信号滤波、控制设计来克服，然而并非都有效，因此在选址决策过程中就应该包括这些问题。在一些应用中，采用分布式设备更好一些，可以在稳态运行和暂态过程之后，在整个网络维持统一电压幅值。分布式设备安全性更好，因为整个系统更可能承受失去其中某个设备，但是成本可能更高。

10.4.2　控制目标

在电力系统扰动前后的暂态和稳态过程中，控制设计和运行需要满足一些要求：

1）在系统较大扰动后几个摇摆中，可以幸存下来，并具有一定安全度。安全因素通常写成可靠性委员会准则（例如，在摇摆时电压保持在某阈值以上）。

2）在大扰动后稳态情况（事故后运行），提供最低水平的阻尼。除了在事故后提供安全性，一些应用会需要"环境"阻尼来避免稳态运行中振荡自发增长。

3）减小不良副作用的可能，分类如下：

a. 和电力系统高频分量相互作用，例如汽轮发电机轴系振动和交流电网的谐振。

b. 在理想控制行为带宽中的局部不稳定。

4）具有鲁棒性，在电力系统较为宽泛的运行状态下，可以实现控制目标。

要求控制对系统运行状态和元件参数敏感度最小，因为电力系统运行方式多变，并且仿真评估模型具有不确定性。另外，控制方式应具有最小的通信需求。

5）可靠性高。当需要帮助电力系统时，控制能够以较高概率实现预期运行。这要求可以实际检验控制，以确保事故后它们如预期动作。这就产生了预测控制响应的想法。系统运行的安全性，依靠一定可信度下对事故后各种控制元件如何动作的预测。

10. 4. 3　闭环控制设计

很多电力设备使用闭环控制。连续或离散电压调节器，在发电机励磁系统、电容器和电抗器组、带分接头变压器、SVC 中都很常见。提高稳定性的调节控制器，广泛装设在励磁机、HVDC、SVC 和 TCSC 中。相较于通常使用的开环控制，闭环控制的一个显著优点是用较少的设备就可以满足稳定性目标，并且对稳态潮流影响较小。尽管电力系统及其部件行为可以仿真预测，但是其非线性和巨大规模对系统规划和运行人员提出了挑战。相比于已有的精致控制设计技术，电力工程师的经验和直觉，对于整个系统成功运行通常更为重要（CIGRE Technical Brochure，2000；Levine，1995；Pal and Chaudhuri，2005）。

通常闭环控制是有效的。其优点之一是简化连续测试合理操作。另外，如果一个控制器被设计用于最恶劣的事故，那么发生次严重事故导致系统崩溃的可能性，比使用开环控制低。闭环控制缺点主要是存在不利相互作用的可能。另一个可能的缺点是需要较小步长，或在装置上使用微调控制，影响设备成本。如果需要通信，这也是一个挑战。但是经验表明，只使用局部测量信号可以实现预期性能。

在控制设计中最关键步骤之一是，选择一个合适的输入信号。另一个问题是确定输入滤波器和控制算法，以及确保能用鲁棒方式获得稳定目标、不良副作用风险最小。在下一节中，讨论了闭环稳定控制器的设计方法，从而可能使电力系统获益。

10. 4. 4　输入信号选择

选择本地信号作为稳定控制功能输入，需要考虑以下几点：

1）输入信号必须对所关注的发电机和线路上的功率摇摆敏感。换句话说，需要从输入信号观察到所关注的摇摆模式。这是对提供稳定控制的控制器的强制要求。

2）输入信号对电力系统其他摇摆模式尽可能不敏感。例如，对于用于一条传输线的控制设备，需要只关注该线路功率摇摆模式。如果输入信号也反映了线路相邻区域的本地摇摆，阻尼设备对其几乎没有能力抑制的振荡也作出响应时，控制能力就被浪费了。

3）没有功率摇摆时，输入信号应该很少或根本不对它自己输出敏感。同样的，应尽可能对其他稳定控制器输出不敏感。此类解耦减小了在控制器带宽范围内局部不稳定的可能性（CIGRE Technical Brochure No. 116，2000）。

这些注意事项已用于很多调制控制器的设计，并在实际应用中证明其价值（参见 CIGRE Technical Brochure No. 111，1996 第五章）。例如，发电机励磁系统的 PSS 控制装置是首次此类研究，证实了转速和有功是最好的输入信号，发电机升压站电压也是一个可接受的选择（Kundur et al.，1989；Larsen and Swann，1981）。对于 SVC，流过 SVC 的线路电流幅值是最好的输入信号（Larsen and Chow，1987）。对于 HVDC 系统阻尼扭振控制器，基于本地测量电压和电流，用与附近发电机电压相近的合成电压的频率，是最好的输入信号（Piwko and Larsen，1982）。对输电设备，如 TCSC，根据上述注意事项得到的结论是，用合成远端电压的频率，去估计和摇摆模式有关的区域惯性中心，是较好选择（Levine，1995）。这允许 TCSC 像交流线路阻尼器一样工作。

10.4.5 输入信号滤波

为了避免在理想控制带宽之外现象的相互作用，需要对输入信号低通和高通滤波。在某些应用中，需要用陷波滤波来避免输入信号和某个低阻尼谐振相互作用。曾有例子，SVC 和交流电网谐振态相互作用，调制控制和发电机扭振相互作用。在有功缓慢爬坡时或失去发电机或负载损耗后长期调整过程中，在低频端，高通滤波器必须有足够的衰减，以避免多余响应。在设计控制时，必须考虑滤波，因为它会严重影响在控制带宽内的局部不稳定性能和可能性。然而，确定滤波必须等到性能设计完成后，即已确定了在特定频率所需的衰减。在控制设计工作中，必须包括这些滤波器的合理近似。经验表明，0.05Hz 的高通间隔（3s 的低通时间常数），接近 4Hz 的双低通间隔（40ms 的时间常数），对于起始点来说是合适的，如图 10.3 所示。采用输入滤波参数设置的控制设计，可以为电力

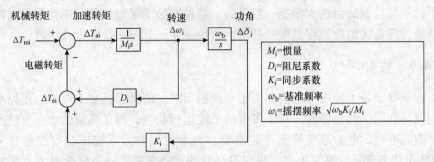

图 10.3 初始输入信号滤波

系统提供充足稳定能力。在输入滤波参数最终确定后，提供充足稳定控制能力的概率仍然很高。

10.4.6 控制方法

Levine（1995）、CIGRE 技术手册 No. 116（2000）、Pal 和 Chaudhuri（2005），提出了很多控制设计理论，可以用来设计电力系统的补偿控制器。通常，阻尼控制算法会导出与输入信号和设备输出有关的传递函数。这是理解控制算法偏移如何影响系统性能的前提。

通常，控制（和输入信号滤波）的传递函数，可根据其增益和相位与频率的关系来讨论。在传递函数中，0°相位移意味着输出和输入成正比。为了便于讨论，假设其表示在低阻尼功率摇摆模式中的纯阻尼作用。传递函数中的相位滞后（直到 90°）对应正的同步效果。当控制环是闭环时，倾向于增加摇摆模式的频率。随着相位滞后的变化，阻尼效果会下降。超过 90°，阻尼效果会变成负的。相反的，相位超前会产生非同步影响，当控制环是闭环时，摇摆模式的频率减小。一般情况下，要避免非同步作用。常用传递函数相位之后在 0°~45°之间，在设计阻尼控制的摇摆模式的频率范围之内。

10.4.7 增益选择

当所设计的传递函数形式，满足控制相位特征后，选择控制增益以获得所需的阻尼水平。为了使阻尼最大化，增益要足够高以确保充分利用控制装置以抑制关键扰动，但是不能过高，以减小不良副作用的风险。通常，增益选择可用根轨迹或乃奎斯特方法解析分析，最后需要检验实际应用效果（参见 CIGRE 技术手册 No. 111，1996 的第 8 章）。

10.4.8 控制输出限制

需要限制阻尼控制的输出，以避免被调制设备饱和。当控制设备饱和时，就达不到阻尼控制的目的。根据一般经验，当控制处于区域振荡频率范围内的限制时，受控设备输出应该在其限制范围内（Larsen and Swann，1981）。

10.4.9 性能评估

在输电设备上使用阻尼控制用于系统稳定时，仿真工具必不可少，用以检验控制设计和测试的鲁棒性。对于多变的系统运行状态，测试系统的唯一方法是仿真，因此准确的电力系统模型至关重要。典型大型电力系统模型可能包含多达15000 个状态变量，甚至更多。出于设计目的，通常需要一个降阶电力系统模型（Piwko 等，1991；Wang 等，1997）。如果研究系统规模过大，对于如今常用的一些线性分析技术和控制设计方法，大量系统方式和所需参数，使得计算繁琐，计算成本昂贵。只对所关注问题相关动态特性进行建模，可以更好地理解系统性能。从降阶模型可得设计控制器良好性能和鲁棒性的关键场景，然后用详细模型来测试。CIGRE 技术手册 No. 111（1996）、CIGRE 技术手册 No. 116（2000）、Kundur（1994）、Gibbard 等（2001）和 IEEE PES（2000，2002，2003，2005），包含了应用线性分析技术在大系统应用的信息。

实测对应用电力系统附加控制也非常关键。将控制器开环进行测试，将该控制器测量输入响应以及其他控制器输入，与仿真结果进行比较。如果差异可以接受，就可以用闭环控制回路来测试系统。此外，测试结果应该和仿真程序有一定相关度。现在已经建立了一些测试整个电力系统的方法，为验证全系统模型提供了对比依据。这种测试也可以在仿真程序中实现，有助于得到降阶模型（Hauer，1991；Kamwa 等，1993），以用于高级控制设计（CIGRE 技术手册 No. 116，2000；Levine，1995；Pal 和 Chaudhuri，2005）。对于独立设备，也有一些改进建模的方法，详细可见 CIGRE 技术手册 No. 111（1996）第 6 章和第 8 章。

10.4.10　不良副作用

电力行业历史中，改善系统性能的每个关键进步，都会产生一些不良副作用。例如，40 年前，加入快速励磁系统引起不稳定性，称为发电机的"hunting"模式。解决办法是 PSS，用了超过 10 年时间研究如何设置 PSS 参数，然后意外发现 PSS 会和汽轮发电机组轴系扭振相互作用（Larsen and Swann，1981）。

HVDC 和轴系扭振也会存在不良相互作用（次同步扭振相互作用 SSTI），特别是为了阻尼功率摇摆而附加调制控制器时。类似 SSTI 现象也存在于 SVC 中，程度比 HVDC 轻一些。已经为设计系统中建立了详细研究方法，以确保这些影响不会在正常运行时产生问题（Bahrman 等，1980；Piwko and Larsen，1982）。SVC 系统的另一个潜在不良副作用，是会和电网谐振产生相互作用。当 SVC 早期应用到输电系统时，该副作用引起很多问题。现在设计方法可以解决该问题，在 SVC 控制器中设置保护函数，以阻止不稳定状态持续恶化（Larsen and Chow，1987）。

随着技术发展，例如现在电力行业关注的 FACTS（IEEE PES，1996），出现了提高电力系统性能的新机遇。FACTS 控制器的稳定控制能力，比现有装置高很多。如果它们不能正常运行，可能出现非常严重的结果。这些 FACTS 装置的鲁棒运行，以及控制器之间避免相互作用，对于电力系统稳定性非常重要（CIGRE 技术手册 No. 116，2000；Clark 等，1995）。

10.4.11 电力系统稳定器调试案例

本节给出自于大型互联电力系统的一个实例，以阐述 PSS 参数调节重要性和方法。在这个系统中进行特征值扫描，发现发电机的一个不稳定本地模式，频率 1.97Hz，阻尼 -11.56%。更多观察显示：

1）该发电机有交流励磁机，如图 10.4 所示。

2）在该发电机安装了 PSS，如图 10.5 所示。PSS 输入为发电机转速，有三个阶段的相位补偿功能。

3）当阶跃信号加入发电机励磁机的参考点时，从时域仿真可以清楚看到不稳定模式，如图 10.6 所示。

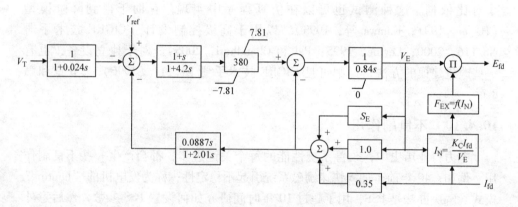

图 10.4　交流励磁机和参数

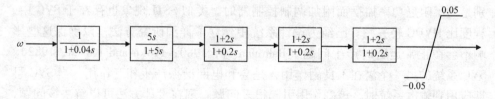

图 10.5　PSS 和参数

4）当 PSS 失效时，本地模式稳定，阻尼为 9.72%，频率为 1.43Hz。

上述观察表明，PSS 参数调节不当，因为 PSS 在局部模式中明显施加了很大的负阻尼。然而，检查励磁机/AVR 和 PSS 参数，没有发现明显问题。有必要依靠于系统分析方法，以此

1）发现问题在哪里；

2）调节 PSS 参数以改善本地模式阻尼。

分析发电机/励磁/PSS（GEP）传递函数的频率响应。这个传递函数的相位

特性及 PSS 的反相位特性，如图 10.7 所示。对于适当调谐的 PSS，在感兴趣的频率范围中（本案例中约 2Hz），图 10.7 中 PSS 的反相位特性应该比发电机励磁机的相位曲线低一点，表示 PSS 欠补偿。显然，PSS 提供的实际相位补偿，和所需的相位补偿是完全不同的。而且在本地模式频率，PSS 欠补偿 GEP 相位的角度，大约是 130°。这表明 PSS 提供转矩包括一个负阻尼成分，如图 10.8 所示。这就是 PSS 有效降低了本地模态阻尼的原因。

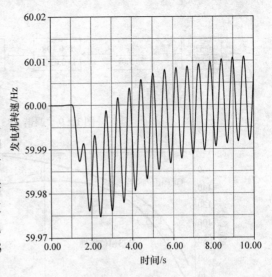

图 10.6　时域仿真中的不稳定模式

　　确认问题以后，重点是 PSS 相位调谐。根据前述理论，得到如图 10.9 所示的超前/滞后传递函数，它为 GEP 传递函数提供了平滑相位补偿，约 10°~20° 欠补偿。图 10.10 表示由调谐 PSS 提供的新相位补偿和相量图，表明调谐 PSS 对阻尼和次同步转矩的改善都有贡献。

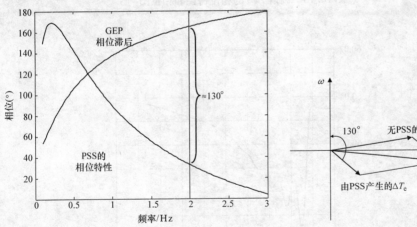

图 10.7　GEP 和初始 PSS 的相位特性

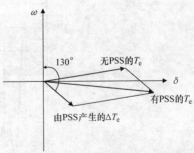

图 10.8　初始 PSS 参数的相量特性

　　特征值分析证明调谐 PSS 的有效性，事实上本地模式阻尼增加至 14%。在与图 10.6 相同条件下进行时域仿真，进一步验证了这一点。图 10.11 中清楚显示了局部模式被有效阻尼。

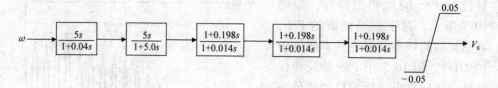

图 10.9　调谐 PSS 的参数

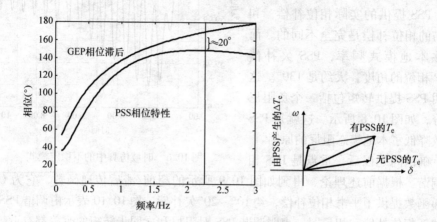

图 10.10　调谐 PSS 的相位特性和相量图

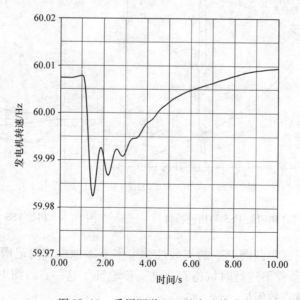

图 10.11　采用调谐 PSS 的本地模式

10.5　小扰动稳定分析的高阶项

小扰动稳定分析中的隐含假设是，在感兴趣运行点附近，电力系统动态行为可由线性系统响应来近似。

特定情况中，如电力系统重载时，有人提出线性分析不能准确描述系统模态特征（Vittal 等，1991）。这种情况下，为进一步理解电力系统动态，扩展小扰动稳定分析应用范围，很具吸引力。对线性系统各模式组合及其交互作用的研究，让人特别感兴趣。这些模态及其相互作用分别被称为"高阶模式"和"高阶模式相互作用"。

有文献提出正规形方法以研究电力系统高阶模态相互作用，并给出了量化高阶模态特征的几个指标（Sanchez – Gasca 等，2005 及其参考文献）。通常，正规形方法包括一系列坐标转换，以消除由泰勒级数展开的增加项（Guckenheimer and Holmes，1983）。应用于电力系统时，由于高阶量计算量大，该领域工作一直着重于泰勒级数二阶项展开。正规性分析计算量较大，即使只保留二阶项，大系统的计算量都很大，需要研究减少计算量的方法。Shanechi 等（2003）介绍了一个相关方法，旨在研究高阶模态相互作用。

10.6　模态辨识

通常，电力系统线性分析技术首先要计算系统状态矩阵，接着选择合适的特征值分析方法，计算特征值和模态振型。然而，下面问题可能限制其应用：（1）包括电力系统模型的程序中，没有线性化功能；（2）只有时域仿真数据可用。为避开这些限制，研究人员提出了一些方法，从时域数据计算系统模式和状态空间实现。这些方法旨在计算测量或仿真数据中的模态分量，称为模态辨识方法。在模态辨识时所需时域数据没有贡献的的系统模式，不予考虑。

在电力系统分析的背景下，使用模态辨识方法源于 Hauer 和其他人使用的Prony 算法（Hauer 等，1990）。Prony 算法用指数项的加权和，去拟合给定信号，可能是电力系统文献中展示结果最多、应用最为广泛的方法。自将 Prony 算法作为电力系统分析工具以来，其他模态辨识方法也已表明适用于分析电力系统中弱阻尼机电振荡。这些方法包括快速傅里叶分析（FFT）（Bounou 等，1992；Lee 和 Poon，1990）、特征系统实现算法（ERA）（Kamwa 等，1993）、矩阵束算法（Crow and Singh，2005）。这些方法得到了很好的发展，文献中大量记载了它们在机电振荡分析和控制中的应用（Kamwa 等，1996；Leirbukt 等，1999；Sanchez – Gasca，2001；Trudnowski 等，1991）。

前述模态辨识方法通常用于拖尾数据，后者是在突然暂态事件后得到的，如线路开关动作或施加阶跃测试信号。近来，有人提出计算系统模式的方法，包括用电力系统正常运行数据（环境数据），或用把探测信号输入到系统中产生的用于分析目的的数据（探测数据）等。这些方法很有吸引力，因为它们有实用价值，可以在系统正常运行时监测其模态特征。这些方法，可以用于处理数据块，也可以递归计算模式（Trudnowski 等，2008；Vanfretti 等，2010；Zhou 等，2008）。

最新模态辨识方法，与时频分析技术的应用有关。这些技术意将模态辨识拓展用于非平稳非线性过程。希尔伯特 – 黄转换（HHT）是最近受广受关注的一种方法（Messina，2009）。

10.7 总结

本章介绍小扰动稳定和电力系统振荡。因为内部元件间存在各种相互作用，电力系统中包括很多振荡模式。很多振荡都是由于同步发电机转子间相对摇摆。涉及这些质量块的机电模式，通常发生在 0.1 ~ 2Hz 的频率范围。较为麻烦的是区域间振荡，通常在 0.1 ~ 1Hz 的频率范围。区域间振荡模式通常是一组发电机，与通过联络线连接的另一组发电机间的相对摇摆。更高频率的机电模式（1 ~ 2Hz），通常是一台或者两台发电机相对于电力系统其余部分的摇摆，或是电气距离很近的发电机间的摇摆。

这些振荡动态特性可以被很多因素恶化和激发。特别是大功率传输，会产生限制系统运行的区域间振荡。电力系统的一些事件或扰动，或是在稳态稳定边界转移系统运行点时，可能触发振荡，振荡自发产生并不断加剧。控制器广为应用，使得预测边界越来越难。一旦振荡开始，在几秒内振荡幅度增长。这些振荡可能持续好几分钟，并且其幅度只能通过系统非线性来限制。有时，它们导致大型发电机组失步、部分或整个电网崩溃。当振荡很强、持续时间足够长，重要发电机或负荷非控制断开，从而引起的缓慢连锁故障，也会造成同样的影响。即使电力系统没有产生解列或损失设备或负荷时，持续振荡可能在其他方面破坏电力系统。例如，功率摇摆本身并不总是麻烦的，却可能和不希望发生的电压或频率摇摆有关。这些问题会限制功率传输，即使振荡稳定性并不是一个直接顾虑。

本章给出的处理电力系统振荡的内容包括：

1) 振荡本质；
2) 阻尼标准；
3) 研究步骤；
4) 通过控制抑制振荡；

5) 小扰动稳定的高阶项；

6) 模态辨识。

为阻尼电力系统振荡而选择装置和控制器时，可基于以下考虑优先顺序：

1) 因此首先考虑在受振荡影响的重要发电机上装设仔细调谐的 PSS，因为 PSS 效果和成本较低。

2) 其次考虑因为其他原因安装到设备上的附加控制器，如用于长距离输电或在异步运行电力系统间交换功率 HVDC，以及用于动态电压支持的 SVC。

3) 然后考虑用电力电子元件扩展固定或机械开关设备（包括阻尼控制器）。例如，用 TCSC 扩展现有的串联电容器。

4) 最后在电力系统中添加新的设备，以阻尼振荡。

参 考 文 献

Arabi, S., Kundur, P., Hassink, P., and Matthews, D., Small signal stability of a large power system as effected by new generation additions, in *Proceedings of the IEEE Power Engineering Society Summer Meeting*, Seattle, WA, July 16–20, 2000.

Bahrman, M.P., Larsen, E.V., Piwko, R.J., and Patel, H.S., Experience with HVDC turbine-generator torsional interaction at Square Butte, *IEEE Transactions on Power Apparatus and Systems*, 99, 966–975, 1980.

Bounou, M., Lefebvre, S., and Malhame, R.P., A spectral algorithm for extracting power system modes from time recordings, *IEEE Transactions on Power Systems*, 7(2), 665–672, May 1992.

Bu, L., Xu, W., Wang, L., Howell, F., and Kundur, P., A PSS tuning toolbox and its applications, in *Proceedings of the IEEE Power Engineering Society General Meeting*, Toronto, Ontario, Canada, July 13–17, 2003.

Chung, C.Y., Wang, L., Howell, F., and Kundur, P., Generation rescheduling methods to improve power transfer capability constrained by small-signal stability, *IEEE Transactions on Power Systems*, PWRS-19(1), 524–530, February 2004.

CIGRE Task Force 38.01.07 on Power System Oscillations, Analysis and control of power system oscillations, CIGRE Technical Brochure No. 111, December 1996, J. Paserba, Convenor.

CIGRE Task Force 38.02.16, Impact of the interaction among power system controllers, CIGRE Technical Brochure No. 116, 2000, N. Martins, Convenor.

Clark, K., Fardanesh, B., and Adapa, R., Thyristor controlled series compensation application study—Control interaction considerations, *IEEE Transactions on Power Delivery*, 10, 1031–1037, April 1995.

Concordia, C., Steady-state stability of synchronous machines as affected by voltage regulator characteristics, *AIEE Transactions*, 63, 215–220, 1944.

Concordia, C., Effect of prime-mover speed control characteristics on electric power system performance, *IEEE Transactions on Power Apparatus and Systems*, 88/5, 752–756, 1969.

Crary, S.B. and Duncan, W.E., Amortisseur windings for hydrogenerators, *Electrical World*, 115, 2204–2206, June 28, 1941.

Crow, M.L. and Singh, A., The matrix pencil for power system modal extraction, *IEEE Transactions on Power Systems*, 20(1), 501–502, February 2005.

de Mello, F.P. and Concordia, C., Concepts of synchronous machine stability as affected by excitation control, *IEEE Transactions on Power Apparatus and Systems*, 88, 316–329, 1969.

EPRI Report TR-108256, System disturbance stability studies for Western System Coordinating Council (WSCC), Prepared by Powertech Labs Inc., Surrey, British Columbia, Canada, September 1997.

Gautam, D., Vittal, V., and Harbour, T., Impact of increased penetration of DFIG-based wind turbine generators on transient and small signal stability of power systems, *IEEE Transactions on Power Systems*,

PWRS-24(3), 1426–1434, August 2009.

Gibbard, M., Martins, N., Sanchez-Gasca, J.J., Uchida, N., and Vittal, V., Recent applications of linear analysis techniques, *IEEE Transactions on Power Systems*, 16(1), 154–162, February 2001. Summary of a 1998 Summer Power Meeting Panel Session on Recent Applications of Linear Analysis Techniques.

Guckenheimer, J. and Holmes, P., *Nonlinear Oscillations, Dynamical Systems, and Bifurcations of Vector Fields*, Springer-Verlag, New York, 1983.

Hauer, J.F., Application of Prony analysis to the determination of model content and equivalent models for measured power systems response, *IEEE Transactions on Power Systems*, 6, 1062–1068, August 1991.

Hauer, J.F., Demeure, C.J., and Scharf, L.L., Initial results in Prony analysis of power system response signals, *IEEE Transactions on Power Systems*, 5(1), 80–89, February 1990.

IEEE PES Special Publication 95-TP-101, Inter-area oscillations in power systems, 1995.

IEEE PES Special Publication 96-TP-116-0, FACTS applications, 1996.

IEEE PES panel session on recent applications of small signal stability analysis techniques, in *Proceedings of the IEEE Power Engineering Society Summer Meeting*, Seattle, WA, July 16–20, 2000.

IEEE PES panel session on recent applications of linear analysis techniques, in *Proceedings of the IEEE Power Engineering Society Winter Meeting*, New York, January 27–31, 2002.

IEEE PES panel session on recent applications of linear analysis techniques, in *Proceedings of the IEEE Power Engineering Society General Meeting*, Toronto, Ontario, Canada, July 13–17, 2003.

IEEE PES panel session on recent applications of linear analysis techniques, in *Proceedings of the IEEE Power Engineering Society General Meeting*, San Francisco, CA, June 12–16, 2005.

IEEE PES Special Publication 06TP177, Recent applications of linear analysis techniques for small signal stability and control, 2006.

IEEE Standard 421.2-1990, *IEEE Guide for Identification, Testing, and Evaluation of the Dynamic Performance of Excitation Control Systems*, IEEE, New York, 1990.

Kamwa, I., Grondin, R., Dickinson, J., and Fortin, S., A minimal realization approach to reduced-order modeling and modal analysis for power system response signals, *IEEE Transactions on Power Systems*, 8(3), 1020–1029, 1993.

Kamwa, I., Trudel, G., and Gerin-Lajoie, L., Low-order black-box models for control system design in large power systems, *IEEE Transactions on Power Systems*, 11(1), 303–311, February 1996.

Klein, M., Rogers, G.J., Farrokhpay, S., and Balu, N.J., H_∞ damping controller design in large power system, *IEEE Transactions on Power Systems*, PWRS-10(1), 158–165, February 1995.

Kosterev, G.N., Mittelstadt, W.A., Viles, M., Tuck, B., Burns, J., Kwok, M., Jardim, J., and Garnett, G., Model validation and analysis of WSCC system oscillations following Alberta separation on August 4, 2000, Final Report by Bonneville Power Administration and BC Hydro, January 2001.

Kundur, P., *Power System Stability and Control*, McGraw-Hill, New York, 1994.

Kundur, P., Klein, M., Rogers, G.J., and Zywno, M.S., Application of power system stabilizers for enhancement of overall system stability, *IEEE Transactions on Power Systems*, 4, 614–626, May 1989.

Kundur, P., Lee, D.C., and Zein El-Din, H.M., Power system stabilizers for thermal units: Analytical techniques and on-site validation, *IEEE Transactions on Power Apparatus and Systems*, 100, 81–85, January 1981.

Kundur, P., Paserba, J., Ajjarapu, V., Andersson, G., Bose, A., Canizares, C., Hatziargyriou, N. et al. (IEEE/CIGRE Joint Task Force on Stability Terms and Definitions), Definition and classification of power system stability, *IEEE Transactions on Power Systems*, 19, 1387–1401, August 2004.

Kundur, P., Rogers, G., Wong, D., Wang, L., and Lauby, M., A comprehensive computer program package for small signal stability analysis of power systems, *IEEE Transactions on Power Systems*, PWRS-5(4), 1076–1083, November 1990.

Larsen, E.V. and Chow, J.H., SVC control design concepts for system dynamic performance, Application of static var systems for system dynamic performance, IEEE Special Publication No. 87TH1087-5-PWR on Application of Static Var Systems for System Dynamic Performance, San Francisco, CA, pp. 36–53, 1987.

Larsen, E., Sanchez-Gasca, J., and Chow, J., Concepts for design of FACTS controllers to damp power swings, *IEEE Transactions on Power Systems*, 10(2), 948–956, May 1995.

Larsen, E.V. and Swann, D.A., Applying power system stabilizers, Parts I, II, and III, *IEEE Transactions on Power Apparatus and Systems*, 100, 3017–3046, 1981.

Lee, D.C., Beaulieu, R.E., and Rogers, G.J., Effects of governor characteristics on turbo-generator shaft torsionals, *IEEE Transactions on Power Apparatus and Systems*, 104, 1255–1261, June 1985.

Lee, D.C. and Kundur, P., Advanced excitation controls for power system stability enhancement, CIGRE Paper 38–01, Paris, France, 1986.

Lee, K.C. and Poon, K.P., Analysis of power system dynamic oscillations with beat phenomenon by Fourier transformation, *IEEE Transactions on Power Systems*, 5(1), 148–153, February 1990.

Leirbukt, A.B., Chow, J.H., Sanchez-Gasca, J.J., and Larsen, E.V., Damping control design based on time-domain identified models, *IEEE Transactions on Power Systems*, 14(1), 172–178, February 1999.

Levine, W.S., Ed., *The Control Handbook*, CRC Press, Boca Raton, FL, 1995.

Martins, N. and Lima, L., Determination of suitable locations for power system stabilizers and static var compensators for damping electromechanical oscillations in large scale power systems, *IEEE Transactions on Power Systems*, 5(4), 1455–1469, November 1990.

Martins, N., Lima, L.T.G., and Pinto, H.J.C.P., Computing dominant poles of power system transfer functions, *IEEE Transactions on Power Systems*, 11(1), 162–170, February 1996.

Martins, N., Pinto, H.J.C.P., and Lima, L.T.G., Efficient methods for finding transfer function zeros of power systems, *IEEE Transactions on Power Systems*, 7(3), 1350–1361, August 1992.

Martins, N. and Quintao, P.E.M., Computing dominant poles of power system multivariable transfer functions, *IEEE Transactions on Power Systems*, 18(1), 152–159, February 2003.

Messina, A.R., *Inter-Area Oscillations in Power Systems*, Springer-Verlag, New York, 2009.

Midwest ISO, Business practice manual for transmission planning, BPM-020-r1, July 8, 2009.

NERC, Reliability Standards for Transmission Planning, TPL-001 to TPL-006, available from www.nerc.com (accessed on May 18, 2009).

Pal, B. and Chaudhuri, B., *Robust Control in Power Systems*, Springer Science and Business Media Inc., New York, 2005.

Paserba, J.J., Larsen, E.V., Grund, C.E., and Murdoch, A., Mitigation of inter-area oscillations by control, IEEE PES Special Publication 95-TP-101 on Interarea Oscillations in Power Systems, 1995.

Piwko, R.J. and Larsen, E.V., HVDC System control for damping subsynchronous oscillations, *IEEE Transactions on Power Apparatus and Systems*, 101(7), 2203–2211, 1982.

Piwko, R., Othman, H., Alvarez, O., and Wu, C., Eigenvalue and frequency domain analysis of the inter-mountain power project and the WSCC network, *IEEE Transactions on Power Systems*, 6, 238–244, February 1991.

PJM Manual 14B, PJM region transmission planning process, available from www.pjm.com, November 18, 2010.

Pourbeik, P. and Gibbard, M., Damping and synchronizing torques induced on generators by FACTS stabilizers in multimachine power systems, *IEEE Transactions on Power Systems*, 11(4), 1920–1925, November 1996.

Rogers, G., *Power System Oscillations*, Kluwer Academic Publishers, Norwell, MA, 2000.

Sanchez-Gasca, J.J., Computation of turbine-generator subsynchronous torsional modes from measured data using the eigensystem realization algorithm, in *Proceedings of the IEEE PES Winter Meeting*, Columbus, OH, January 2001.

Sanchez-Gasca, J., Vittal, V., Gibbard, M., Messina, A., Vowles, D., Liu, S., and Annakkage, U., Inclusion of higher-order terms for small-signal (modal) analysis: Committee report—Task force on assessing the need to include higher-order terms for small-signal (modal) analysis, *IEEE Transactions on Power Systems*, 20(4), 1886–1904, November 2005.

Semlyen, A. and Wang, L., Sequential computation of the complete eigensystem for the study zone in small signal stability analysis of large power systems, *IEEE Transactions on Power Systems*, PWRS-

3(2), 715–725, May 1988.

Shah, K.S., Berube, G.R., and Beaulieu, R.E., Testing and modelling of the Union Electric generator excitation systems, in *Missouri Valley Electric Association Engineering Conference*, Kansas City, MO, April 5–7, 1995.

Shanechi, H., Pariz, N., and Vaahedi, E., General nonlinear representation of large-scale power systems, *IEEE Transactions on Power Systems*, 18(3), 1103–1109, August 2003.

Trudnowski, D.J., Pierre, J.W., Zhou, N., Hauer, J.F., and Parashar, M., Performance of three mode-meter block-processing algorithms for automated dynamic stability assessment, *IEEE Transactions on Power Systems*, 23(2), 680–690, May 2008.

Trudnowski, D.J., Smith, J.R., Short, T.A., and Pierre, D.A., An application of Prony methods in PSS design for multimachine systems, *IEEE Transactions on Power Systems*, 6(1), 118–126, February 1991.

Vanfretti, L., Garcia-Valle, R., Uhlen, K., Johansson, E., Trudnowski, D., Pierre, J.W., Chow, J.H., Samuelsson, O., Østergaard, J., and Martin, K.E., Estimation of Eastern Denmark's electromechanical modes from ambient phasor measurement data, in *Proceedings of the IEEE PES General Meeting*, Minneapolis, MN, July 2010.

Vittal, V., Bhatia, N., and Fouad, A., Analysis of the inter-area mode phenomenon in power systems following large disturbances, *IEEE Transactions on Power Systems*, 6(4), 1515–1521, November 1991.

Wang, L., New England oscillation study, Final Report by Powertech Labs Inc. for ISO New England, May 2005.

Wang, L., Howell, F., Kundur, P., Chung, C.Y., and Xu, W., A tool for small-signal security assessment of power systems, in *Proceedings of the IEEE PES PICA 2001*, Sydney, Australia, May 2001.

Wang, L., Klein, M., Yirga, S., and Kundur, P., Dynamic reduction of large power systems for stability studies, *IEEE Transactions on Power Systems*, PWRS-12(2), 889–895, May 1997.

Wang, L. and Semlyen, A., Application of sparse eigenvalue techniques to the small signal stability analysis of large power systems, *IEEE Transactions on Power Systems*, PWRS-5(2), 635–642, May 1990.

Watson, W. and Coultes, M.E., Static exciter stabilizing signals on large generators—Mechanical problems, *IEEE Transactions on Power Apparatus and Systems*, 92, 205–212, January/February 1973.

WECC (2010), WECC generating unit model validation policy, available from www.wecc.biz (accessed on May 14, 2010).

WECC (2011), WECC standard VAR-501-WECC-1–Power system stabilizer, available from www.wecc.biz (accessed on July 1, 2011).

Zhou, N, Trudnowski, D.J., Pierre, J.W., and Mittelstadt, W.A., Electromechanical mode online estimation using regularized robust RLS methods, *IEEE Transactions on Power Systems*, 23(4), 1670–1680, November 2008.

第 11 章　电压稳定性

Yakout Mansour
California Independent System Operator
Claudio Cañizares
Unversity of Waterloo

电压稳定性是指"电力系统在给定初始运行状态下，受到扰动后维持所有母线电压的能力"（IEEE CIGRE，2004）。如果电压稳定，在任何时刻电力系统中电压和功率都可控。通常，系统不能供应所需电力时，将会导致电压不稳定（电压崩溃）。

一般地，电力系统动态特性总是与电压变化有关，而电压变化程度与所考虑的动态现象有关。例如，在电网振荡中心附近，在很短时间内，经典功角稳定现象可以导致电压大幅跌落甚至电压崩溃。电压控制设备误动作也会出现类似情况。需要注意的是，这些不是本章所解释的电压动态，将在本书其他章节以及其他书中予以解释。

11.1　基本概念

人们对辐射状电网的电压失稳（也称为负荷失稳）的认识，已有数十年历史（Venikov，1970 和 1980）。直到 20 世纪 70 年代末、80 年代初，大型互联电网才出现电压失稳现象。

多数早期建立的高压（HV）与超高压（EHV）系统及互联系统，都面临着经典的功角稳定问题。分析方法和稳定策略的革新，有助于输电系统输电能力的最大化。其结果就是大功率、远距离输电。随着输电功率增加，即使功角稳定不是限制因素，很多电力企业面临着电压支持不足问题。其后果包括故障后系统在低电压情况下运行，甚至电压全面崩溃。由此引发的大型停电事故，同时伴随局部电压崩溃，在美国东北部、法国、瑞典、比利时、日本，都曾发生过（Mansour，1990；US – Canada，2004）。相应地，电压稳定性成为许多电力企业规划和运行准则的一个主要因素。因此，电压失稳分析方法、以及临近电压失稳的定量测度，在过去 20 年里得到了发展。

11.1.1 发电机 – 负荷算例

图 11.1 的简单发电机 – 负荷模型可用来解释电压失稳现象的基本概念。其潮流模型用以下方程描述：

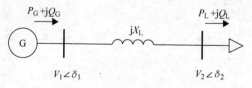

图 11.1 发电机 – 负荷算例

$$0 = P_L - \frac{V_1 V_2}{X_L}\sin\delta$$

$$0 = kP_L - \frac{V_2^2}{X_L} - \frac{V_1 V_2}{X_L}\cos\delta$$

$$0 = Q_G - \frac{V_1^2}{X_L} + \frac{V_1 V_2}{X_L}\cos\delta$$

式中，$\delta = \delta_2 - \delta_1$，$P_G = P_L$（无损耗），$Q_L = kQ_L$（负荷功率因数恒定）。

随着有功负荷 P_L 的增加，求解潮流方程，用以绘制 PV 曲线（母线电压对负荷有功）或 QV 曲线（母线电压对负荷无功）。根据上述方程，图 11.2 绘制了负荷节点 PV 曲线，其中 $k = 0.25$，$V_1 = 1$pu，忽略发电机出力限制，有两个 X_L 值，较大的数值对应于输电系统停运或故障。图 11.3 给出了考虑无功限制时的潮流解，其中 $Q_{Gmax} = 0.5$，$Q_{Gmin} = -0.5$。通过适当地缩放坐标轴，这些 PV 曲线可以轻易地转化为 QV 曲线。

图 11.2 中，最大负荷点对应潮流方程雅可比矩阵的奇异点，与系统动态模型的鞍结分岔点有关（Canizares，2002）。在电网非线性潮流模型中定义的鞍结分岔点，是随着负荷增加，两个潮流解合并和消失的点，此时潮流方程雅可比阵奇异。当负荷功率 $P_L = 0.7$pu 时，故障将会导致运行点（潮流解）消失，从而引起电压崩溃。

类似地，如果尝试增加 $P_L(Q_L)$，使其大于图 11.3 所示最大值，系统电压崩溃。当 $P_L = 0.6$pu 时发生故障，也会发生电压崩溃。最大负荷点对应发电机无功出力 Q_G 最大值，此时潮流雅可比矩阵未奇异。这个点可能与系统动态模型的极限诱导分岔点有关（Canizares，2002）。在非线性电网的潮流模型中，极限诱导分岔点定义为：随着负荷增加，两个潮流解合为一点。在这点潮流雅可比矩阵不奇异，可以得到潮流解，但是系统控制器达到控制极限，例如发电机电压调节达到最大无功极限。

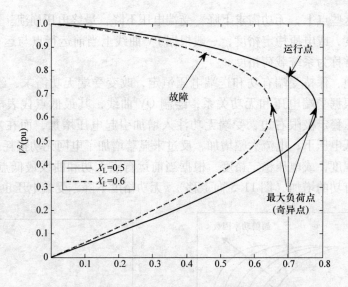

图 11.2　发电机 – 负荷算例的 PV 曲线（忽略发电机无功约束）

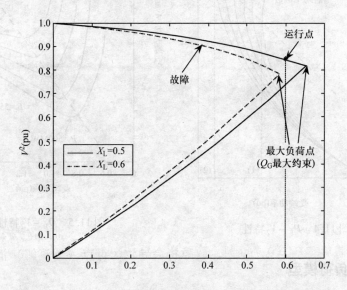

图 11.3　发电机 – 负荷算例的 PV 曲线（计及发电机无功约束）

　　对这个简单的算例，依据所选择系统参数，可以绘制不同的 PV 和 QV 曲线。例如，保持送端电压恒定，受端负荷变化但功率因数恒定，计算其电压，绘制图 11.4 所示曲线簇。不同曲线代表不同功率因数下系统最大输电功率，也称为最大载荷能力。在受端提供更多无功支持，可以增加输电极限值［（2）相对于（1）］，从而有效增加超前功率因数。注意，极限曲线 V_s 下方的点，表示系统不稳定。在这些点上，无功需求下降，受端电压下降，最终电压崩溃。接近电压不稳定的程度，或电压稳定裕度，一般根据 PV 曲线上当前运行点与运行极限的差测得，通常称为系统载荷裕度。

类似地，保持受端有功和送端电压恒定，改变受端无功需求，绘制图 11.5 曲线簇。根据受端电压和无功关系，绘制 QV 曲线，其最低点代表电压稳定极限。在电压稳定极限右边，受端无功注入增加引起电压增加，而在左边正好相反，因为低电压下，电流大幅增加，反过来显著增加了电网无功损耗。接近电压不稳定的程度，或电压稳定裕度，根据当前运行点无功和曲线最低点的差测得。随着输送有功的增加（图 11.5 向上移），无功裕度下降，受端电压也下降。

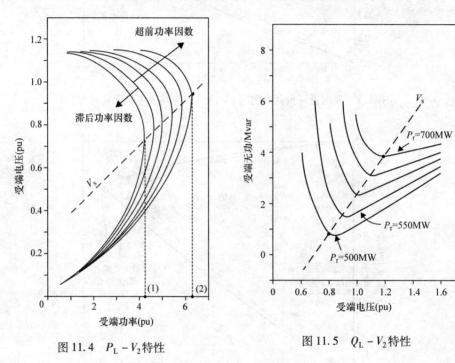

图 11.4 $P_L - V_2$ 特性   图 11.5 $Q_L - V_2$ 特性

11.1.2 负荷模型

电压不稳定常与电网缓慢变化和负荷特性有关。此时电网响应深受慢速控制设备的影响，例如带负荷调压变压器（LTC）、自动发电控制、发电机励磁电流限制器、发电机过载无功范围、低压减载继电器、可投切无功设备等。电压变化时的负荷特性，对电压稳定非常重要。这些设备特性，例如，如何影响电网对电压变化的响应，多见于文献中。

尽管有可能辨识出电网负荷所含各种设备的电压响应特性，但计及各设备模型建立电网负荷模型，是不切实际的。聚合负荷模型更切合实际。但是负荷聚合需要做出一些假设，这些假设可能使得仿真结果与实际相差甚远。由于这些原因，就像在任何其他稳定研究中一样，电压稳定研究中负荷建模，成为一个相当重要、艰难的问题。

　　Hill（1993）和 Xu 等（1997）的现场试验结果表明，聚合负荷对阶跃电压变化的典型响应如图 11.6 所示。这是包含 LTC 和单个家用负荷在内的所有下游分量的总体响应。根据负荷组成不同，负荷恢复到稳态大概需要几秒到几分钟。有功功率和无功功率的响应，性质上是相似的。电压突然变化，引起功率需求的瞬时变化。这种变化定义了负荷暂态特性，用于导出功角稳定研究所需的静态负荷模型。当负载响应达到稳态，稳态功率是稳态电压的函数。该函数定义了稳态负荷特性，即潮流研究中的电压相关负荷模型。

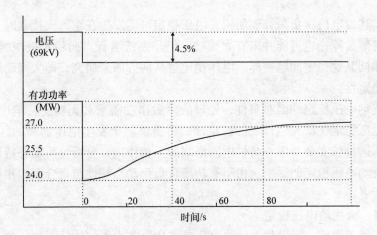

图 11.6　电压阶跃变化时的聚合负荷响应

典型负荷－电压响应，可由图 11.7 提出的通用动态负荷模型得到。在此模型中（Xu 和 Mansour，1994），x 是状态变量，$P_t(V)$ 和 $P_s(V)$ 分别是暂态和稳态负荷特性，表示如下：

$$P_t = V^\alpha \ 或 \ P_t = C_2V^2 + C_1V + C_0$$
$$P_s = P_0V^\alpha \ 或 \ P_s = P_0(d_2V^2 + d_1V + d_0)$$

式中，V 是负荷节点电压标幺值。在稳态时，状态变量 x 是定值。积分模块输入 $E = P_s - P$ 必须为 0，因此，模型输出由稳态特性 $P = P_s$ 决定。对

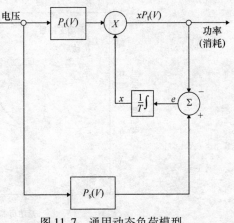

图 11.7　通用动态负荷模型

于任何电压突然变化，由于积分模块输出不能瞬时变化，开始时 x 仍保持其扰动前值。从而，暂态输出由暂态特性 $P - xP_t$ 决定。模型输出和稳态负荷需求的差值，就是误差信号 e。此信号反馈到积分模块，逐步改变 x。此过程持续进行，直到达到稳定状态（$e = 0$）。负荷模型的解析表达，包括有功和无功动态模型：

$$T_p \frac{dx}{dt} = P_s(V) - P, \ P = xP_t(V)$$

$$T_q \frac{dy}{dt} = Q_s(V) - Q, \ Q = yQ_t(V)$$

$$P_t(V) = V^\alpha, \ P_s(V) = P_0 V^\alpha; \ Q_t(V) = V^\beta, \ Q_s(V) = Q_0 V^\beta$$

11.1.3　负荷动态特性对电压稳定性的影响

如前述发电机－负荷算例所说，电压稳定可能发生在系统大扰动时，例如输电线路突然故障；也可能并未有大扰动，但是系统运行点向稳定极限缓慢移动。因此，如同其他稳定问题一样，电压稳定也从两方面来研究，即大扰动稳定性和小扰动稳定性。

大扰动电压稳定性面对事件，处理故障后裕度需求和无功支持响应等问题。小扰动电压稳定性研究运行点的稳定性，可提供易于发生电压崩溃的区域信息。在本节，通过核实负荷中心与供电网络间的互相作用，分析负荷动态特性对大扰动和小扰动电压稳定的影响。由于有功聚合负荷动态特性与聚合无功相似，因此只分析后者。

11.1.3.1　大扰动电压稳定

为了便于说明，假设供电网络电压动态比负荷中心整体动态快一些。电网模型可以由三个准稳态 VQ 特性（QV 曲线）建立，分别为扰动前、扰动后、扰动后有无功支持，如图 11.8 所示。负荷中心由一个通用动态负荷表示。负荷－电网

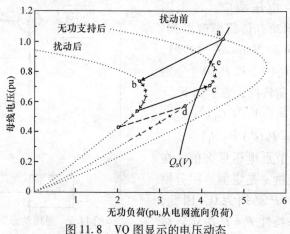

图 11.8　VQ 图显示的电压动态

系统最初运行在稳态负荷特性和扰动前网络 QV 曲线的交叉点，即 a 点。

电网故障后，VQ 曲线无功支持能力下降。综合负荷的暂态特性（11.1.2节）立即响应（$\beta = 2$，阻抗恒定）。系统运行点移动到 b 点。此时，在给定电压下，电网无功供给小于负载需求。

$$T_q \frac{dy}{dt} = Q_s(V) - Q(V) > 0$$

负荷动态特性通过增大状态变量 y，吸收更多无功。相当于在 $\beta = 2$ 时增加负荷导纳，或在 $\beta = 2$ 时增加负荷电流，使得工作点向更低电压方向移动。如果负荷需求和电网供给一直不平衡，系统将持续运行在故障后的 VQ 曲线和不断移动的暂态负荷曲线的交点，电压持续降低，最终导致电压崩溃。

如果故障后立即提供无功支持，则电网将切换到第三条 VQ 曲线上。基于暂态特性负荷作出响应，形成一个新的运行点。根据无功支持投入时间，快速响应时新运行点为 c，慢速响应时为 d。在 c 点，无功支持大于负荷需求（$Q_s(V)$ $-Q(V)$ <0）。通过减小状态变量，负荷能吸收更少功率，导致运行点电压升高。此动态过程持续进行，直到功率不平衡量为零，即达到一个新的稳态工作点（e 点）。另一方面，在无功响应较慢时，负荷需求往往大于电网供给，最终导致电压崩溃。

数值求解技术可以用于模拟上述过程。用于模拟的方程为：

$$T_q \frac{dy}{dt} = Q_s(V) = Q(t); \quad Q(t) = y Q_t(V)$$

$$Q(t) = \text{Network}(V_s t)$$

式中，函数 Network（V_{st}）包含三个多项式，每个多项式代表一条 VQ 曲线。图11.8 给出了 VQ 坐标系下的仿真结果。图 11.9 给出了负荷电压关于时间的函数。

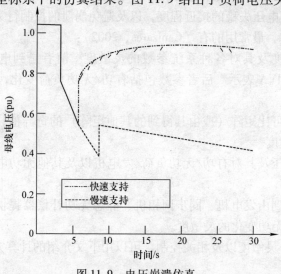

图 11.9　电压崩溃仿真

结果证明了负荷动态特性对解释其电压稳定问题的重要性。

这个现象的一个经典例子，可以用交流电网的一个典型场景来说明。该交流电网有一些快速设备，如感应电动机和电子控制负荷。大扰动发生在负荷含有大量空调负荷分量时。当扰动发生时，空调电机减速，吸收大电流，反过来又使得电压更低。故障清除后，电动机吸收大量电流，试图恢复运行状态，可能导致停机，情况更加恶化，特别是保护跳闸断开局部电网以清除故障、形成弱电网时。结果可能导致电压崩溃和大量失负荷。世界上记录的几次电压崩溃事故，都与这个例子相似。

11.1.3.2　小扰动电压稳定

在运行点附近将潮流方程线性化，分析其灵敏度矩阵，可以得到电力系统电压特性。计算方法上的突破，使这项技术行之有效，帮助分析大型系统，并计及影响这种现象的所有因素。特别地，读者应该对奇异值分解法和模态分析技术尤其感兴趣，这两种方法已被 Mansour（1993），Lof et al（1992，1993），Gao et al（1992）和 Canizares（2002）彻底描述过。

11.2　分析框架

电网和负荷响应的缓慢性质，将电压稳定时间框架分为两种：①长期动态框架，其中慢速设备和聚合负荷用其动态模型表示（此时，基于准动态仿真，分析系统对故障或负载变化的响应）；②稳态框架（例如，潮流），确定给定故障后系统能否达到稳定运行点。这个运行点可以是最终稳态，也可以是离散设备（如带负荷调压变压器）动作过程中的中间点。

所给系统与电压失稳的接近程度，以及避免崩溃的控制行为，可由各种指标和灵敏度来评估。最常用的有（Canizares，2002）：

1）载荷裕度及其对各种系统参数的灵敏度。前者是到电压崩溃点间的距离，用 MW 或 MVA 表示。后者参数包括有功/无功负荷变化，或不同电源的无功出力水平。

2）系统雅可比矩阵（或由其得到的其他矩阵）的奇异值，以及奇异值关于系统参数的灵敏度。

3）母线电压及其对有功/无功负荷/发电机以及其他无功电源出力变化的灵敏度。

4）可以得到由发电机、同步调相机、静态无功补偿器提供的无功，及其对负荷有功和/或无功变化的灵敏度。

这些指标、灵敏度以及相关控制，可以用下文介绍的计算方法确定。

11.2.1　潮流分析

潮流程序可以得到部分 PV 曲线和 QV 曲线。只要发电机无功输出未越限，负荷中心负荷需求逐步增加，保持功率因数不变，发电机端电压保持额定值；如果发电机无功达到限值，则发电机节点也被视为负荷。通过记录负荷中心电压与有功的关系，可以绘制出 PV 图。需要注意的是，在接近或越过最大载荷点时，潮流发散，得不到 PV 曲线的不稳定部分。通过在负荷中心母线上假设一个虚拟同步调相机，可以得到 QV 关系（该"参数化"技术，也被用于后续连续计算）。改变母线电压（没有将其转化为电压控制节点），记录电压及调相机注入无功，可以得到 QV 曲线。如果同步调相机的无功限值很高，在 QV 曲线的两边，潮流都是收敛的。

11.2.2　连续潮流法

连续潮流方法是获取完整的 PV 和/或 QV 曲线的一个常用的、鲁棒的方法（Canizares，2002）。该方法分为两步：预测和校正，如图 11.10 所示。在预测阶段，基于初始解和对潮流变量（例如，母线电压和相角）变化的估计，估计确定负荷 P 增加（图 11.10 的 2 点）后的潮流解。这个估计值可用线性化潮流方程计算，即确定多个潮流解的切线。因此，在如图 11.10 所示的例子中，

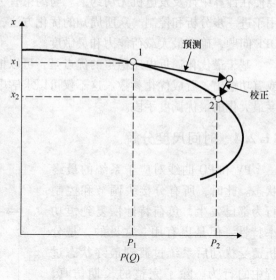

图 11.10　连续潮流

$$\Delta x = x_2 - x_1 = k J_{\mathrm{PF1}}^{-1} \left. \frac{\partial f_{\mathrm{PF}}}{\partial P} \right|_1 \Delta P$$

式中，J_{PF1} 是潮流方程 $f_{\mathrm{PF}}(x) = 0$ 的雅可比矩阵，x 是潮流变量向量（负荷电压是 x 的一部分），$\left. \dfrac{\partial f_{\mathrm{PF}}}{\partial P} \right|_1$ 是潮流方程关于变化参数 P 的偏导数（在运行点 1），k 是控制步长的一个常数（通常 $k = 1$），通过减半以确保在最大载荷点负荷校正步骤的解，因此避免了参数化的需求。

预测阶段主要是决定潮流变量 x 对负荷 P 变化的灵敏性。

校正阶段比较简单，即令 $P = P_2$，求解潮流方程，利用预测阶段得到的估计值 x 作为初始值，以得到图 11.10 中的运行点 2。也可使用其他更精准、更鲁棒的计算方法，如"垂直相交"方法。

11.2.3　优化或直接法

最大负荷点可以用优化方法求解（Rosehart 等，2003），得到距离电压崩溃点的最大载荷裕度，以及潮流变量对系统参数（包括负荷）的各种灵敏度（Milano 等，2006）。这些方法主要是求解最优潮流（OPF）问题：

$$\text{Max.}\quad P$$
$$\text{s.t.}\quad f_{\text{PF}}(x, P) = 0 \rightarrow 潮流方程$$
$$x_{\min} \leqslant x \leqslant x_{\max} \rightarrow 约束$$

式中，P 表示系统负荷水平；潮流方程 f_{PF} 和变量 x 应该包括发电机无功方程，以便在计算中计及发电机无功约束。与约束有关的拉格朗日乘子即为灵敏度，可用于进一步分析和控制。众所周知的优化方法，如内点法，可以求解实际系统的 OPF 问题，确定最大载荷能力和灵敏度。

基于最优化逼近电压稳定的优点是，可以把某些变量，例如发电机母线电压或有功输出，看成优化参数。这不仅可以求解电压稳定裕度，还是将电压稳定裕度最大化的最优调度手段。

11.2.4　时间尺度分解

PV 和 PQ 曲线对应于系统的最终状态。此时，所有分接头调节和控制行为都已发生，负荷特性恢复到恒功率特性。但是更有用、常见的，是分析遭受扰动后系统过渡到最终状态过程中的行为。除了完整的长期仿真，也可以把系统响应分为几个时间窗，每个时间窗由各种控制及负荷恢复状态描述，采用准动态方式分析系统行为（Mansour，1993）。每个时间窗都可以通过修正潮流程序来分析，以反映各种控制状态和负荷特性。这些时间窗（见图 11.11）特征如下：

1）在故障后第 1s 内，由于电动机减速、发电机电压调节器动作等引

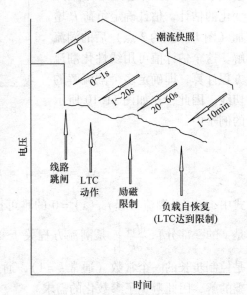

图 11.11　系统响应分解到各时段

起的电压偏移。

2）1～20s 阶段，系统保持静止，直到励磁限制启动。

3）20～60s 阶段，发电机过励保护动作。

4）扰动后 1～10min 阶段，LTC 恢复用户负荷，并且进一步增加对发电机的无功需求。

5）超过 10min 之后，自动发电控制、相角调节器、调度员等都开始起作用。

通过适当的表述，上述连续潮流分析可以进一步延伸到许多慢动态系统的模拟仿真中，如 LTC（Van Cutsem and Vournas, 1996）。

11.3　电压稳定问题的缓解

以下方法可以缓解电压稳定问题：

必须运行的发电机：在发生紧急事件、或者新线路或变压器延期投入时，投入不经济的发电机以改变潮流或提供电压支持。

串联电容：利用串联电容有效缩短线路长度，减少电网无功损耗。此外，线路可以可以从较强系统一端，输送更多无功到缺少无功的另一端。

并联电容：虽然大量使用并联电容器也是电压失稳的问题之一，但是通过释放发电机"旋转无功储备"，电容器也有助于解决电压失稳问题，总体来说，大多数无功需要就地供应，发电机提供主要有功。

静态补偿（SVC 和 STATCOM）：静态补偿装置，类似于基于电力电子的同步调相机，可以有效控制电压，防止电压崩溃，但也必须认识到其局限性。当故障比规划导则更严重时，这些补偿器达到其上限。严重依赖静止补偿的系统，容易发生电压崩溃。

在更高电压下运行：高压运行可能不会增加无功储备，但是会减少无功需求。这样可以使发电机远离无功限制，帮助运行人员控制电压。对于两个始端电压，比较受端 QV 曲线，可显示更高电压的价值。

二次电压调节：枢纽节点协调所有无功电源的无功出力范围。对于枢纽节点等特定负荷节点的自动电压调节，是改善电压稳定性的有效方法（Canizares 等，2005）。这是在枢纽节点控制区域，采用分层控制，直接改变发电机和静态补偿器的电压设定值，以便充分协调区域内可控无功电源的无功容量。在负荷水平相对较低时，避免这些电源达到其极限。

低压减载：负荷少量减少，哪怕只有 5%～10%，都可能避免电压崩溃。如今，手动减载可用于维持电压稳定。（一些实际系统通过系统控制和数据采集[SCADA]，使用分布式电压跌落）。手动减载的缺点是严重无功不足时，可能因太慢而效果不佳。反时限低压继电器使用不广泛，但非常有效。对于辐射状负荷，减载需要基于一次侧电压。在稳态稳定问题中，在受端减载最有效的，即使电气中心附近电压最低（在最低电压点附近减载可能更容易完成，并且也很有效）。

低功率因数发电机：当新建发电机靠近无功缺乏区域，或者偶尔需要大量无功储备时，使用功率因数0.8~0.85的发电机有时更合适。然而，将并联电容和高功率因数发电机组合使用，其无功过载能力，更灵活经济。

利用发电机无功过载能力：发电机应该尽可能有效使用。让发电机和励磁机适度过载，可以延迟电压崩溃，直到操作人员调度负荷或减载。为使其最有效，需要预先设定无功过载能力，培训操作人员对其使用，让保护装置不会阻止其使用。

参 考 文 献

Cañizares, C.A., ed., Voltage stability assessment: Concepts, practices and tools, IEEE-PES Power Systems Stability Subcommittee Special Publication, IEEE Catalog Number SP101PSS, August 2002.

Cañizares, C.A., Cavallo, C., Pozzi, M., and Corsi, S., Comparing secondary voltage regulation and shunt compensation for improving voltage stability and transfer capability in the Italian power system, *Electric Power Systems Research*, 73, 67–76, 2005.

Gao, B., Morison, G.K., and Kundur, P., Voltage stability evaluation using modal analysis, *IEEE Transactions on Power Systems*, 7, 1529–1542, 1992.

Hill, D.J., Nonlinear dynamic load models with recovery for voltage stability studies, *IEEE Transactions on Power Systems*, 8, 166–176, 1993.

IEEE-CIGRE Joint Task Force on Stability Terms and Definitions (Kundur, P., Paserba, J., Ajjarapu, V., Andersson, G., Bose, A., Cañizares, C., Hatziargyriou, N., Hill, D., Stankovic, A., Taylor, C., Van Cutsem, T., and Vittal, V.), Definition and classification of power system stability, *IEEE Transactions on Power Systems*, 19, 1387–1401, 2004.

Lof, P.-A., Andersson, G., and Hill, D.J., Voltage stability indices for stressed power systems, *IEEE Transactions on Power Systems*, 8, 326–335, 1993.

Lof, P.-A., Smed, T., Andersson, G., and Hill, D.J., Fast calculation of a voltage stability index, *IEEE Transactions on Power Systems*, 7, 54–64, 1992.

Mansour, Y., ed., Voltage stability of power systems: Concepts, analytical tools, and industry experience, IEEE PES Special Publication #90TH0358-2-PWR, 1990.

Mansour, Y., ed., Suggested techniques for voltage stability analysis, IEEE Special Publication #93TH0620-5-PWR, IEEE Power & Energy Society, New York, 1993.

Milano, F., Cañizares, C.A., and Conejo, A.J., Sensitivity-based security-constrained OPF market clearing model, *IEEE Transactions on Power Systems*, 20, 2051–2060, 2006.

Rosehart, W., Cañizares, C.A., and Quintana, V., Multi-objective optimal power flows to evaluate voltage security costs, *IEEE Transactions on Power Systems*, 18, 578–587, 2003.

US–Canada Power System Outage Task Force, Final Report on the August 14, 2003 Blackout in the United States and Canada: Causes and Recommendations, April 2004.

Van Cutsem, T. and Vournas, C.D., Voltage stability analysis in transient and midterm timescales, *IEEE Transactions on Power Systems*, 11, 146–154, 1996.

Venikov, V., *Transient Processes in Electrical Power Systems*, Mir Publishers, Moscow, Russia, 1970 and 1980.

Xu, W. and Mansour, Y., Voltage stability analysis using generic dynamic load models, *IEEE Transactions on Power Systems*, 9, 479–493, 1994.

Xu, W., Vaahedi, E., Mansour, Y., and Tamby, J., Voltage stability load parameter determination from field tests on B. C. Hydro's system, *IEEE Transactions on Power Systems*, 12, 1290–1297, 1997.

第 12 章　直接法稳定性分析

Vijay Vittal

Arizona State University

　　直接法稳定分析判定电力系统暂态稳定性（第 7 章定义，第 8 章阐述），无需直接求解决定系统动态特性的微分方程。直接稳定法以 Lyapunov 第二法，也称为 Lyapunov 直接法为基础，确定由微分方程决定的系统的稳定性。A. M. Lyapunov（1857－1918）关于运动稳定的关键著作 1893 年在俄罗斯出版，1907 年被翻译成法语（Lyapunov，1907）。但是该文献并未受到关注，很长一段时间为人所遗忘。到了 20 世纪 30 年代，苏联数学家让该方法重现活力，表明 Lyapunov 法适用于物理和工程方面的问题，从而获得了一些成就，引发了其理论和应用在实际系统中的进一步发展。

　　下述示例激发了直接法的发展，同时也提供了将其与传统求解系统动态特性微分方程方法的比较。图 12.1 显示了直接法的基本原理。一辆开始时位于山脚的小车，突然受到推力冲上山。小车或者越过山顶后翻车，或者运动到山腰后回

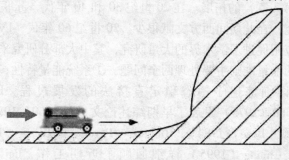

图 12.1　直接法概念

到静止位置（假设小车运动受阻力），前者不稳定而后者稳定，而稳定与否取决于推力的大小。考虑场景不同（小车质量、推力大小、山的高度等），为了确定小车平衡状态被打破后的后果，可以用两种不同的方法：

1）已知初始状态，求解描述小车动态特性的方程，追踪其位置以判定小车能爬多高。这种方法与传统时域法确定动态系统稳定性相似。

2）基于 Lyapunov 直接法，使用合适的 Lyapunov 函数来表征动态系统的运动。该函数必须满足一定特征，将在后面阐述。通常选择系统能量作为 Lyapunov 函数，将小车被突然推动后被注入能量，与爬上山顶所需能量相比较。使用该方法，无须跟踪小车爬山过程中的位置。

仅涉及一辆小车和一座山时，这些方法计算都比较简单。如果有几辆小车时，需要考虑：①哪辆车被推得最用力；②推力在各小车间如何分配；③小车运动方向；④在越过山顶之前，小车需要爬的山的高度等，复杂性随之增加。

上述简单示例与单机无穷大系统稳定性分析相似。这里所阐述的方法，与著名的等面积定则相同（Kimbark，1948；Anderson 和 Fouad，1994），是分析单机无穷大系统稳定性的直接方法。关于等面积定则及其与 Lyapunov 直接法间的关系，可参考 Pai（1981），第 4 章；Pai（1989），第 1 章；Fouad 和 Vittal（1992）第 3 章。

12.1 直接法文献回顾

这里只讨论与多机系统暂态稳定分析相关的研究，这样一来，上述的简单示例将变得相当复杂。对应于多个同步发电机的多辆小车被引入，而且还需要考虑①哪一辆车被推的最用力；②每辆小车分配了多少能量；③小车会向哪一个方向运动；④保证小车越过山顶前要爬山的高度。

所有多机电力系统暂态稳定评估的直接法中，用于分析暂态稳定的能量准则最早被提出。该准则是基于经典模型的两机以上系统等面积定则（Anderson，Fouad，1994，第 2 章）的拓展。在 20 世纪 30 和 40 年代，苏联科学家主导着该领域的早期研究，在此期间西方文献很少。20 世纪 60 年代，Lyapunov 直接法在电力系统中的应用促进了学术界的大量研究，其中大部分研究采用了电力系统经典模型。早期的能量准则主要处理两个问题：①系统能量特性；②能量临界值。

部分文献详细综述了暂态稳定直接法的发展过程。Ribbens - Pavella（1971a）和 Fouad（1975）发表了早期综述论文，对 1960 - 1975 间研究工作进行了全面的回顾。Bose（1984）、Ribbens - Pavella 和 Evans（1985）、Fouad 和 Vittal（1988）、Chiang（1995）详细回顾了近期工作。Pai（1981，1989）、Fouad 和 Vittal（1992）、Ribbens - Pavella（1971）、Pavella 和 Murthy（1994）均

出版了教材，全面回顾并详细描述了直接稳定方法的多种方法。这些文献全面具体地给出了直接法演变过程。以下给出简要叙述。

基于最低鞍点或不稳定点（Unstable Equilibrium point, UEP），Gorev（1971）首次提出能量准则。在很长一段时间内，其研究影响了电力系统中直接稳定研究人员的想法。Magnusson（1947）提出了一种与 Gorev 非常相似的方法，推导了相对于（暂态后）系统平衡点的势能函数。Aylett（1958）使用经典模型，研究了多机电力系统相平面轨迹。其要点在于基于机组间移动，提出系统方程。随后出现了一些关于 Lyapunov 法在电力系统中应用的重要文献。这些研究主要在于建立更好的 Lyapunov 函数、确定吸引域的最小保守估计。Gless（1966）在单机经典模型系统中应用 Lyapunov 法。El - Abiad 和 Nagappan（1966）提出针对多机系统的 Lyapunov 函数，应用于四机系统，获得的稳定结果偏保守。其后续研究主要在于改善 Lyapunov 函数，如 Willems（1968）、Pai（1970）、Ribbens - Pavella（1971a, b）均延续该思路，Tavora 和 Smith（1972）研究了使用经典模型多机系统的暂态动能。他们基于惯性中心（Center of Inertial, COI）参考坐标系和节点间坐标系，给出了系统方程，这些方程与 Aylett（1958）所用的方程相似。Tavora 和 Smith 推导系统总动能量和暂态动能表达式，并认为这些动能可以决定系统稳定性。Gupta 和 El - Abiad（1976）发现，所关注的 UEP，并非能量最小，而是距离系统轨迹最近。Uyemura 等（1972）提出一种方法，使用系统轨迹近似方法，将 Lyapunov 函数中路径相关项近似为路径无关项，从而做出了重要贡献。

Athay、Podmore 及其同事（1979）所做研究是现今所使用暂态能量函数法（Transient Energy Function, TEF）的基础。其工作涉及 TEF 法在大电网中应用的许多问题：

1）COI 表达、路径相关项的近似；

2）故障轨迹中 UEP 的搜索；

3）势能边界面（PEBS）的探讨；

4）该方法在实际规模电力系统中的应用；

5）同步发电机高阶模型的初步探讨。

Iowa 州立大学 Fouad 及其同事（1981）研究确定正确的 UEP 以用于稳定评估，识别系统解列所需能量，并提出修正动能的概念。相关研究详细内容见 Fouad 和 Vittal（1992）。

随后研究将 TEF 法发展为一项更为实用的工具，改善其精度、模型特点和计算速度。Bergen 和 Hill（1981）是这方面一个重要的发展，其中经典模型保留了电网结构，从而可用计及网络稀疏性的快速技术来求解问题，拓展了 TEF 法在实际系统的适用，改进了模型特点、算法和计算效率。Carvalho（1986）研究 TEF 法的大规模应用，Fouad（1986）对拓展 TEF 法的适用性进行研究。关于

TEF 法的重要贡献，还可参考 Padiyar 和 Sastry（1987）、Padiyar 和 Ghosh（1989）、Abu – Elnaga 等（1988）。

Chiang（1985）、Chiang 等（1987，1988）给出了多机电力系统中稳定域的解析证明，提出获得主导 UEP 的系统的步骤。Zaborszky 等（1988）也提出了描述多机系统稳定区域的分析基础。

随着确定和描述稳定域方法的进展，研究工作指向了直接法在在线暂态稳定评估中的应用。Waight 等（1994）、Chadalavada 等（1997）采用在线评估工具，并可根据事故严重程度对其进行排序。Mansour 等（1995）提出了另一个在线评估方法，用于加拿大英属哥伦比亚水电站（B. C. Hydro）。Chiang 等（1998）分类和排序故障，其工作与 Chadalavada 等（1997）相似。

Ni 和 Fouad（1987）、Hiskens 等（1992）和 Jing 等（1995）在 TEF 中计及了柔性交流输电设备（FACTS）。

12. 2　电力系统模型

本节给出电力系统经典模型，它是稳定研究中最简单的电力系统模型，仅适用于第一摇摆稳定性研究。更详细模型，可参见 Anderson 和 Fouad（1994）、Fouad 和 Vittal（1992）、Kundur（1994）、Sauer 和 Pai（1998）。为推导该模型过程，采用了一些简化假设。

对于同步发电机，假设：

1）输入机械功率保持不变；

2）忽略阻尼和异步功率；

3）发电机表示为直轴暂态（未饱和）电抗后的恒定电势；

4）同步发电机功角可用暂态电抗后的电压相角表示。

负荷通常用扰动前参数确定的无源阻抗（或导纳）表示，在稳定研究过程中不变。该假设可用非线性负荷模型加以补偿，具体参见 Fouad 和 Vittal（1992）、Kundur（1994）、Sauer 和 Pai（1998）。负荷表示为恒阻抗后，除发电机内节点外，所有节点都可消去。发电机电抗和恒阻抗负荷包含在节点导纳矩阵中。发电机转子运动方程为

$$\begin{cases} M_i \dfrac{\mathrm{d}\omega_i}{\mathrm{d}t} = P_{mi} - P_{ei} \\[2mm] \dfrac{\mathrm{d}\delta_i}{\mathrm{d}t} = \omega_i \end{cases}, \quad i = 1,2,\cdots,n \tag{12.1}$$

其中

$$P_{ei} = \sum_{\substack{j=1 \\ j \neq i}}^{n} \left[C_{ij}\sin(\delta_i - \delta_j) + D_{ij}\cos(\delta_i - \delta_j) \right] \tag{12.2}$$

$P_i = P_{mi} - E_i^2 G_{ii}$，$C_{ij} = E_i E_j B_{ij}$，$D_{ij} = E_i E_j G_{ij}$。$P_{mi}$ 为机械功率，G_{ii} 为驱动点电导，E_i 为直轴暂态电抗后的恒定电势，ω_i 和 δ_i 分别为同步旋转坐标系下发电机转速和功角偏移，M_i 为发电机惯性时间常数，B_{ij}（G_{ij}）为降阶节点导纳矩阵中的转移电纳（电导）。

式（12.1）可相对于任一同步参考坐标系。将其写为惯性中心坐标系下的形式，不仅可以观察暂态稳定的物理本质，还可以消除与惯性中心运动有关能量的影响，这部分能量对稳定没有影响。参考式（12.1），定义

$$M_{\mathrm{T}} = \sum_{i=1}^{n} M_i$$

$$\delta_0 = \frac{1}{M_{\mathrm{T}}} \sum_{i=1}^{n} M_i$$

则

$$\begin{cases} M_{\mathrm{T}} \dot{\omega}_0 = \sum_{i=1}^{n} P_i - P_{ei} = \sum_{i=1}^{n} P_i - 2\sum_{i=1}^{n-1}\sum_{j=i+1}^{n} D_{ij}\cos\delta_{ij} \\ \dot{\delta}_0 = \omega_0 \end{cases} \tag{12.3}$$

相对于惯性中心，发电机功角和转速表示为

$$\begin{cases} \theta_i = \delta_i - \delta_0 \\ \widetilde{\omega}_i = \omega_i - \omega_0 \quad i = 1,2,\cdots,n \end{cases} \tag{12.4}$$

转子运动方程在此坐标系中为

$$\begin{cases} M_i \dot{\widetilde{\omega}}_i = P_i - P_{mi} - \dfrac{M_i}{M_{\mathrm{T}}} P_{\mathrm{COI}} \\ \dot{\theta}_i = \widetilde{\omega}_i \quad i = 1,2,\cdots,n \end{cases} \tag{12.5}$$

12.2.1　稳定理论回顾

下面简单回顾稳定理论在 TEF 法的应用，包括一些定义、重要结论和稳定评估方法的解析概述。

针对类似于式（12.1）和式（12.5）所示微分方程，给出定义与结论。这些微分方程具有下述统一形式：

$$\dot{x}(t) = f(t, x(t)) \tag{12.6}$$

若 $f(t, x(t)) \equiv f(x)$，即与时间 t 无关，则上式描述系统为自治系统。反之，为非自治系统。

若在 t_0 时刻，系统运行点 $x_0 \in R^n$，对于任意时刻 $t \geqslant t_0$ 有 $f(t, x_0) \equiv 0$，则称 x_0 为平衡点。

如果式（12.6）平衡点 x_e 的邻域 S 内不存在其他平衡点，则 x_e 称为式

（12.6）的孤立平衡点。

下面在 Lyapunov 意义下给出对稳定的一些精确定义。为提出这些定义，考虑由式（12.6）确定的系统方程，假设式（12.6）在原点有一个孤立平衡点。因此，对于任意 $t \geq 0$，$f(t,0) = 0$ 成立。

如果对任意实数 $\varepsilon > 0$ 和初始时刻 $t_0 > 0$，存在实数 $\delta(\varepsilon, t_0) > 0$，使得所有初始状态满足不等式 $\| x(t_0) \| = \| x_0 \| < \delta$，在任意 $t \geq t_0$，系统运动都满足 $\| x(t) \| < \varepsilon$，则式（12.6）平衡点 $x = 0$ 是 Lyapunov 意义下稳定的，或称为稳定的。

符号 $\| \cdot \|$ 表示范数。在一个 n 维矢量空间中，可以定义多个范数。具体内容可参见 Miller 和 Michel（1983）、Vidyasagar（1978）。从工程角度来看，上述稳定定义并不让人满意，因为工程上严格要求扰动后系统轨迹最终回到某些平衡点。因此，提出渐进稳定的定义：

在 t_0 时刻，式（12.6）所描述系统平衡点 $x = 0$ 是渐进稳定的，如果满足：

1）在 $t = t_0$ 时刻，平衡点 $x = 0$ 是稳定的；

2）对任意 $t_0 > 0$，存在 $\eta(t_0) > 0$，使得 $\lim\limits_{t \to \infty} \| x(t) \| = 0$，且任意时刻有 $\| x(t) \| < \eta$。

上述定义综合稳定性和平衡吸引性。这是一个局部稳定的概念，因为包含所有收敛于平衡点的初始状态的区域，是状态空间的一部分。在给出与稳定相关的一些定义之后，阐述电力系统稳定评估步骤。假设系统扰动前稳态，由下式确定：

$$\dot{x}(t) = f^p(x(t)), \; -\infty < t \leq 0 \tag{12.7}$$

其中上标 p 表示扰动前。系统在平衡点上，其初始状态从潮流计算中获得。在 $t = 0$ 时刻，发生扰动或故障，改变了以上微分方程右侧的结构。系统动态特性由下式确定：

$$\dot{x}(t) = f^f(x(t)), \; 0 < t \leq t_{cl} \tag{12.8}$$

其中上标 f 表示故障状态。在 t_{cl} 时刻，保护元件动作，断开或者消除扰动或故障。结果电网拓扑发生变化，微分方程右侧再次改变。系统扰动或故障后的动态过程由下式确定：

$$\dot{x}(t) = f(x(t)), \; t_{cl} < t \leq \infty \tag{12.9}$$

在扰动结束后，对系统稳定性进行评估，目的是判断扰动后，式（12.9）确定系统的平衡点的渐进稳定性。获得扰动后平衡状态的吸引域，判断扰动后初始状态是否处于吸引域内。吸引域以 TEF 的适当定值来表征。前述文献提出了多种吸引域的表征方法。在早期文献中，如 El - Abiad 和 Nagappan（1966）、Tavora 和 Smith（1972），获得扰动后系统的 UEP。相对于扰动后平衡状态，计算具有最小势能的 UEP，由其表征描述吸引域。但是随后研究证明，这种方法对于电力系统过于保守。Gupta 和 El – Abiad（1976）发现合适的 UEP 取决于故障位置，因而提出最近 UEP 的概念。基于 PEBS，Kakimoto 等（1978a，b）、Kakimoto 和 Hayashi（1981）提出了确定吸引域的一种方法。对于给定的扰动轨迹，PEBS 描述了稳定边界的局部近似。寻找局部近似的过程，与确定更低阶系统的稳定边界有关（Fouad 和 Vittal，1992，第 4 章）。这样得到的 PEBS 与等势能曲线正交。连接由扰动后稳态平衡点沿各方向的最大势能点，得到稳定边界。在与 PEBS 正交方向，势能在 PEBS 上达到局部最大值。Athay（1979）给出了一些实际系统中的仿真结果。这些仿真结果以及前述结果，帮助建立确定正确的 UEP，以表征吸引域的步骤。这些计算结果已有长足进步，但是在实际应用方面仍有待改进。Fouad 等（1981）、Carvalho 等（1986）对确定正确的 UEP，做出了重要贡献。提出主导 UEP 的概念，建立系统步骤以确定正确的主导 UEP。本文后面将对此进行介绍。Chiang（1985）、Chiang 等（1987，1988）提出了主导 UEP 以及吸引域特征的全面解析证明，给 TEF 法在电力系统中应用提供了分析基础。上述解析结论说明，扰动后平衡点的稳定边界，由稳定边界上 UEP 的稳定流形的集合组成。使用主导 UEP 评估的能量函数，对边界进行局部近似。TEF 法的概念框架，如图 12.2 所示。

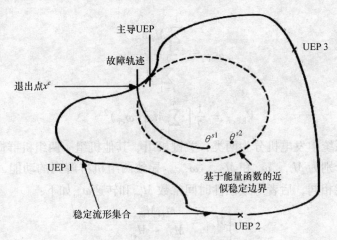

图 12.2　TEF 法的概念框架

12.3　暂态能量函数

TEF 可从式（12.5）第一式推导而来。具体参见 Pai（1981，1989）、Fouad 和 Vittal（1992）、Athay 等（1979）。对式（12.5）所示电力系统模型，给出 TEF：

$$V = \frac{1}{2}\sum_{i=1}^{n}M_i\widetilde{\omega}_i^2 - \sum_{i=1}^{n}P_i(\theta_i - \theta_i^{s2}) - \sum_{i=1}^{n-1}$$

$$\sum_{j=i+1}^{n}\left[C_{ij}\cos(\theta_{ij} - \theta_{ij}^{s2}) - \int_{\theta_i^{s2}+\theta_j^{s2}}^{\theta_i+\theta_j}D_{ij}\cos\theta_{ij}d(\theta_i + \theta_j)\right] \qquad (12.10)$$

其中 $\theta_{ij} = \theta_i - \theta_j$。

上式右侧第一项表示动能，其余三项表示势能。最后一项与路径相关，通常用系统轨迹的直线近似来表示（Uyemura, 1972; Athay, 1979）。因此，θ^a 到 θ^b 两点间的积分如下：

$$I_{ij} = D_{ij}\frac{\theta_i^b - \theta_i^a + \theta_j^b - \theta_j^a}{\theta_{ij}^b - \theta_{ij}^a}(\sin\theta_{ij}^b - \sin\theta_{ij}^a) \qquad (12.11)$$

Fouad 等（1981）详细分析了能量随时域轨迹的变化，发现只要在扰动消失后系统保持稳定，总有一部分动能没有被吸收。这表明并非所有扰动增加的动能，都会对系统失稳起作用。一部分动能由发电机间运动引起，对受严重扰动发电机偏离系统其他系统部分没有贡献。转速为 $\widetilde{\omega}_1$，$\widetilde{\omega}_2$，…，$\widetilde{\omega}_k$ 的 k 台发电机组总体运动相关的动能，与其惯性中心动能一样大。上述机群惯性中心的转速和动能如下：

$$\widetilde{\omega}_{cr} = \frac{\sum_{i=1}^{k}M_i\widetilde{\omega}_{cr}}{\sum_{i=1}^{k}M_i} \qquad (12.12)$$

$$V_{KEcr} = \frac{1}{2}\left[\sum_{i=1}^{k}M_i\right](\widetilde{\omega}_{cr})^2 \qquad (12.13)$$

扰动将系统中发电机分为两类：关键机组、其他机组。两组机群惯性时间常数和角速度分别为 M_{cr}、$\widetilde{\omega}_{cr}$ 和 M_{sys}、$\widetilde{\omega}_{sys}$。导致两组机群解列的动能，与单机无穷大系统动能相同，后者等效惯性时间常数 M_{eq} 和转速 $\widetilde{\omega}_{eq}$ 如下：

$$\begin{cases}M_{eq} = \dfrac{M_{cr}M_{sys}}{M_{cr} + M_{sys}} \\ \widetilde{\omega}_{eq} = \widetilde{\omega}_{cr} - \widetilde{\omega}_{sys}\end{cases} \qquad (12.14)$$

相应动能为

$$V_{KE_{corr}} = \frac{1}{2}M_{eq}(\widetilde{\omega}_{eq})^2 \qquad (12.15)$$

式（12.10）中的动能项用式（12.15）替换。

12.4　暂态稳定评估

如前所述，应用 TEF 法评估系统暂态稳定性，是针对扰动后的最终结构。通过比较两个暂态能量值 V，来评估稳定性。V 的值在扰动结束后计算，若扰动为简单故障，在故障清除后就可计算 V_{cl}。

在很大程度上，V 的临界值 V_{cr} 决定了稳定性评估的准确性。对于所研究扰动，V_{cr} 是主导 UEP 的势能。

如果 $V_{cl} < V_{cr}$，系统是稳定的；若 $V_{cl} > V_{cr}$，则不稳定。通过式（12.16）计算能量裕度：

$$\Delta V = V_{cr} - V_{cl} \tag{12.16}$$

用式（12.10）替换上式中 V_{cr} 和 V_{cl}。在扰动结束后和主导 UEP 间的积分，与积分路径有关。引入线性路径假设，可得：

$$\Delta V = -\frac{1}{2} M_{eq} \widetilde{\omega}_{eq}^{cl2} - \sum_{i=1}^{n} P_i(\theta_i^u - \theta_i^{cl})$$

$$- \sum_{i=1}^{n-1} \sum_{j=i+1}^{n} \left[C_{ij} \cos(\theta_{ij}^u - \theta_{ij}^{cl}) \right] - D_{ij} \frac{\theta_i^u - \theta_i^{cl} + \theta_j^u - \theta_j^{cl}}{\theta_{ij}^u - \theta_{ij}^{cl}} (\sin\theta_{ij}^u - \sin\theta_{ij}^{cl})$$

$$\tag{12.17}$$

其中 $(\theta^{cl}, \widetilde{\omega}^{cl})$ 表示扰动结束后的状态，$(\theta^u, 0)$ 表示主导 UEP。若 ΔV 大于零，系统稳定；小于零，则系统不稳定。Fouad 等（1981）提出：如果 ΔV 用扰动终止时刻修正后动能进行规格化，可得到稳定（不稳定）程度的定量测度：

$$\Delta V_n = \frac{\Delta V}{V_{KE_{corr}}} \tag{12.18}$$

关于 TEF 计算步骤的详细描述，参见 Fouad 和 Vittal（1992，第 6 章）。

12.5　确定主导 UEP

Fouad 和 Vittal（1992，第 5.4 节）给出了建立主导 UEP 概念的详细介绍，提出了基于规格化能量裕度的主导 UEP 的确定准则：如果扰动足够大，扰动后轨迹将接近主导 UEP，此时 UEP 的规格化临界裕度最小。确定主导 UEP 主要步骤如下：

1）识别正确的 UEP；

2）获得靠近精确 UEP 的初值；

3）计算精确 UEP。

识别正确的 UEP，与确定超前电组的主导 UEP 有关，被称为扰动模式

（Mode Of Disturbance，MOD）。这些发电机通常都是受扰动最严重的，但是 MOD 中机组未必是失步机组。Fouad 和 Vittal（1992，第 6.6 节）提出识别正确 UEP 以及求解精确 UEP 初值的详细计算过程。下面给出大致步骤：

1）选择待检验的扰动模式，主要基于扰动对系统产生的影响。根据扰动后严重性测度，选取扰动模式。严重性测度，包括动能和加速度。根据严重性测度，对机组进行排序。排在底部的机组或机群，被加入机群组成系统剩余部分，计算 V_{KEcorr}。依次将机组加入系统剩余部分，计算并存储 V_{KEcorr}。

2）对上述计算得到的 V_{KEcorr} 降序排列，保留其中小于 V_{KEcorr} 最大值 10% 的机群。

3）对第 2）步中保留机群的 MOD 模式，基于扰动后稳定平衡点，建立 UEP 对于该模式的近似。对于已备选模式，机组 i 和 j 保留在关键机群中，n 机系统 UEP 近似估计为

$$\left[\hat{\theta}^u_{ij} \right]^T = \left[\theta^{s2}_1, \theta^{s2}_2, \cdots, \left[\pi - \theta^{s2}_i \right], \cdots, \left[\pi - \theta^{s2}_j \right], \cdots, \theta^{s2}_n \right]$$

考虑 COI 运动，使用 PEBS 概念，使沿着估计得到的曲线和扰动后平衡点 θ^{s2} 的势能最大，可进一步改进上述估计。

4）对每个备选模式，在精确 UEP 附近，计算规格化势能函数裕度。对应对小规格化势能裕度的模式，被选作主导 UEP 的模式。

5）以近似主导 UEP 作为起点，通过解非线性代数方程（12.19），得到精确 UEP

$$f_i = P_i - P_{mi} - \frac{M_i}{M_T} P_{\text{COI}} = 0, \quad i = 1, 2, \cdots, n \tag{12.19}$$

对于实际电力系统而言，求解上述方程需要大量运算。在确定有效解问题上，一些学者已取得了重要成果。确定精确 UEP 的数值问题和算法的详细描述，超过本书范围。详细参见 Fouad 和 Vittal（1992，第 6.8 节）。

12.6 边界主导 UEP 法

边界主导 UEP 法（The Boundary Controlling UEP，BCU）（Chiang，1985；Chiang 等，1987 和 1988）给出了确定适当初值点以计算主导 UEP 的步骤：

1. 对公式积分，获得故障后轨迹：

$$\begin{cases} M_i \dot{\tilde{\omega}}_i = P^f_i - P^f_{ei} - \dfrac{M_i}{M_T} P^f_{\text{COI}} \\ \dot{\theta}_i = \tilde{\omega}_i, \quad i = 1, 2, \cdots, n \end{cases} \tag{12.20}$$

由式（12.20）获得的 θ 值代入式（12.19）的故障后不平衡方程。计算满足条件 $\sum\limits_{i=1}^{n} -f_i \tilde{\omega}_i = 0$ 的退出点 $\boldsymbol{x}_e$。

2. 以 $\boldsymbol{\theta}^e$ 为起点，对相关梯度系统方程进行积分：

$$\begin{cases} \dot{\theta}_i = P_i - P_{ei} - \dfrac{M_i}{M_\mathrm{T}} P_{\mathrm{COI}}, \ i = 1, 2, \cdots, n-1 \\[2mm] \theta_n = -\dfrac{\displaystyle\sum_{i=1}^{n-1} M_i \theta_i}{M_n} \end{cases} \qquad (12.21)$$

在每一步积分，计算 $\displaystyle\sum_{i=1}^{n} |f_i| = F$，确定 F 在梯度表面的第一个最小值，令 $\boldsymbol{\theta}^*$ 等于该点的功角矢量。

3. 以 $\boldsymbol{\theta}^*$ 为式（12.19）的起点，计算主导 UEP 的精确解。

12.7 TEF 法的应用和改进模型

前面章节给出了 TEF 法在多机系统暂态稳定分析中应用的步骤。本节简叙该方法的应用、改进建模以及在实际电力系统中的应用。

Athay 等（1979）、Fouad 等（1986）、Waight 等（1994），在 TEF 中计及详细发电机模型和励磁系统。Bergen 和 Hill（1981）、Abu - Elnaga 等（1988）、Waght 等（1994），提出建立系统的稀疏描述，以得到高效计算方法。Fouad 和 Vittal（1992，第 9 和 10 章）、Chadalavada 等（1997）、Mansour（1995）讨论了 TEF 法在动态安全评估等问题的应用。根据能量裕度，得到稳定/不稳定的定性测度，这使得直接法对解决许多问题有吸引力。针对计算效率和计算机应用的模型改进，使得直接法成为了在线暂态稳定评估的工具之一（Waight 等，1994、Mansour 等，1995、Chadalavada，1997）。在市场竞争环境下，需要计算多变运行方式下的运行极限，直接法更具有吸引力。另外，目前有研究将直接法与时域仿真结合，进行在线暂态稳定评估。这些方法利用了时域仿真中的先进建模能力以及直接法定性测度等优势，以获取预防控制和校正控制，估计运行极限。这具有良好前景，在不久的将来，可能成为能量控制中心的重要部分。

参 考 文 献

Abu-Elnaga, M.M., El-Kady, M.A., and Findlay, R.D., Sparse formulation of the transient energy function method for applications to large-scale power systems, *IEEE Trans. Power Syst.*, PWRS-3(4), 1648–1654, November 1988.

Anderson, P.M. and Fouad, A.A., *Power System Control and Stability*, IEEE Press, New York, 1994.

Athay, T., Sherkat, V.R., Podmore, R., Virmani, S., and Puech, C., Transient energy stability analysis, in *Systems Engineering for Power: Emergency Operation State Control—Section IV*, Davos, Switzerland, U.S. Department of Energy Publication No. Conf.-790904-PL, 1979.

Aylett, P.D., The energy-integral criterion of transient stability limits of power systems, in *Proceedings of Institution of Electrical Engineers*, 105C(8), London, U.K., pp. 527–536, September 1958.

Bergen, A.R. and Hill, D.J., A structure preserving model for power system stability analysis, *IEEE Trans. Power App. Syst.*, PAS-100(1), 25–35, January 1981.

Bose, A., Chair, IEEE Committee Report, Application of direct methods to transient stability analysis of power systems, *IEEE Trans. Power App. Syst.*, PAS-103(7), 1629–1630, July 1984.

Carvalho, V.F., El-Kady, M.A., Vaahedi, E., Kundur, P., Tang, C.K., Rogers, G., Libaque, J., Wong, D., Fouad, A.A., Vittal, V., and Rajagopal, S., Demonstration of large scale direct analysis of power system transient stability, Electric Power Research Institute Report EL-4980, December 1986.

Chadalavada, V. et al., An on-line contingency filtering scheme for dynamic security assessment, *IEEE Trans. Power Syst.*, 12(1), 153–161, February 1997.

Chiang, H.-D., A theory-based controlling UEP method for direct analysis of power system transient stability, in *Proceedings of the 1989 International Symposium on Circuits and Systems*, 3, Portland, OR, pp. 65–69, 1985.

Chiang, H.-D., Chiu, C.C., and Cauley, G., Direct stability analysis of electric power systems using energy functions: Theory, application, and perspective, *IEEE Proceedings*, 83(11), 1497–1529, November 1995.

Chiang, H.D., Wang, C.S., and Li, H., Development of BCU classifiers for on-line dynamic contingency screening of electric power systems, Paper No. PE-349, in *IEEE Power Engineering Society Summer Power Meeting*, San Diego, CA, July 1998.

Chiang, H.-D., Wu, F.F., and Varaiya, P.P., Foundations of the direct methods for power system transient stability analysis, *IEEE Trans. Circuits Syst.*, 34, 160–173, February 1987.

Chiang, H.-D., Wu, F.F., and Varaiya, P.P., Foundations of the potential energy boundary surface method for power system transient stability analysis, *IEEE Trans. Circuits Syst.*, 35(6), 712–728, June 1988.

El-Abiad, A.H. and Nagappan, K., Transient stability regions of multi-machine power systems, *IEEE Trans. Power App. Syst.*, PAS-85(2), 169–178, February 1966.

Fouad, A.A., Stability theory-criteria for transient stability, in *Proceedings of the Engineering Foundation Conference on System Engineering for Power, Status and Prospects*, Henniker, NH, NIT Publication No. Conf.-750867, August 1975.

Fouad, A.A., Kruempel, K.C., Mamandur, K.R.C., Stanton, S.E., Pai, M.A., and Vittal, V., Transient stability margin as a tool for dynamic security assessment, EPRI Report EL-1755, March 1981.

Fouad, A.A. and Vittal, V., The transient energy function method, *Int. J. Electr. Power Energy Syst.*, 10(4), 233–246, October 1988.

Fouad, A.A. and Vittal, V., *Power System Transient Stability Analysis Using the Transient Energy Function Method*, Prentice-Hall, Inc., Upper Saddle River, NJ, 1992.

Fouad, A.A., Vittal, V., Ni, Y.X., Pota, H.R., Nodehi, K., and Oh, T.K., Extending application of the transient energy function method, Report EL-4980, Palo Alto, CA, EPRI, 1986.

Gless, G.E., Direct method of Liapunov applied to transient power system stability, *IEEE Trans. Power App. Syst.*, PAS-85(2), 159–168, February 1966.

Gorev, A.A., *Criteria of Stability of Electric Power Systems*. Electric Technology and Electric Power Series. The All Union Institute of Scientific and Technological Information and the Academy of Sciences of the USSR (in Russia). Moscow, Russia, 1971 (in Russian).

Gupta, C.L. and El-Abiad, A.H., Determination of the closest unstable equilibrium state for Lyapunov's method in transient stability studies, *IEEE Trans. Power App. Syst.*, PAS-95, 1699–1712, September/October 1976.

Hiskens, I.A. et al., Incorporation of SVC into energy function method, *IEEE Trans. Power Syst.*, PWRS-7, 133–140, February 1992.

Jing, C. et al., Incorporation of HVDC and SVC models in the Northern States Power Co. (NSP) network for on-line implementation of direct transient stability assessment, *IEEE Trans. Power Syst.*, 10(2), 898–906, May 1995.

Kakimoto, N. and Hayashi, M., Transient stability analysis of multimachine power systems by Lyapunov's direct method, in *Proceedings of 20th Conference on Decision and Control*, San Diego, CA, 1981.

Kakimoto, N., Ohsawa, Y., and Hayashi, M., Transient stability analysis of electric power system via Lure-Type Lyapunov function, Parts I and II, *Trans. IEE Japan*, 98, 516, 1978a.

Kakimoto, N., Ohsawa, Y., and Hayashi, M., Transient stability analysis of large-scale power systems by Lyapunov's direct method, *IEEE Trans. Power App. Syst.*, 103(1), 160–167, January 1978b.

Kimbark, E.W., *Power System Stability*, I, John Wiley & Sons, New York, 1948.

Kundur, P., *Power System Stability and Control*, McGraw-Hill, New York, 1994.

Lyapunov, M.A., Problème Général de la Stabilité du Mouvement, *Ann. Fac. Sci. Toulouse*, 9, 203–474, 1907 (French, translation of the original paper published in 1893 in *Comm. Soc. Math. Kharkow*; reprinted as Vol. 17 in *Annals of Mathematical Studies*, Princeton, NJ, 1949).

Magnusson, P.C., Transient energy method of calculating stability, *AIEE Trans.*, 66, 747–755, 1947.

Mansour, Y., Vaahedi, E., Chang, A.Y., Corns, B.R., Garrett, B.W., Demaree, K., Athay, T., and Cheung, K., B.C. Hydro's on-line transient stability assessment (TSA): Model development, analysis, and post-processing, *IEEE Trans. Power Syst.*, 10(1), 241–253, February 1995.

Miller, R.K. and Michel, A.N., *Ordinary Differential Equations*, Academic Press, New York, 1983.

Ni, Y.-X. and Fouad, A.A., A simplified two terminal HVDC model and its use in direct transient stability assessment, *IEEE Trans. Power Syst.*, PWRS-2(4), 1006–1013, November 1987.

Padiyar, K.R. and Ghosh, K.K., Direct stability evaluation of power systems with detailed generator models using structure preserving energy functions, *Int. J. Electr. Power Energy Syst.*, 11(1), 47–56, January 1989.

Padiyar, K.R. and Sastry, H.S.Y., Topological energy function analysis of stability of power systems, *Int. J. Electr. Power Energy Syst.*, 9(1), 9–16, January 1987.

Pai, M.A., *Power System Stability*, North-Holland Publishing Co., Amsterdam, the Netherlands, 1981.

Pai, M.A., *Energy Function Analysis for Power System Stability*, Kluwer Academic Publishers, Boston, MA, 1989.

Pai, M.A., Mohan, A., and Rao, J.G., Power system transient stability regions using Popov's method, *IEEE Trans. Power App. Syst.*, PAS-89(5), 788–794, May/June 1970.

Pavella, M. and Murthy, P.G., *Transient Stability of Power Systems: Theory and Practice*, John Wiley & Sons, Inc., New York, 1994.

Ribbens-Pavella, M., Critical survey of transient stability studies of multi-machine power systems by Lyapunov's direct method, in *Proceedings of 9th Annual Allerton Conference on Circuits and System Theory*, Monticello, IL, October 1971a.

Ribbens-Pavella, M., Transient stability of multi-machine power systems by Lyapunov's direct method, in *IEEE Winter Power Meeting Conference Paper*, New York, 1971b.

Ribbens-Pavella, M. and Evans, F.J., Direct methods for studying of the dynamics of large scale electric power systems—A survey, *Automatica*, 21(1), 1–21, 1985.

Sauer, P.W. and Pai, M.A., *Power System Dynamics and Stability*, Prentice Hall, New York, 1998.

Tavora, C.J. and Smith, O.J.M., Characterization of equilibrium and stability in power systems, *IEEE Trans. Power App. Syst.*, PAS-72, 1127–1130, May/June 1972a.

Tavora, C.J. and Smith, O.J.M., Equilibrium analysis of power systems, *IEEE Trans. Power App. Syst.*, PAS-72, 1131–1137, May/June 1972b.

Tavora, C.J. and Smith, O.J.M., Stability analysis of power systems, *IEEE Trans. Power App. Syst.*, PAS-72, 1138–1144, May/June 1972c.

Uyemura, K., Matsuki, J., Yamada, I., and Tsuji, T., Approximation of an energy function in transient stability analysis of power systems, *Electr. Eng. Jpn.*, 92(6), 96–100, November/December 1972.

Vidyasagar, M., *Nonlinear Systems Analysis*, Prentice-Hall, Englewood Cliffs, NJ, 1978.

Waight, J.G. et al., Analytical methods for contingency selection and ranking for dynamic security analysis, Report TR-104352, Palo Alto, CA, September 1994.

Willems, J.L., Improved Lyapunov function for transient power-system stability, in *Proceedings of the Institution of Electrical Engineers*, 115(9), London, U.K., pp. 1315–1317, September 1968.

Zaborszky, J., Huang, G., Zheng, B., and Leung, T.-C., On the phase-portrait of a class of large nonlinear dynamic systems such as the power system, *IEEE Trans. Autom. Control*, 32, 4–15, January 1988.

第 13 章 电力系统稳定控制

Carson W. Taylor

Bonneville Power

Administration （已退休）

电力系统功率传输受到同步或功角稳定限制，尤其在长距离输电时。该问题得到广泛关注。现有许多研究，希望提高稳定性和增大允许输电容量。

通过采用快速切除故障、晶闸管励磁机、电力系统稳定器以及其他一些稳定控制措施（如发电机跳闸），电力系统同步稳定问题得到了较好解决。严重短路故障可在 3 个周期（60Hz 系统 50ms）内被切除，因此故障线路对发电机加速和稳定的影响，比故障本身的影响更大。在特高压（EHV）输电网中，多相短路故障并不经常发生。

然而，对发电机和线路可用容量的过分使用、更加复杂的负荷特性、电力调度变化更大以及电力行业重建，带来了一些新问题。最近的大范围连锁故障，增加了人们的关注。

本章将阐述电力系统功角稳定控制的技术水平。电压稳定控制将在其他章节及参考文献［1-5］叙述。

需要强调，基于新技术的控制，要么电力部门已经实际应用，要么认真考虑采用。这些技术包括应用控制理论、电力电子技术、微处理器、信号处理、传感器和通信技术。

电力系统稳定控制必须是有效的、鲁棒的。从工程意义来说，有效性意味着"成本有效性"。稳定鲁棒性是在各种运行和扰动情况下，大电网都可以正确运行的能力。

13.1　电力系统同步稳定基础概述

许多参考文献如［6-9, 83］，描述了稳定基础，对此简要叙述。发电主要由同步发电机实现。在大型电力系统中，发电机通过上千公里的输电线路互联。在正常运行和扰动情况下，数以千计的发电机必须同步运行。一台机组或者一个机群，相对于其他机群失去同步，称为失稳，会导致损失严重的大范围停电事故。

同步稳定的实质是单台发电机电磁转矩和机械转矩的平衡，可将牛顿第二定律应用于旋转物体：

$$J \frac{\mathrm{d}\omega}{\mathrm{d}t} = T_{\mathrm{m}} - T_{\mathrm{e}}$$

式中　J——发电机和原动机惯量之和；

　　　ω——转速；

　　　T_{m}——原动机机械转矩；

　　　T_{e}——发电机输出电磁功率对应的电磁转矩。

发电机转速描述了相对于其他机组，发电机功角的变化。图 13.1 给出并网发电机的基本摇摆方程的框图。使用传统的方程形式和变量，定义框图如下：

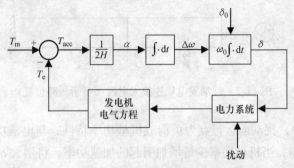

图 13.1　发电机机电动态框图

1）惯性时间常数 H 正比于惯性力矩，是额定转速下发电机转子动能与额定视在功率的比值，单位为 MWs/MVA 或 s。

2）T_m 是机械转矩标幺值，先假设其为常数。实际大小受转速控制（调速器）、原动机和能量供给系统的动态特性影响。

3）ω_0 为额定频率，单位为 rad/s。

4）δ_0 为扰动前发电机相对于其他机组的功角，单位为 rad。

5）电力系统模块包括输电网络、负荷、电力电子设备、其他发电机、原动机、能量供给系统及其控制。输电网络通常以代数方程表示。负荷和发电机用代数和微分方程表示。

6）扰动包括短路、线路和发电机停运。发电机附近三相短路故障是严重扰动，会导致电磁功率和电磁转矩为零，加速转矩等于 T_m。（虽然短路后发电机电流很大，但功率因数、有功电流和有功功率都接近于零）。其他对系统稳定性有影响的开关操作（离散的）事件，如线路重合闸操作，也视为扰动，包含在微分代数方程（DAE）中。

7）发电机电气特性方程组模块，表示发电机内部动态过程。

图 13.2 给出了一个简单系统示意图。一台远端发电机经两条并联输电线路与大电网相连，线路中间有一个开关站。对模型进行简化以适用于在扰动后 1s 左右时间，可得图 13.3 框图。有功与转矩间关系为 $P = T\omega$。由于转速变化很小，有功与转速的标幺值近似相等。发电机以电抗后恒定暂态电势 E' 表示。变压器和输电线路以感性电抗表示。从式 $S = E'I^*$ 可得发电机电磁功率表达式：

$$P_e = \frac{E'V}{X}\sin\delta$$

式中　V——大电网（无穷大母线）电压；

　　　X——从发电机内电势到大电网的阻抗之和。

上式是对详细、大型模型的简化，说明了大扰动后电力系统本质上是一个高度非线性系统。

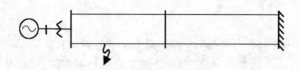

图 13.2　远端发电厂连接大电网（显示短路位置）

图 13.4a 中，扰动前运行点为负荷或机械功率特性，与电磁功率特性的交点。稳定运行点为 δ_0。当机械功率少量增加引起的加速功率，将增大 δ，使得电磁功率 P_e 增加，直至加速功率为零。相反的不稳定案例是运行点 $\pi - \delta_0$。δ_0 通常小于 45°。

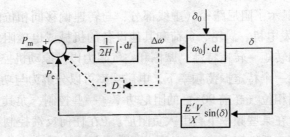

图 13.3　发电机机电动态的简化框图

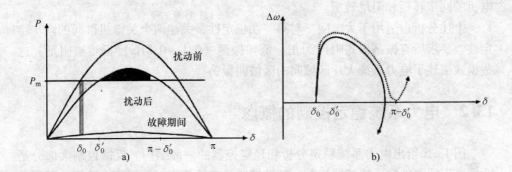

图 13.4　a）功率－功角曲线和等面积定则。深色阴影为故障期间加速能量。浅色阴影为
线路停运引起的额外加速能量。黑色为减速能量。b）功角－转速相平面。虚线轨迹为
不稳定情况

　　正常运行时，机械转矩与电磁转矩相等，发电机频率接近 50Hz 或 60Hz 的
额定值。短路时（通常会切除一条线路），送给负荷的功率输出部分被阻断，发
电机（或机群）加速，转速和功角增大。如果相对于其他机组加速过大，机组
将失去同步性。失去同步是不稳定的、失控的，引起电压与电流的较大波动，可
能导致发电机或机群被保护性的解列。短路切除后，随着功角增加，电磁转矩和
电磁功率将使得发电机减速。若在 $\pi - \delta_0'$ 前，减速使得功角摇摆返回，则在 δ_0'
处达到新的稳态。若摇摆超过 $\pi - \delta_0'$，加速功率和加速转矩变为正值，导致功角
和转速一直增大，机组失稳。

　　图 13.4a 显示了第一摆稳定性的等面积定则。如果机械功率曲线上方的减速
面积（能量），大于负荷曲线下方的减速面积，系统维持稳定。

　　稳定控制减小减速面积或增加减速面积，来提高稳定性，可通过增加功率－
功角关系或减小输入机械功率来实现。

　　小扰动时，图 13.3 框图可线性化为一个二阶微分方程振荡器。对于连接电网的远处发电机，振荡频率为 0.8 ~ 1.1Hz。

图 13.3 还显示了阻尼路径（虚线部分：与转速偏移同相位的阻尼功率或转矩），用以表示发电机、涡轮、负荷和其他设备的机械或电磁阻尼机理。机械阻尼来源于涡轮的转矩 - 转速特性、摩擦和空气阻力以及原动机控制中与转速同相位的部分。在某一个特定振荡频率下，电磁功率可以分解为与功角同相位的同步功率、与转速同相位（超前 90°）的阻尼功率。一些控制，尤其是高增益的发电机自动调压器，在某些频率下会引入负阻尼。（在任何反馈控制系统中，高增益和延时，将导致正反馈和失稳。）无论在正常运行或者故障大扰动时，为保持稳定，净阻尼必须为正。稳定控制可增加阻尼。某些情况下，稳定控制用于提高发电机的同步转矩和阻尼转矩。

上述分析也适用于大电网。对第一摆稳定性，关注两个关键机群间的同步稳定性。要求所有振荡模式阻尼为正。低频振荡（0.1 ~ 0.8Hz）很难被阻尼。这些模式描述了电力系统大片区域间的区域间振荡。

13.2　电力系统稳定控制的概念

图 13.5 给出电力系统稳定分析和稳定控制的一般结构。反馈控制大部分是在发电厂的本地的、连续的控制。前馈控制是离散控制，可用于本地发电厂和变电站，或广域范围。

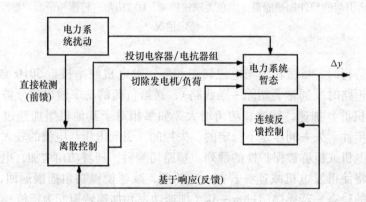

图 13.5　显示本地和广域、连续和离散稳定控制的电力系统一般结构（Taylor CW，et al，Proc. IEEE Special Issue on Energy Infrastructure Defense Systems，93，892，2005）

稳定问题通常涉及到扰动，例如短路以及随后切除故障元件。失去发电机或负荷，会导致功率不平衡和频率偏移。这些扰动激励了电力系统电磁暂态。设计或调谐不当的控制，也会引发稳定问题。如前所述，一个例子是发电机自动调压器导致的负阻尼转矩。

因为电力系统同步转矩和阻尼转矩（包括图 13.5 所示的反馈控制），在大多数扰动和运行条件下，系统可以维持稳定。

13.2.1 反馈控制

最重要的反馈（闭环）控制，是发电机励磁控制（自动电压调节器通常包括 PSS）。其他反馈控制包括原动机控制、静止无功系统等的无功补偿控制、HVDC 线路的特殊控制等。这些控制通常是线性的、连续的、基于本地测量。

然而，通过微处理器便于实现有效的离散反馈控制，人们对此兴趣逐渐增加。对于连续控制，离散控制相对有一些优势。连续反馈控制是潜在不稳定的。在复杂电力系统中，连续控制设备会导致不利的模态相互作用[10]。现代数字控制技术可以是离散的，直到变量越限后才实施控制。这与进化了数百万年的生物系统很相似，都是在刺激性的激励下运行[11]。

Bang - bang 离散控制可以多次动作，以控制大幅振荡，为线性连续控制提供时间。当出现稳定问题时，要求包含 PSS 的发电机励磁控制应具有较高性能。

13.2.2 前馈控制

图 13.5 给出开环（闭环）控制，在大扰动和重载时有效维持系统稳定。短路和停运事件被直接检测，启动预设的控制措施，如切机、切负荷以及无功补偿投切。这些控制是基于规则的，这些规则源于仿真（即模式识别）。这些基于事件的控制非常有效，因为快速动作控制行为，可以防止机电暂态失稳威胁稳定。

基于响应或反馈离散控制也是可行的。对于任何可能引起测量变量明显摇摆的扰动，启动稳定控制行为。

切机或切负荷可以保证扰动后平衡点有足够的吸引域。快速控制时的吸引域，比仅有反馈控制时所要求的吸引域小一些。

离散控制也被称为离散辅助控制[8]、特殊稳定控制[12]、特殊保护系统、补救措施、紧急控制[13]。离散控制很强大。虽然紧急控制的可靠性一直是个问题[14]，但通过设计可以得到足够高的可靠性。通常，控制器可靠性要求与主保护相当，一般有双重或多重传感器、冗余通信、双重或投票逻辑[17]。

基于响应的离散控制比基于事件的控制更便宜一些，因为其所需的传感器和通信路径。此类控制通常为"单发"控制，只启动一次投切操作。然而，对于缓慢的暂态，控制器可以采用离散控制、观察响应、必要时采取附加离散控制。

由一些前馈控制导致不合预期的操作，相对来说时后果并非很坏。比如，HVDC 快速功率变化、无功补偿投切、暂态励磁调压器的不频繁误操作和不必要操作，后果可能并不严重。然而，发电机跳闸（特别是汽轮发电机）、开关汽门、切负荷、可控解列等误操作，后果严重，经济损失很高。

13.2.3 同步转矩和阻尼转矩

电力系统机电稳定性意味着扰动后同步发电机和同步电动机必须保持同步，即对功角振荡（摇摆）具有正阻尼。在严重扰动和运行状态下，失步（失稳）发生在约 1s 内的第一摆。在不是那么严重的扰动和运行状态下，由于同步发电机同时缺乏同步转矩和阻尼转矩，失稳可能发生在第二摆或后续的摇摆过程中。

13.2.4 有效性和鲁棒性

电力系统有许多机电振荡模式，每个振荡模式都可能是潜在不稳定的。区域间低频振荡模式最难稳定。要求控制器设计，对一个或多个模式有效，并且不会对其他模式造成不利相互作用。

近年来，鲁棒控制理论取得进步，尤其对于线性系统。对于实际非线性系统，重点在于使用详细非线性、大型仿真，确定不确定边界和灵敏度分析。例如，需要研究控制对不同运行状态和负荷特性的灵敏度。使用实际运行状态的在线仿真，降低了不确定性，可用于改善控制适应性。

13.2.5 制动器

控制器包括机械式和电力电子式两种，需要折衷考虑成本和性能。机械控制器（断路器、汽轮机阀控）费用较低，对于机电稳定（如两周波开断时间、五周波闭合时间的断路器）足够快。但动作次数存在限制，通常用于前馈控制。

断路器技术和可靠性近些年已有很大提高[16, 17]。Bang - bang 控制（最多大约 5 次控制），可用于 2s 或稍长的区域间振荡[18]。机械控制的传统控制，过去是简单的继电器，但是先进控制可以采用复杂控制，如晶闸管投切电容器。

电力电子相控或采用晶闸管投切已广泛应用于发电机励磁、HVDC、SVC。现在，新器件如 IGBT、GCT（IGCT）等，电压和电流等级足以用于大功率输电。电力电子控制器具有快速控制能力、开关次数不受限制、暂态最小等优点。

从经济性而言，现有控制器应该尽可能使用，包括发电机励磁和原动机设备、HVDC 设备、断路器。例如，不频繁的发电机跳闸，比新型电力电子设备制动器，更节省费用。

13.2.6 可靠性准则

经验表明，系统失稳通常不是由确定性可靠性导则规定的大型发电厂附近发生三相故障引起的，而是一些不常见的故障和场景共同引起的。三相故障可靠性准则，通常是较难预测扰动（如单相短路故障伴随非故障线路切除的多重故障）的"上限准则"。相同输电路径和相同终端的多重相关故障，也应得到关注。

13.3 电力系统稳定控制类型和线性控制可能性

稳定性控制包括许多类型，如：

1) 发电机励磁控制；
2) 包括快关汽门的原动机控制；
3) 发电机跳闸；
4) 快速清除故障；
5) 快速重合和单相开关；
6) 动态制动；
7) 负荷切除与调节；
8) 无功补偿投切或调节（串联或并联）；
9) 电压源逆变器注入电流（STATCOM、UPFC、SMES、储能电池）；
10) 快速相角控制；
11) HVDC 线路辅助控制；
12) 变速（双馈）同步机组；
13) 可控解列和低频减载。

以下总结这些控制。参考文献 [7] 和第 17 章包含了大量相关内容。参考文献 [19] 介绍了这些控制在日本的应用。

13.3.1 励磁控制

发电机励磁控制是一种基本的稳定控制。晶闸管励磁机具有较高励磁电压上限，提供了强大和经济的励磁控制，以保证大扰动下电力系统稳定性。现代数字式自动调压器和 PSS，便于实现附加功能，如自适应控制和特别逻辑[20-23]。

励磁控制几乎全部是基于本地测量。因此，对于区域间稳定问题不是完全有效。线路电压降补偿可以增加励磁控制的有效性（灵敏度），改善与静止无功补偿装置的协调。后者以较小下垂特性，控制输电电压。

有几种离散控制，已用于在区域间振荡过程中维持励磁电压在上限附近[7, 26, 27]。参考文献 [7, 26] 所述控制，采用 PSS 速度变化信号，计算本地功角变化，参考文献 [27] 所述控制是一种前馈控制，在检测到远处大扰动后，在大机组电压调节器中注入衰减脉冲。图 13.6 所示为采用暂态励磁调压器（TEB）的仿真结果。

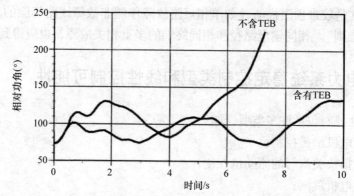

图 13.6　功角摇摆（太平洋－西北电网 Grand Coulee 19 号机组相对于南加州
San Onofre 核电厂）。显示了太平洋 HVDC 联络线双极停运时暂态励磁调压器（TEB）对
Grand Coulee 3 号机组的影响（Taylor CW, IEEE Trasn. Power Syst. , 8, 1291, 1993.）

13.3.2　包括快关汽门的原动机控制

快速减少加速发电机的出力（快关汽门），是提高稳定性的有效方法。然而
由于需要协调电力系统、原动机及其控制、能量供应系统（锅炉），这种方法的
使用受到一定限制。

数字式原动机控制便于增加稳定控制的特别特征。数字锅炉控制（经常是
在现有设备的基础上改进），提高了快关汽门的灵活性。

快关汽门的费用低于切除汽轮机。参考文献 [7, 28] 介绍了快关汽门的概
念、研究和最近应用。有两种汽轮机快关汽门的方法得到应用：短时和持续。短
时快关汽门快速关闭再热涡轮截止阀，短延时后重新开启。持续快关汽门时，也
是快速关闭和打开截止阀，但控制阀部分关闭而持续降出力运行。持续快关汽门
对扰动后平衡点的稳定性，可能是必要的。

13.3.3　切机控制

发电机切机，特别是切除水电机组，是一种有效地（经济的）的控制。火
电机组，尤其是燃气或燃油机组，在满足厂用负荷的情况下切机，也具有吸引
力。汽轮机和联合循环发电厂构成了新型发电的很大一部分。在未来，临时切除
这些机组是可行的，可以成为稳定控制的一个有吸引力的方案。

大部分切机控制是基于事件的，比如出线断线或联络线断线引起的发电厂停
运。有一些基于响应的切机控制，也已被应用。

位于蒙大拿东部的 Colstrip 发电厂装设了自动趋势继电器（Automatic Trend
Relay, ATR）。发电厂有两台 330MW 机组和两台 770MW 机组。基于微处理器的
控制器测量转速和发电机功率，计算加速和功角。根据与加速、转速和功角变化

有关的 11 个切机算法，可切除 16% ~ 100% 的发电量。由于发电厂与位于太平洋 – 西部的负荷中心距离较长，ATR 已经多次正常动作和不合理动作。有人建议，根据电压相角测量信息（Colstrip 500kV 电压相角相对于 Grand Coulee 和其他西北地区），自适应调节 ATR 设定值，或者将其作为附加信息引入切机算法。另一个可行方案是，测量 Grand Coulee 和其他位置发电机的转速或频率，基于转速差，而不是仅仅采用 Colstrip 转速，来建立算法[30]。

东京电力公司的一个稳定控制方案，预测发电机功角变化，确定切机最小台数[31]。使用本地发电机功率、电压和电流两侧结果来估计功角。该控制策略在多次实际扰动中正确动作。

东京电力公司（Tokyo Electric Power Company，TEPCO）也开发了一套紧急控制系统，采用一种预测防范方法，避免抽水蓄能机组失步。在新方案中，严重故障后 TEPCO 电网中与本地抽水蓄能机组相对摇摆的机组被视为外部电力系统。通过本地在线信息估计外部系统参数，如角度和惯量，基于转子运动方程预测本地抽水蓄能机组运行。根据预测结果，确定控制行为（切机台数）。

参考文献［34］介绍了采用相平面控制器的基于响应的切机控制。该控制器基于与区域间功角差 – 转速差相平面相似的电阻 – 电阻变化率（$R – R$dot）相平面，主要用于太平洋交流互联电网的可控解列。图 13.7 给出了切除 600MW 容量机组以降低可控解列可能性的仿真结果。

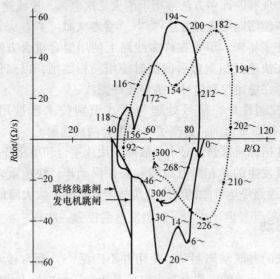

图 13.7　失去太平洋 HVDC 互联电网（2000MW）的 $R – R$dot 相平面。
实线轨迹表示没有额外切机。虚线轨迹表示切机 600MW
（Haner JM，et al，IEEE Trans. Power Del.，1，35，1986.）

13. 3. 4　快速故障切除、快速重合和单相投切

使用传统继电保护和断路器，可以在 3 个周波内切除近端故障。典型的 EHV 断路器开断时间为 2 个周波。参考文献 [35] 提出了开断时间为一个周波的断路器，但特殊断路器很少得到论证。无定向的过电流继电器，可以在 1/4 周波内检测到大电流短路故障。超高速行波继电器也得到了应用[36]。由于故障切除时间很短，并考虑到 EHV 系统大多故障都是单相故障，切除输电线路或其他设备，可能是发电机加速的一个主要因素，特别是当连锁跳闸中无故障设备也会被切除的时候。

快速重合可以有效提高稳定性和可靠性。重合闸时间在功角第一摇摆到达最大值之前，但在 30 ~ 40 周波之后，以等待灭弧。在遭受雷击后，快速重合可使尽可能多的线路维持运行。快速重合对于因保护误动的非故障线路停运也很有效。

永久故障时的快速重合闸失败，会导致系统不稳定，并在涡轮 - 发电机转轴上施加扭转载荷。解决方案是仅在单相故障时重合，以及在发电机端重合之前，通过热线核实，先进行远端弱系统重合闸。当弱端重合闸成功的通信信号，有助于发电机端重合[37]。

超高压电网中，单相开关操作有助于提高稳定性和可靠性，其中大多数断路器每相独立运行。现有的许多方法被用于消灭二次电弧。短线路不需要特殊灭弧方法。长线路大多使用四电抗器方法[40,41]。参考文献 [42] 采用快速接地开关进行灭弧操作。许多年来，BPA 在许多线路上使用混合重合方案。该方案使用单相跳闸，但是在快速三相重合后回摆时使用三相跳闸，以确保二次灭弧[38]。使用单相开关时，在稳定控制信号中需要正序滤波。

为提高稳定控制性能，信号处理与模式识别技术已被用于检测二次灭弧[43,44]。避免了故障重合闸，提高了单相重合闸成功率。

确定性可靠性指标通常是针对永久故障。快速重合和单相开关不会增加输电能力。但是对频繁发生的单相瞬时故障和保护误动作，快速重合提供了"深度防御"。由于多回线路停运导致的电力系统故障的概率，大大降低。

13. 3. 5　动态制动

使用机械开关的并联动态制动，使用并不广泛[7]。通常接入时间固定在几百毫秒。一种不需要开关的方法，是发电机升压变压器中性点经电阻接地，在最为常见的接地故障时自动制动。通常，发电机跳闸以确保扰动后平衡，是一种更好的解决方案。

有人提出基于晶闸管投切的动态制动。晶闸管投切或相控技术，使发电机扭

转载荷最小[45]，同时可以抑制次同步谐振[46]。

13.3.6　切负荷与调节

切负荷与切机原理相似，区别只是前者是在受端以减小送端发电减速功率。通常使用可中断工业负荷。例如参考文献［47］所述，在电力输入故障后，多达 3000MW 的工业负荷被切除。

如果不切除大量工业负荷，也可以切除低优先较低的商业负荷和居民负荷，如热水器或空调。这样影响更小，用户甚至可能不会注意到短时停电。这种控制的灵活性，取决于将直接负荷控制的实现作为需求侧管理的一部分，以及安装在负荷端有快速控制器的快速通信网。虽然在经济上不大可行，但是可以设计加热器等设备，基于本地测量提供频率灵敏度。

切负荷同样可用于电压稳定性。此时通信和控制器响应速度并非关键。通过调整加热器等负荷，可抑制振荡[48-50]。显然，小负荷的切除与调节，取决于经济性，以及快速通信和制动器的发展。

13.3.7　无功补偿设备投切与调节

可控串联/并联补偿可提高稳定性，前者效果最为强大。可以用机械开关或电力电子元件投切补偿设备。对于连续调节，可采用晶闸管相控电抗器。机械开关优点在于低成本。断路器动作通常足够快，尤其对于区域间振荡。通常机械开关加入补偿以支持同步。除了以上优点，电力电子控制具有抑制 SSR 的优点。

过去 25 年来，北美太平洋交流电网采用快速投切串联电容器，以支持同步[51]。其主要用于并列运行的太平洋 HVDC 联络线的全部或部分故障（事件驱动，使用微波无线电传递跳闸信号）。打开断路器，投入串联电容器。事故后几分钟内，运行人员旁路串联电容。过去数年中，采用阻抗继电器的基于响应控制也得到应用。新型基于响应的控制，正在研究之中。

对于基于晶闸管的串联补偿投切与调节，已有一些项目投入运行或在规划中[32, 52, 53]。晶闸管控制的串联补偿（TCSC），允许电抗在额定值基础上大幅增长，且增长与时间与电流相关。适当控制下，增加电抗是一种有效的稳定措施。

TCSC 被应用于巴西北部/东北部电网和东部的 1020km、500kV 联络线[54]。使用线路功率量测，调节联络线两端的 TCSC，以抑制低频振荡（0.12Hz）。图 13.8 通过现场测试得到，显示了 TCSC 稳定控制能力[55]。

参考文献［56］介绍了 TCSC 在中国的应用。双回 500kV 线路连接距离 1300km 远端发电厂。暂态仿真表明，25% 补偿度的晶闸管控制补偿，比 45% 的固定补偿更有效。许多先进的 TCSC 控制技术都很有希望，其技术特点是同时提供暂态稳定控制和阻尼控制。参考文献［57］调查了 TCSC 稳定控制，提供了

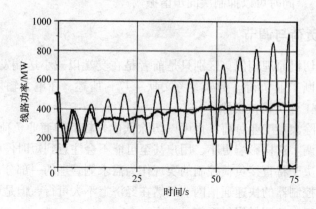

图 13. 8　一台 300MW 发电机跳闸后，巴西北部 – 西北电网中 TCSC 的作用。
数据来自 1999 年 3 月现场调试。细线表示无 TCSC 阻尼功率振荡，互联系统 70s 后解列。
粗线表示有 TCSC，快速阻尼功率振荡

85 篇文献。

　　为支持同步，快速投切并联电容器组也非常有效。在太平洋交流互联电网，在 HVDC 和 500kV 交流线路故障时，投入 4 组 200Mvar 的电容器组[18]。这些电容器组、其他 500kV 并联电容器/电抗器组以及串联电容器，在电压振荡中可能被投入。

　　在静止无功系统中使用机械开关快速投切并联设备，也很常见。例如，明尼苏达 Duluth 附近的 Forbes 的无功补偿系统，有 2 套 300Mvar、500kV 并联电容器组[58]。在电力电子控制补偿的基础上，增加固定或可机械投切补偿，通常非常有效。

　　随着电网互联，采用 SVC 以提高同步和阻尼支撑。线路中点的电压支撑，允许运行角度超过 90°。调节 SVC 以提高阻尼振荡能力。一个研讨会[6, 59] 提出，线路电流幅值是最有效的输入信号。同步调相机可提供相似作用，但是目前与电力电子控制相比，缺乏竞争力。负荷侧 SVC 也被用于间接调节负荷，以提供同步与阻尼能力。

　　数字控制促进了新型控制策略的发展。自适应控制（增益监视和优化）很常用。对于串联或并联电力电子器件，控制模式可择 Bang – bang 控制、同步与阻尼控制以及其他非线性和自适应控制。

13. 3. 8　电压源逆变器注入电流

　　先进的电力电子器件，采用门关断晶闸管（GTO）、IGCT 或 IGBT。参考文献［6］介绍了这些设备在阻尼振荡中的应用。控制电压源型逆变器比晶闸管控制或机械开关更有效。

电压源逆变器也可用于控制串联和并联注入有功。最常见的是超导储能（Superconducting Magnetic Energy Storage，SMES）设备和储能电池。在功角稳定控制中，注入有功比无功更为有效。改善暂态稳定时，SMES 容量和成本都比 STATCOM 小，受安装位置限制更小。

13.3.9　快速电压相角控制

采用电压源逆变器串联注入、或者电力电子元件控制移相变压器，可直接、快速控制电压相角和功角。这提供了强大的稳定控制功能。虽然一种晶闸管控制移相变压器早在 20 多年前就研制[60]，但高成本阻碍了工程应用。参考文献［61］介绍了相应研究。

多个电压源变流器可以串/并联组合，形成模块化设备，比如背靠背 HVDC 线路。无功注入设备包括并联静止补偿器（STATCOM）、静止同步串联补偿器（SSSC）、统一潮流控制器（UPFC）、线间潮流控制器（IFPC）。可变换静止补偿器（CSC）允许多种结构。这些设备用于特殊目的，价格较高。

UPFC 采用共有直流电容及其控制的并联和串联电压源变流器组合，实现并联补偿、串联补偿、移相变压器的功能。目前至少有一个 UPFC 在运行（目的不是暂态稳定）[62]，同时也有一个 CSC 在建设中[9]。

一个想法是采用电力电子串联设备或移相设备，控制互联系统角度在小范围内变化[63]。在功率－功角曲线上，可视为在扰动过程中保持高同步系数（功率－功角曲线斜率）。

BPA 提出一种暂态稳定方法，在电网间失去同步时，将输电线路快速移相 120°[64]。该方法非常强大（或者过分强大），提高了可靠性和鲁棒性，尤其是在数条线路组成的互联系统中。但是还未实际应用。

13.3.10　HVDC 线路附加控制

安装 HVDC 的目的，是传输功率。对于上述电力电子设备，现有 HVDC 换流器提供控制器，使得稳定性控制费用较低。对于同步电网中长 HVDC 线路，通过每个换流站的有功/无功注入，HVDC 调节可提供强大的稳定控制能力。然而，控制鲁棒性是一个问题[6, 10]。

参考文献［6，65－67］介绍了 HVDC 线路用于稳定控制。建于 1976 的太平洋 HVDC 互联调节控制的独特性，在于使用了远端（广域）太平洋交流电网的输入信号。图 13.9 所示为运行试验结果。

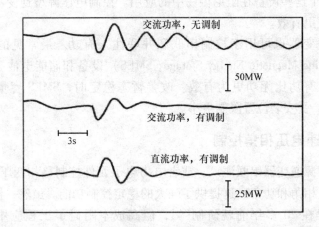

图 13.9　串联电容器旁路，有或没有 HVDC 调节时，太平洋交流电网系统响应

（Cresap R L，IEEE Trans. Power App.，PAS－98，1053，1978）

13. 3. 11　变速（双馈）同步机组

参考文献［68］总结了日本在抽水蓄能电站中采用变速同步机组对提高稳定的效果。励磁频率的快速数字控制，实现了对功角的直接控制。

13. 3. 12　可控解列和低频减载

对于非常严重的扰动或故障，继续保持同步无法实现，或成本很高。基于失步检测或平行输电线路停运的可控解列，可以减轻失稳的影响。形成稳定孤岛，是输出功率的孤岛中，有可能需要低频减载。

参考文献［34，69－71］介绍了一些先进的解列策略。最新研究建议使用电压相角两侧来控制解列。

13. 4　动态安全评估

控制设计和整定，以及计算输电极限，一般基于离线仿真（时域和频域）和现场试验。要求在各种运行条件和扰动时，控制装置正常工作。

然而，最近在线动态（暂态）稳定性和安全评估软件已被研发。状态估计和在线潮流提供了基态运行方式。潜在扰动的仿真是基于实际运行状态，减小了控制环境的不确定性。目前，动态安全评估用于确定切机控制的警戒水平。

随着计算机性能的改善，每天都进行成百上千次大规模仿真，为系统稳定特性提供数据。快速扫描、故障选择、对稳定或不失稳算例的智能终止等，提高了安全评估的效率。并行计算使用多个工作站实现不同算例的仿真，采用相同初值分析不同故障。

未来，动态安全评估将用于当前运行状态的控制适应度。稳定控制的其他可能方案，是使用神经网络或决策树模式识别。动态安全评估为模式识别技术提供了数据库。模式识别可以视为对动态安全评估结果的数据压缩。

电力行业重构需要确定实时输电能力，这将加速动态安全评估的应用，使得先进控制更加容易。

13.5　智能控制

前文已提及基于规则或基于模式识别的控制。参考文献［47］介绍了一种基于速度 – 加速度相平面的复杂自组织神经模糊控制器（SONFC）。相比角度 – 速度相平面，这种控制响应速度更快，且稳态均为零（使用角度，事前未知扰动后平衡角度）。控制器位于发电厂。因此加速度和速度可通过测量或根据 PSS 整定方案计算得到。

通过引入远端量测，可以拓展 SONFC。动态安全评估仿真可用于更新或再训练神经网络模糊控制器。SONFC 适用于切除发电机、串并联电容投切及 HVDC 控制等。

13.6　广域稳定控制

同步相量测量、光纤通信、数字控制器和其他 IT 技术的发展，促进了广域控制的进步。广域控制增加了可观性和可控性，既可是连续的也可是离散的。广域控制将增强本地控制，或提供监视和自适应功能而不仅仅是控制。特别地，与发电机功角有关的电压相角，常被作为输入信号。

通信附加延时是个问题，增加了不利动态相互作用的可能。但是，图 13.10 所示光纤通信（SONET）延时在 25ms 以内，足以满足区域间稳定控制要求。

广域连续控制包括发电机调压器、SVC 和其他电力电子器件中的 PSS。对于一些电力系统而言，广域控制比本地控制在技术上更有效[75,76]。

参见图 13.5，离散控制常为广域控制。控制输入可来自多个位置，控制输出可用于控制多个位置。大多数广域离散控制直接检测故障或停运事件（前馈控制）。这些控制通常包含预先设定的二进制逻辑规则和可编程逻辑控制器。例如，线路 A 和 B 跳闸，断开发电厂 C 和 D 的送端发电机。以上方案是非常复杂的。BPA 对于太平洋交流互联系统的补救控制方案，包含约 1000 条与/或决策，

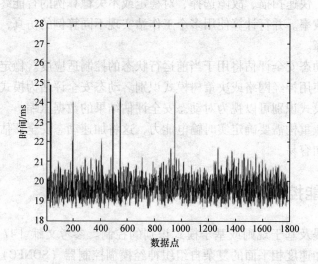

图 13.10　光纤通信反应时间（测量时间超过 1min），从 Slatt 变电站的 BPA 相量
量测单元至 BPA 控制中心（Taylor CW, et al, Proc. IEEE Special Issue on Energy
Infrastructure Defense Systems, 93, 892, 2005）

在两个控制中心使用容错逻辑计算机。

BPA 使用离散控制动作，建立了广域反馈稳定和电压控制系统（WACS）[77]。
输入信号是来自 8 个位置的相量测量，通过现有补救措施，可以实现多个位置的
发电机跳闸、电容器或电抗器投切。WACS 控制器有两种算法，分别针对功角和
电压稳定问题。

13.7　电力行业重构对稳定控制的影响

行业重构对电力系统稳定有诸多影响。输电方式的频繁变化，会引起新的稳
定问题。大部分稳定和输电容量问题，必须通过新控制和新变电站设备，而非新
线路，来得以解决。

发电、输电、配电的归属权不同，使得必要的电力工程更加困难。新型电力
行业可靠性标准以及辅助服务机制正在被建立。辅助服务包括切机或切负荷、快
关汽门、高上限励磁、PSS 等。在大型互联系统中，独立电网调度员或可靠性协
调中心，将有助于动态安全评估和集中稳定控制。

13.8 近期停电事故的总结

近期的连锁电力故障，显示了控制和保护故障的影响、"深度防御"、以及先进稳定控制的必要性。

1996 年 7 月 2 日和 8 月 10 日北美西部停电事故[78-81]、2003 年 8 月 14 日北美东北部停电事故[82]、以及其他事故，显示了稳定控制领域改进和创新的必要性，例如：

1）无功补偿的快速投入、基于响应的快速切机；

2）特殊的 HVDC 和 SVC 控制；

3）PSS 设计和调节；

4）可控解列；

5）用于控制设计的电力系统建模及数据校验；

6）适应实际运行条件的控制；

7）本地或广域自动减载；

8）包含发电机励磁设备的控制与保护装置的优先升级。

13.9 总结

电力系统功角稳定可以通过多种控制加以改善。一些控制方法已在发电厂和输电网成功应用许多年。新的控制技术和执行设备仍有很大的发展空间。

我们对可用的稳定控制技术进行了广泛的调查，重点在于已实现的控制，以及新兴控制技术。

参 考 文 献

1. CIGRÉ TF 38.02.12, Criteria and Countermeasures for Voltage Collapse, CIGRÉ Brochure No. 101, Summary in *Electra*, October 1995.

2. CIGRÉ WG 34.08, Protection against Voltage Collapse, CIGRÉ Brochure No. 128, 1998. Summary in *Electra*, 179, 111–126, August 1998.

3. IEEE Power System Relaying Committee WG K12, System Protection and Voltage Stability, 93 THO 596-7 PWR, 1993.

4. Taylor, C.W., *Power System Voltage Stability*, McGraw-Hill, New York, 1994.

5. Van Cutsem, T. and Vournas, C., *Voltage Stability of Electric Power Systems*, Kluwer Academic, Dordrecht, the Netherlands, 1998.

6. CIGRÉ TF 38.01.07, Analysis and Control of Power System Oscillations, Brochure No. 111, December 1996.

7. Kundur, P., *Power System Stability and Control*, McGraw-Hill, New York, 1994.

8. IEEE Discrete Supplementary Control Task Force, A description of discrete supplementary controls for stability, *IEEE Transactions on Power Apparatus and Systems*, PAS-97, 149–165, January/February 1978.

9. Arabi, S., Hamadanizadeh, H., and Fardanesh, B., Convertible static compensator performance studies on the NY state transmission system, *IEEE Transactions on Power Systems*, 17(3), 701–706, August 2002.

10. Hauer, J.F., Robust damping controls for large power systems, *IEEE Control Systems Magazine*, 9, 12–19, January 1989.

11. Studt, T., Computer scientists search for ties to biological intelligence, *R&D Magazine*, 40, 77–78, October 1998.

12. IEEE Special Stability Controls Working Group, Annotated bibliography on power system stability controls: 1986–1994, *IEEE Transactions on Power Systems*, 11(2), 794–800, August 1996.

13. Djakov, A.F., Bondarenko, A., Portnoi, M.G., Semenov, V.A., Gluskin, I.Z., Kovalev, V.D., Berdnikov, V.I., and Stroev, V.A., The operation of integrated power systems close to operating limits with the help of emergency control systems, *CIGRÉ*, Paper 39–109, 1998.

14. Anderson, P.M. and LeReverend, B.K. (IEEE/CIGRÉ Committee Report), Industry experience with special protection schemes, *IEEE Transactions on Power Systems*, 11(3), 1166–1179, August 1996.

15. Dodge, D., Doel, W., and Smith, S., Power system stability control using fault tolerant technology, ISA instrumentation in power industry, *Proceedings of the 33rd Power Instrumentation Symposium*, Vol. 33, paper 90–1323, May 21–23, Toronto, Ontario, Canada, 1990.

16. CIGRÉ TF 13.00.1, Controlled switching—A state-of-the-art survey, *Electra*, 163, 65–97, December 1995.

17. Brunke, J.H., Esztergalyos, J.H., Khan, A.H., and Johnson, D.S., Benefits of microprocessor-based circuit breaker control, CIGRÉ, Paper 23/13-10, 1994.

18. Furumasu, B.C. and Hasibar, R.M., Design and installation of 500-kV back-to-back shunt capacitor banks, *IEEE Transactions on Power Delivery*, 7(2), 539–545, April 1992.

19. Torizuka, T. and Tanaka, H., An outline of power system technologies in Japan, *Electric Power Systems Research*, 44, 1–5, 1998.

20. IEEE Digital Excitation Applications Task Force, Digital excitation technology—A review of features, functions and benefits, *IEEE Transactions on Energy Conversion*, 12(3), 255–258, September 1997.

21. Bollinger, K.E., Nettleton, L., Greenwood-Madsen, T., and Salyzyn, M., Experience with digital power system stabilizers at steam and hydro generating stations, *IEEE Transactions on Energy Conversion*, 8(2), 172–177, June 1993.

22. Hajagos, L.M. and Gerube, G.R., Utility experience with digital excitation systems, *IEEE Transactions on Power Systems*, 13(1), 165–170, February 1998.

23. Arcidiancone, V., Corsi, S., Ottaviani, G., Togno, S., Baroffio, G., Raffaelli, C., and Rosa, E., The ENEL's experience on the evolution of excitation control systems through microprocessor technology, *IEEE Transactions on Energy Conversion*, 13(3), 292–299, September 1998.

24. Rubenstein, A.S. and Walkley, W.W., Control of reactive KVA with modern amplidyne voltage regulators, *AIEE Transactions*, Part III, 1957(12), 961–970, December 1957.

25. Dehdashti, A.S., Luini, J.F., and Peng, Z., Dynamic voltage control by remote voltage regulation for pumped storage plants, *IEEE Transactions on Power Systems*, 3(3), 1188–1192, August 1988.

26. Lee, D.C. and Kundur, P., Advanced excitation controls for power system stability enhancement, CIGRÉ, Paper 38–01, 1986.

27. Taylor, C.W., Mechenbier, J.R., and Matthews, C.E., Transient excitation boosting at grand coulee third power plant, *IEEE Transactions on Power Systems*, 8(3), 1291–1298, August 1993.

28. Bhatt, N.B., Field experience with momentary fast turbine valving and other special stability controls employed at AEP's Rockport Plant, *IEEE Transactions on Power Systems*, 11(1), 155–161, February 1996.

29. Stigers, C.A., Woods, C.S., Smith, J.R., and Setterstrom, R.D., The acceleration trend relay for generator stabilization at Colstrip, *IEEE Transactions on Power Delivery*, 12(3), 1074–1081, July 1997.

30. Kosterev, D.N., Esztergalyos, J., and Stigers, C.A., Feasibility study of using synchronized phasor measurements for generator dropping controls in the Colstrip system, *IEEE Transactions on Power Systems*, 13(3), 755–762, August 1998.

31. Matsuzawa, K., Yanagihashi, K., Tsukita, J., Sato, M., Nakamura, T., and Takeuchi, A., Stabilizing control system preventing loss of synchronism from extension and its actual operating experience, *IEEE Transactions on Power Systems*, 10(3), 1606–1613, August 1995.

32. Kojima, Y., Taoka, H., Oshida, H., and Goda, T., On-line modeling for emergency control systems, *IFAC/CIGRÉ Symposium on Control of Power Systems and Power Plant*, Beijing, China, pp. 627–632, 1997.

33. Imai, S., Syoji, T., Yanagihashi, K., Kojima, Y., Kowada, Y., Oshida, H., and Goda, T., Development of predictive prevention method for mid-term stability problem using only local information, *Transactions of IEE Japan*, 118-B(9), 1998.

34. Haner, J.M., Laughlin, T.D., and Taylor, C.W., Experience with the *R–Rdot* out-of-step relay, *IEEE Transactions on Power Delivery*, PWRD-1(2), 35–39, April 1986.

35. Berglund, R.O., Mittelstadt, W.A., Shelton, M.L., Barkan, P., Dewey, C.G., and Skreiner, K.M., One-cycle fault interruption at 500 kV: System benefits and breaker designs, *IEEE Transactions on Power Apparatus and Systems*, PAS-93, 1240–1251, September/October 1974.

36. Esztergalyos, J.H., Yee, M.T., Chamia, M., and Lieberman, S., The development and operation of an ultra high speed relaying system for EHV transmission lines, CIGRÉ, Paper 34–04, 1978.

37. Behrendt, K.C., Relay-to-relay digital logic communication for line protection, monitoring, and control, *Proceedings of the 23rd Annual Western Protective Relay Conference*, Spokane, WA, October 1996.

38. IEEE Committee Report, Single-pole switching for stability and reliability, *IEEE Transactions on Power Systems*, PWRS-1, 25–36, May 1986.

39. Belotelov, A.K., Dyakov, A.F., Fokin, G.G., Ilynichnin, V.V., Leviush, A.I., and Strelkov, V.M., Application of automatic reclosing in high voltage networks of the UPG of Russia under new conditions, CIGRÉ, Paper 34–203, 1998.

40. Knutsen, N., Single-phase switching of transmission lines using reactors for extinction of the secondary arc, CIGRÉ, Paper 310, 1962.

41. Kimbark, E.W., Suppression of ground-fault arcs on single-pole switched lines by shunt reactors, *IEEE Transactions on Power Apparatus and Systems*, PAS-83(3), 285–290, March 1964.

42. Hasibar, R.M., Legate, A.C., Brunke, J.H., and Peterson, W.G., The application of high-speed grounding switches for single-pole reclosing on 500-kV power systems, *IEEE Transactions on Power Apparatus and Systems*, PAS-100(4), 1512–1515, April 1981.

43. Fitton, D.S., Dunn, R.W., Aggarwal, R.K., Johns, A.T., and Bennett, A., Design and implementation of an adaptive single pole autoreclosure technique for transmission lines using artificial neural networks, *IEEE Transactions on Power Delivery*, 11(2), 748–756, April 1996.

44. Djuric, M.B. and Terzija, V.V., A new approach to the arcing faults detection for fast autoreclosure in transmission systems, *IEEE Transactions on Power Delivery*, 10(4), 1793–1798, October 1995.

45. Bayer, W., Habur, K., Povh, D., Jacobson, D.A., Guedes, J.M.G., and Marshall, D.A., Long distance transmission with parallel ac/dc link from Cahora Bassa (Mozambique) to South Africa and Zimbabwe, CIGRÉ, Paper 14–306, 1996.

46. Donnelly, M.K., Smith, J.R., Johnson, R.M., Hauer, J.F., Brush, R.W., and Adapa, R., Control of a dynamic brake to reduce turbine-generator shaft transient torques, *IEEE Transactions on Power Systems*, 8(1), 67–73, February 1993.

47. Taylor, C.W., Nassief, F.R., and Cresap, R.L., Northwest power pool transient stability and load shedding controls for generation–load imbalances, *IEEE Transactions on Power Apparatus and Systems*, PAS-100(7), 3486–3495, July 1981.

48. Samuelsson, O. and Eliasson, B., Damping of electro-mechanical oscillations in a multimachine system by direct load control, *IEEE Transactions on Power Systems*, 12(4), 4, 1604–1609, November 1997.

49. Kamwa, I., Grondin, R., Asber, D., Gingras, J.P., and Trudel, G., Active power stabilizers for multimachine power systems: Challenges and prospects, *IEEE Transactions on Power Systems*, 13(4), 1352–1358, November 1998.

50. Dagle, J., Distributed-FACTS: End-use load control for power system dynamic stability enhancement, EPRI Conference, *The Future of Power Delivery in the 21st Century*, La Jolla, San Diego, CA, pp. 18–20, November 1997.

51. Kimbark, E.W., Improvement of system stability by switched series capacitors, *IEEE Transactions on Power Apparatus and Systems*, PAS-85(2), 180–188, February 1966.

52. Christl, N., Sadek, K., Hedin, R., Lützelberger, P., Krause, P.E., Montoya, A.H., McKenna, S.M., and Torgerson, D., Advanced series compensation (ASC) with thyristor controlled impedance, CIGRÉ, Paper 14/37/38–05, 1992.

53. Piwko, R.J., Wegner, C.A., Furumasu, B.C., Damsky, B.L., and Eden, J.D., The slatt thyristor-controlled series capacitor project—Design, installation, commissioning and system testing, CIGRÉ, Paper 14–104, 1994.

54. Gama, C., Leoni, R.L., Gribel, J., Fraga, R., Eiras, M.J., Ping, W., Ricardo, A., Cavalcanti, J., and Tenório, R., Brazilian North–South interconnection—Application of thyristor controlled series compensation (TCSC) to damp inter-area oscillation mode, CIGRÉ, Paper 14–101, 1998.

55. Gama, C., Brazilian North–South interconnection—Control application and operating experience with a TCSC, *Proceedings of 1999 IEEE/PES Summer Meeting*, Edmonton, Alberta, Canada, July 1999, pp. 1103–1108.

56. Zhou, X. et al., Analysis and control of Yimin–Fentun 500 kV TCSC system, *Electric Power Systems Research*, 46, 157–168, 1998.

57. Zhou, X. and Liang, J., Overview of control schemes for TCSC to enhance the stability of power systems, *IEE Proceedings—Generation, Transmission and Distribution*, 146(2), 125–130, March 1999.

58. Sybille, G., Giroux, P., Dellwo, S., Mazur, R., and Sweezy, G., Simulator and field testing of Forbes SVC, *IEEE Transactions on Power Delivery*, 11(3), 1507–1514, July 1996.

59. Larsen, E.V. and Chow, J.H., SVC control design concepts For system dynamic performance, Application of Static Var Systems for System Dynamic Performance, IEEE Special Publication 87TH1087-5-PWR, 36–53, 1987.

60. Stemmler, H. and Güth, G., The thyristor-controlled static phase shifter—A new tool for power flow control in ac transmission systems, *Brown Boveri Review*, 69(3), 73–78, March 1982.

61. Fang, Y.J. and Macdonald, D.C., Dynamic quadrature booster as an aid to system stability, *IEE Proceedings—Generation, Transmission and Distribution*, 145(1), 41–47, January 1998.

62. Rahman, M., Ahmed, M., Gutman, R., O'Keefe, R.J., Nelson, R.J., and Bian, J., UPFC application on the AEP system: Planning considerations, *IEEE Transactions on Power Systems*, 12(4), 1695–1701, November 1997.

63. Christensen, J.F., New control strategies for utilizing power system network more effectively, *Electra*, 173, 5–16, August 1997.

64. Cresap, R.L., Taylor, C.W., and Kreipe, M.J., Transient stability enhancement by 120-degree phase rotation, *IEEE Transactions on Power Apparatus and Systems*, PAS-100, 745–753, February 1981.

65. IEEE Committee Report, HVDC controls for system dynamic performance, *IEEE Transactions on Power Systems*, 6(2), 743–752, May 1991.

66. Cresap, R.L., Scott, D.N., Mittelstadt, W.A., and Taylor, C.W., Operating experience with modulation of the Pacific HVDC Intertie, *IEEE Transactions on Power Apparatus and Systems*, PAS-98, 1053–1059, July/August 1978.

67. Cresap, R.L., Scott, D.N., Mittelstadt, W.A., and Taylor, C.W., Damping of Pacific AC Intertie oscillations via modulation of the parallel Pacific HVDC Intertie, CIGRÉ, Paper 14–05, 1978.

68. CIGRÉ TF 38.02.17, Advanced Angle Stability Controls, CIGRÉ Brochure No. 155, April 2000.

69. Ohura, Y., Suzuki, M., Yanagihashi, K., Yamaura, M., Omata, K., Nakamura, T., Mitamura, S., and Watanabe, H., A predictive out-of-step protection system based on observation of the phase difference between substations, *IEEE Transactions on Power Delivery*, 5(4), 1695–1704, November 1990.

70. Taylor, C.W., Haner, J.M., Hill, L.A., Mittelstadt, W.A., and Cresap, R.L., A new out-of-step relay with rate of change of apparent resistance augmentation, *IEEE Transactions on Power Apparatus and Systems*, PAS-102(3), 631–639, March 1983.

71. Centeno, V., Phadke, A.G., Edris, A., Benton, J., Gaudi, M., and Michel, G., An adaptive out of step relay, *IEEE Transactions on Power Delivery*, 12(1), 61–71, January 1997.

72. Mansour, Y., Vaahedi, E., Chang, A.Y., Corns, B.R., Garrett, B.W., Demaree, K., Athay, T., and Cheung, K., B.C. Hydro's on-line transient stability assessment (TSA) model development, analysis, and post-processing, *IEEE Transactions on Power Systems*, 10(1), 241–253, February 1995.

73. Ota, H., Kitayama, Y., Ito, H., Fukushima, N., Omata, K., Morita, K., and Kokai, Y., Development of transient stability control system (TSC system) based on on-line stability calculation, *IEEE Transactions on Power Systems*, 11(3), 1463–1472, August 1996.

74. Chang, H.-C. and Wang, M.-H., Neural network-based self-organizing fuzzy controller for transient stability of multimachine power systems, *IEEE Transactions on Energy Conversion*, 10(2), 339–347, June 1995.

75. Kamwa, I., Grondin, R., and Hebert, Y., Wide-area measurement based stabilizing control of large power systems—A decentralized/hierarchical approach, *IEEE Transactions on Power Systems*, 16(1), 136–153, February 2001.

76. Kamwa, I., Heniche, A., Trudel, G., Dobrescu, M., Grondin, R., and Lefebvre, D., Assessing the technical value of FACTS-based wide-area damping control loops, *Proceedings of IEEE/PES 2005 General Meeting*, San Francisco, CA, June 2005, Vol. 2, pp. 1734–1743.

77. Taylor, C.W., Erickson, D.C., Martin, K.E., Wilson, R.E., and Venkatasubramanian, V., WACS—Wide-area stability and voltage control system: R&D and on-line demonstration, *Proceedings of the IEEE Special Issue on Energy Infrastructure Defense Systems*, 93(5), 892–906, May 2005.

78. WSCC reports on July 2, 1996 and August 10, 1996 outages—Available at www.wscc.com

79. Taylor, C.W. and Erickson, D.C., Recording and analyzing the July 2 cascading outage, *IEEE Computer Applications in Power*, 10(1), 26–30, January 1997.

80. Hauer, J., Trudnowski, D., Rogers, G., Mittelstadt, W., Litzenberger, W., and Johnson, J., Keeping an eye on power system dynamics, *IEEE Computer Applications in Power*, 10(1), 26–30, January 1997.

81. Kosterev, D.N., Taylor, C.W., and Mittelstadt, W.A., Model validation for the August 10, 1996 WSCC system outage, *IEEE Transactions on Power Systems*, 14(3), 967–979, August 1999.

82. US-Canada Power System Outage Task Force, Final Report on the August 14, 2003 Blackout in the United States and Canada: Causes and Recommendations, April 2004.

83. IEEE/CIGRÉ Joint Task Force on Stability Terms and Definitions, Definition and classification of power system stability, *IEEE Transactions on Power Systems*, 19(2), 1387–1401, August 2004. Also published as CIGRÉ Technical Brochure No. 231, with summary in *Electra*, June 2003.

第 14 章　电力系统动态建模

William W. Price
Consultant
Juan Sanchez – Gasca
General Electric Energy

14.1　建模要求

　　电力系统动态特性的分析，需要使用计算模型，来表示各种系统元件的非线性微分－代数方程。尽管有时也采用缩小模型或模拟模型，但电力系统动态分析大多由数字计算机上的专业程序完成的。这些程序包括发电机、励磁系统、调速－涡轮系统、负荷和其他元件的各种模型。用户只需根据所研究问题，选择合适模型，确定给定设备。本章将侧重于此。

　　如何选择适当模型，严重依赖于所分析问题的时间尺度。图 14.1 显示了电力系统动态特性主要研究领域，其中时间尺度以对数表示，从数微秒到数天。每个方框表示特定问题，其左侧对应充分建模所需考虑的最小时间常数，其宽度表示需要分析的时间框架。虽然能够建立一个仿真模型，包含所有动态效果（从快速电网电感/电容效应，到十分缓慢的发电经济调度），但是为了高效、简便地分析，一般工程实践表明，只需采用那些与所关注特定领域相关的动态效应的模型。

　　本章关注用于电力系统稳定分析的模型，包括暂态稳定、振荡稳定、电压稳定和频率稳定。基于这些目的，用代数方程表示电网元件（输电线路和变压器），一般足够精确。尽管频率变化对于电感和电容的影响有时也计及，但由于频率变化很小，大多稳定分析忽略不计。与电力系统稳定分析有关各种元件的模型将会在本章后面部分讨论。更多详细内容，可参考 Kundur（1994a）和后文提到的参考文献。

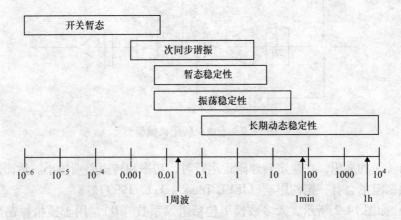

图 14.1　电力系统动态现象的时间尺度

14.2　发电机模型

大部分传统发电厂使用同步电机作为发电机。主要的例外是风力发电机（WTG）系统和太阳能光伏发电（PV）系统。前者模型将会 14.4.1 节讨论。太阳能 PV 系统涉及到直流到交流变流器，产生恒定出力（对恒定光照）、恒定功率因数或使用变流器触发角控制电压。可以找到 WTG 和 PV 系统的标准模型。

同步发电机模型包含两部分：涡轮 – 发电机转子加速方程和发电机电磁磁链暂态模型。

14.2.1　转子机械运动模型

转子运动方程是将牛顿第二定律应用于涡轮发电机转子的旋转质量块，如图 14.2 所示。需要说明以下几点：

1）惯性常数常数（H）代表着转子中储存能量（用 MW·s 表示），用发电机额定容量（MVA）规格化。根据汽轮发电机的类型和规格，H 一般在 3～15 之间。如果转子惯性（J）单位是以 kg·m/s 给出，H 计算如下：

$$H = 5.48 \times 10^{-9} \frac{J(\mathrm{RPM})^2}{\mathrm{MVA}(\text{额定})} \mathrm{MW \cdot s/MVA}$$

2）有时，模型中使用机械功率和电磁功率而不是相应转矩。因为功率等于

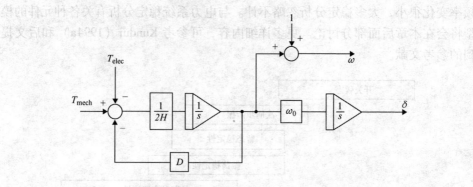

图 14.2　发电机转子机械模型

转矩与转速的乘积，在额定转速附近运行时，功率和转矩差别很小。然而这种差别对振荡阻尼会有一定的影响（IEEE Trans.，Feb. 1999）。

3）如图 14.2 所示，大多数模型包括阻尼系数（*D*），用于模拟振荡阻尼效果，这种效果在系统模型其他部分没有明确描述。*D* 的取值一直存在争议（IEEE Trans.，Feb. 1999），一般取 0~4，有时会更大。建议在其他模型（如发电机阻尼器、涡流影响、负荷对频率敏感性等）中加入阻尼源，来避免使用 *D* 这个参数。

14. 2. 2　发电机电气模型

三相同步发电机等效电路如图 14.3 所示。三相转换成等效的两轴，即与转子励磁绕组同相位的直轴（*d* 轴）和超前 *d* 轴 90 电角度的交轴（*q* 轴）。关于坐标变换和发电机建模更完整的讨论，见 IEEE 标准 1110 – 1991。在等效电路中，r_a 和 L_l 表示发电机定子电阻和漏电感；L_{ad} 和 L_{aq} 表示定、转子间互感，其他参数表示转子绕组或等值绕组。等效电路假设转子绕组间、定转子绕组间相互耦合相等。若相互耦合不等，则可通过增加附加参数表示，但大部分模型不包含这部分，因为数据难以获得，其影响也较小。

转子电路参数表示转子实际绕组，或者表示流过转子体的涡流。对于实铁心转子的发电机，如汽轮机，施加直流励磁电压的励磁绕组，是转子上唯一绕组。但是，需要额外等值绕组来表示转子上感应的涡流效应。对于凸极发电机（一般用于水轮机），采用叠片转子，涡流较小。但是转子中经常嵌入附加阻尼绕组。

用于发电机建模的数学，通常包括同步、暂态、次暂态电感和开路时间常数。这些参数的近似关系，以及等值网络参数见表 14.1。主要，电感数值经常被当作电抗数值。在额定频率下，电感和电抗值的标幺值相等。但是用于发电机模型时，它们是电感，不会随着频率变化而变化。

这些参数一般由制造厂家给出。经常给出两个电感值：饱和值（额定电压下）和不饱和值（额定电流下）。一般采用不饱和值。饱和值单独在 14.2.3 节讨论。

凸极发电机需要更少的等效电路，因此数据可能缺少一个或多个时间常数和电感。程序中要么提供单独模型，要么仍采用通用模型，但是把某些参数设置为零，或者令它们相等。

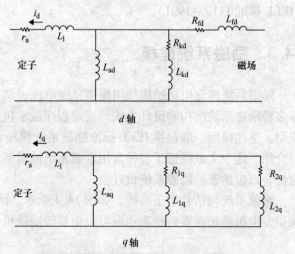

图 14.3　三相同步发电机等效电路

表 14.1　发电机参数关系

	d 轴	q 轴
同步电抗	$L_d = L_l + L_{ad}$	$L_q = L_l + L_{aq}$
暂态电抗	$L'_d = L_l + \dfrac{L_{ad}L_{fd}}{L_{ad} + L_{fd}}$	$L'_q = L_l + \dfrac{L_{aq}L_{1q}}{L_{aq} + L_{1q}}$
次暂态电抗	$L''_d = L_l + \dfrac{L_{ad}L_{fd}L_{kd}}{L_{ad}L_{fd} + L_{ad}L_{kd} + L_{fd}L_{kd}}$	$L''_q = L_l + \dfrac{L_{aq}L_{1q}L_{2q}}{L_{aq}L_{1q} + L_{aq}L_{2q} + L_{1q}L_{2q}}$
暂态开路时间常数	$T'_{d0} = \dfrac{L_{ad} + L_{fd}}{\omega_0 R_{fd}}$	$T'_{q0} = \dfrac{L_{aq} + L_{1q}}{\omega_0 R_{1q}}$
次暂态开路时间常数	$T''_{d0} = \dfrac{L_{ad}L_{fd} + L_{ad}L_{kd} + L_{fd}L_{kd}}{\omega_0 R_{kd}(L_{ad} + L_{fd})}$	$T''_{q0} = \dfrac{L_{aq}L_{1q} + L_{aq}L_{2q} + L_{1q}L_{2q}}{\omega_0 R_{2q}(L_{aq} + L_{1q})}$

14.2.3　饱和建模

磁场饱和效应以不同方式被计及在发电机电气模型中。从制造厂家得到的数据是开路饱和曲线，显示了发电机励磁电压与励磁电流的关系。若电流单位是安培，可转换为标幺值，即将其除以空气间隙线额定电压对应励磁电流（未饱和）（后者有时被称为 AFAG 或 IFAG）。发电机模型饱和数据经常取饱和曲线上的两点输入，例如，在额定电压和 120% 额定电压处。然后模型会自动绘出拟合这些点的曲线。

开路饱和度曲线只描述了 d 轴饱和。理论上也可描述 q 轴饱和，但数据很难得到，一般不提供。一些模型基于 d 轴饱和数据，提供 q 轴饱和的近似表达

（IEEE 标准 1110 – 1991）。

14.3 励磁系统建模

励磁系统向发电机励磁绕组提供励磁电压，调节该电压来达到控制目的。有很多种励磁系统结构和设计方式。稳定程序通常包括能够描述大多数系统的各种模型。这些模型一般包括 IEEE 标准励磁系统模型，在 IEEE 标准 421.5（2005）有介绍。这个文献描述了各种常用励磁系统的模型和典型参数。这个标准会定期更新，以包括新的励磁系统设计。

励磁系统包括几个子系统，如图 14.4 所示。励磁电源提供直流电压和电流，满足发电机磁场需要。励磁功率可以由旋转励磁机（直流发电机，或者交流发

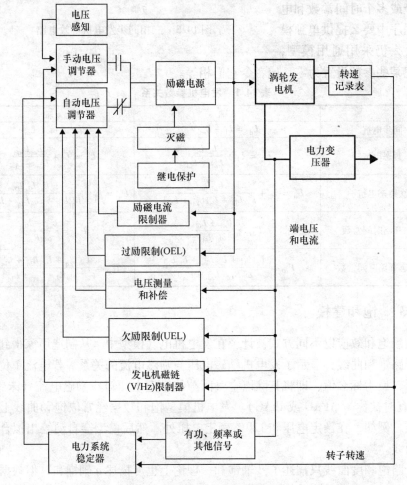

图 14.4 励磁系统模型结构

机和整流器结合）、或安装在发电机机端（或者其他交流电源）的可控整流器提供。带有这些电源的励磁系统，被分为直流、交流和静止等类型。从励磁电源可获得的最大（极限）励磁电压是一个重要参数。取决于系统类型，极限电压可能受励磁电流或发电机端电压大小影响。需要对这种相关性建模，因为在扰动过程中，这些数值可能显著改变。

通过改变发电机励磁电压，自动电压调节器（AVR）可以控制发电机端电压。AVR 有各种设计，采用不同方式，确保对机端电压瞬间变化的稳定响应。励磁电压变化速度是一个重要特性。对于 DC 和大部分 AC 励磁系统，AVR 控制励磁机的磁场。因此，响应速度受励磁机时间常数限制。根据 IEEE 标准 421.2（1990），来表征励磁系统的响应速度。

电力系统稳定器（PSS）经常（但并非总是）包括在励磁系统里。其调节 AVR 输入，增加了对机组间振荡的阻尼。PSS 的输入，可以是发电机转速、电磁功率或其他信号。PSS 通常设计为线性传递函数，调节其参数，以对所关注的振荡频率范围产生正阻尼。这些参数有必要使用合理正确的数值。PSS 输出经常被限制在发电机额定端电压 ±5% 以内，这种限制也必须包含在模型中。

励磁系统还包括其他子系统，在不正常运行条件下保护发电机和励磁系统不要过度工作。通常地，这些限制器和保护模块在分析暂态稳定和振荡稳定时不起作用，但是对于长期仿真，特别是涉及电压不稳定性时，过励磁限制（OEL）和欠励磁限制（UEL）需要被计及。这些限制器有多种设计，IEEE Trans.（1995，9 月，12 月）里给出典型设计。

14.4　原动机建模

驱动发电机转子旋转的系统，常称为原动机。原动机系统包括驱动转轴的涡轮（或其他发动机）、转速控制系统、涡轮机能量供给系统。下面是最常见的原动机系统：

1）汽轮机；

a. 化石燃料（煤、气、石油）锅炉；

b. 核反应堆；

2）水轮机；

3）燃气机（燃气涡轮）；

4）联合循环（燃气机和蒸汽机）；

5）风力机。

其他不常见、通常更小的原动机包括：地热蒸汽机、太阳能热涡轮，或往复式发电机、柴油机。

为了分析暂态稳定和振荡稳定，大幅简化原动机模型是合理的（有些例外），因为相对于所关注持续时间（一般为 10～20s 或者更少），原动机对系统扰动的响应时间很长。对于仅持续几秒的暂态稳定分析，可以忽略原动机模型，假设涡轮机输出机械功率保持恒定。一个例外是配有"快关汽门"或"早期阀门制动"（EVA）的蒸汽涡轮系统。在机组附近故障时，这些系统快速减小涡轮出力，如在高压和低压涡轮段，快速关闭截流阀（Younkins 等，1987）。

当扰动后频率发生较大偏移，需要对涡轮机和调速器建模。IEEE Trans.（1973 年 12 月，1992 年 2 月）给出了水轮机和汽轮机调速系统的简化模型。这些模型可见于大部分稳定程序。燃气涡轮机和联合循环电厂模型的标准化弱一些，但是有些文献给出典型模型（Rowen，1983；Bannett and Khan，1993；IEEE Trans.，1994 年 8 月）。

对于涉及到系统孤岛和较大频率偏移的长期仿真，需要给出能量供应系统的详细模型。对于这种系统已经有很多的结构和设计。典型模型已出版（IEEE Trans.，1991 年 5 月）。但是，相对于包括影响电厂响应的关键因素，如调速器是否工作、是否设置输出等，详细建模不是那么重要。

对于化石燃料蒸汽发电厂，转速控制和蒸汽压力控制系统的协调，对转速有着重要影响，而机组用转速来响应频率偏移。若调速器直接控制涡轮机阀门（锅炉跟踪模式），发电厂输出功率将会快速响应，但因为蒸汽压力减小而不能持续。若调速器控制进入锅炉的燃料（涡轮跟踪模式），响应慢很多，但可以持续。现在协调控制在这两种极端响应间寻求中间平衡。通过使用"滑动压力"控制，即阀门保持打开，通过改变蒸汽压力来调整功率输出，也可减慢发电厂响应速度。

如果调速器工作，水电厂可以快速响应频率变化。有时要求降低暂态调速器响应，以避免由于水轮机水锤效应引起的失稳。这种特性导致初始响应与期望功率输出响应相反，近似用简单传递函数表示：

$$(1 - sT_w)/(1 + sT_w/2)$$

时间常数 T_w 是管道长度和其他物理尺寸的函数。对于具有高压长管道和涌流柜的高水头水电厂，有必要知道液压系统的详细模型。

燃气涡轮可以快速控制，但经常运行在最大输出（基荷），由排气温度控制系统决定。在这种运行方式下，不能向上响应。但是如果运行在基荷以下时，在扰动后可以短期提供超过基荷的输出功率，直至排气温度达到限值。典型蒸汽涡轮及其控制可参见 Rowen，1983，IEEE Trans. Feb. 1993，和 Yee 等，2008。

联合循环发电厂有各种结构，难以用典型系统表示（IEEE Trans.，1994）。蒸汽涡轮是由热回收蒸汽发电机（HRSG）提供能量。蒸汽是由燃气涡轮排放产生的，有时需要再次点火。蒸汽涡轮输出功率并不直接由调速器控制，而是跟随燃气涡轮出力，后者随排放热量变化。因为 HRSG 时间常数很大（几分钟），在大多数研究中，蒸汽涡轮输出可以认为恒定。

14.4.1　风力发电机系统

随着大规模 WTG 集群式接入电力系统，必须将其计入系统动态特性研究。这要求建立特殊模型，因为风力发电技术和前述目前普遍采用的同步发电机差异很大。

以下介绍 4 种主要的 WTG：

1）异步发电机——笼型异步电机运行时，转速基本固定。转速由风机可获得风电功率决定。端电压不可控。

2）带可控励磁电阻的异步发电机——绕线转子异步电机，用电子器件控制附加转子电阻，允许转速在一定范围内变化（如 ±10%）。端电压不可控。

3）双馈异步电机——绕线转子异步电机。三相励磁电压由连接在机端的电力电子变流器供电。励磁电压大小和频率可控，以调节机端电压，在较宽范围内调节转子转速（如 ±30%）。

4）全变流器系统——直接通过电力电子变流器并网的发电机。发电机转速和系统频率解耦，可以按要求控制。变流器用来调节电压、提供无功。

这些 WTG 模型以及后三种 WTG 的电气控制的计算机模型，都已建立（Kazachkov 等，2003；Koessler 等，2003；Miller 等，2003；Pourbeik 等，2003）。大功率 WTG 大多采用桨距角控制系统，来调整转轴转速来应对风速波动和电气系统扰动。好几个工业团队在致力于发展以上每种技术的标准化模型（Ellis 等，2011）.

大部分研究中，无需对风电场（风电机群）中每一台 WTG 都表示出来。通过以下步骤，建立一个或几个等效 WTG 模型，来表示整个风电场：

1）等效风电机组模型和单台机组一样，但额定功率为单个风电机组的 n 倍。

2）等效升压变压器和单台变压器模型一样，但额定功率为单个变压器的 n 倍。

3）并网变电站按实际建模。

4）等效集电系统模型和单条线路模型一样，充电电容等于所有单条集电线路（电缆）之和，调节电阻、电抗，以便在所有 WTG 额定输出时，在并网变电站得到相同的功率输出。

稳定分析程序通常对 WTG 简化建模，在某些情况下也有可能采用详细模型。

14.5　负荷建模

用于分析动态特性时，需要建立随节点电压和频率的变化暂态和稳态负荷功率（P 和 Q）模型。精确负荷建模非常困难，原因在于负荷的复杂性、多变属性，以及很难获取描述其特性的准确数据。因此建议采用灵敏度分析，来确定负荷特性对所关注问题的影响。这将有助于指导选择保守的负载模型，或关注如何改进负荷模型。

对大多电力系统分析来说，"负荷" 指供应低压变电站或配电系统的有功和无功。除了各种实际连接系统的负荷设备，"负荷" 还包括中间配电馈线、变压器、并联电容器等，还可能包括电压控制设备，如自动调压变压器、感应电压调节器、自动投切电容器等。

用于暂态和振荡稳定性分析时，可以使用详细程度不同的负荷模型，取决于数据可用性和计算结果对负荷模型的灵敏度。IEEE Trans.（May 1993，August 1995）给出了负荷建模的建议步骤。下面给出简单探讨：

1）静态负荷模型——最简单的模型，表示母线有功和无功负荷分量，由恒定阻抗、恒定电流和恒定功率部分组成，包括对频率的简单灵敏度系数：

$$P = P_0 \Big[P_1 \Big(\frac{V}{V_0} \Big)^2 + P_2 \Big(\frac{V}{V_0} \Big) + P_3 \Big] (1 + L_{\mathrm{DP}} \Delta f)$$

$$Q = Q_0 \Big[Q_1 \Big(\frac{V}{V_0} \Big)^2 + Q_2 \Big(\frac{V}{V_0} \Big) + Q_3 \Big] (1 + L_{\mathrm{DQ}} \Delta f)$$

若对负荷特性毫无了解，建议用恒电流表示有功，用恒阻抗表示无功，频率系数分别为 1 和 2。这是基于假设：一般负荷中，电动机负荷和电阻（加热）负荷各占一半。

大多稳定分析程序提供的典型负荷模型，称为 ZIP 模型。有时用电压指数函数用来代替三个独立的电压项。指数为 0 对应恒功率，1 对应恒电流，2 对应恒阻抗。若经数据验证，指数也可取中间值，或者更大值。下面给出 IEEE Trans.（1995 年 8 月）推荐的模型，更一般化，允许更大的建模灵活性：

$$P = P_0 \Big[K_{\mathrm{PZ}} \Big(\frac{V}{V_0} \Big)^2 + K_{\mathrm{PI}} \Big(\frac{V}{V_0} \Big) + K_{\mathrm{PC}} + K_{\mathrm{PI}} \Big(\frac{V}{V_0} \Big)^{n_{\mathrm{PV1}}}$$

$$(1 + n_{\mathrm{PF1}} \Delta f) + K_{\mathrm{P2}} \Big(\frac{V}{V_0} \Big)^{n_{\mathrm{PV2}}} (1 + n_{\mathrm{PF2}} \Delta f) \Big]$$

$$Q = Q_0 \Big[K_{\mathrm{QZ}} \Big(\frac{V}{V_0} \Big)^2 + K_{\mathrm{QI}} \Big(\frac{V}{V_0} \Big) + K_{\mathrm{QC}} + K_{\mathrm{QI}} \Big(\frac{V}{V_0} \Big)^{n_{\mathrm{QV1}}}$$

$$(1 + n_{\mathrm{QF1}} \Delta f) + K_{\mathrm{Q2}} \Big(\frac{V}{V_0} \Big)^{n_{\mathrm{QV2}}} (1 + n_{\mathrm{QF2}} \Delta f) \Big]$$

2）异步电动机动态模型——对于受电压或频率波动影响更大的负荷，使用电动机负荷动态模型。在稳态程序里通常有异步电机模型。除了考虑工厂里的大电动机，不对单个电动机建模。可以用一台或两台电动机模型来等值一条母线上所有电动机，用来近似模拟电动机动态特性（Nozari 等，1987）。GE 公司负荷建模参考手册（1987）上给出了典型电动机数据。为了分析电压不稳定和其他低电压情况，电动机负荷建模应考虑电动机堵转和低电压下保护跳闸。

　　3）综合负荷模型——有些特殊研究，需要更精确的负荷建模，包括串联在网络节点和连接着负荷模型节点间的馈线和变压器的大致平均阻抗。对长期分析，变压器分接头自动调整可用简化模型表示。特性不同的多个负荷分量连接至负荷节点，以表示综合负荷。西部电网协调委员会（WECC）建立图 14.5 所示结构的综合负荷模型，参见 Kosterev（2008）。对三相和单相空调建模，给予了特别关注。

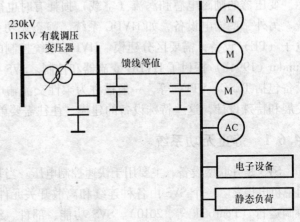

图 14.5　综合负荷模型结构

　　负荷模型数据可由多种方式获得。虽然都不太令人完全满意，但却有助于认识负荷特性：

　　1）负荷馈线测试——故意改变馈线电压，比如改变变压器电压比或投切并联电容，测量配电馈线上有功和无功功率的变化。投切电容可以施加电压突变，从而提供负荷动态响应和稳态特性的信息。其局限性在于电压变化范围不大，结果只是在当时试验条件（日期、季节、温度）下有效。这种测试是验证由其他方法确定的负荷模型的最佳方法。

　　2）系统扰动监测——测量值是系统扰动时不同地点的功率、电压、频率等。扰动引起的电压（以及频率）的变化，可能比馈线测试结果更大。要求在整个系统安装并维护监控设施，但逐渐普遍，并可用于其他目的。所得数据只会扰动时刻运行条件下有效，但是可以收集长时间数据，建立其联系。

　　3）负荷构成建模——由系统特定区域的负荷构成，也可建立负荷模型。特定负荷包括不同比例的居民、商业、各种工业负荷。许多特定设备的负荷特性是已知的（GE，1987）。负荷负荷成分，可由负载调查、用户 SIC 分类、不同负荷典型结构等决定（GE，1987）。

14.6　输电设备建模

　　输电系统元件，包括架空线、地下电缆、变压器，可以用相同代数方程描述，用于稳态分析（潮流）。线路和电缆一般用 π 型等效电路表示，包括串联电阻、串联电感、并联电容等集中参数。变压器一般可由漏电感、电阻和电压比表示。变压器的励磁电感和涡流（空载）损耗有时也被计及。

另外一些输电设备，如 HVDC 系统、静态无功系统（SVS），以及其他电力电子（PE）设备，需要区分建模。HVDC 系统控制的差异很大，需要专门建模。Kundur（1994b）探讨了 HVDC 变流器和控制。SVS 模型将在下节讨论。其他 PE 设备包括 TCSC、UPFC 等，一般被称为柔性交流输电系统（FACTS）。由于技术发展和特殊设计，这些特殊设备的建模，往往需要单独确定。

14.6.1 静止无功系统

SVS 是并联型设备，主要用于快速控制电压。当装有阻尼控制器时，SVS 可以阻尼机电振荡。一个 SVS 由各种连续和离散开关元件组合而成，由自动控制系统协调运行（Pourbeik 等，2010）。SVS 功能、部件、结构的描述，参见许多文献（CIGRE，1993；IEEE Trans.，February 1994；Kundur，1994a；CIGRE，2000）。

WECC 的一个工作组，建立了 3 种 SVS 模型，用于北美暂态稳定仿真的主要商业程序。这些模型反映了当前与这些设备有关的技术和功能。这些模型如下所示（Pourbeik 等，2010）：

1）基于晶闸管控制电抗器的 SVS（SVC）——包括晶闸管控制的电抗器（TCR）、晶闸管投切电容器（TSC）、滤波器组（FB）。其控制行为是连续的。

2）基于 TSC/TSR 的 SVS——包括投切设备，离散控制。

3）基于电压源变流器（VSC）的 SVS（STASCOM）——常用电力电子（PE）设备是 VSC。

所列三种模型可以和机械开关并联（MSS）设备共同使用，包括常用控制功能：

1）自动电压调整器；

2）MSS 的协调投切；

3）慢速电纳调整器；

4）慢速电流调整器（STATCOM）；

5）死区控制；

6）线性和非线性下垂控制。

SVS 模型还可以包括对不正常电流和电压的保护功能。基于 TCR、基于 TSC/TSR、STATCOM 的模型结构非常相似。图 14.6 所示为 TCR 控制 SVS 的框图。模型输入是母线电压，输出是 SVS 电纳。主要电压控制路径包括一个 PI 控制器（K_{pv}，K_{iv}）、一个降低暂态增益的超前滞后环节（T_{c2}，T_{b2}）。时间常数 T_2 一般较小，它反映了硬件固有延时。标有 Vsig 的输入信号将该模型连接至阻尼控制器上。

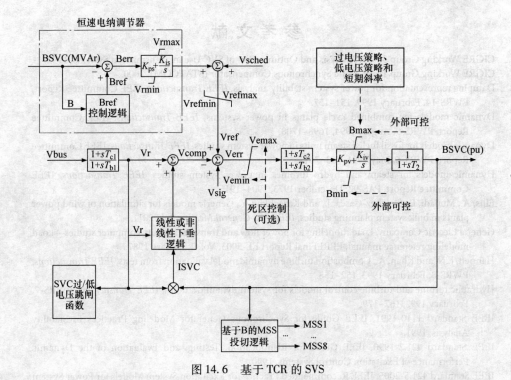

图 14.6　基于 TCR 的 SVS

14.7　动态等效

　　对于动态特性研究，对电力系统所有设备建模是不可行或不必要的。只需对我们所关注那部分系统，称为"研究系统"，进行详细建模。系统其他部分，即"外部系统"，可由动态等效后简化模型表示。对等效要求，取决于研究目的和系统特性。下面讨论几种不同的等效。

　　1）无穷大母线——如果相对于研究系统，外部系统很大且为刚性，可用无穷大母线表示，即一个阻抗很小、惯性很大的发电机。适用于连接较高电压等级输电系统的工厂系统或配电系统。

　　2）集中惯性等效——若相对于研究系统，外部系统不是无穷大，但是两者通过一个点连接，那么外部系统可简单等效为一台发电机。发电机惯性近似为外部系统所有发电机惯性之和。等效发电机的内阻抗为从边界母线进去的外部系统短路（驱动点）阻抗。

　　3）同调发电机等效——对于更加复杂的系统，特别研究区域间振荡时，需要使用同调等效。此时，如果外部系统的一组发电机群一起参与区域间振荡，可以将其等效为一台机组，将其惯性等效。这种等效要求专业的计算软件（Price 等，1996，1998）。

参 考 文 献

CIGRE Working Group 38-05, Analysis and Optimization of SVC Use in Transmission Systems, 1993.

CIGRE Working Group 14.19, Static Synchronous Compensator (STATCOM), 2000.

Damping representation for power system stability analysis, *IEEE Transactions*, IEEE Committee Report, PWRS-14, February 1999, 151–157.

Dynamic models for combined cycle plants in power systems, *IEEE Transactions*, IEEE Committee Report, PWRS-9, August 1994, 1698–1708.

Dynamic models for fossil fueled steam units in power system studies, *IEEE Transactions*, IEEE Committee Report, PWRS-6, May 1991, 753–761.

Dynamic models for steam and hydro turbines in power system studies, *IEEE Transactions*, IEEE Committee Report, PAS-92, December 1973, 1904–1915.

Ellis, A., Muljadi, E., Sanchez-Gasca, J., and Kazachkov, Y., Generic models for simulation of wind power plants in bulk system planning studies, *IEEE PES General Meeting*, July 2011.

General Electric Company, Load modeling for power flow and transient stability computer studies—Load modeling reference manual, EPRI Final Report EL-5003, Vol. 2, January 1987.

Hannett, L.N. and Khan, A., Combustion turbine dynamic model validation from tests, *IEEE Transactions*, PWRS-8, February 1993, 152–158.

Hydraulic turbine and turbine control models for system dynamic studies, *IEEE Transactions*, PWRS-7, February 1992, 167–179.

IEEE Standard 1110-1991, IEEE Guide for Synchronous Generator Modeling Practices in Stability Analysis, 1991.

IEEE Standard 421.2-1990, IEEE Guide for Identification, Testing, and Evaluation of the Dynamic Performance of Excitation Control Systems, 1990.

IEEE Standard 421.5-2005, IEEE Recommended Practice for Excitation System Models for Power System Stability Studies, 2005.

Kazachkov, Y.A., Feltes, J.W., and Zavadil, R., Modeling wind farms for power system stability studies, *PES General Meeting*, Toronto, Ontario, Canada, July 2003.

Koessler, R.J., Pillutla, S., Trinh, L.H., and Dickmander, D.L., Integration of large wind farms into utility grids, Part I, *PES General Meeting*, Toronto, Ontario, Canada, July 2003.

Kosterev, D., Meklin, A., Undrill, J., Lesieutre, B., Price, W., Chassin, D., Bravo, R., and Yang, S., Load modeling in power system studies: WECC Progress Update, *IEEE PES General Meeting*, Pittsburgh, PA, 2008.

Kundur, P., *Power System Stability and Control*, McGraw-Hill, New York, 1994a.

Kundur, P., *Power System Stability and Control*, Section 10.9, Modelling of HVDC systems, McGraw-Hill, New York, 1994b.

Load representation for dynamic performance analysis, *IEEE Transactions*, IEEE Committee Report, PWRS-8, May 1993, 472–482.

Miller, N.W., Sanchez-Gasca, J.J., Price, W.W., and Delmerico, R.W., Dynamic modeling of GE 1.5 and 3.6 MW wind turbine-generators for stability simulations, *PES General Meeting*, Toronto, Ontario, Canada, July 2003.

Nozari, F., Kankam, M.D., and Price, W.W., Aggregation of induction motors for transient stability load modeling, *IEEE Transactions*, PWRS-2, November 1987, 1096–1103.

Pourbeik, P., Koessler, R.J., Dickmander, D.L., and Wong, W., Integration of large wind farms into utility grids, Part 2, *PES General Meeting*, Toronto, Ontario, Canada, July 2003.

Pourbeik, P., Sullivan, D., Boström, A., Sanchez-Gasca, J., Kazachkov, Y., Kowalski, J., Salazar, A., and Sudduth, B., Developing generic static VAr system models—A WECC Task Force effort, *Proceedings of 2010 IEEE PES Transmission and Distribution Conference and Exposition*, New Orleans, LA, April 19–22, 2010.

Price, W.W., Hargrave, A.W., Hurysz, B.J., Chow, J.H., and Hirsch, P.M., Large-scale system testing of a power system dynamic equivalencing program, *IEEE Transactions*, PWRS-13, August 1998, 768–774.

Price, W.W., Hurysz, B.J., Chow, J.H., and Hargrave, A.W., Advances in power system dynamic equivalencing, *Proceedings of the Fifth Symposium of Specialists in Electric Operational and Expansion Planning (V SEPOPE)*, Recife, Brazil, May 1996, pp. 155–169.

Recommended models for overexcitation limiting devices, *IEEE Transactions*, IEEE Committee Report, EC-10, December 1995, 706–713.

Rowen, W.I., Simplified mathematical representations of heavy-duty gas turbines, *ASME Transactions (Journal of Engineering for Power)*, 105(1), October 1983, 865–869.

Standard load models for power flow and dynamic performance simulation, *IEEE Transactions*, IEEE Committee Report, PWRS-10, August 1995, 1302–1313.

Static var compensator models for power flow and dynamic performance simulation, *IEEE Transactions*, IEEE Committee Report, PWRS-9, February 1994, 229–240.

Underexcitation limiter models for power system stability studies, *IEEE Transactions*, IEEE Committee Report, EC-10, September 1995, 524–531.

Yee, S.K., Milanovic, J.V., and Hughes, F.M., Overview and comparative analysis of gas turbine models for system stability studies, *IEEE Transactions on Power Systems*, 23(1), February 2008, 108–118.

Younkins, T.D., Kure-Jensen, J. et al., Fast valving with reheat and straight condensing steam turbines, *IEEE Transactions*, PWRS-2, May 1987, 397–404.

第 15 章　广域监测和态势感知

Manu Parashar
Alstom Grid, Inc

Jay C. Giri
Alstom Grid, Inc

Reynaldo Nuqui
Asea Brown Boveri

Dmitry Kosterev
Bonneville Power
Administration

R. Matthew Gardner
Dominion Virginia Power

Mark Adamiak
General Electric

Dan Trudnowski
Montana Tech

Aranya Chakrabortty
North Carolina
State University

Rui Menezes de Moraes
Universidade Federal
Fluminense

Vahid Madani
Pacific Gas & Electric

Jeff Dagle
Pacific Northwest
National Lab

Walter Sattinger
Swiss Grid

Damir Novosel
Quanta Technology

Mevludin Glavic
Quanta Technology

Yi Hu
Quanta Technology

Ian Dobson
Iowa State University

Arun Phadke
Virginia Technology

James S. Thorp
Virginia Technology

15.1 引言

电网运行状态是不断变化的——每秒、每分、每小时。这是因为电力需求的变化，要求电力生产也立即、瞬时变化。结果输电网上的电压、电流、功率，也一直在动态变化。

在当前时刻以及在一组假定的、可能发生的潜在故障下，使得电力系统的运行状态总是在安全范围内，这是一个挑战。如果违背了安全限制，保护系统可能动作断开设备，进一步降低电网输电能力。维持电网完整，意味着运行状态总是安全的，而且发电总是满足持续变化的负荷。

需要定期监视电网状态，以便在发生不利情况时即可检测到，并采用校正控制来缓解潜在的、对电网有害的情况，避免大范围电网崩溃。因为电网中变化状态太多，筛选数据、确定那些潜在危险、需要运行人员关注的问题，即把大量数据转换为有用信息，是一个挑战。

早在 1965 年，电网可视化即得到优先重视，以确保电网运行完整性。1965 年美国东北部和加拿大大停电事件后，停电报告的发现包括："控制中心应该配备显示和记录设备，为操作员提供尽可能清楚的系统运行情况的图片"。此后在全世界发生了更多大大小小的停电事件。几乎所有事件都将改善电网状态可视化作为一个主要建议。

15.1.1 广域监测和态势感知的驱动因素

2003 年 8 月 14 日，发生了北美电网历史上最大的停电事件。随后，众多业内专家被召集起来，成立停电调查工作组。其主要目的是进行彻底事后分析，确定事件原因；更重要的是提出建议：为避免以后发生此类事件该做什么。报告[1]中指出了 4 个根本原因：对系统理解不足、态势感知不足、树支修剪不足、可靠性协调员诊断支持不足。它突出了术语"态势感知"。事后采访发现，操作员对态势的感知，存在以下不足：

1）相邻系统的调度员之间，信息共享和沟通不足。

2）可得信息并非总是被用到。显示和可视化工具要让实时信息更容易得到和使用。

3）电网运行决策信息，需要实时共享。

4）需要重新定义"正常运行"的含义。

习惯上，控制中心依赖 SCADA（数据采集与监视控制系统）的测量，去监测电网实时状态。SCADA 测量包括输电线潮流、变电站电压。将其结合电网稳态正序模型，计算（使用状态估计）所有变电站的网络状态。这些结果在控制中心展示给操作员看。其局限性是操作员可监视状态，只是被其 SCADA 测量的电网的一部分，或者只是在其管辖范围内的电网。广域量测系统（WAMS）解决了这个限制，其目的是为庞大的互联电力系统提供实时监测能力。换句话说，不仅包括自身 SCADA 系统，也包括相邻系统。

WAMS 是控制中心里一个新技术，其主要目的是帮助改善互联电网的态势感知。WAMS 基础结构不断演变，包括整个电网测量、创新性的分析功能、先进的可视化。WAMS 的主要目标，是给电网操作员提供互联电网动态情况的深入直观观察，帮助其快速、自信地做出改善电网可靠性的决策。

在电力行业中，推动 WAMS 迅速应用的趋势包括：

1）老化的电网结构：导致更多设备误动作；

2）员工老龄化：导致电网运行专家经验的缺失；

3）可再生新能源的增长：产生不易预测、多变的能源输出，影响系统可靠性；

4）分布式发电和需求响应的增长：导致低压电网发电/负载平衡的更不确定，影响电网可靠性；

5）同步相量测量装置的增长：提供了取自互联电网、有助于电网可视化的快速、次秒级、有时间标签的数据；

6）更复杂的可视化技术的进展：基于互联系统多重、多样数据源，提供了电网状态更全面视野。

因为上述需求，WAMS 逐渐进入电力系统，以改善系统经济性、效率和可靠性。WAMS 的时间同步相量数据，是以次秒级采样率对全网采样，给出了电力系统更全面状态，为现代电力系统处理运行挑战提供了改进措施。

图 15.1 给出 WAMS 的典型描述，由分布在广阔地理区域的相量测量单元（PMU）组成，给监测中心提供电压和电流的次秒级、有时间标签的测量数据。监视中心用应用软件处理并转换相量数据，作为操作员改进监视和决策的信息，以改善电力系统运行。

1）提高系统经济性：有时环境约束限制新建输电线路，导致输电瓶颈，使得现有设备载荷接近其运行极限，从而增加运行风险。输电瓶颈为调度发电设备增加了调度限制，经常导致电力系统不经济运行。目前，这些极限是从电力系统模型估计得到。如果模型不准确，计算出的极限也不准确。而且模型不会频繁更新，因此计算出的极限不一定能反映当前状态。WAMS 中的时间同步相量数据，对于计算实时输电极限是有用的。例如，WAMS 能够估计导体温度和线路弧垂等反映导体容量当前状态的参数。在更宽泛的范围里，同步相量电压角度与现有非同步 SCADA 量测相结合，可显著提高对系统状态的估计。良好的状态估计，增加了线路载荷和稳定裕度的准确度，减小其不确定性。模型不确定性减小，操

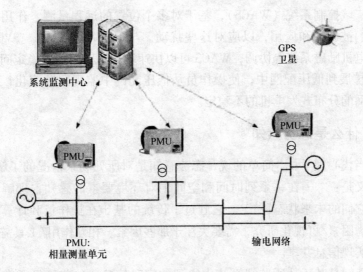

图 15.1　广域量测系统（WAMS）

作员即可降低为紧急事件保留的容量裕度，将所保留的输电容量释放给低成本发电机组。对于其他不经济的调度策略，如为防止振荡失稳而不使用的发电容量，当安装了广域监视和控制系统时，这些容量可以释放出来。

2）提高系统可靠性：受负荷增长和输电建设滞后的影响，现代电力系统接近其稳定极限运行，增加了功角不稳定性、电压不稳定性、热过载的风险。此外，非常规电源（如可再生能源）的可变性和不可预测性，带来了新的运行挑战。在这些情况下维持系统可靠性，需要额外的闭环控制器和改进的调度员工具，以维持整个电网运行。用改进的工具和可视化功能，操作员可以做出更有针对性、更准确的调度和投切决定，以提高系统的可靠性。通过提高对所控制区域和相邻系统的可观性，WAMS 能够帮助调度员提高态势感知。例如，使用地理信息系统（GIS），能够更快观察在所控制区域以外演变的情况。使用 WAMS，振荡扰动信息能够很快提供给电网操作员。电力系统通常会留下电压和电流的证据，用来确定扰动的性质。广域时间同步频率信息，有助于操作员定位可能影响系统完整性的远方发电机、线路或负荷故障。在一些装置中，WAMS 被用于监视紧张输电通道电压失稳的风险。这些更精致的系统，提高了操作员对系统距离电压崩溃的判断。

3）满足智能电网的挑战：智能电网带来了新的可靠性和经济性需求，从而影响如何监视、保护和控制输电系统。大型可再生能源在电力系统分布日趋广泛：包括输电级别的电场（风能或光伏发电）、配电级别的分布式电源。它们使得发电 - 负荷平衡更加难以确定，从而影响系统可靠性。这些变化也对维持电能质量、频率和电压稳定性，带来新的挑战。

新型广域控制系统（WACS），基于对多个位置的远程量测，作用于许多控制器。它们被设计和应用，以应对这些扰动。与 FACTS、HVDC、SVC、TCSC、储能、发电机励磁系统等协调，WACS 可以快速缓解功率振荡或稳定问题。可以把 WACS 扩展到低压配网中，使操作员从低压配网中监视问题演化，如可能传播到输电网的分布式发电机的不稳定。

15.1.2　什么是态势感知

来自当代心理学："简单的说，态势感知是对所处场景情况的了解"。其更全面的定义是："…在一系列时间和空间中对环境要素的感知，理解它们的意义，推测它们的未来状态"[2,3]。它胜过了传统的基于在操作员和计算机间交易信息的人为因素/可视化研究，需要关注于那些因素、相互作用/工具需求，以得到感知、实现信息共享。

态势感知是基于从所监视系统中得到的实时信息。这些信息通常是非同步的，来自于设备，来源分散，来自系统不同部分。态势感知的目的是消化实时数据，评估当前状态的脆弱之处，基于个人经验或分析工具做短期的预测，如果需要，辨识问题并给出校正措施。因此，态势感知由三个阶段组成：感知、理解和预测。这三个阶段，再加上决策和行动，组成关键输入到实现阶段（如果需要）的过程。

15.1.2.1　感知

阶段一涉及对环境中相关要素的状态、属性和动态的感知。就电网运行而言，相当于操作员清楚知道电网当前状态，如流经关键断面的潮流、阻塞的输电路径、可接受的电压幅值、充足的无功备用、可用发电、频率变化趋势、线路和设备状态，以及气候模式、风、雷电信息等。已经表明，飞行员 76% 的态势感知误差，都和没有感知到必要信息有关。

15.1.2.2　理解

对形势的理解，是基于对阶段一中杂乱要素的综合。阶段二不仅仅感知已有要素，而是通过组合起来，和其他要素一起，形成模式，建立环境的整体图，包括对信息和事件重要性的理解。

15.1.2.3　预测

利用要素状态和动态特性，以及对态势的理解（阶段一和阶段二），预测环境中要素的未来行为的能力。

15.1.2.4　决策

利用前三个阶段获得的所有知识，确定缓解或消除感知问题的最好方法。在这里，使用分析工具和工作经验，找出一个合适的行动计划。

15.1.2.5　行动

这是实施所制定决策的最后阶段。此时，使用操作员控制显示，精确定位实施行动的路径，然后给系统发送行动指令。行动指令发送后，操作员需要核实已成功实施的行动，确保系统接下来是稳定的，不需要任何额外分析和控制。

15.1.3　电网运行的态势感知

大多数时候，电网处于正常或警戒状态。在内置自动控制（如 AGC、保护方案）下，电力供应链运行良好，不需要操作员介入。只有当突然发生扰动时，需要操作员介入。此时，操作员典型思维过程如下：

1) 刚收到一个新的问题警报！

a. 这是有效警报还是误报？

i. 有违反某个约束吗？

A. 如果有，严重吗；可以忽略吗？

2) 问题发生在哪里？

a. 根本原因可能是什么？

3) 现在可以采取什么校正或缓解措施吗？

a. 措施是什么？

i. 现在必须实施；我能等待一下并观察情况吗？

4) 问题已经解决了吗？

a. 有没有需要我做的后续行动？

15.1.4　电网操作员可视化发展

常言道，一幅画顶一千个词。更重要的是，正确的图顶上一百万个词！这意味着给操作员提供描述海量电网数据的简洁图形是很有意义的；然而，提供需要调度员及时关注的图形更有意义。这是高级的、智能的态势感知的目的；对当前系统状态，提供快速行动的及时信息。

为了在电力系统运行中成功应用态势感知，关键是从大量不同来源中捕获信息，为调度员提供数据，帮助其理解复杂、动态情况下事件的演化。尽管 WAMS 在态势感知中起重要作用，也需要高级操作员可视化框架以及时、迅速方式展示实时情况，发现额外信息，如问题具体定位；更重要的是够辨识和实施校正措施，以减轻电网运行故障的潜在风险。

电力系统态势感知可视化基于下列视角、坐标轴、维度[5]：

1) 空间的、地理的：电力系统中态势感知在本质上是空间的。操作员可能对互联电网的一个小区域（其控制区域）、多个控制区域或一个大区域负责。例如，根据低电压负责区域不同，天气前沿穿过区域的移动，具有不同的优先级。

广域电网责任的前提，是 GIS 和其他地理空间可视化技术能有效应用。

2）电压等级：电网运行和控制通常分为输电（较高电压）和配电（较低电压）。例如，一个配电调度员更关心维持电压幅值，而输电操作员关心广域互联系统的稳定性、市场系统接口、区域传输能力等问题。

3）时间：操作员时间尺度通常是在秒级。从传统 SCADA 系统刷新得到的实时数据，通常间隔为 $2 \sim 4\,s$，而 WAMS 数据是基于次秒级的更高采样率。无论数据来源，操作员必须在数十秒或数十分钟内，消化数据，做出决策，发出行动命令。把电网历史状态和当前状态联系起来，推测未来状态，也很重要。操作员的决策是以即将发生的未来电网状态为基础的。

4）功能的：在一个控制中心的操作员角色和责任不同。在一个大型电力公司中，不同调度员通常工作在电网运行的不同功能区：

a. 电压控制

b. 输电调度——开关和停运

c. 发电调度，AGC

d. 可靠性协调，突发事件分析——假设情景分析

e. 补救措施或特殊保护方案

f. 监督所有控制中心操作员

g. 市场系统运行等。

因此，态势感知是用整体方式、以多种不同视角对系统观察。对于任何复杂、多维系统的状态的准确评估，需要从多种不同角度、视角、潜在假设情景去观察系统；然后这些不同视图智能组合，合成一个"真实的"评估。微观观察局部区域，宏观观察整体系统。这个从多种不同视角得到的智能合成信息，提高了操作员做出迅速、正确决策的能力和信心。这形成了被称为先进可视化框架的坚实基础。

同步相量和 WAMS 技术是智能电网的重要技术，补充了现存的能量管理系统，也给态势感知工具提供了额外信息，去快速估计当前电网状态。图 15.2 阐释了在先进可视化框架中，基于 PMU 的 WAMS 和基于网络模型的 EMS 的混合解决方案，是如何给电网操作员提供真实态势感知的。

基于测量的 WAMS 技术在一个广域的基础上，可用于快速和准确地评估当前电网状态，例如监测相角分离，将其作为电网稳态压力的一种度量，探测相角或频率测量值的快速变化——表明由于断线，或发电机切机，或辨识潜在的电压，或振荡稳定性问题，导致电网突然减弱。

实时的、基于网络模型的动态安全评估，如电压稳定、小扰动稳定、暂态稳定评估等的适用之处，在于需要预测要素，用于帮助控制中心操作员决策过程。一旦操作员对当前状态及其脆弱性做出了评估，其就需要依赖"如果…怎么办"

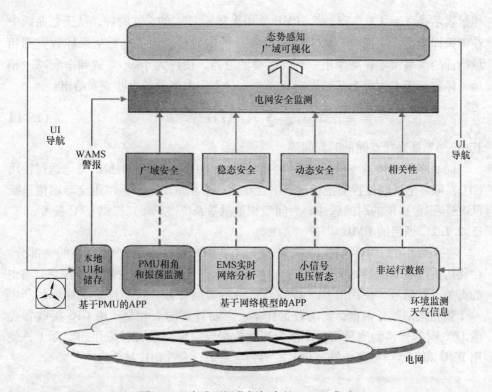

图 15.2   先进可视化框架中的 WAMS 集成

分析工具去做决策，以便当发生特定事故或扰动时避免不利情况，给出建议控制措施。此时，关注点从"问题分析"（被动的）转到"决策"（预测的）。

15.2   WAMS 结构

15.2.1   相量测量单元（PMU）

PMU 源于计算机继电器，称为输电线路保护的对称分量测距继电器[6]。这个保护算法计算电压和电流的正序、负序和零序分量，以便执行有效保护算法。大约从 1982 年开始，测量算法被分离成一个独立功能，这就是现代 PMU 的基础。近年来，在输电网中安装的 PMU 大量增加，以形成 WAMS。WAMS 在电力系统事后分析、实时监测、保护措施以及控制中的应用，已经和正在发展，从而可以应用于世界上大部分大型电力系统[7]。

15.2.1.1   相量和同步相量

相量是一个复数，表示时间的正弦函数。正弦曲线 $x(t) = X_m \cos(\omega t + \phi)$ 的

相量表示是 $X \cong (X_{\mathrm{m}}/\sqrt{2})\varepsilon^{\mathrm{j}\phi}$。PMU 使用采样频率 ω_{s} 的采样时钟，从正弦曲线中获得采样数据。ω_{s} 通常是额定信号频率 $\widetilde{\omega}$ 的整数倍。为了避免从采样数据到相量估计的混叠误差，必须用一个抗混叠滤波器，使得大于 $\omega_{\mathrm{s}}/2$ 的频率衰减。相量采样数据版本为每个基频周期有 N 个采样点，由离散傅里叶变换给出：

$$X = \frac{\sqrt{2}}{N}\sum_{n=0}^{N-1} x(n\Delta T)\varepsilon^{-\mathrm{j}\left(\frac{2n\pi}{N}\right)} \tag{15.1}$$

其中，ΔT 是采样点间的时间间隔。

同步相量是相量表示，用共同时间信号（UTC）去确定测量时刻。通过使用 UTC，可以把不同位置测量相量，组合在同一个相量图中。通常用全球定位系统（GPS）卫星提供的时间脉冲，为同步相量测量系统（SMS）提供 UTC 参考。

15.2.1.2　通用的 PMU

一个通用的 PMU 由图 15.3 表示。通常 GPS 接收器是 PMU 整体的一部分。在使用抗混叠滤波器之前，首先要对模拟输入信号滤波，以去除出现在变电站中的无关干扰信号。使用由 GPS 接收器提供的时间脉冲，按照给定采样率，产生一个锁相振荡器。根据达到的数据样本，不断计算同步相量。由 GPS 接收器提供 UTC 时间标签的测量相量，作为连续数据流被输出给各种应用。实际上，使用 PMU 和相量数据集中器（PDC）的分层系统，来收集广域信息[8]。

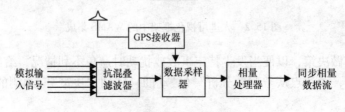

图 15.3　PMU 通用模块

15.2.1.3　正序测量

大部分 PMU 提供独立的相电压和电流，以及正序分量。正序相量 (X_1) 是由相分量 $(X_{\mathrm{a}}, X_{\mathrm{b}}, X_{\mathrm{c}})$ 计算得到：$X_1 = (1/3)(X_{\mathrm{a}} + X_{\mathrm{b}}\varepsilon^{\mathrm{j}2\pi/3} + X_{\mathrm{c}}\widetilde{\varepsilon}^{-\mathrm{j}2\pi/3})$。

15.2.1.4　暂态和非额定频率信号

大部分 PMU 用固定频率的采样时钟，取电力系统额定频率。然而，电力系统频率不断变化，PMU 测量系统必须考虑主要频率，并对所估计相量进行必要的修正。

另外，故障和开关操作、谐波等，也会引起暂态现象，都必须加以考虑。当 PMU 用输入信号的采样值计算同步相量时，相量估计中包含暂态影响。使用这些相量时，必须格外小心。大部分 PMU 应用程序假设测量窗是准稳态。此时需要舍弃测量窗中的暂态相量。

15. 2. 1. 5　IEEE 标准

IEEE 标准 C37. 118 和它即将出版的改版 C37. 118. 1 和 C37. 118. 2 规定了同步相量的要求。符合这些标准的 PMU 能确保不同厂家元件的兼容性。

15. 2. 2　相量数据集中器（PDC）

PMU 的一个关键属性，是给每个测量量一个准确的 GPS 时间标签，以显示测量时刻。对于依赖多个 PMU 数据的应用，从这些不同设备中获得的测量量，必须与其原来时间标签对齐，从而建立同步相量的系统快照。作为一个集合群。PDC 精确满足这个功能。PDC 从多个 PMU 或其他 PDC 中收集相量数据，根据时间标签排列数据，建立时间同步数据集，实时送给应用程序。为了处理从各个 PMU 数据传输中的各种潜在问题，确保延时数据包不会丢失，PDC 通常会缓冲输入数据流，在输出聚合数据流前，有个"等待时间"。

PMU 可能使用各种数据格式（如 IEEE1344、IEEE C37. 118、BPA 流）、数据传输率、通信协议（如 TCP、UDP），以便数据流入 PDC，因此 PDC 不仅要在输入侧支持这些格式，还应能够把向下（向上）采样输入数据流变成标准上报率，把各种数据集处理成通常格式输出数据流。无论何时向下采样时，应该使用合适的抗混叠滤波器。此外，因为可能有多个数据用户，PDC 应该能够同时给多个用户分配所接收数据，每一个用户可能有不同数据需求以适用于特定应用。

根据其角色、或者源 PMU 和上层应用间的位置，PDC 功能不同。一般来说，PDC 有三个层次（见图 15.4）：

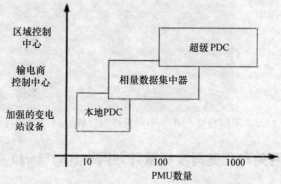

图 15.4　PDC 的三个层次：本地或子站 PDC、控制中心 PDC、超级 PDC

1）本地或子站 PDC：本地 PDC 通常位于变电站，用于管理本站或相邻站中多个 PMU 的时间同步数据的采集和通信，并把时间同步聚合数据集发送到控制中心的上层集中器。因为本地 PDC 靠近 PMU 源，通常配置最小的反应时间（如短暂等待时间）。最常用于所有本地控制操作，避免在通信和分析系统中传递信息和控制决策的时间延迟。本地 PDC 可能包括一个短时存储器，来预防网络故障。本地 PDC 通常是基于硬件的装置，需要有限维护。如果它和同步相量网络的其他部分失去通信，应能独立运行。

2）控制中心 PDC：在控制中心运行，从多个 PMU 和子站 PDC 聚集数据。能同时发送多个输出数据流给不同应用，如可视化和预警软件、数据库、能量管理系统，每个都有其自己的数据需求。控制中心 PDC 的架构必须能够平行放置，以便用最少费用处理预期的未来负荷、满足生产系统的可用性需求、不管供应商和装置类型如何，都能履行其责任，并且使用硬件抽象层来保护终端用户或数据消费者。PDC 必须适应新的规约、输出格式、数据应用接口。

3）超级 PDC：在区域电网运行，负责收集和关联来自于数以百计的 PMU 和横跨多个电力企业的 PDC 相量测量量；也负责其间数据交换。除了支持广域监视和可视化软件、EMS 和 SCADA 等应用，也能把从 PMU /PDC 中收集到的海量数据（数 TB/天）收集归档。因此，超级 PDC 通常是运行于集群服务器硬件的企业水平软件系统，具有扩展性以满足日益增长的 PMU 分布和企业需求。

尽管通信故障后，一些 PMU 能够储存很多天的相量数据，相量数据通常是储存在同步相量数据系统的 PDC 和/或超级 PDC 中。根据 PMU 数量和数据传输速率，相量数据量快速增加。图 15.5 显示了不同数量 PMU 用不同采样率（假设是每个 PMU 有 20 个测量量）得到的数据量（kbit/s）。考虑到相量数据量之大，数据储存需求很重要。例如，由田纳西州流域管理局（TVA）运行的超级 PDC目前大约 120 个 PMU 联网组成，以 36GB/天存档数据。

采样率 /(kbit/s)	PMU数量			
	2	10	40	100
30	57	220	836	2085
60	114	440	1672	4170
120	229	881	3345	8340

图 15.5　不同数量 PMU、不同采样率（kbit/s）产生的数据

15.2.3　相量网关和北美同步相量计划网（NASPInet）

尽管不同 WAMS 的 PMU 通常是由不同业主（如输电商）配置和拥有的，很多时候，同步测量数据，以及其他类型数据、信息、控制命令，需要在不同实体WAMS 中交换，如在资产业主间、业主和 ISO/RTO/RC 之间、业主和研究机构之间。

不同实体的各种 WAMS 间的数据交换需求，通常是由 WAMS 实时应用发起的。当然，也需要其他数据交换方式。例如，在进行离线事后分析与归档时，需

要交换存储的同步相量数据。许多 WAMS 是集成广域监视保护与控制系统（WAMPACS）的一部分。对于这些系统，在不同实体间的各种 WAMS/WAMPACS 间的数据交换，可以由广域保护和控制应用发起的。

取决于应用类型、服务质量（QoS）需求，包括反应时间、可靠性等，数据交换可以有不同形式。

一个实体与其他实体交换数据时，必须考虑网络安全。发送数据应经过数据拥有者同意。接受方应得到保证，收到数据是其所要求的数据。交换数据可用于某些关键应用，例如帮助系统调度员实时决策的 WAMS 应用，或实时控制与保护的 WACS/WAPS 应用。违背安全可能使电网暴露于恶意攻击之下，将数据泄露给非授权的使用者。

使用网关可以阻止对实体网络的非授权访问；在不同实体间数据交换时，提高安全性与服务质量。

北美电力行业很早就意识到，当前电网公司间数据交换结构，如为 ICCP EMS/SCADA 服务的 NERCnet，无法满足上述数据交换要求。北美同步相量倡议（NASPI）是由美国能源部（DOE）、北美电力可靠性协会（NERC）、北美电力公司、设备供应商、咨询公司、联邦或私人研究人员和机构共同建立。其任务是"通过广域测量与控制，提高电力系统可靠性与可视性"。其最终目标，是通过在全部北美大陆引入广域数据交换网络（NASPInet），将现有同步相量结构分散、扩展和标准化。

NASPI 数据与网络管理工作组（DNMTT），正在确定 NASPInet 的整体要求与通用结构。这要求想象中的 NASPInet 具有两种主要元件：相量网关（PG）与数据总线（DB）。NASPInet 的 DB 包括 NASPInet 广域网（WAN）和相关服务，可在不同形式数据交换中，提供基本连接、QoS 管理、性能监视、信息安全管理、访问策略强制规定。NASPInet 的 PG 是 NASPInet 提供给电力公司的唯一访问点。它连接电力公司与 NASPInet WAN，与 NASPInet 数据总线一起，管理企业网侧连接的设备（PMU、PDC、应用等），完成 QoS 管理，保证网络安全和访问权限，提供必要的数据转换，并为不同电力公司联网提供接口。

基于 NASPI 的 DNMTT 的深入前期工作，DOE 资助了一个项目，分别为 PG 与 DB 建立 NASPInet 规范。

NASPInet 将是一个分散式的、基于发布/订阅的数据交换网络，不存在一个集中权威来管理数据发布与订阅。取而代之，所有对任何已发布数据（此后称信号）的订阅，都由发布该数据的电力公司管理。通过数据所有者所拥有和运行的 NASPInet PG，NASPInet DB 服务推动、数据拥有者管理所发布数据的订阅。从此，传统"PMU – 子站 PDC – 控制中心 PDC – 超级 PDC"的分层设计的分层"网络中心 – n – 辐射"型，缓慢过渡到由 NASPInet PG 和 DB 组成的分布式结构，其中 PG 和 DB 与区域内 PDC 集成，或直接与 PMU 连接。

尽管没有明确定义，NASPInet 发布/订阅数据中的术语"信号"，不限于同步相量数据点。NASPInet 的信号，可以是任何通过 NASPInet 实现交换，支持各种广域监视、保护和控制应用的数据，包括但不限于同步相量数据、模拟测量数据、数字数据、事件通知、控制命令，等等。

为支持数据发布与订阅，发布的每个信号，在整个 NASPInet 中都能由信号相关信息唯一识别。信号的相关信息，包括信号种类、何处产生、与其他相关信号关系、所有者信息、何处发布等等。例如，通过对同步相量输入数据点接受数据的向下采样，PDC 产生的同步相量数据，需要提供描述信号类型的相关信息（同步相量、电压/电流测量值、正序或相参数、准确度级别、发报速率等）；提供 PDC 的 ID 以说明信号产生位置，将其指向 PDC 相关信息中的信号所有者信息，提供输入信号 ID 来表示与输入信号关系；提供发布 PG 的 ID 来说明在何处可以订阅该信息。

NASPInet 要求在信号发布、订阅和唯一可识别之前，经过信号注册过程。注册过程伴随相关 PG，后者发布信息，以及由 NASPInet 数据总线提供的名称和目录服务（NDS）。信号注册过程包括一些发布步骤：PG 将信号的所有相关信息提供给 NDS，NDS 通过验证和存储信息以注册信号，NDS 分配一个 128 位的唯一验证码给信号，NDS 提供唯一的信号 ID。

广域监视、保护、控制应用的范围很宽，可受益于 NASPInet 中广域数据交换。不同应用有不同的 QoS 要求，包括准确度、反应时间、可用度等。在 NASPInet 规定中，DNMTT 初始定义了 5 种不同数据格式，满足 QoS 需求，如反应时间、可用度等。可以预期的是，数据格式数量、每种数据格式的定义、不同数据格式 QoS 需求，将随着 NASPInet 的发展而变化。但是，NASPInet 被要求保证每个数据订阅满足 QoS 要求，即使同时存在数以百计、甚至千计的对不同数据格式的订阅。

NASPInet 被要求采用全面的资源管理机制，来保证对任何数据的每次订阅的质量，包括资源状态监视、资源使用监视、QoS 性能监控、QoS 供应、传输管理等。

NASPInet 资源状态监视功能，监视实时和历史归档的每个资源的状态，包括日志记录、报告、对任意失效与故障状态报警。

NASPInet 资源使用监视与追踪功能，跟踪数据传输链（输入和输出 NASPInet）所涉及资源。日志信息有助于归档资源使用细节，确定各项资源的瞬时、峰值及平均负载水平等。

NASPInet 的 QoS 特性监视功能，监控每次订阅（从发布 PG 到订阅 PG）的 QoS 性能。通过实时 QoS 性能测量、日志记录、报告、对每次订阅报警，QoS 特性监视功能进行归档。日志信息可用于历史 QoS 性能信息的归档与分析，得到整个 NASPInet 的 QoS 性能的聚合信息。

考虑到资源使用分布不均，以及故障失效发生的随机性，NASPInet 的资源管理机制被要求加入实时传输管理功能，在正常或故障时为每次订阅分配优先级。

为了保证可靠运行和数据交换安全，NASPInet 被要求加入全面安全框架，实现身份识别验证、访问控制、信息保险，以及安全监视与稽查。

只有授权装置/设备被允许连接 NASPInet，使用 NASPInet 的资源。用户使用 NASPInet，也需授权。对于未授权的连接或用户，系统应能识别和报告。

NASPInet 应能对每个入网设备，具备安全的授权、分配和验证功能。例如，数据总线应能安全地授权、分配、验证每个与之连接的 PG；PG 应能安全地授权、分配、验证每个连接电力公司内部网的数据发送和接受设备（如 PMU、应用等）。

对每个与之连接的设备与用户，NASPInet 应能设置合适的访问权限。例如，一个只发布数据的 PG，不应有向其他 PG 订阅数据的权限；一个授权访问历史数据的用户，不应具有订阅实时数据的权限。

NAPSInet 被要求加入信息保险供能，保证数据交换的机密和完整，包括安全订阅设置、基于订阅的数据与控制流安全、密钥管理、信息完整性保证。这些功能有两个目的：避免数据与控制流被未授权访问，在传输过程中避免数据被篡改和丢弃。

建设 NASPInet 的一个主要挑战是，在系统资源使用效率与简化数据处理之间，需要折衷考虑。可以预见的是，一个 PG 发布的实时同步相量数据流，可能被多个 PG 订阅。这种条件下，数据多播技术可以使用较小带宽，高效分发数据。然而，通常情况下，每个订阅者只需要订阅发布数据包中一小部分数据，而任意两个订阅者需要的数据不会完全相同。因此，每个订阅者需要自己特有的订阅密钥，以保证其他订阅者不会知道自己订阅的数据。

15.2.4　新兴规约与标准

随着通信需求的提高，标准机构已准备好更新通信文件，以满足这些新要求。一个例子是新提出的 IEC90 - 5 的 GOOSE 与 SV 数据集，是 IEC61850 GOOSE 和 SV 的升级。

传输同步相量测量数据通常涉及到多个位置、多个电力公司，可由发布 - 订阅结构完成。IEC 的 GOOSE 和 SV 数据集属于这一机制。面向通用对象的变电站事件报文（GOOSE），是一个由用户定义的数据集。一旦侦测到数据集内任意值发生变化，即发送 GOOSE 报文。类似的，SV 同样是由用户定义的数据集，然而，其发送频率（同步相量报告速率）由用户定义。通过采用不包含 IP 地址与传输协议的多播以太网数据帧，实现上述功能。当一个 GOOSE 或 SV 信号到达路由器，数据包被放弃。

为解决该问题，IEC61850 定义了新的路由配置文件。该配置文件将 GOOSE 或 SV 数据集，包裹在一个 UDP/多播 IP 包装器内。多播 IP 地址帮助路由器将信息发送到多个地点。多播信息特点是，将信息发送到网络中的所有位置（这样并非希望的）。为了确定数据送到哪儿，相关路由器必须加载因特网关管理协议（IGMP 第三版）。订阅者完成协议初始化后，路由器即可"学习"多播信息的传递路径。

对任何通信系统，安全都是关键要素。迄今为止，由 90－5 配置文件完成传递信息的验证与可选加密。通过在信息末端加入安全散列算法（SHA），完成验证工作。散列码只能由适当的密钥解码。90－5 配置文件定义了密钥交换机制，可向所有注册订阅者发送密钥。通过高级加密算法（AES），完成数据集的加密。使用相同秘钥来解密。密钥管理定期更新订阅者的密钥。当一个订阅者被移除批准接受名单时，他将不再收到密钥更新。

15.3 WAMS 监视应用

使用 PMU 将显著改善某些应用，包括相角/频率监视与告警、小扰动稳定与振荡监视、事件与性能分析、动态模型验证、暂态稳定与电压稳定、先进系统完整性保护方案（SIPS）或补救措施方案（RAS）、电力系统计划解列、动态状态估计线性状态测量等。其中部分应用部署难度较低，如相角/频率监视与告警、小扰动稳定与振荡监视。此外，为了利用上述应用的功能，有必要根据各种应用效果最大化，来优化 PMU 安装地点。安装地点还取决于包括对现有或计划结构的利用、相邻系统 PMU 布置方案，以及可更新性、维护、冗余、安全、通信需求等因素。部分应用讨论如下。

15.3.1 相角监视与告警

本节说明如何采用同步相量相角测量表示电网运行压力。比较方便的是采用直流潮流模型：忽略电网有功损耗，电压采用额定值，电压相量的角度与节点有功注入线性相关。在同步相量测量暂态平息后，综合测量量，确定系统的稳态压力。

15.3.1.1 双回线的简单情况

假设节点 A、B 通过两条相同的输电线路。采用同步相量测量，两节点电压相角分别为 θ_A 与 θ_B，相角差 $\theta_{AB} = \theta_A - \theta_B$。相角差 θ_{AB} 与支路有功成正比。但是监视潮流与相角差是有区别的。如果一条线路断开，AB 间传输功率不变，而等效电抗加倍，等效电纳减半，相角差 θ_{AB} 加倍。相角差的变化说明，单回线比双回线承担压力更大。尽管简单，这个案例包含了压力下相角监视的基本思想，由此得到两种监视方式：其一考虑电网中任意两个节点间的相角差[9-11]，其二得到纵贯电网区域的相角差[12-14]。

15.3.1.2　两个节点间的相角

如果 A、B 是电网内任意两个节点，通过同步相量测量得到相角差 θ_{AB}，以此作为电网压力的一个测度。通用做法是：相角差越大，压力越大。相角差通常对应电网变化。这给理解相角变化、设置压力阈值带来困难。通过检测多个节点间的多组相角差，可降低困难。检查多组相角差的时间序列数据的变化规律，如典型值的范围，可检测反常的系统压力[15]。

15.3.1.3　区域电网的相角

假设在区域电网的所有边界节点安装同步相量测量装置，即所有区域联络线的节点上都有同步相量量测。该思想是把边界节点电压相角综合表达为一个纵贯该区域的相角。将边界节点分为 A、B 两组，那么两组节点相角差 θ_{AB}，可表示为边界节点相角的加权线性组合[14]。例如，假设 A 组节点都在 B 组节点北部，那么相角差 θ_{AB} 可用来衡量区域电网从北到南的传输压力。计算 θ_{AB} 所采用的权值并非任意选取的，而是通过直流潮流计算获得。区域相角差 θ_{AB} 遵守电路理论，这使得区域相角与工程直觉相对应。例如，从北到南部的功率与 θ_{AB} 成正比，比例系数为区域电纳。

15.3.1.4　系统内部与外部压力

区域输电压力与区域相角差 θ_{AB}，受其他区域通过联络线输送的功率以及区域内（包括边界节点）注入功率的影响。事实上[14]，区域相角差是两部分之和，一是由联络线功率引起的外部压力相角，二是有自身注入功率引起的内部压力相角：

$$\theta_{AB} = \theta_{AB}^{into} + \theta_{AB}^{area} \tag{15.2}$$

通过观察边界节点电压相角，可以得到 θ_{AB}。如果同步相量测量可获得联络线电流，外部压力相角 θ_{AB}^{into} 可以得到。式（15.2）给出了如何根据测量值获得内部压力相角 θ_{AB}^{area}。

内部压力相角非常有用，因为其响应于区域电网内部变化。例如，如果区域外线路开断或发电再调度时，内部压力相角不变。但是，如果区域内线路开断或发电再调度时，内部压力相角变化。因此，θ_{AB}^{area} 的变化量化了本地因素的影响。这种本地特性使得 θ_{AB}^{area} 更容易理解。在某些特殊情况下，θ_{AB} 也具有区域特性，例如该区域包括电网的所有通路时[12,13]。这种情况被称为"割集区域"。

总之，综合运用同步相量测量监视电网压力的方法有两种。多对节点间相角差易于观察，数据可被挖掘用于监视压力和不正常事件。区域相角方法直截了当，但需要在区域边界节点处安装同步相量测量装置，且需要区域电网的直流潮流模型。区域相角遵循基尔霍夫定律，可为电网监控提供更具体的信息。

15.3.2　小扰动稳定监视

通过可视化和先进数字处理，时间同步测量为电力系统小扰动动态特性，提供了丰富的、接近实时的态势感知信息。这对于提高互联电网运行可靠性至关重要。模式特性可由其频率、阻尼及振型（模式的幅值和相角，刻画了在特定位置模式的可观性）来描述。固有频率与阻尼是描述电力系统压力的有用指标，通常随着负荷增长或电网容量减小而下降。模态振型为控制行为提供重要信息。在过去的 20 年里，许多信号处理技术被提出和测试，以执行只使用时间同步实际系统量测的模式分析[16]。其中部分技术适用于暂态信号，其他适用于环境信号条件。

电力系统模态振型中的近实时运行特性，可为控制决策提供重要信息，在重载时可帮助电网可靠运行。例如在未来，模态振型或可用于优化切机和减载方案，增强对低阻尼模式的抑制。上述优化过程包括切负荷最小及阻尼增加最大。这两种技术的实时应用，需要可靠的实时同步相量系统，以及精确的模式分析信号处理算法。

本节尝试概述现有工作，并为读者介绍更详细的文献。建议初学者阅读参考文献 [16]。

15.3.2.1　北美西部北部电网实际案例

电力系统中可能发生各种功率振荡：

1）AGC 调节不当引起缓慢功率振荡（典型周期 20～50s，频率 0.02～0.05Hz）；

2）区域间机电功率振荡（典型周期 1～5s，频率 0.2～1.0Hz）；

3）发电厂与个别发电机振荡；

4）风电机组扭转振荡（通常频率 1.5～2.5Hz）；

5）发电机、SVC 和 HVDC 系统的控制问题；

6）汽轮发电机扭转振荡（频率一般为 5，9～11Hz）。

振荡总是存在的。例如，开关灯或启动/停止电动机，会导致电力需求和供应间的瞬时不平衡。如果系统是稳定的，功率不平衡引起的振荡，通常情况下会逐渐衰减。令人担忧的是振荡幅度逐渐增加的情况。渐增振荡可能由电力系统压力、不正常运行条件、控制器（PSS、励磁等）失效等引起。故障会导致系统瞬间振荡，而系统压力增加或强迫振荡可能使系统缓慢振荡。强迫振荡源于系统中某个元件（发电机控制器）故障，按有限周期运行。逐渐增强的振荡会引起线路开断与发电机跳闸。在最坏情况下，将导致连锁停电事故。另一个危险是振荡交互作用，可能导致重要设备损坏。最常见的振荡是次同步谐振（SSR），即发电机轴系扭转振荡与串补线路 LC 电路的谐振，可能引起发电机轴系断裂，以及输电系统过电压。近期在风电机组中发现了这种现象。无论何种情况下，发现持续或逐渐增长的振荡，采用抑制措施，都是十分重要的。

15.3.2.1.1　美国西部互联电网不稳定振荡（1996 年 8 月 10 日）

1996 年 8 月 10 日，西部互联电网发生了大停电事故。电网解列成 4 个孤岛，失负荷达 30390MW，影响了 749 万用户。线路开断、重载转移、系统相角差增大、无功不足、设备控制问题等结合，使得系统处于崩溃边缘。不稳定表现为系统电压崩溃，以及渐增的南北区域间功率振荡[17]。图 15.6 显示了加利福尼亚 – 俄勒冈互联电网一个 500kV 母线的电压。

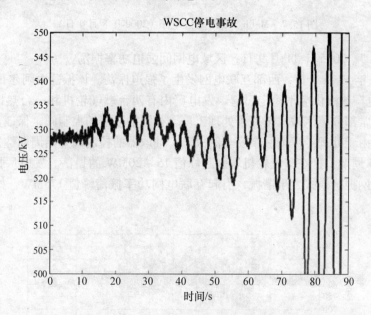

图 15.6　Malin 500kV 母线电压失稳振荡（1996 年 8 月 10 日）

15.3.2.1.2　2000 年 8 月 4 日，美国西部互联电网差点失稳

2000 年 8 月 4 日，在失去一条连接英属哥伦比亚到阿尔伯塔的 400MW 联络线后，西部互联电网观察到一个弱阻尼振荡，持续了 60s。尽管加利福尼亚 – 俄勒冈互联电网潮流还远处于运行极限以内，但从加拿大输送到美国的功率很大，南北相角差接近历史最高值。在系统相角差增大时，阻尼问题越发显著。当时的事件响应如图 15.7 所示。

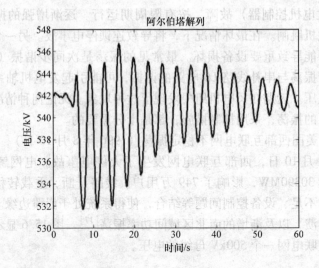

图 15.7　Malin 500kV 母线电压（2000 年 8 月 4 日）

15.3.2.1.3　2005 年 11 月 9 日，区域电网间强迫功率振荡

2005 年 11 月 9 日，西部互联电网发生了强迫振荡。该振荡由阿尔伯塔 Nova Joffre 发电厂蒸汽供应不稳定引起。发电厂内有两台燃气轮机和一台热回收蒸汽轮机。通常部分蒸汽被送至一个处理工厂。整定抽取器的控制阀，保证蒸汽流量的恒定。由于处理工厂内一个安全阀故障，抽取器的控制阀开始周期性振荡，每秒约 0.25 周期。这在蒸汽轮机端引起峰值 15 ~ 20MW 的振荡。发电厂振荡与南北互联电网振荡模式发生谐振，引起互联电网功率振荡峰值 175MW，如图 15.8 所示。

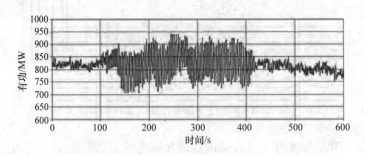

图15.8　加州 – 俄勒冈联络线强迫振荡（2005 年 11 月 29 日）

15.3.2.1.4　2004 年 9 月 29 日，Boundary 发电厂振荡

Boundary 水电厂位于华盛顿州东北部，有 6 台水电机组，总装机容量 1050MW，通过一条 230kV 线路连接加拿大，通过三条 230kV 线路连接到华盛顿州 Spokane。这三条线路被称为 Boundary – Bell 230kV 线路，长约 90 英里，中间

降压向附近的 115kV 电网供电。

　　2004 年 9 月 29 日，与加拿大的联络线检修停运，电厂仅与 Spokane 辐射状连接。Boundary – Bell #3 线路的一段同样检修停运。5 台机组工作。当有功输出升至 750MW 时，发生功率振荡，频率 0.8Hz。Boundary 230kV 节点电压、发电厂出力、Bell 230kV 节点电压上，也可观察到振荡。

　　Boundary 电厂振荡是典型的本地机电不稳定，源于多条线路停运后的弱输电系统。合理的操作是降低发电厂输出功率，直到振荡被阻尼。然后降额运行，直到输电线路恢复。事件情况如图 15.9 所示。

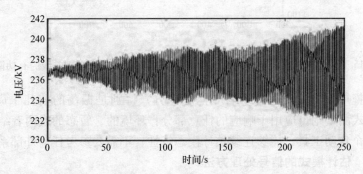

图 15.9　Boundary 电厂增幅振荡（2004 年 9 月 29 日）

15.3.2.1.5　2008 年 1 月 26 日，太平洋 HVDC 互联电网振荡

　　2008 年 1 月 26 日，太平洋 HVDC 互联电网（PDCI）发生了持续性振荡。变压器停运弱化了逆变侧结构，发生了高频（4Hz）的控制器振荡。

15.3.2.2　响应类型

　　由于电力系统的非线性、高阶、时变特性，包含许多频率接近的机电振荡模式，具有天生不确定特性，分析、估计其机电动态特性是一个具有挑战性的课题。在设计信号处理算法时，需要考虑上述因素。幸运的是，在稳定运行点附近，系统表现近似线性[17]。

　　我们将电力系统响应归为两类：暂态（拖尾）的和环境的。后者基本前提是系统受到小幅随机变化（如随机负荷变化）激励。这将引起由系统动态特性体现的响应。暂态响应通常幅值较大，由突然开关动作、瞬间阶跃或脉冲输入引起。引起的时域响应表现为多峰振荡与底层环境响应的叠加。

　　不同类型的响应如图 15.10 所示，图中给出了 1996 年西部电网停电事故中，一条主要输电线路的有功潮流变化。在 400s 处暂态过程之前，系统处于环境响应过程。在 400s 时开始暂态过程，400s 暂态过程后，再回到环境响应。系统中的下一个事件导致失稳振荡。

　　为了便于应用，我们将模态频率与阻尼估计算法分为两类：拖尾分析器与模

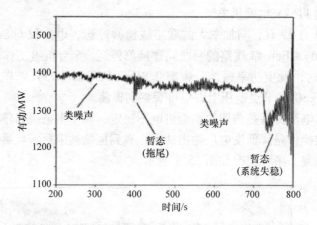

图 15.10 1996 年北美电力系统西部电网解列时，一条主要输电线的有功潮流

式测量。拖尾分析工具运行于响应拖尾部分，特别是振荡的前几个周期（5 ~ 20s）。模式测量则可应用于响应的任意部分：环境的、暂态的或两者结合。模式测量是一个自动工具，能够连续估计模态特性，不需要参考任何外部系统输入。

15.3.2.3 估计模式的信号处理方法

许多参数方法被用于估计电力系统机电模式。如上所述，我们将这些方法归为两类：拖尾分析器与模式测量。

对于电力系统模态分析，拖尾分析相对成熟。该方法假设信号是一组衰减正弦曲线的累加。Prony 分析是研究最广泛的拖尾分析法。Hauer, Demeure, Scharf 等提出 Prony 分析[18]，为电力系统拖尾分析提供了工具。随后研究提出了许多 Prony 法的扩展以及其他算法。建议读者参考文献 [16]。

当电力系统激励来源于随机负荷变化，产生小幅随机时间序列（环境噪声），用电力系统环境分析来估计模式。展开环境分析可采用非参数谱估计方法，由于该方法没有太多假设，鲁棒性较强。使用最广泛的非参数方法是功率谱密度[16]，用频率函数来提供信号强度的估计。因此，主导模式通常可从谱估计峰值观察到。虽然非参数方法鲁棒性强、且富有洞察力，但是无法直接估计模式阻尼和频率。因此，采用参数方法来获得更多的信息。

参考文献 [19] 首次应用信号处理技术，采用了 Yule – Walker 算法，根据环境数据估计模态频率与阻尼项。随后，许多扩展或新算法被采用，综述见参考文献 [16]，其中包括正规化递归最小二乘算法（R3LS）[20]。

模式测量的一个重要部分是算法自动应用。通常采用模态能量法，确定频率范围内能量最大的模式[21]。然后假设这种模式是我们所感兴趣的。

由于电力系统随机特性，任何模式估计的准确度都是有限的。用探测信号来激励系统，有可能显著提高估计准确度。通过不同控制器，如电阻制动、发电机励磁、直流互联信号调制等，产生信号注入系统。例如，北美电网西部调度员，采用 1400MW 的 Chief Joseph 动态制动与 PDCI 调制，定期将已知探测信号注入系统。

15.3.2.4　模式估计案例

如前所述，西部互联电网调度员定期对系统进行动态测试。测试方法通常包括将位于华盛顿州的 Chief Joseph 1400MW 电阻制动器投入 0.5s，以及探测 PDCI 的参考功率。系统响应为测试模式估计算法，提供了丰富数据。本节将展示其中一些成果。

图 15.11 给出了接入制动后的系统响应以及几分钟的环境数据。信号显示了一条重要输电线的有功潮流。

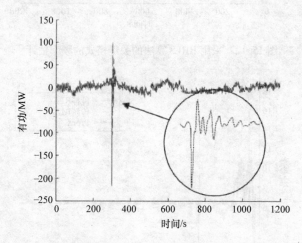

图 15.11　美国西部互联电网的制动响应；制动在 300s 投入；现场测试得到综合环境和拖尾响应；一条重要输电线上的潮流

对这些数据采用两种回归模式估计方法：RLS 和 RRLS[20]，响应的模式估计如图 15.12 和图 15.13 所示。0.39Hz 的模式的阻尼估计如图 15.13 所示，这是阻尼最弱的主导模式。将结果与 Prony 拖尾分析相对比，具体详细结果见参考文献 [20]。RRLS 算法提供了更精确的模式阻尼估计，经过拖尾分析后准确度进一步提高。

15.3.2.5　模态振型估计

与模态阻尼和频率信息类似，接近实时的电力系统模态振型特性，可为控制决策提供重要信息。例如，以后模态振型可用于优化切机与减载方案，以改善危险的低阻尼模式。优化目标涉及减载最少、阻尼增强最大。可以通过时间同步测量，来估计模态振型。参考文献 [22] 首次提出了采用时间同步测量的模态振型估计方法。后续研究见参考文献 [23 – 26]。综述见参考文献 [16]。图 15.14

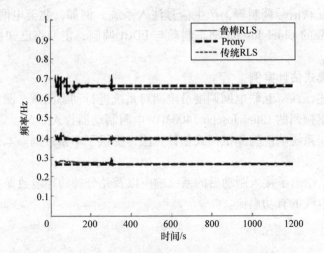

图 15.12 采用 RRLS 算法的关键模式的频率估计

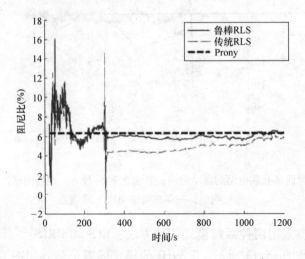

图 15.13 关键模式阻尼比的估计（约 0.39Hz）

给出了控制中心的小扰动稳定监视显示屏。

15.3.3 电压稳定监视

电压稳定指在初始运行点，电力系统遭受扰动后，维持全网所有节点稳态电压的能力[27]。参考文献［27－31］给出了电压失稳的机理：系统重载、发电机与负荷间距离远、电源电压低、无功补偿不足。在全世界范围，电压失稳都被认为是电力系统安全运行的严重威胁。有报导称，电压失稳导致的电压崩溃，是系统部分或全部停电的主要原因或问题的重要部分。参考文献［29］记录了部分

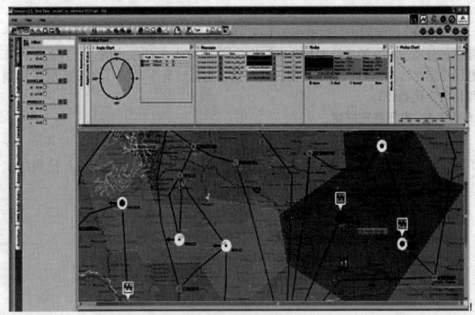

图 15.14　基于同步相量的小扰动稳定监测

事故。表 15.1 列出了最近发生（还没被文献总结过）的事故，包括时间框架及总切负荷量[32-34]。

表 15.1　电压崩溃事故

日期	地点	时间长度	失负荷/MW	备注
1995.6.8	以色列	19min	~3140	
1997.5	智利	30min	2000	
2003.8.14	美国-加拿大	39min	63000	经济损失：40~100 亿美元　受影响人口：5 千万
2003.9.23	瑞典南部与丹麦东部		6550	受影响人口：4 百万
2004.7.12	希腊南部	30min	5000	
2009.11.11	巴西-巴拉圭	68s	24436	部分系统电压崩溃（初始事件后 68s）

相对于现有技术，由充分通信结构支持的 PMU 建立的广域电压稳定监视、监测与控制方案，有两个重要优势：

1）PMU 基于 GPS 实现时间同步测量[36,37]，采样率高达每秒 10~120 次，通过快速通讯网络发送到数据中心。高速采样允许：

a. 计算准确度更高，跟踪系统稳定程度更好；

b. 更好、更鲁棒地辨识与系统稳定程度有关的参数；

  c. 预测所选指标的短期与长期变化。

  2）PMU 时间同步，误差小于 $1\mu s$。高度精确的时间同步，允许设备传输全部或部分系统状态的连续图片，以取代传统 SCADA 中的平均值。这有助于计算电压稳定指标。当然，如果必要，这些设备也能计算平均值（如分析电压短期和长期变化趋势）。

15.3.3.1 电压稳定描述

  电压失稳主要由发输电系统不能传输用户所需的负荷引起[29]，与其最大容量有关。为建立功率与电压的关系，引入最大传输功率的概念，图 15.15 给出一个简单的两节点系统：

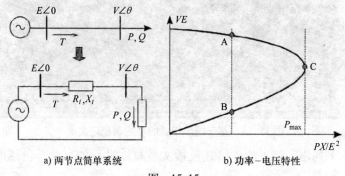

a) 两节点简单系统   b) 功率-电压特性

图　15.15

  取阻抗型负荷（$X = R\tan\theta$），功率因数恒定。根据基本电路理论，负荷消耗有功为：

$$P = -\frac{RE^2}{(R_1 + R)^2 + (X_1 + R\tan\theta)^2} \tag{15.3}$$

  令有功对 R 的导数为零，得到极端情况下的最大传输容量

$$|\overline{Z}_1| = |\overline{Z}| \tag{15.4}$$

  换句话说，当负荷阻抗与线路阻抗相等时，可输送给负荷的功率最大[28-30]。

  若负荷不做任何假设，可通过潮流方程推导最大传输功率。负荷消耗有功与无功功率为：

$$P = -\frac{EV}{X}\sin\theta \tag{15.5}$$

$$Q = -\frac{V^2}{X} + \frac{EV}{X}\cos\theta \tag{15.6}$$

  基于以上两式，建立电压与功率的关系：

$$V = \sqrt{\frac{E^2}{2} - QX \pm \sqrt{\frac{E^4}{4} - X^2P^2 - XE^2Q}} \tag{15.7}$$

再次假设负荷功率因数恒定，增加负荷有功，负荷电压幅值的变化，就是 PV 曲线，如图 15.15 所示。PV 曲线给出了电压幅值与发输电组合系统有功的关系。系统在 PV 曲线与负荷特性的交点，达到平衡。如图所示，每个负荷有功对应两个运行点：A 和 B。A 点电压幅值较高、电流较小，是正常运行点；B 点电压较低而电流较大，一般不可接受。两个运行点重合于 C 点，代表最大传输功率点。越过最大传输功率点，导致系统电压失稳。发生这种情况有两个原因：

1) 平滑的参数变化（系统负荷）；

2) 系统扰动使最大传输功率降低。

如图 15.16 所示，当负荷是恒功率类型，随着有功负荷增长，系统达到最大传输功率点 C，也就是电压失稳点（通常称为临界点）[28,29,31]。越过临界点后，系统无法达到平衡。图中，虚线 PV 曲线表示扰动后的系统状态（不考虑发电机过励磁限制（OEL）），使得最大传输功率降低。若考虑 OEL 动作，最大传输功率将进一步降低，如图中点划线。

如果负荷功率不固定，临界点与最大传输功率点不一致，系统只能运行于 PV 曲线较低的部分。由于负荷在相同功率下会抽取更多电流，这种情况通常不被允许。电压稳定的实际应用，与最大传输功率相关。

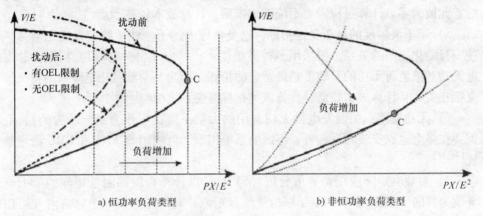

a) 恒功率负荷类型　　　　　　　　b) 非恒功率负荷类型

图 15.16　电压失稳机理

15.3.3.2　电压稳定监视与不稳定识别

电压稳定监视需要连续计算系统稳定度，即监视所选的稳定指标。电压稳定指标应能反映电压失稳的主要特征，且应简单可行。研究学者提出了大量的电压稳定指标[28,29,38-48]。通过将系统当前状态映射为单个数值（通常为标量），这些指标给出了距离电压不稳定（系统稳定程度）的测度。这些指标通常是光滑、计算成本不高的标量。当系统运行条件与参数变化时，可以监视其预测的形式[42]。

原则上，任何稳定指标都可用于电压稳定监控，下面给出一些：

1）关键位置（关键负荷中心与枢纽输电节点）的电压幅值：这是最简单的方法，监视关键位置的电压幅值，与预先确定的阈值比较。电压幅值不便于衡量运行点安全裕度。此外，当系统进入紧急状态时，受影响节点的低电压是接近崩溃的最早指示[28,29]。绘制短期（使用 PMU，大约 1min）和长期电压趋势图，是近期同步相量技术的应用成果，该方法易于部署，适合电压稳定监视与监测。

2）基于戴维南阻抗匹配条件的电压稳定指标[39-45]：通过监测系统戴维南等效阻抗和本地负荷等效阻抗（在电压失稳点，幅值相同），计算各负荷节点或输电走廊的电压稳定的测度。稳定度可用本地电压幅值、输电走廊电压降表示，也可以用功率裕度（有功或无功）表示。计算这些指标不需要系统模型。

3）按照给定模式，计算引起电压失稳的负荷增量，将其作为运行点的负荷裕度：该指标基于实际物理量（MW），易于理解执行。负荷裕度计算需要系统（潮流）模型，可以重复求解潮流、将负荷作为连续参数的连续潮流[50]，或是求解临界点系统方程的直接算法[51]。可计算稳定裕度对任意系统参数和控制的灵敏度[52]，但是其计算成本较高，是一个主要不利因素[45]。

4）奇异值与特征值：关注雅可比矩阵的最小奇异值或特征值。电压失稳时，此值为零。计算过程需要系统潮流模型，计算成本较高[28,30,44]。

5）基于灵敏度的电压稳定指标：这类指标表述了一些系统变量变化与另一些变量变化之间的关系。可采用多种灵敏度[28,31,38]。但是一些研究指出，总发电无功对单负荷无功的灵敏度是最适合的指标，因为其与雅可比矩阵最小特征值直接相关，且计算成本较低。计算该类指标需要系统模型[28,44]。

6）无功备用：关键发电机无功备用的大幅下降，可作为系统压力的指标。需要在多个地点安装测量装置，不需要系统模型，可使用 SCADA 和 PMU 测量装置[46,47]。

7）对观测矩阵应用奇异值分解（SVD）：以计算和跟踪测量矩阵的最大奇异值为目的。根据 PMU 测量结果构建测量矩阵，其每列为在一个时窗内（可用 PMU 的 2~3 倍）PMU 测量结果的堆栈向量[48]。矩阵与测量数据同步更新。不需要系统模型[48]。

电压稳定指标的计算，也可根据离线研究和观测的存储结果。这些结果提供了所选指标的阈值。另一种监视电压稳定的方法是，采用根据系统运行环境变化定期更新的离线观测（不计算电压稳定指标），建立系统的概率模型。将其与机器学习技术，如决策树（DT）、神经网络、专家系统等结合。决策树方法简单，决策易于理解，是电压稳定监视的一种有吸引力的替代方法[53]。基于学习集，自动离线建立 DT。使用备选属性列表，可快速评估任意运行状态，得到测试属性值。原则上，DT 算法不需要同步测量。SCADA 测量数据足够了。但是无论如何，先进测量技术还是有利于计算这些指标[53]。

控制中心使用在线电压安全评估（VSA）工具，可测量任意特定时间点到电压失稳的距离，如图 15.17 所示。这种情况下，实时测量数据提供了基态、计算基态和任何设想场景下稳定程度。为了利用 PMU 的优点，商业 VSA 工具还需要改进[28,31,54,55]。

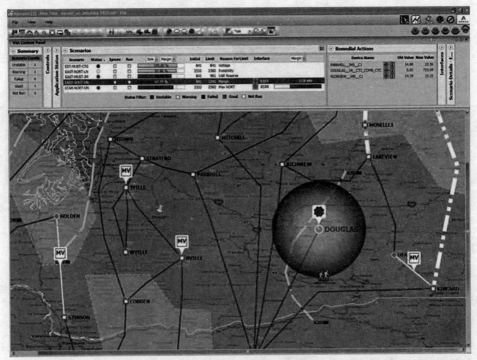

图 15.17　实时电压稳定评估

计算稳定指标，将其与预定阈值简单比较，即可监视电压失稳。相对于理论值，这些阈值通常偏悲观，以及时监测逐渐失稳过程。另一方面，部分指标不需要阈值，但是依赖符号变化（大多数灵敏度指标）。前述指标用于失稳监测的理论判据见表 15.2。

表 15.2　指标阈值的理论值

指标	阈值/监测判据	备注
电压幅值		与系统无关，无通用判据
戴维南阻抗匹配条件	1 或 0（功率裕度）	<1、>0
无功备用	0 或 100	以 Mvar 备用表示，>0。100 是指标阈值
奇异值	0	>0
特征值	0	>0
灵敏度	正负号变化	不需要调节
SVD	两个连续计算奇异值很大变化	依赖系统，无通用判据

电压趋势应用，将电压幅值作为电压稳定指标。经适当调整，可用于逐渐失稳的早期监测。此外，该应用辅以电压对负荷有功无功的灵敏度，可用于测量系统压力，监测是否接近不稳定点[49]。通过几种电压稳定指标的配合，可制定高效的监视与检测方案[43]。

图 15.18 给出了控制中心里的两种电压稳定监视屏。

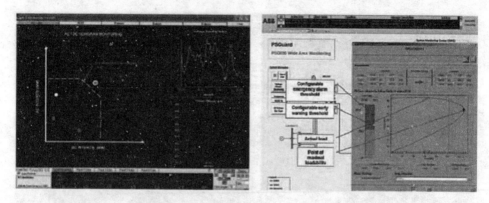

图 15.18　控制中心电压稳定监视屏

15.3.4　暂态稳定监视

本节讨论多机电力系统遭受大的、非线性扰动后，同步相量在评估暂态稳定与阻尼稳定中的应用。一般来说，暂态稳定是电力系统受到大扰动后，各发电机从非同步状态开始，经过一段时间，与其他机组渐进同步的能力。基于无源理论，20 世纪 70 年代建立能量函数概念，将其作为暂态稳定和同步稳定分析的一个有用工具。最早两篇文献[16,58]，随后是能量函数详细构建[59]。如果将电力系统视为耦合非线性振荡器的网络，那么能量函数通常被定义为暂态动能和势能之和，这些能量捕捉了累积振荡特性，可用于衡量故障后系统动态特性。本节将说明如何采用同步相量测量构建能量函数，特别关注主要由两个振荡区域定义的系统，或是一个等效的区域间模式，如图 15.19 所示。其有效性是基于主要输电路径可描述为两台机组或两个慢速同调机群的互联。在这种理想情况下，使用扰动时电压和电流相量数据，来估计与扰动相关的摇摆能量，以及沿着输电路径的功角分离的准稳态。采用 WECC 系统扰动事件的实际记录数据，验证算法可行性。

15.3.4.1　采用能量函数的暂态稳定监视

能量函数研究源于 n 机系统中同步电机机电运动的摇摆动态原理。由牛顿运动定律，对 $i = 1, 2, \cdots, n$，有

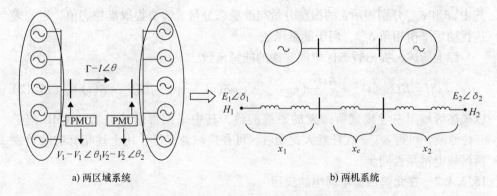

a) 两区域系统　　　　　　　　　　b) 两机系统

图 15.19　两区域系统等效为两机系统

$$2H_i\Omega\ddot{\delta}_i = -d_i\omega_i + \underbrace{\sum_{j\neq i} E_iE_jB_{ij}(\sin(\delta_i - \delta_j) - \sin\delta_{ij}^*)}_{u_i} \tag{15.8}$$

其中，H_i、$\ddot{\delta}_i$、ω_i、E_i、d_i、u_i 分别表示第 i 台机组的惯性、功角、转速、内电势、阻尼系数和驱动输入；$\Omega = 120\pi$，表示换算系数，将转速表示为 rad/s；B_{ij} 为机组 i、j 之间的电纳；δ_{ij}^* 为扰动前机组间功角差。

考虑每一对机组，全系统能量函数可写为[60]：

$$S = \underbrace{\sum_{i=1}^{n}\Omega H_i\omega_i^2}_{KE} + \underbrace{\sum_{k=1}^{n(n-1)/2} E_iE_jB_{ij}\int_{\delta_{ij}^*}^{\delta_k^*}(\sin(\delta_i - \delta_j) - \sin\delta_{ij}^*)\mathrm{d}\sigma}_{PE}$$

$$\tag{15.9}$$

式中　KE——动能；

　　　PE——势能。

对于图 15.19a 所示两机辐射状系统，代入 $n=2$，可得：

$$S = H\Omega\omega^2 + \frac{E_1E_2}{x_e}(\cos\delta_{op} - \cos\delta(t) + \sin\delta_{op}(\delta_{op} - \delta)) \tag{15.10}$$

其中，$H = \dfrac{H_1H_2}{H_1 + H_2}$ 表示两机系统用单机无穷大母线表示时等效惯性；x_e 为连接两台等值机组的输电线路的等效电抗；$\delta = \delta_1 - \delta_2$。图 15.19b 中每个等效机组，表示每个区域内某些本地机组的慢速同调模型，从而节点电压包括高频本地模式与慢速区域间模式。使用电压建立区域间能量函数，用其作为性能指标，监视两区域系统的广域稳定性。在此之前，需要区分快速和慢速分量。滤波后电压慢速分量，即为准稳态电压 $\overline{V}_1$ 和 $\overline{V}_2$。实际由于汽轮机调速系统、其他发电或负荷变化，故障后平衡状态下相角 δ_{op} 或 θ_{op} 不固定，而是随时间变化。因此有

$$\delta = \hat{\delta} + \delta_{qss} \tag{15.11}$$

其中，$\hat{\delta}$和δ_{qss}分别表示δ的振荡分量与准稳态分量。需要提取准稳态值，近似表达扰动后平衡相角δ_{op}，用于能量函数。

综上所述，提出暂态区域间摇摆的能量函数

$$\bar{S} = H\Omega\omega(t)^2 + \frac{E_1 E_2}{x_e}(\cos\delta_{op} - \cos\delta(t) + \sin\delta_{qss}(\delta_{qss} - \delta(t))) \quad (15.12)$$

以描述区域间主导模式所激发的系统能量，其中采用带通滤波器对 PMU 测量$\delta(t)$滤波，可得δ_{qss}。在任意大扰动后，可在广域意义下，用上述指标有效监视两区域电网是否同步。

15.3.4.2 在北美西部电网中的应用

基于该电网一次扰动事件的同步相量数据，展示在辐射状输电路径中能量函数的构建。节点相角与节点频率偏差随时间变化如图 15.20a、b 所示。发电机转速差基本是单模态，而相角差显示明显的准稳态变化。通过带通滤波，区分$\delta(t)$的振荡分量与准稳态分量，其中振荡分量如图 15.20c 所示。对扰动后场景，采用最小二乘拟合得$x_e = 0.077\text{pu}$，等值发电机惯性估计值$H = 199\text{pu}$。图 15.20d ~f 给出动能V_{KE}，势能V_{PE}及总振荡能量V_E。无论V_{KE}还是V_{PE}，都存在明显的振荡，但是当两者相加得到总能量后，振荡却消失了。振荡满足小扰动稳定，尽管阻尼很低。V_E最终衰减到与系统随机扰动相当的水平。若系统呈现负阻尼，V_E持续增长直至不稳定。准稳态相角δ_{qss}说明输电路径始端和末端保持同步，因此暂态稳定。δ_{qss}突然增加，说明部分输电系统，或在负荷节点部分失去发电，从

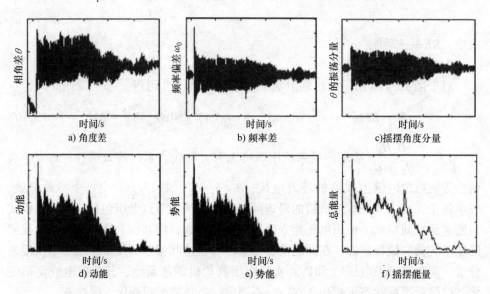

图 15.20 西部互联电网扰动摇摆事件时，基于同步相量的暂态能量函数

而增加输电压力。如果扰动使系统解列，δ_{qss} 将增大，系统失去同步。

15.3.5 改进状态估计

通过有计划地安装同步相量测量，加强传统的静态状态估计器，可以改进状态估计。但是，全部基于同步相量测量，将使状态估计及其应用产生根本变化。例如，可将超高压（EHV）线路和节点视为一个网络，而系统低压部分向其注入功率。如果测量足够多节点电压与线路电流（直角坐标形式），可得节点电压（状态）与测量间的线性关系：

$$z = \begin{bmatrix} II \\ YA + Y_s \end{bmatrix} E + \varepsilon \qquad (15.13)$$

从实际考虑，通常 PMU 安装数量很多。但是为了观测所有节点电压，量测节点电压和线路电流量的变电站的最小个数，大致是 EHV 节点数的三分之一。式（15.13）变量为复数。其中 II 表示单位阵，无 PMU 安装时，无该行数据。矩阵 II、A 为实数阵（只有 1 和 0），而 z、E、Y、Y_s 为复数。Y 为支路导纳矩阵，Y_s 代表并联元件。将实部和虚部分开写，有 $Y = G + jB$，$Y_s = G_s + jB_s$，$E = E_r + jE_x$，$z = z_r + jz_x$，代入式（15.13）得：

$$\begin{bmatrix} z_r \\ z_x \end{bmatrix} = \begin{bmatrix} \begin{bmatrix} II \\ GA + G_s \end{bmatrix} & \begin{bmatrix} 0 \\ -BA - B_s \end{bmatrix} \\ \begin{bmatrix} 0 \\ BA + B_s \end{bmatrix} & \begin{bmatrix} II \\ GA + G_s \end{bmatrix} \end{bmatrix} \begin{bmatrix} E_r \\ E_x \end{bmatrix} + \varepsilon \qquad (15.14)$$

$$z = Hx + \varepsilon \qquad (15.15)$$

状态估计如下：

$$\hat{x} = (H^T W^{-1} H)^{-1} B^T H^{-1} z = Mz \qquad (15.16)$$

式（15.15）中，z 表示包括电压与电流的测量向量，x 为 EHV 系统状态（直角坐标形式的节点电压），ε 为测量误差向量，协方差矩阵为 W。通常假设 W 为对角阵，$w_{ii} = \sigma_i^2$，$w_{ij} = 0$，$i \neq j$，这说明测量误差互相独立。式（15.16）中的 W^{-1} 给出实际测量数据 z 与估计值 $\hat{z} = H\hat{x}$ 之差的权值。方差越小，权值越大，即使得 $\sum (z_i - \hat{z}_i)^2 / \sigma_i^2$ 最小。

式（15.16）中的求逆仅是个符号。可用 $Q - R$ 或其他方法，来求解式（15.15）中的超定等式。除非系统拓扑变化，矩阵 H 与 M 不变。如果电力系统状态可以从两用的线路继电器/PMU、或从线路电流量测获取，拓扑处理器可以跟踪断路器状态。估计器是线性的，不需要迭代，运行频率为每一周波一次或每两周波一次。估计器是真正动态的，不存在静态假设。每项数据都由 PDC 给出时间标签并组织。具有相同时间标签的测量向量，乘以一个常数矩阵（随拓扑变化），以产生 EHV 系统电压的估计。

同步相量测量带来的第二个可能的变化，是三相估计。各相相量测量数据，而非通过各相数据得到正序电压电流，被打上时间标签、传输至控制中心。在估计各相电压时所用的矩阵，与式（15.15）和式（15.16）中的 *M* 阵类似，但行列数量是其三倍。三相估计可提供实时动态信息，如网络不平衡状态的起点与幅值。

三相估计能帮助校正电网中的 PT 和 CT。校正测量并非新概念，而是电网中没有需要校正的正序 CT。在三相系统中，各相存在实际 PT 和 CT，其变比有待校正。

根据式（15.15），校正问题如下：

$$z = KHX + \varepsilon \tag{15.17}$$

其中，*K* 是由比例修正系数组成的对角阵。对每个测量存在一个 *k*，因为如果 *K* 和 *x* 是解，那么 αK 和 x/α 同样是解，因此有太多未知量。将一个比例修正系数设为 1（认为电压测量是正确的），删除未知变量集中的 *k*。精密的 PT 或新型高质量的 CVT，可用于这个目的。

每个 PT 和 CT 都存在比例误差，其形式为：测量值 = *k* × 真值，其中 *k* 表示比例校正系数，$k = |k| \angle \theta$。估计所有 *xs* 和 *ks*，需要一段时间的数据，而此间系统状态是变化的。校正是批处理求解沿着比例校正因子的时间段内所有的状态。其中需要假设系统模型是已知的且精确的，比例校正系数恒定，有一个 PT 是完全精确的。

基于 PMU，通过使用众多监测结果，可以完成三相状态估计。本节描述的改进状态估计方法如图 15.21 所示，展示了变电站 PMU 数据的基本框架，但没有展示现有串行通信、线路电压电流等。

EHV 系统状态估计问题的规模，非常适合使用同步相量技术。一般而言，虽然电气连接规模可能很大，但相比低压输配电系统，超高压互联电网的结构更加稀疏。对在一个扩张互联电网中任意中型到大型电力企业，可能存在数以百计的较低电压变电站（< 3545kV），而 EHV 变电站的数量一般只有几十个。简单来讲，基于 PMU 的 EHV 状态估计问题，可用适当数量的 PMU 来解决。

在确定了需要监控的 EHV 变电站后（由可观性研究得到），依据两条原则确定选择需要监控的参数。每个被选中的变电站都应该满足下列要求：

1）每个可能被孤立的 EHV 节点的三相电压；

2）每个 EHV 电压等级上的所有输电线路与变压器的三相电流量测。需要捕捉 EHV 电网的所有注入。

许多情况下，线路数字保护可兼作继保与 PMU 设备，只需要很少改装或更

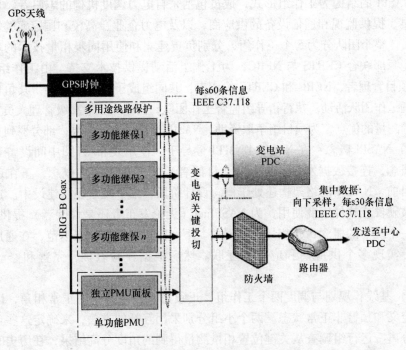

图 15.21　基于 PMU 的 EHV 状态估计的变电站结构

新。旧式数字保护可能需要更换底座，以安装新保护硬件。这种情况也可选用独立的 PMU 解决方案，来扩展监视方案。

15.4　WAMS 在北美的应用

15.4.1　北美同步相量技术的主动性

　　NASPI 由美国 DOE 与 NERC 联合建立。其目标是通过广域测量、监视、控制，提高电力系统可靠性。为实现这一目标，在北美互联电网中，建立了兼顾鲁棒性、广泛可用的、安全的同步数据测量结构。它还包括相关分析和监测工具，以期更好地调度和运行，提高系统可靠性。

　　为促进同步相量技术的发展，特别是鼓励各电力公司间信息交流，DOE 以西部电网数十年来互联经验为基础，2002 年 10 月发起了东部互联电网相量（EIPP）计划。NERC 于 2007 年正式加入该计划，并将其推广到整个北美电网的互联。此时，EIPP 改名为 NASPI[61]。参考文献 [62-64] 提供了 NASPI 项目的补充资料。

NASPI 的结构为工作组形式，成员包括来自电力调度机构的志愿者、可靠性协调员、提供监视和通信设备的供应商，以及电力企业、高校和国家实验室的研究人员。整个团队分为 5 个工作组，分别负责建立和使用同步相量技术的各个方面。能源部联合 CERTS 与 NERC，为工作组活动提供技术支持。由工作组领导、DOE 项目管理者、NERC 和 CERTS 的代表，共同组成了领导委员会，其角色是规划协调工作团队活动。执行指导组监督工作团队，向电力工业高级管理人员宣传系统范围测量的优点，为项目组争取资助。NASPI 近期的主要成果，部分罗列如下

1）NASPI 概念：在 NASPI DNMTT 领导下，使用发布/订阅中间设备和数据总线概念，连接数据发布者与应用（订阅者）的分布式架构概念，正在逐步发展。目前，NASPI 网络架构还处于概念设计阶段，细节规定还在建设中。这些规定可被硬件或软件厂商使用，为 NASPInet（无论发布者还是订阅者）提供接口，其中一个统一的概念，是相量数据网关。下一阶段将开始试点示范，在通用结构框架上实现多个供应商和应用的互联。然后根据经验教训，完善和修改这些规定。

2）基线：规划与调度两个工作组，正致力于确定系统的正常相角，以便更好地定义和预警非正常状态。两个小组分别采用互补的方法，来确定这些正常相角的分离。运行组调查从关键位置相量测量得到的角度分离结果，在历史时间框架下对其进行评估。规划小组基于模型研究，分析已知重载情况下的相角分离，在基态模式研究中，改变系统状态，以校正这些功角。两种研究方法的目的，是建立更严格方法，来确定安全阈值。在此阈值时，基于不同监视位置观测的相角分离，实时监视工具给出告警信息。

2010 年，在美国，DOE 通过智能电网投资资助，促使 PMU 系统的加速部署：

1）WECC WISP（250 个新 PMU）——1.08 亿美元（包括 PG&E，BPA，SCE，SRP）；

2）PJM（19 个新 PMU）——4000 万美元；

3）NYISO（35 个新 PMU）——7600 万美元；

4）Midwest ISO（150 个新 PMU）——3500 万美元；

5）ISO New England（30 个新 PMU）——900 万美元；

6）Duke Energy Carolina（45 个新 PMU）——800 万美元；

7）Entergy（18 个新 PMU）——1000 万美元；

8）American Transmission Company（5 个新 PMU）——2800 万美元；

9）Midwest Energy（1 个变电站）——150 万美元。

15.5　WAMS 在世界范围内的应用

15.5.1　WAMS 在欧洲的应用

近几年，由于欧洲输电系统运营商面临着更具挑战性的系统运行条件，以及现代技术和相关软件价格的降低，系统动态分析工具取得了显著进展。基于 PMU 的 WAMS 是这些应用的关键。考虑到不同应用需求，以及安全数据交换的严格准则，两类应用已独立完成安装[65-74]：

1）研发或示范项目；

2）工业和 TSO 应用。

15.5.1.1　研发项目

这些系统主要供高校使用，通过公共网交换数据。量测设备和数据采集分析所需的软件，要么自行独立开发，要么使用多个领先厂家的标准软件和 WAMS。相关量测数据主要来自于配电系统，只将频率、电压、电压相角用于分析研究。

15.5.1.2　TSO 应用

在欧洲输电系统运营商（TSO）中，已安装的 WAMS，分别基于不同技术。有的有独立暂态记录仪，其量测需要远程采集，和其他变电站量测的手动同步；另外一些，其 PMU 和 PDC 技术提供了自动、在线的数据同步和分析。

两种方案的通用应用包括：

1）基于事后系统动态分析的动态模型验证；

2）系统动态性能监视。

显而易见的是，第二种技术得到更为广泛的应用：

1）电压相角差监视；

2）线路发热监视（两变电站中间位置数值）；

3）电压稳定监视（在线 PV 曲线）；

4）系统阻尼在线监视（使用在线参数估计的在线分析模型）；

5）超出预定临界水平的智能告警；

6）系统载荷在线监视。

TSO 们已经开始将部分 WAMS 系统的测量、信号和告警参数，并入 SCADA 系统。

虽然目前 TSO 们普遍关注 WAMS 服务于自身系统调度目的，少数 TSO 已开始使用 PDC 交换 PMU 量测。作为 WAMS 技术应用推动者之一，瑞士电网已经与 8 个欧洲 TSO 建立连接，如图 15.22 所示。基于这个系统，实现了欧洲大陆系统的连续动态监控系统。

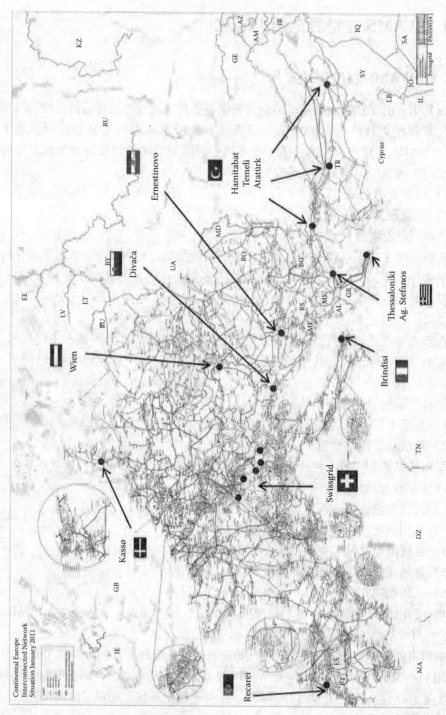

图 15. 22　瑞士电网目前 WAMS 连接

15.5.2　WAMS 在巴西的应用

巴西是南美洲最大的国家，其电能主要由水电站提供（在 2010 年水电比例超过 90%）。沿着巴西境内 12 个主要水文盆地的梯级水电站，大多远离位于东南地区的负荷中心。由于巴西幅员广阔，不同地区、一年之中、干旱/潮湿年之间，降雨差异明显。因此，巴西电网运行面临的一个主要挑战是优化现有水电资源，即考虑到每条河流上的梯级电站、不同地区发电量不同、现有输电约束、与其他能源形式（火电、核电、风电、生物能等）的配合，在保证系统可靠性前提下，实现发电成本最低。巴西几个最大的水电站（如 Itaipu 和 Tucurui），远离负荷中心，需要远距离、大容量输电。在未来几年，这一现象不会改变太多，因为几个建设于亚马逊地区的发电厂，与负荷中心距离约为 3000km。

在这样的系统中，发电与负荷间显著不平衡引起的扰动，可能引起较大频率变化、电压崩溃，甚至部分电网解列、失去重要负荷中心。

巴西唯一的电力系统运营商（ONS）一直在探讨同步相量技术在电力系统运行中的有效应用，并在主导一项在巴西互联电网部署大规模 SMS 的项目[75]。在这一过程中，ONS 进行了商业化 PMU 模型的第一轮认证测试。考虑到互联系统会具有多个所有者、PMU 可能由多个厂商提供，测试目的是保证系统顺利集成，以及 SMS 的整体性能。测试结果表明，如今同步相量技术已可用于支持广域监视和态势感知，但是该技术在提供更可靠在线应用、广域保护控制等等方面，仍需改进[76]。正在修订的 IEEE C37.118 标准，将会解决大部分问题，为保护和控制应用提供更为充分的技术支持。

考虑到目前技术水平，在部署初期，巴西 WAMS 系统被当作长期动态和事件记录系统，用于事后分析、模型验证和解决方案，但是预期加入同步相量应用以支持实时系统运行。

基于一个研究项目成果，ONS 确定了同步相量应用的备选名单，选取 4 个应用以提供概念验证：

1）系统压力监视（StressMon）：在正常和不正常运行时，使用输电系统两个位置的相角差，来量化当前运行方式到危险运行方式的裕度，危险运行方式受预先设定的故障前后稳定约束影响。有限个预先选定 PMU 位置的相角差，提供了电力系统整体运行状态的一个测度。StessMon 工具可以监视两个位置、或者两个区域间的相角差，以判断对预定稳定极限的接近程度。需考虑参数越限、与预测参考值的偏差。结果可用于实时或离线辅助决策。

2）输电系统环路合闸（LoopAssist）：在两侧相角差过大时闭合断路器，可能导致过载，从而影响系统稳定，破坏系统设备。在合闸平行输电线路（合闸环路）时，断路器两段相角差提供了控制行为影响的一个测度。此时，LoopAssist 提供了监控断路器两端电压幅值差与相角差的一个工具。该功能可帮助调度员判断合理的合闸条件、避免过负荷，提供了合闸效果的一个测度。结果可用于实时或离线辅助决策。

3）电气孤岛互联合闸（SynchAssist）：两个电气孤岛间联络线合闸时，如不满足同期条件，同期检测继电器可能会闭锁操作。在允许合闸前，继电器基于频率差、相角差、幅值差等，验证同期条件。将一段时间内两个电气孤岛电压相角、前述合闸判据以及其他一些参数（实际发电量、接入同步机组容量等），展示给调度员，辅助确定发出合闸命令时间。当变电站内断路器没有同期检测继电器时，监视相角差的周期振荡，为 SCADA 系统提供正确的合闸时间。在连接电力系统孤岛时，SynchAssist 监视输电路径上的电压幅值差、相角差、频率差，辅助调度员判断适当合闸条件，避免系统失稳、连锁故障，以及严重过负荷。结果可用于实时或离线辅助决策。

4）系统振荡监视（DampMon）：同步相量测量可监视系统参数的振荡。这些变量可能是未经处理或滤波后的相量量测数据，或是由相量测量计算得到的量，如线路或输电路径潮流等。电力系统振荡通常源于突然变化，如故障切除、线路开关、发电机跳闸等。这些事件引发发电机轴系振荡，一般在很短时间（几秒）内就会衰减。然而，在系统重载时，这些振荡可能会被弱阻尼。此外，即使没有上述事件，重载系统有可能发生振荡。DampMon 可基于实时逐点采样，基于相量量测计算振荡幅度，以及振荡频率及衰减因子。这三个参数的变化趋势，或以某种形式（如棒图）显示的数值，可被实时展示。结果可用于展示相关相量测量值、相角差，或计算潮流的振荡。

这些应用将在控制中心现有 EMS 系统的应用测试平台中予以实现，以验证其充分性。

巴西另一个同步相量应用，由 Santa Catarina 联邦大学（UFSC）提出。这个项目始于 2001 年，由 UFSC 和一家巴西企业共同执行。在 2003 年，该项目得到巴西政府经费支持，原型 SMS 得以部署。系统能够测量校内 9 个实验室的配网低电压，通过公共因特网与 UFSC 的一个 PDC 通信。该系统允许在最近的严重扰动时，记录巴西互联电力系统的动态特性。目前 UFSC 的另一个项目，在巴西南部三座 500kV 变电站安装了 PMU 装置。

15.6 WAMS 发展路线图

如前所述，当安装在互联电网时，PMU 提高了用户、社会和电网的可靠性与经济效益。同步相量提供了电网压力的一个更好的指标，可用于启动校正控制，维持可靠性。据报导，PMU 测量每秒 10～120 次，非常适合实时跟踪电网动态。一般来说，这项技术可用于改进广域监视、保护以及控制。根据大量现有或潜在安装应用，其优点主要有：

1）数据分析与可视化——该功能已实现显著效益。

2）减少事故、阻止大停电，提高电力系统可靠性，包括实时控制与保护——巨大社会效益。

3）系统运行规划，包括建模以及恢复——提供了跟踪电网动态和系统量测转化的范例（相对于估计）。

4）市场运行与阻塞管理——可利用精确和最优输电裕度，得到巨大潜在经济效益（相对于目前使用的最坏情况）。

考虑到 PMU 应用需要广泛用户基础，"整体工业路线图"是大范围 PMU 系统设计与规划的重要步骤。NASPI 已经提出了这样的路线图，如图 15.23 所示。这个图线路是基于应用、商业需求、可获得性、成本、复杂性，经过了与行业专家和用户的沟通[78,79]。其细节讨论如下。

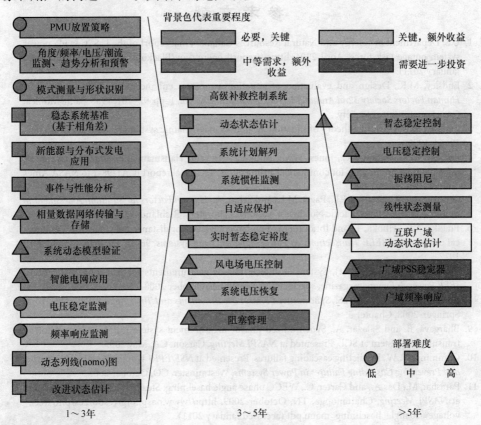

图 15.23　NASPI 同步相量应用的路线图

首先，不考虑技术本身，而是区分工业需求（重要、一般、未知）。

其次，PMU 技术对每个应用的价值，根据其对所服务工业的重要性予以标注。由此分为 4 类：必要和关键、增加效益关键因素、增加受益的一般需求、需要更多投资。

最后，每种应用部署的难度已经画出（低、中、高）。根据技术及应用现状，区分部署难度。技术包括通信、硬件和软件，应用现状分为商业可用、试点安装、研究中、未开发等。

这些应用与基础框架（PMU 安装、网络、数据存储），可分为近期（1～3年）、中期（3～5年）、远期（5年以上）。路线图关注商业和可靠性需求，以商业化和部署 PMU 技术和应用，降低实施风险。近期应用体现了需求紧急性和部署可能性。中期应用显示，即使存在效益，但是由于部署难度以及应用商业化问题，商业部署还在研究之中。长期应用综合反映了远景商业地位、大量基础设施要求（及成本）、冗长的现场测试。

参 考 文 献

1. U.S. Department of Energy and Natural Resources Canada, Final report of the U.S.-Canada power system outage task force, April 2004. https://reports.energy.gov/BlackoutFinal-Web.pdf (accessed January 2011).
2. Endsley, M.R., Design and evaluation of situation awareness enhancement, *Proceedings of the Human Factors Society 32nd Annual Meeting*, Anaheim, CA, Vol. 1, pp. 97–101, 1988. Santa Monica, CA: Human Factors Society.
3. Endsley, M.R., Toward a theory of situation awareness in a dynamic system, *Human Factors*, 37(1), 32–64, 1995.
4. Endsley, M.R., Farley, T.C., Jones, W.M., Midkiff, A.H., and Hansman, R.J., Situation awareness information requirements for commercial airline pilots, Technical report ICAT-98-1 to NASA Ames under Grant NAG, 1998.
5. Guttromson, R., Greitzer, F.L., Paget, M.L., and Schur, A., *Human Factors for Situation Assessment in Power Grid Operations*, Pacific Northwest National Laboratory, Richland, WA, 2007.
6. Phadke, A.G., Hlibka, T., and Ibrahim, M., Fundamental basis for distance relaying with symmetrical components, *IEEE Transactions on Power Apparatus and Systems*, 96(3), 635–646, March/April 1977.
7. Phadke, A.G. (guest editor), System of choice: Phasor measurements for real-time applications, *IEEE Power & Energy* magazine, special issue, September/October 2008.
8. Phadke, A.G. and Thorp, J.S., *Synchronized Phasor Measurements and Their Applications*, New York: Springer, 2008, Chapter 5.
9. Bhargava, B. and Salazar, A., Synchronized phasor measurement system (SPMS) for monitoring transmission system at SCE, Presented at *NASPI Meeting*, Carson, CA, May 2007.
10. Cummings, R.W., Predicting cascading failures, Presented at *NSF/EPRI Workshop on Understanding and Preventing Cascading Failures in Power Systems*, Westminster, CO, October 2005.
11. Parashar, M., Das A., and Carter, C., WECC phase angle baselining: Steady state analysis, Presented at *NASPI Meeting*, Chattanooga, TN, October 2009. http://www.naspi.org/resources/pitt/wecc_voltage%20angle_baselining_manu.pdf (accessed January 2011).
12. Venkatasubramanian, V., Yue, Y.X., Liu, G. et al., Wide-area monitoring and control algorithms for large power systems using synchrophasors, *IEEE Power Systems Conference and Exposition*, Seattle, WA, March 2009.

13. Dobson, I., Parashar, M., and Carter, C., Combining phasor measurements to monitor cutset angles, *Proceedings of the 2010 43rd Hawaii International Conference on System Sciences*, Kauai, HI, January 2010.

14. Dobson, I. and Parashar, M., A cutset area concept for phasor monitoring, *IEEE Power and Energy Society General Meeting*, Minneapolis, MN, July 2010.

15. Dobson, I., New angles for monitoring areas, *International Institute for Research and Education in Power Systems* (IREP) *Symposium*, Bulk Power System Dynamics and Control-VIII, Rio de Janeiro, Brazil, August 2010.

16. Trudnowski, D. and Pierre, J., Signal processing methods for estimating small-signal dynamic properties from measured responses, *Inter-Area Oscillations in Power Systems: A Nonlinear and Nonstationary Perspective*, ISBN 978-0-387-89529-1, New York: Springer, 2009, Chapter 1.

17. Kosterev, D.N., Taylor, C.W., and Mittelstadt, W.A., Model validation for the August 10, 1996 WSCC system outage, *IEEE Transactions on Power Systems*, 14(3), 967–979, August 1999.

18. Hauer, J.F., Demeure, C.J., and Scharf, L.L., Initial results in prony analysis of power system response signals, *IEEE Transactions on Power Systems*, 5(1), 80–89, February 1990.

19. Pierre, J.W., Trudnowski, D.J., and Donnelly, M.K., Initial results in electromechanical mode identification from ambient data, *IEEE Transactions on Power Systems*, 12(3), 1245–1251, August 1997.

20. Zhou, N., Trudnowski, D., Pierre, J., and Mittelstadt, W., Electromechanical mode on-line estimation using regularized robust RLS methods, *IEEE Transactions on Power Systems*, 23(4), 1670–1680, November 2008.

21. Trudnowski, D., Pierre, J., Zhou, N., Hauer, J., and Parashar, M., Performance of three mode-meter block-processing algorithms for automated dynamic stability assessment, *IEEE Transactions on Power Systems*, 23(2), 680–690, May 2008.

22. Trudnowski, D., Estimating electromechanical mode shape from synchrophasor measurements, *IEEE Transactions on Power Systems*, 23(3), 1188–1195, August 2008.

23. Dosiek, L., Trudnowski, D., and Pierre, J., New algorithms for mode shape estimation using measured data, *IEEE Power & Energy Society General Meeting*, Pittsburgh, PA, Paper no. PESGM2008-001014, July 2008.

24. Tuffner, F.K., Dosiek, L., Pierre, J.W., and Trudnowski, D., Weighted update method for spectral mode shape estimation from PMU measurements, *Proceedings of the IEEE Power Engineering Society General Meeting*, Piscataway, NJ, July 2010.

25. Dosiek, L., Pierre, J., Trudnowski, D., and Zhou, N., A channel matching approach for estimating electromechanical mode shape and coherence, *IEEE Power & Energy Society General Meeting*, Calgary, Alberta, Canada, Paper no. 09GM0255, July 26–30, 2009.

26. Zhou, N., Huang, Z., Dosiek, L., Trudnowski, D., and Pierre, J., Electromechanical mode shape estimation based on transfer function identification using PMU measurements, *IEEE Power & Energy Society General Meeting*, Calgary, Alberta, Canada, Paper no. 09GM0342, July 26–30, 2009.

27. Kundur, P., Paserba, J., Ajjarapu, V., Andersson, G., Bose, A., Canizares, C., Hatziargyriou, N., Hill, D., Stankovic, A., Taylor, C., Van Cutsem, T., and Vittal, V., Definition and classification of power system stability, *IEEE Transactions on Power Systems*, 19(2), 1387–1401, 2004.

28. Van Cutsem, T. and Vournas, C., *Voltage Stability of Electric Power Systems*, Boston, MA: Kluwer Academic Publisher, March 1998.

29. Taylor, C.W., *Power System Voltage Stability*, EPRI Power System Engineering Series, New York: McGraw-Hill, September 1994.

30. Kundur, P., *Power System Stability and Control*, EPRI Power System Engineering Series, New York: McGraw-Hill, 1994.

31. Ajjarapu, V., *Computational Techniques for Voltage Stability Assessment and Control*, New York: Springer, 2006.

32. Hain, Y. and Schweitzer, I., Analysis of the power blackout on June 8, 1995, in the Israel electric corporation, *IEEE Transactions on Power Systems*, 12(4): 1752–1758, 1997.

33. Vournas, C.D., Nikolaidis, V.C., and Tassoulis, A.A., Postmortem Analysis and Data Validation in the Wake of the 2004 Athens Blackout, *IEEE Transactions on Power Systems*, 21(3), 1331–1339, 2006.

34. Vargas, L.D., Quintana, V.H., and Miranda, R.D., Voltage collapse scenario in the Chilean interconnected system, *IEEE Transactions on Power Systems*, 14(4), 1415–1421, 1999.

35. Filho, J.M.O., Brazilian Blackout 2009, Blackout Watch, 2010. http://www.pacw.org/fileadmin/doc/MarchIssue2010/Brazilian_Blackout_march_2010.pdf (accessed January 2011).

36. Novosel, D., Madani, V., Bhargava, B., Vu, K., and Cole, J., Dawn of grid Synchronization: Benefits, practical applications, and deployment strategies for wide area monitoring, protection, and control, *IEEE Power and Energy Magazine*, 6(1), 49–60, 2008.

37. Phadke, A.G. and Thorp, J.S., *Synchronized Phasor Measurements and Their Applications*, New York: Springer, 2008.

38. Glavic, M. and Van Cutsem, T., Wide-area detection of voltage instability from synchronized phasor measurements. Part I: Principle, *IEEE Transactions on Power Systems*, 24(3), 1408–1416, 2009.

39. Vu, K., Begovic, M.M., Novosel, D., and Saha, M.M., Use of local measurements to estimate voltage stability margin, *IEEE Transactions on Power Systems*, 14(3), 1029–1035, 1999.

40. Corsi, S. and Taranto, G.N., A real-time voltage instability identification algorithm based on local phasor measurements, *IEEE Transactions on Power Systems*, 23(3), 1271–1279, 2008.

41. Larsson, M., Rehtanz, C., and Bertsch, J., Real-time voltage stability assessment of transmission corridors, *Proceedings of the IFAC Symposium on Power Plants and Power Systems*, Seoul, South Korea, 2003.

42. Parniani, M., Chow, J.H., Vanfretti, L., Bhargava, B., and Salazar, A., Voltage stability analysis of a multiple-infeed load center using phasor measurement data, *Proceedings of the 2006 IEEE Power System Conference and Exposition*, Atlanta, GA, 2006.

43. Milosevic, B. and Begovic, M., Voltage stability protection and control using a wide-area network of phasor measurements, *IEEE Transactions Power Systems*, 18(1), 121–127, 2003.

44. Gao, B., Morison, G.K., and Kundur, P., Voltage stability evaluation using modal analysis, *IEEE Transactions on Power Systems*, 8(3), 1159–1171, 1993.

45. Canizares, C. (editor/coordinator), *Voltage Stability Assessment: Concepts, Practices and Tools*, IEEE PES Publication, New York: Power System Stability Subcommittee, ISBN 0780379695, 2002.

46. Taylor, C.W. and Ramanathan, R., BPA reactive power monitoring and control following the August 10, 1996 power failure, *Proceedings of VI Symposium of Specialists in Electric Operational and Expansion Planning*, Salvador, Brazil, 1998.

47. Bao, L., Huang, Z., and Xu, W., Online voltage stability monitoring using var reserves, *IEEE Transactions on Power Systems*, 18(4), 1461–1469, 2003.

48. Overbye, T., Sauer, P., DeMarco, C., Lesieutre, B., and Venkatasubramanian, M., Using PMU data to increase situational awareness, PSERC Report 10-16, 2010.

49. NASPI Report, Real-time application of synchrophasors for improving reliability, 2010. www.naspi.org/rapir_final_draft_20101017.pdf (accessed January 2011).

50. Ajjarapu, V. and Christy, C., The continuation power flow: A tool for steady state voltage stability analysis, *IEEE Transactions on Power Systems*, 7(1), 416–423, 1992.

51. Canizares, C.A., Alvarado, F.L., DeMarco, C.L., Dobson, I., and Long, W.F., Point of collapse methods applied to AC/DC power systems, *IEEE Transactions on Power Systems*, 7(2), 673–683, 1992.

52. Greene, S., Dobson, I., and Alvarado, F.L., Sensitivity of the loading margin to voltage collapse with respect to arbitrary parameters, *IEEE Transactions on Power Systems*, 12(1), 262–272, 1997.

53. Diao, R., Sun, K., Vittal, V., O'Keefe, R.J., Richardson, M.R., Bhatt, N., Stradford, D., and Sarawgi, S.K., Decision tree-based online voltage security assessment using PMU measurements, *IEEE Transactions on Power Systems*, 24(2), 832–839, 2009.

54. Van Cutsem, T., An approach to corrective control of voltage instability using simulation and sensitivity, *IEEE Transactions on Power Systems*, 7(4), 1529–1542, 1993.

55. Ajjarapu, V. and Sakis, M.A.P., Preventing voltage collapse with protection systems that incorporate optimal reactive power control, PSERC Report 08–20, 2008.

56. Consortium for Electric Reliability Technology Solutions (CERTS), Nomogram validation application for CAISO utilizing phasor technology: Functional specification, Prepared for California Energy Commission, Berkeley, CA: CERTS Publication, 2006.

57. ABB Ltd., Voltage stability monitoring: A PSGuard wide area monitoring system application, Zurich, Switzerland: ABB Switzerland Ltd., 2003. http://www.abb.com/poweroutage (accessed January 2011).

58. Fouad, A.A. and Stanton, S.E., Transient stability of a multimachine power system, part I: Investigation of system trajectories, *IEEE Transactions on Power Systems*, PAS-100, 3408–3416, 1981.

59. Michel, A., Fouad, A., and Vittal, V., Power system transient stability using individual machine energy functions, *IEEE Transactions on Circuits and Systems*, 30(5), 266–276, May 1983.

60. Chow, J.H., Chakrabortty, A., Arcak, M., Bhargava, B., and Salazar, A., Synchronized phasor data based energy function analysis of dominant power transfer paths in large power systems, *IEEE Transactions on Power Systems*, 22(2), 727–734, May 2007.

61. Dagle, J.E., North American synchrophasor initiative, *Hawaii International Conference on System Sciences, HICSS-41*, Waikoloa, Big Island, HI, January 2008. Piscataway, NJ: IEEE Computer Society.

62. Dagle, J.E., North American synchrophasor initiative: An update of progress, *Hawaii International Conference on System Sciences, HICSS-42*, Waikoloa Village, HI, January 2009. Piscataway, NJ: IEEE Computer Society.

63. Dagle, J.E., The North American synchrophasor initiative (NASPI), invited panelist at the *IEEE Power & Energy Society General Meeting*, Minneapolis, MN, July 2010.

64. Dagle, J.E., North American synchrophasor initiative: An update of progress, *Hawaii International Conference on System Sciences, HICSS-44*, Koloa, Kauai, HI, January 2011. Piscataway, NJ: IEEE Computer Society.

65. Breulmann, H., Grebe, E., Lösing, M. et al., Analysis and damping of inter-area oscillations in the UCTE/CENTREL power system, *CIGRE Session 2000*, Paris, France.

66. ICOEUR–Intelligent coordination of operation and emergency control of EU and Russian power grids, http://icoeur.eu/other/downloads/deliveralbles/ICOEUR_D1_1_final.pdf (accessed January 2011).

67. Sattinger, W., WAMs initiatives in continental Europe, *IEEE Power & Energy Magazine*, 6(5), 58–59, September/October 2008.

68. Babnik, T., Gabrijel, U., Mahkovec, B., Perko, M., and Sitar, G., Wide area measurement system in action, *Proceedings of the IEEE Power Tech 2007*, Lausanne, Switzerland, pp. 232–[237], [COBISS. SI-ID 28917509], 2007.

69. Zdeslav, Č., Ivan, Š., Renata, M., and Veselin, S., Synchrophasor applications in the Croatian power system, *Western Protective Relay Conference*, Spokane, WA, October 20–22, 2009.

70. Reinhardt, P., Carnal, C., and Sattinger, W., Reconnecting Europe, *Power Engineering International*, pp. 23–25, January 2005.

71. Sattinger, W., Reinhard, P., and Bertsch, J., Operational experience with wide area monitoring systems, *CIGRE 2006 Session*, Paris, France, pp. B5–B216.

72. Sattinger, W., Baumann, R., and Rothermann, P., A new dimension in grid monitoring, *Transmission & Distribution World*, pp. 54–60, February 2007.

73. Sattinger, W., Awareness system based on synchronized phasor measurements, *IEEE Power Energy Society General Meeting*, Calgary, Alberta, Canada, 2009.

74. Grebe, E., Kabouris, J., Lopez, B.S., Sattinger, W., and Winter, W., Low frequency oscillations in the interconnected system of continental Europe, *IEEE Power Energy Society General Meeting*, Minneapolis, MN, 2010.

75. Moraes, R.M., Volskis, H.A.R, and Hu, Y., Deploying a large-scale PMU system for the Brazilian interconnected power system, *IEEE Third International Conference on Electric Utility Deregulation and Restructuring and Power Technologies*, Nanjing, China, April, 2008.

76. Moraes, R.M., Volskis, H.A.R., Hu, Y., Martin, K., Phadke, A.G., Centeno, V., and Stenbakken, G., PMU performance certification test process for WAMPAC systems, *CIGRÉ SC-B5 Annual Meeting & Colloquium*, Jeju, Korea, October 2009.

77. Decker, I.C., Silva, A.S., Agostini, M.N., Priote, F.B., Mayer, B.T., and Dotta, D., Experience and applications of phasor measurements to the Brazilian interconnected power system, *European Transactions on Electrical Power*, DOI: 10.1002/etep.537, 2010. Published online in Wiley Online Library http://www.wileyonlinelibrary.com (accessed January 2011).

78. Beard, L. and Chow, J., NASPI RITT report outNASPI, October 2010. http://www.naspi.org/meetings/workgroup/2010_october/presentations/taskteams/taskteam_report_ritt_beard_20101006.pdf (accessed January 2011).

79. Novosel, D., Madani, V., Bhargava, B., Vu, K., and Cole, J., Dawn of the grid synchronization, *IEEE Power and Energy Magazine*, 6, 49–60, January/February 2008.

第16章 电力系统稳定性与动态安全性能评估

Lei Wang
Powertech Labs Inc.
Pouyan Pourbeik
Electric Power Research Institute

16.1 定义与历史回顾

本章中电力系统安全性与电力系统风险度相关，即经受扰动且不中断用户供
电的能力（IEEE/CIGRE，2004）。电力系统安全性与系统对扰动的鲁棒性相关，
取决于扰动前系统运行状态与扰动发生概率。注意：安全性与稳定性两个概念不
应混淆起来。稳定性是电网在给定运行状态下遭受扰动后重新恢复平衡运行态、
且大部分系统变量不越限、系统保持完好的能力。一个稳定的系统状态并不一定

是安全的。例如，在特定状态下，扰动可能导致非故意切负荷（由于保护系统动作），最终使得系统响应稳定。然而，安全系统状态必须是稳定的。

当扰动发生时，电力系统各类元件做出响应，并有可能达到符合特定准则的新平衡态。对这些响应进行数学分析、确定新平衡态的过程，称作安全评估。根据主要考虑的物理性能，安全评估过去被分类为静态安全评估（SSA）与动态安全评估（DSA）。出于确保实际安全评估中电网整体安全的要求，如今趋势是不加以区分，将两者并称为 DSA。IEEE 正式定义 DSA 如下：

动态安全评估是对特定电力系统经受规定的一组事故，并成功过渡至可接受的稳态运行状态的能力的评估。

事故指失去一个或多个电力元件，如输电线路、变压器等。早期的电力系统，多是由发电机和负荷组成的孤立区域。随着系统变大、更多互联，沿着长距离传播扰动的概率增加了。1965 年 11 月东北部大停电事故，引起了对电力系统可靠性与安全性的高度重视。Tom Dy Liacco 的标志性论文，引入了正常、紧急、恢复等运行状态的概念，以及相关控制（Dy Liacco, 1967）。正常状态下，系统稳定且所有元件运行在约束内。紧急状态是系统开始失稳，或者元件运行状态越限时。恢复状态指向部分用户供电中断的时刻，通常由于紧急状态和保护设备动作。后来又增加了两种状态（警戒、极端危急），如图 16.1 所示（Kundur, 1994）。

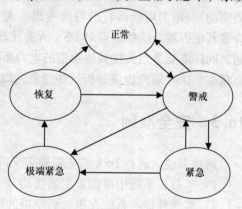

图 16.1　电力系统运行状态

DSA 通常是离线分析，采用针对运行研究而构建的电力系统模型。输电规划（考虑未来发电与负荷场景）的实现是基于规划案例，原始数据用于未来的发输电设备。针对现有（或近期）系统状态的离线 DSA，采用现有系统结构，这些现役设备的模型都已被较好验证。近来，由于计算机算法发展、实时数据获取与分析、计算机技术的进步，基于实时系统数据的在线 DSA 越来越受欢迎。在线与离线 DSA 的一个根本区别是：在离线分析中，工程师需要面对众多可能影响运行安全的情况、建立策略来应对；在线 DSA 实时工作，处理当前系统实际运行状况。

DSA 包含三个基本要素，本章对其进行描述：

1）设定安全准则，包含采用的故障、期望的系统表现；

2）构建评估必须的一组系统模型；

3）采用合适的方法进行分析。

一些文献对 DSA 做法进行了广泛的介绍，例如 Fouad（1988）与 CIGRE（2007）对 DSA 给出较好评述与总结。

16.2　关注的现象

虽然电力系统事故后响应中，存在许多值得关注的现象，DSA 主要关注两种类型：静态与动态。静态现象是系统达到新平衡后的特性，例如：线路潮流和主要变电站电压。有时关注点可能是系统达到新平衡态的能力，例如因为电压失稳导致的系统缓慢崩溃（Taylor，1994）。动态现象更多与系统在达到新平衡态前的暂态行为相关，其中最基本的问题是维持交流发电机的同步运行，通常称为暂态稳定性（在之前章节中讨论）。

现代电力系统运行正变得越发复杂。原因有很多，例如高度互联的系统、先进快速控制的使用、异步（甚至非旋转电机）发电机（如风力发电机、光伏（PV）阵列）的大量接入、变化的负荷特性（引入基于电力电子的负荷，如变频驱动）、电力市场运行的特殊考虑、大量电动汽车部署的前景、分布式发电、许多其他因素。这些因素对 DSA 所关注现象有重要影响。除之前描述的传统问题，同样需要适当关注其他类型的电力系统响应，包括机电振荡、暂态电压、暂态频率。DSA 研究也应分析这些现象，以确保系统的整体安全。

16.3　安全准则

通常来说，进行 DSA 首先需要定义两组准则：

1）事故：系统中可能发生的扰动。

2）系统性能：系统在事故后期望的物理响应。

NERC 输电规划标准（NERC，2009）定义了了不同的系统状态。

1）A 类为无事故或事故前状态，系统所有设备都工作。

依照严重程度，事故可进一步分类为：

2）B 类：引起单个元件（如发电机、输电线路、变压器或 HVDC 单极）被切除的事件，无论元件故障与否。

3）C 类：事件引起两个元件被切除，无论元件故障与否。

4）D 类：极端紧急事件，导致两个或更多元件因连锁故障切除。

图 16.2 显示了一个 C 类事件。一个断路器拒动，导致另外一个断路器和半个变电站结构被切除。

系统性能可从两个层面解读。首先，电力系统的性能可以由一组物理响应类别表示，包括：

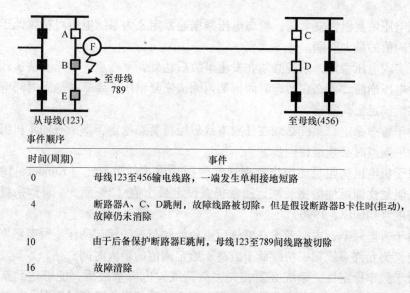

事件顺序

时间(周期)	事件
0	母线123至456输电线路，一端发生单相接地短路
4	断路器A、C、D跳闸，故障线路被切除。但是假设断路器B卡住时(拒动)，故障仍未消除
10	由于后备保护断路器E跳闸，母线123至789间线路被切除
16	故障清除

图 16.2　N-2 故障示例

1）热载荷；

2）稳态电压；

3）暂态电压；

4）电压稳定性；

5）暂态稳定性；

6）机电振荡衰减；

7）暂态频率；

8）频率稳定性；

9）其他（如稳定约束、无功备用、保护裕度等）。

其次，对前述各种响应类型，系统必须运行在规定范围内，以维持安全。下面简要解释这些约束：

关于热载荷，每条输电回路（线路或变流器）上的潮流（以电流或功率表示）必须在额定范围内。不同系统状态下可能会采用不同额定值。如在正常（事故前）状态下，采用标准额定值；而在事故后，可能会采用紧急额定值。对于在线 DSA 应用，根据测量温度与风速，实时调节动态额定值，可达到更高的准确度。

对于稳态电压，系统中电压幅值必须在规定范围内，其范围数值取决于事故状态、系统区域、电压水平。常用范围为事故前 0.95 ~ 1.05pu，事故后 0.9 ~ 1.1pu。

对于暂态电压，主要考虑在事故发生后，避免低电压或过电压保护动作，确保系统电压恢复以恢复负荷。暂态电压判据通常定义为系统电压可持续低于或高于给定阈值的最大时间。

要实现电压稳定，系统必须在发生事故后达到新平衡点。如果无法实现，就会发生电压崩溃，要么在暂态时间框架内无法恢复电压，要么在稳态时间框架内无法供给满足负荷需求。

对于暂态稳定，系统必须在任意事故后维持暂态稳定，即所有同步机组在达到新的平衡点时必须维持同步。

对于机电振荡阻尼，设定判据通常为振荡模式的阻尼比（Kundur, 1994）。尽管正阻尼比即可使振荡衰减，通常仍需设定最小值（3% 到 5% 间）来提供合理的裕度（CIGRE, 1996）。

对于暂态频率，主要考虑在事故后避免低频与过频保护动作。暂态频率判据通常定义为允许系统频率持续低于或高于给定阈值的最大时间。

对于频率稳定性，系统必须在失去负荷或发电等事故后，能够达到新的平衡。该判据适用于小型电力系统或大型互联电力系统发生孤岛情况时。维持频率稳定的关键在于，当事故使得系统出现严重有功不平衡时，合理协调负荷与电源切除策略。

对 DSA，不同类型事故需要不同判据，同时受输电系统类型（超高压、高压、配网等）的影响尽量小。诸如此类的性能判据，通常由大型互联系统的监管部门与可靠性协调委员会设定。例如，NERC 发布了一套输电规划标准供其成员执行（NERC, 2009）。

16.4　建模

为了用 DSA 分析所关注的现象，有必要建立数学模型，以反映所需分析的基本特性。此类模型必须包括全部对建立安全判据必要的系统元件，同时建模方法也必须与检验的性能一致。例如，对于 SSA 而言，负荷采用静态代数模型；而在 DSA 中，通常需要加上动态负荷分量来研究所关注的现象（如电压的缓慢恢复）。DSA 的全部建模工作，包含三步：

1）对于特定研究，确定需要包括哪些模型。

2）建立要采用的模型。

3）验证模型。

下面评述了进行 DSA 分析时，电力系统主要元件的一般建模要求。重点是提供建模指导思想，而不是数学模型的具体推导与表达。具体的推导与演示可见文献（Fouad 和 Vittal, 1992；Kundur, 1994；Taylor, 1994；Sauer 和 Pai, 1998；Anderson 和 Fouad, 2002）。

16.4.1　电力系统网络

此处描述的电力系统网络，指由输电线路、电缆、变压器、无功补偿装置（串/并联电抗器/电容器）连接而成的电网。暂时排除复杂设备如 HVDC（及其他先进的输电技术）、发电、负荷等。

为进行 DSA（Kundur, 1994），包含前述元件的电力系统，可在数学上近似表达为一组代数方程，建立起额定频率下电压相量与注入电流相量间的关系。该模型用于静态与动态分析中是足够精确的。只有在特殊条件下，需要额外建模考虑：

1）变压器欠载分接头移动：研究电压稳定时非常重要。该控制可用静态与动态模型描述。移相变压器需要同样建模。

2）可投切并联设备：某些并联补偿设备以一组电抗/电容器形式安装。依据设定控制策略，可自动投入或切出。该类设备在评估系统电压性能时十分重要，必要时，其控制策略与电抗器/电容器投切，也应包括在系统模型中。

3）网络频率变化：如前所述，网络代数方程常在系统额定频率下建立。正常条件下是可以接受，除非在某些孤岛条件下，暂态过程中系统频率会远高于或低于系统额定频率。此时，有必要补偿网络导纳以计及频率波动的影响。

16.4.2　发电机

发电机是电力系统中最重要的元件。在静态分析中，发电机（所有类型）建模都较为简单，通常用来提供给定有功，并维持给定母线电压。发电机容量通常简化表达，用其可提供的有功、无功的最大/最小值表示。对于某些详细研究，该容量可查阅发电机有功与无功输出关系数据表得到。

然而在进行动态分析时，发电机建模较为复杂。同步发电机的建模包括以下主要特性（Kundur, 1994）：

1）描述转子机械动态的两个微分方程。

2）根据所需模型详细程度，多达 4 个描述励磁与转子阻尼绕组的微分方程。

3）描述机端电压、电流与磁通关系的代数方程。

4）磁场饱和效应。

因此，同步电机可由一组 2~6 阶微分方程以及数个代数方程表示。此外，通常还需包括以下模型来构成整体发电机模型：

1）励磁机/AVR 建模。

2）涡轮机调速器模型。

3）电力系统稳定器（PSS）模型。

4）励磁限制器模型（最小值与最大值，用于动态电压稳定研究）。

部分新研发的可再生能源发电技术，不使用同步发电机。例如主流风力发电技术中有一种采用双馈异步发电机，而太阳能光伏阵列则可表示为 VSC 后的可控电源。DSA 中也建立并采用了这些设备模型（GE Energy，2005；Xue 等，2009）。

16.4.3 负荷

负荷是电力系统中的另一个重要元件，对其建模存在各种挑战，主要是难以推导精确而简洁的聚合模型，来表示连接在变电站馈线上的所有负荷分量。另外每天/季度，负荷曲线与组成都在持续变化。而且各区域间负荷组成（即负荷类型，工业、民用等）也存在差异。实际分析时，需要合理近似，来捕捉主要特性来研究系统性能。DSA 中常用负荷模型有以下两种：

1）静态模型：这些模型用代数方程来描述，最常用的是被称为 ZIP 的模型。其中负荷是一组恒阻抗、恒电流、恒功率负荷分量的加权线性组合。更加复杂的静态模型还包含一些分量，是电压、频率的函数。

2）动态模型：由于大部分动态负荷分量是不同类型的异步电机，多数动态负荷模型采取包含等效异步电机模型的复合模型。在评估电压稳定现象尤其是暂态电压性能时，在 DSA 中采用动态负荷模型是十分必要的。

在 DSA 中负荷经常综合采用静态与动态模型，根据季节与负荷区域设定权重系数（Kosterev 和 Meklin，2006）。

16.4.4 先进输电技术

先进输电技术包括 HVDC 和 FACTS 等。这些设备通常包含复杂的控制，因此在研究其特性需要采用微分方程描述的动态模型。在 SSA 中建立这些设备静态等效模型（Gyuqyi and Hingorani，1999）。相关文献也建立了 FCATS 的动态模型（Pourbeik et al.，2006）。

16.4.5 保护设备

电力系统广泛采用保护设备来保护电力设备与系统。在以规划为目标的 DSA（也就是离线 DSA）中，系统模型并未明确包含保护设备。此时直接假定保护动作（清除故障），或不动作（当被规划标准禁止时）。在以系统运行为目标的 DSA（在线 DSA）中，常要求对保护设备进行建模，尤其是那些用来防止系统失稳的保护（Wang 等，2008）。这类保护设备包含切机、切负荷、输电线路交叉跳闸、失步继电器、特殊保护方案（SPS）等。大部分情况下，在线 DSA 中包含这些设备包含两个目标：①在保护设备所应对的系统状态发生时，确保系统能保持稳定。②确定特定系统状态下合适的告警与跳闸参数（也被称作查阅表），从而确保可以实行有效的控制措施。

16.4.6　模型验证

进行 DSA 分析的完整电力系统模型，包含许多元件模型。对所研究问题，确保这些元件模型合适、参数适用十分重要。模型验证是对比数学模型和实际设备测量响应，来验证前者的过程。有多种验证方法（Pourbeik, 2010）。主要从两个方面验证模型：

1）基于仿真方法，校验模型的一致性；

2）验证设备模型，可以仿效基于测量的设备动态响应。

基于仿真的方法，采用各种计算机分析程序测试模型（大部分情形下采用稳态系统条件）。可采用简单测试来检验基础模型与数据一致性，如：

3）异常的输电线路电抗/电阻比（X/R）和变压器分接头；

4）输电线路潮流超出其波阻抗载荷；

5）动态模型中非常小的时间参数；

6）发电机额定值与其控制不相容，导致稳态运行越限。

更多详细测试可帮助检验模型中的隐藏问题，例如：

1）无故障仿真测试：不施加扰动，进行时域模拟。期望系统响应与初始稳态值一致，否则模型或初始系统运行状态可能不正确，或者两者不匹配。

2）设备特征值测试：元件从系统解耦（将其连接到无穷大母线），计算其线性化动态模型的特征值。若存在不稳定或临界稳定模式，可能表明存在错误的参数与运行状态。

另一方面，基于测量的模型验证，测量设计现场试验下实际设备响应，来验证模型。基于测量响应，可推导或验证设备模型和参数。对诸如发电机等常用设备，已有相当成熟的测试与模型验证流程（WECC, 2006）。最近，还研发并展示了采用在线扰动监视以验证电力设备模型的方法（Pourbeik, 2009, 2010）。

16.5　分析方法

根据所关注特性或者所采用准则，DSA 可采用不同分析方法。以下给出了这些方法的综述，许多文献给出了模型细节（Fouad and Vittal, 1992；Kundur, 1994；Taylor, 1994；Sauer and Pai, 1998；Wehenkel, 1998；Pavella 等, 2000；Anderson and Fouad, 2002）。

16.5.1 潮流分析

潮流分析指在给定网络拓扑、控制与已知输入下，确定电力系统稳态运行状态。潮流分析用于大部分 SSA 分析，如热载荷与电压分析。从数学上讲，潮流分析可描述为一组非线性代数方程，已有许多成熟的求解方法，包括快速解耦法与牛顿－拉夫逊法。潮流分析也是许多更高级 DSA 分析的基础。例如，它提供了暂态稳定时域模拟的初始状态。

16.5.2 $P-V$ 分析与连续潮流法

在电压稳定分析中，通常需要确定电压稳定裕度，如从发电机侧可以传输至需求侧的最大功率。可由图 16.3 所示的 $P-V$ 分析来实现，包括以下步骤：

1）在给定输电水平下的事故前状态，求解潮流（A 点），从此开始；

2）施加事故并求解潮流（A'点）；

3）如果所有事故后潮流均有解且不越限，按照预设步长增加输电水平，并求解潮流（B 点）。转至步骤 2 并重复事故分析。若任意事故发生后潮流不能求解，或潮流结果越限（如低电压），得到电压稳定极限。

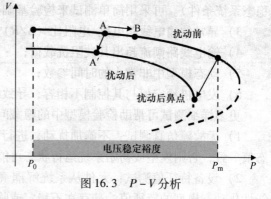

图 16.3 $P-V$ 分析

按照前述步骤得到一组 $P-V$ 曲线，对应故障前与所有故障后状态。电压稳定裕度定义为：当前运行状态（P_0），与事故前 $P-V$ 曲线上对应最严重事故后临界 $P-V$ 曲线鼻点的点之间的距离：

$$电压稳定裕度(\%) = \frac{P_m - P_0}{P_0} \times 100$$

$P-V$ 分析的一个挑战，在于确保靠近鼻点时病态潮流方程组的收敛性。一种被称作连续潮流算法（CFP）的特殊潮流求解方法，被提出以解决这个问题（Ajjarapu 和 Christy，1992）。

16.5.3 时域仿真

与暂态性能相关的暂态稳定与其他安全判据，通常采用时域仿真求解。时域仿真指用数值积分算法求解描述系统模型动态的非线性微分方程组（Dommel 和 Sato，1972）。不同于电磁暂态模拟中的模型假设与技术，DSA 仿真给出下列响应：

1）正序相量均方根值；

2）有效频率范围约为 0.1~5Hz；

3）暂态稳定分析典型时间框架为 10~20s。若包括合适模型，可进行动态电压稳定分析，时间框架可延长至几分钟。

时域模拟主要基于三组基础输入数据：

1）已求解的潮流案例，提供网络拓扑、参数与系统初始运行状态；

2）一组与潮流案例中元件相匹配的动态模型；

3）仿真过程中作为扰动施加的故障。

仿真得到的基本输出为系统中各物理量的时域响应，如发电机转子角度、转速、母线电压、输电线路潮流、负荷功率等。时域仿真更高级的应用，包括采用特殊技术来处理仿真结果，获得更深入结论，以确定系统暂态性能。典型高级应用包括：

1）计算短路的临界切除时间（CCT）。可用于事故排序，找出系统中易于暂态失稳的薄弱区域。

2）利用 Prony 算法辨识时域仿真响应中的主导振荡模式（Hauer，1991）。在小扰动稳定性分析中，可与特征值分析互补应用。

3）确定稳定性约束（IEEE，1999）。

16.5.4　特征值分析

为研究低频振荡，除了时域仿真外，也经常采用基于频域的特征值分析法。在初始运行状态下，对非线性微分方程进行线性化，计算得到对应机电振荡的特征值。这些特征值及其相关信息，如特征向量、转移函数零点与留数等，反映了系统振荡特性，并提供了如何优化阻尼这些模式的建议（Rogers，2000）。

特征值分析还可用于电压稳定分析（Gao 等，1992）。潮流雅可比矩阵的最小特征值，很好地表明了系统接近鼻点（或稳定极限）的程度。另外，与该特征值相关的特征向量，包含了与电压失稳模式相关的信息，即系统容易发生电压崩溃的区域。这对了解电压稳定性问题并得到补救控制十分有用。

16.5.5　直接法

直接法不仅评估电力系统暂态稳定性，还基于时域分析的部分系统响应，量化稳定水平（稳定裕度）。已有方法主要有两种。第一种被称为暂态能量函数（TEF）（Pai，1989；Fouad and Vittal，1992）。主要思路是用稳定判据来替代数值积分。设计合适的李雅普诺夫函数 V。在系统最近一次开关动作时，计算 V，与提前设定的临界值 V_{cr} 对比。若 V 比 V_{cr} 小，则故障后暂态过程是稳定的。第二种被称作 EEAC（或 SIME），通过时域仿真结果建立单机无穷大系统（SMIB），判别系统稳定性（Xue 等，1989；Pavella 等，2000）。两种直接法在暂态稳定性分析中都得到了应用，尤其在在线 DSA 中（Fang and Xue，2000；Chiang 等，2010）。

16.5.6　其他方法

许多其他方法被提出，用于处理 DSA，包括：针对电压稳定评估的 $V-Q$ 分析（Kundur，1994）、概率统计方法（Anderson and Bose，1983）、专家系统方法（El - Kady 等，1990）、神经网络方法（El - Keib 和 Ma，1995；Mansour 等，1997；Chen 等，2000）、模式识别（Hakim，1992）、决策树方法（Wehenkel，1998）。

16.6　控制与加强

电力系统所采用的安全概念，将评估与控制两个功能明显分隔开。评估是确定可能事故的后果的必要分析，控制则是调度员介入或者自动控制行为，以避免事故，或对无法接受的事故后状态进行补救。通过对事故描述进行修正，应用后的控制措施，成为评估的一部分。

控制分为三种类别。预防控制措施用来使系统从警戒状态回归正常状态。可能较慢，且需要深入分析来指导。当系统已经进入紧急状态时，采取紧急控制措施。该控制必须迅速，由预定义的自动补救方案来指导。恢复控制是使系统由恢复状态回归正常状态所采取的措施。可能较为缓慢，在分析及预定补救措施的指导下进行。

16.7　离线 DSA

在离线 DSA 分析根据一组特定的安全准则，详细分析大量可能事故与运行状态析。可用来确定一个系统状态的安全性，称为基态分析。基态分析结果表明在所研究的状态下，系统是否安全。如果不安全，确定被违背的安全准则及相应故障。基态分析一般采用最重载方式，对大部分系统是预测的负荷峰值。

将基态分析拓展，可进行输电分析。通过类似 16.5.2 节所示的 $P-V$ 分析法，输电分析确定重要系统关口的输电功率极限。输电功率极限由一组电源与负荷定义，通过关键关口潮流来测量。输电功率极限定义为在不违背所有安全约束时的最大输电水平，用于系统规划或运行。考虑到离线分析对计算时间没有严格要求，因此可对多种运行方式与故障进行细致分析。

功率传输可能是一维的，即定义电源 - 负荷间一对变量，改变变量来确定传输极限。功率传输也可能是两维的，即定义两个独立的电源（或负荷）变量与一个独立的负荷（或电源）变量，通过改变变量来确定功率传输（二维图）。存在高维功率传输，但通常将其简化为一系列一维或二维图。图 16.4 为二维输电约束图。

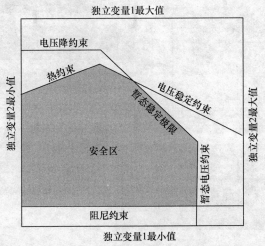

图 16.4　二维输电约束图

16.8　在线 DSA

在线 DSA 从能量管理系统（EMS）抓取系统实时状态快照，进行接近实时（在特定时间周期内）的安全评估，向调度员提供异常情况警报、安全运行区域（稳定约束）以及补救措施推荐（如果需要）。

尽管开始时，在线 DSA 是离线 DSA 的拓展，但较之后者，前者实现更有挑战性，带来许多额外好处。在持续研究与发展后，在过去数十年中，在线 DSA 技术愈发成熟。越来越多的实际应用见诸报导（Morrison 等，2004；Vittal 等，2005；Wang and Morrison，2006；CIGRE，2007；Savulescu，2009）。本节总结了在线 DSA 系统的整体结构、潜在应用领域及性能预期。

在线 DSA 系统可能包含多达 6 个主要功能模块，如图 16.5 所示：

1）测量：获取系统实时状态。该功能也是 EMS 的一部分。虽然传统SCADA测量数据通常能满足在线 DSA 对输入数据的要求，最新数据采集技术（例如基于 PMU 的 WAMS）能够提供更好、更精确的系统状态。该技术能极大程度提高在线 DSA 应用的质量。

2）建模：搭建一套适于进行 DSA 的模型，是在线 DSA 的关键模块。其部分功能（如状态估计器）也是 EMS 的一部分；其他可能是在线 DSA 的特有功能，包括：

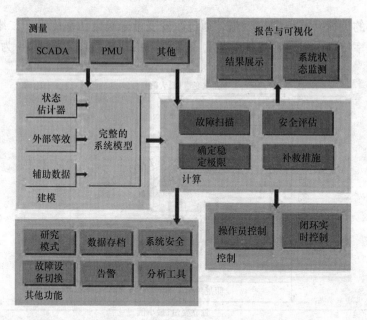

图 16.5　在线 DSA 系统的功能模块

a. 外部网络与动态等值。

b. 匹配系统实时数据与非实时数据（如动态模型）。

c. 基于实时母线/断路器状态的故障定义。

d. 拓展建模能力，如加入继电器、特殊保护方案（SPS）、系统异常与问题状态自动检测与处理、控制设备的实时工作与非工作状态（AVR，PSS，SPS 等）。

e. 生成改进系统状态，用于预测或研究模式分析。

3）计算：是在线 DSA 的计算引擎，通常包含三个主要的分析选项：

a. 基态方式的安全评估（实时、预报、研究模式等）。

b. 确定稳定极限。

c. 必要的话，确定补救措施，以处理不安全事故并提高稳定极限。

除了上述分析选项，还经常采用先进计算技术来满足要求的性能。如采用事故筛选（Demaree 等，1994；Chadalavada 等，1997；Vaahedi 等，1999；Chiang 等，2010）与分布式计算（Moshref 等，1999）。

4）报告与可视化：包括 DSA 结果的显示和可视化，以及 DSA 系统运行状态的报告。对 DSA 结果的可视化得到更多细致关注，不仅在于展示信息，也在于展示方式。基于网络及地理的显示方法，正越来越受欢迎（Alstom，2010）。

5）控制：多种控制（如切机）被用做补救措施，以确保系统安全。在线 DSA 与此类控制结合，提供实时设定值，甚至在系统状态需要这些控制动作时，发送待发信号（Pai and Sun，2008）。该类应用较少，然而这被认为是在线 DSA

的主要吸引力之一。随着 DSA 技术与电网基础设施的提升，该项技术有望日趋成熟。

6）其他功能：提高在线 DSA 系统的可靠性、可用性与实用性的功能集成。其中某些功能在在线 DSA 的部署中起重要作用，如：

a. 系统安全符合 NERC 网络安全标准（NERC，2010）。

b. 数据存档以提供可用于研究模式的历史案例。

c. 与其他分析功能（如基于 PMU 测量的振荡监视）整合，以拓展在线 DSA 功能。

在线 DSA 可以应用于许多领域。明确采用在线 DSA 系统的需求，也就是其能提供帮助，是实现该系统的动机与最终目标。根据在线 DSA 应用的不同方式，可实现下述功能与帮助。

16.8.1　监控系统安全

这是 DSA 系统的基本功能。在可能故障下，检查系统实时状态的安全性。可应用 16.3 节的全部或部分安全准则。若安全约束越限，则操作人员得到告警以进行合理操作。在系统运行于未进行离线分析的区域时，该功能尤为有用。文献（Savulescu，2009）中操作经验表明，存在操作人员未知的潜在不稳定运行状态。

16.8.2　确定稳定极限

传统上，采用规划系统模型计算稳定极限，加以一定裕度以保证系统安全。众所周知，这样做法经常过度保守，导致输电容量得不到充分利用。采用实时数据进行在线 DSA 计算，得到的极限更加精确可靠，可以避免过度保守的稳定约束裕度。

16.8.3　建议预防与校正控制措施

当系统不安全、或不具有足够的稳定裕度、或因为稳定约束无法传输所需功率时，应采用预防和（或）校正控制措施以缓解问题。在线 DSA 善于处理此类任务，且其结果往往比从离线分析数据查阅表好得多。作为例子，PJM 在线 DSA 系统实现了该功能（Tong and Wang，2006）。

16.8.4　处理分布式与随机变化电源

作为清洁与可再生能源，风力与光伏等发电技术越来越受欢迎。这些发电技术输出功率常展现较大变化，因此此类电源渗透率较高的电网，运行挑战性更高，主要因为此类电源较之传统基于同步发电机的火电厂的特性，例如：

1）可再生能源通常位于居民较少的偏远地区，需要长距离输电。

2）由于风速与光照波动，风电场与光伏电站输出功率变化较大，对该类电源渗透率较高的系统维持负荷与发电平衡提出了较大的挑战。

3）采用了新的发电技术，大部分不是基于同步旋转电机，光伏发电甚至不是基于旋转电机。

4）迄今为止，这些电源一般不提供一次调频，部分也不提供惯性响应。而且，根据发电厂设计可能无法提供足够的电压调节能力[⊖]。

这些因素导致系统操作人员顾虑：在不危害系统安全前提下，在任意时刻允许接入此类电源的最大数量。其解决方案是通过系统状态快速在线评估，确定该类电源最佳调度（如在特定情况下需切除部分可变电源）。在线 DSA 能够在分钟级时间内进行分析。Dudurych（2010）展示了安装于爱尔兰国家电网公司（EirGrid）的应用示例。

16.8.5　校验特殊保护系统（SPS）

SPS 用来防止系统在严重故障下失稳。SPS 设计与调试仅能在少量系统状态下进行，因此 SPS 可能在特定系统状态下失效。在线 DSA 中包含 SPS 模型（Wang 等，2008），可以持续测试这些系统，从而校验其功能，在各种系统状态下确保其正确动作。

16.8.6　处理电力市场交易

运营电力市场的一个问题是处理电力交易请求。这些请求必须在满足所有安全约束的前提下迅速得到处理，因此必须要考虑稳定性以满足安全裕度要求。ERCOT 在线 DSA 系统（Rosales 等，2003）是一个成功的应用，该系统计算电压稳定极限供 ERCOT 电力市场使用。

16.8.7　确定有功与无功备用

确定有功与无功备用对系统运行十分重要。例如，对小系统，大型机组跳闸后系统频率波动相当大，此时维持合理的有功备用，对维持系统频率稳定十分重要。在考虑系统频率准则的同时确定最优有功备用时，在线 DSA 可起到重要作用。文献（Dudurych，2010）描述的应用中有此功能，可以确定满足给定频率准则下的合理有功备用水平。

⊖　当然，许多现代风电机组技术确实提供了诸如低电压穿越与风电接入点电压调节等功能。同时，许多供应商演示并发展了其风电机组提供惯性响应与频率调节的功能，尤其在过频场景下。然而，此类功能是否得到实地部署，取决于区域电力系统市场设计等诸多因素。

16.8.8　安排设备维护

设备维护代表一种不常见的系统运行状态。尤其在系统重载时检修，必须保证安全。类似确定稳定约束，计划停运也常采用规划模型实现，这将导致非常保守的结论。在线 DSA 是一种更好的替代方案，此时可实时修改系统状态来反映维护需求。这不但会得到更精确的结果，同时也能使研究更高效。

16.8.9　校验并验证电力系统模型

电力系统工程师一直追求建立能合理捕捉所需系统特性的系统模型。但这并非易事。典型例子是 1996 与 2003 年北美大停电的事后分析。故障后搭建的初始系统模型，无法重现系统响应记录。这促使改进系统模型精度的相关项目，例如 WECC 发电机模型测试与验证。在线 DSA 通过对比电脑仿真结果与现场测量结果（如来自 PMU），提供了校正与验证模型的一种很好的方法。实际上，模型的校正与验证，是近期北美一些在线 DSA 项目的主要初衷之一。

16.8.10　为系统研究准备模型

传统上，离线电力系统研究采用系统规划数据。人们逐渐意识到，此类模型不能较好表达实际系统状态，尤其是用来研究短期运行规划的时候。解决该问题的一种方法，是采用在线 DSA 搭建的实时模型。该方法近来被美国一个主要的 ISO 采用，目前正处于用在线 DSA 提供实时案例代替规划案例进行短期运行研究的阶段。

16.8.11　系统恢复

当系统处于紧急状态且损失许多元件时，必须对其恢复。该状态下系统往往不采用离线 DSA 模型研究，因此恢复过程中安全准则很少。在该过程中，在线 DSA 可起到关键作用，文献（Viikinsalo 等，2006）记录了相关经验。

16.8.12　事件事后分析

当某事故对电力系统造成了广泛的影响，事后分析不可避免。在线 DSA 系统通常能够定期存储系统状态，以及进行稳定性分析必须的全部辅助数据。这些存储数据为事后分析提供了快速且很好的初始运行点。

考虑到在线 DSA 通常要求在给定周期内完成，运行速度等技术难题是严重约束。一般在获取实时快照后，在 5 ~ 20min 内完成一个计算周期。例如，PJM 在线暂态稳定分析与控制系统（Tong 和 Wang，2006）计算周期为 15min，在该时间段内处理基态下 3000 种故障，并针对包含 13500 条母线与 2500 台发电机的实时案例输电分析，确定了 40 项稳定约束。可以通过采用两种运算技术来实现这种性能：（1）若能确定系统稳定时，提前终止模拟。（2）将运算并行分配给多台服务器。

16.9　现状与总结

一些近期出版论文介绍了 DSA 工具的现状，特别是在线 DSA 工具（Vittal 等，2005；CIGRE，2007）。随着大型电力系统的交易的增多，在线确定系统安全，并在系统不安全时采取补救控制，有着紧迫的要求。近年来电力行业中大型可再生能源项目（尤其是风能）不断增加。因此，考虑到新型发电技术（特别是风能与光伏）与传统同步发电机特性存在差异，系统稳定特性也在不断变化。所以电力系统稳态与动态安全分析仍相当重要，是研究不断变化电力系统的性质与行为中一个持续发展的研究领域。

稳定问题不会频繁发生，但当其发生时会造成严重后果。大部分时候采用离线研究以确定保守的极限。在新环境下，系统稳定监测职责，更多通过在线应用实现，可能会授予独立系统操作人员（ISO）与区域输电组织（RTO）。

2010 IEEE PES 年会组织了一次特殊专题讨论，展示了 6 篇关于在线 DSA 在电网中应用经验的论文（Chiang 等，2010；Dudurych，2010；Loud 等，2010；Neto 等，2010；Wu 等，2010；Yao 和 Atanackovic，2010）。这些论文代表了当今该项技术的发展水平。显然，作为电力系统控制中心现代化的重要元件，随着如今全球范围内的智能电网发展（Zhang 等，2010），在不久的将来会出现越来越多的在线 DSA 技术的应用。

参 考 文 献

Ajjarapu, V. and Christy, C., The continuation power flow: A tool for steady state voltage stability analysis, *IEEE Transactions on Power Systems*, 7(1), 416–423, February 1992.

Alstom e-terra*vision* brochure, available from http://www.alstom.com/grid/eterravision/(accessed on November 16, 2010).

Anderson, P.M. and Bose, A., A probabilistic approach to power system stability analysis, *IEEE Transactions on Power Apparatus and Systems*, PAS-102(8), 2430–2439, August 1983.

Anderson, P.M. and Fouad, A.A., *Power System Control and Stability*, 2nd edn., Wiley-IEEE Press, Piscataway, NJ, October 2002.

Chadalavada, V., Vittal, V., Ejebe, G.C., Irisarri, G.D., Tong, J., Pieper, G., and McMullen, M., An on-line contingency filtering scheme for dynamic security assessment, *IEEE Transactions on Power Systems*, 12(1), 153–159, February 1997.

Chen, L., Tomsovic, K., Bose, A., and Stuart, R., Estimating reactive margin for determining transfer limits, *Proceedings, 2000 IEEE Power Engineering Society Summer Meeting, 2000*, Seattle, WA. IEEE, Vol. 1, July 2000.

Chiang, H.D., Tong, J., and Tada, Y., On-line transient stability screening of 14,000-bus models using TEPCO-BCU: Evaluations and methods, a paper presented at a panel session at the *IEEE PES General Meeting*, Minneapolis, MN, July 2010, pp. 1–8.

CIGRE Technical Brochure No. 111, Analysis and Control of Power System Oscillations, CIGRE Task Force 38.01.07, Paris, France, 1996 (www.e-cigre.org).

CIGRE Technical Brochure No. 325, Review of On-Line Dynamic Security Assessment Tools and Techniques, CIGRE Working Group C4.601, Paris, France, 2007 (www.e-cigre.org).

Demaree, K., Athay, T., Chung, K., Mansour, Y., Vaahedi, E., Chang, A.Y., Corns, B.R., and Garett, B.W., An on-line dynamic security analysis system implementation, *IEEE Transactions on Power Systems*, 9(4), 1716–1722, November 1994.

Dommel, H.W. and Sato, N., Fast transient stability solutions, *IEEE Transactions on Power Apparatus and Systems*, 91, 1643–1650, July/August 1972.

Dudurych, I.M., On-line assessment of secure level of wind on the Irish power system, a paper presented at a panel session at the *IEEE PES General Meeting*, Minneapolis, MN, July 2010, pp. 1–7.

Dy Liacco, T.E., The adaptive reliability control system, *IEEE Transactions on Power Apparatus and Systems*, PAS-86(5), 517–531, May 1967.

El-Kady, M.A., Fouad, A.A., Liu, C.C., and Venkataraman, S., Use of expert systems in dynamic security assessment of power systems, *Proceedings 10th PSCC*, Graz, Austria, pp. 913–920, 1990.

El-Keib, A.A. and Ma, X., Application of artificial neural networks in voltage stability assessment, *IEEE Transactions on Power System*, 10(4), 1890–1896, November 1995.

Fang, Y.J. and Xue, Y.S., An on-line pre-decision based transient stability control system for the Ertan power system, *Powercon 2000*, Perth, Australia, October 22–26, 2006, December 4–7, 2000, Vol. 1, pp. 287–292.

Fouad, A.A. (Chairman. IEEE PES Working Group on DSA), Dynamic security assessment practices in North America, *IEEE Transactions on Power Systems*, 3(3), 1310–1321, August 1988.

Fouad, A.A. and Vittal, V., *Power System Transient Stability Analysis Using the Transient Energy Function Method*, Prentice-Hall, Englewood Cliffs, NJ, 1992.

Gao, B., Morison, G.K., and Kundur, P., Voltage stability evaluation using modal analysis, *IEEE Transactions on Power Systems*, 7(4): 1529–1542, November 1992.

GE Energy, Modeling of GE wind turbine-generators for grid studies, Version 3.4b, March 4, 2005.

Gyugyi, L. and Hingorani, N., *Understanding FACTS: Concepts and Technology of Flexible AC Transmission Systems*, IEEE, New York, 1999.

Hakim, H., Application of pattern recognition in transient security assessment, *Journal of Electrical Machines and Power Systems*, 20, 1–15, 1992.

Hauer, J.F., Application of Prony analysis to the determination of model content and equivalent models for measured power systems response, *IEEE Transactions on Power Systems*, 6, 1062–1068, August 1991.

IEEE Special Publication, Techniques for Power System Stability Limit Search, IEEE Catalog Number 99TP138, 1999.

IEEE/CIGRE Joint Task Force on Stability Terms and Definitions, Definition and classification of power system stability, *IEEE Transactions on Power Systems*, 19(2), 1387–1401, August 2004.

Kosterev, D. and Meklin, A., Load modeling in WECC, *PSCE*, Atlanta, GA, October 2006.

Kundur, P., *Power System Stability and Control*, McGraw Hill, New York, 1994.

Loud, L., Guillon, S., Vanier, G., Huang, J.A., Riverin, L., Lefebvre, D., and Rizzi, J.-C., Hydro-Québec's challenges and experiences in on-line DSA applications, a paper presented at a panel session at the *IEEE PES General Meeting*, Minneapolis, MN, July 2010.

Mansour, Y., Chang, A.Y., Tamby, J., Vaahedi, E., Corns, B.R., and El-Sharkawi, M.A., Large scale dynamic security screening and ranking using neuron networks, *IEEE Transactions on Power Systems*, 12(2), 954–960, May 1997.

Morison, K., Wang, L., and Kundur, P., Power system security assessment, *IEEE Power and Energy Magazine*, 2(5), 30–39, September/October 2004.

Moshref, A., Howell, R., Morison, G.K., Hamadanizadeh, H., and Kundur, P., On-line voltage secu-
rity assessment using distributed computing architecture, *Proceedings of the International Power
Engineering Conference*, Singapore, May 24–26, 1999.

NERC, Reliability standards for transmission planning TPL-001 to TPL-006, available from www.nerc.com
(accessed on May 18, 2009).

NERC, Critical infrastructure protection standards CIP-001 to CIP-009, available from
www.nerc.com (accessed on October 12, 2010).

Neto, C.A.S., Quadros, M.A., Santos, M.G., and Jardim, J., Brazilian system operator online security assess-
ment system, a paper presented at a panel session at the *IEEE PES General Meeting*, Minneapolis,
MN, July 2010.

Pai, M.A., *Energy Function Analysis for Power System Stability*, Kluwer Academic publishers, Boston, MA, 1989.

Pai, A.C. and Sun, J., BCTC's experience towards a smarter grid—Increasing limits and reliability with
centralized intelligence remedial action schemes, *Proceedings of IEEE Canada Electrical Power and
Energy Conference*, Vancouver, British Columbia, Canada, October 6–7, 2008.

Pavella, M., Ernst, D., and Ruiz-Vega, D., *Transient Stability of Power Systems—A Unified Approach to
Assessment and Control*, Kluwer Academic Publishers, Boston, MA, 2000.

Pourbeik, P., Automated parameter derivation for power plant models from system disturbance data,
Proceedings of the IEEE PES General Meeting, Calgary, Alberta, Canada, July 2009.

Pourbeik, P., Approaches to validation of power system models for system planning studies, *Proceedings of
the IEEE PES General Meeting*, Minneapolis, MN, July 2010, pp. 1–10.

Pourbeik, P., Boström, A., and Ray, B., Modeling and application studies for a modern static var system
installation, *IEEE Transactions on Power Delivery*, 21(1), 368–377, January 2006.

Rogers, G., *Power System Oscillations*, Kluwer Academic publishers, Boston, MA, 2000.

Rosales, R.A., Sadjadpour, A., Gibescu, M., Morison, K., Hamadani, H., and Wang, L., ERCOT's imple-
mentation of on-line dynamic security assessment, a paper presented at a panel session at the *IEEE
PES meeting*, Toronto, Ontario, Canada, 2003.

Sauer, P.W. and Pai, M.A., *Power System Dynamics and Stability*, Prentice-Hall, Upper Saddle River, NJ,
1998.

Savulescu, S., ed., *Real-Time Stability Assessment in Modern Power System Control Centers*, IEEE Press,
Piscataway, NJ, 2009.

Taylor, C.W., *Power System Voltage Stability*, McGraw-Hill, New York, 1994.

Tong, J. and Wang, L., Design of a DSA tool for real time system operations, *PowerCon 2006*, Chongqing,
China, October 22–26, 2006, pp. 1–5.

Vaahedi, E., Fuches, C., Xu, W., Mansour, Y., Hamadanizadeh, H., and Morison, K., Voltage stability con-
tingency screening and ranking, *IEEE Transaction on Power Systems*, 14(1), 256–265, February 1999.

Viikinsalo, J., Martin, A., Morison, K., Wang, L., and Howell, F., Transient security assessment in real-time
at Southern Company, a paper presented at a panel session at the *IEEE PSCE Conference*, Atlanta,
GA, October 2006, pp. 13–17.

Vittal, V., Sauer, P., and Meliopoulos, S., On-line transient stability assessment scoping study, Final Project
Report, PSERC Publication 05-04, Power Systems Engineering Research Center, February 2005.

Wang, L., Howell, F., and Morison, K., A framework for special protection system modeling for dynamic
security assessment of power systems, *Powercon Conference*, New Delhi, India, October 12–15, 2008.

Wang, L. and Morison, K., Implementation of online security assessment, *IEEE Power & Energy Magazine*,
4, 24–59, September/October 2006.

WECC, Generating unit model validation policy, available from www.wecc.biz (accessed on October 27, 2006).

Wehenkel, L., *Automatic Learning Techniques in Power Systems*, Kluwer Academic Publishers, Boston,
MA, 1998.

Wu, W., Zhang, B., Sun, H., and Zhang, Y., Development and application of on-line dynamic security early
warning and preventive control system in China, a paper presented at a panel session at the *IEEE
PES General Meeting*, Minneapolis, MN, July 2010, pp. 1–7.

Xue, Y., Van Custem, T., and Ribbens-Pavella, M., Extended equal area criterion justifications, generalizations, applications, *IEEE Transactions on Power Systems*, 4(1), 44–52, February 1989.

Xue, J., Yin, Z., Wu, B., and Peng, J., Design of PV array model based on EMTDC/PSCAD, *Proceedings of Power and Energy Engineering Conference, 2009*, Wuhan, China, pp. 1–5, 2009.

Yao, Z. and Atanackovic, D., Issues on security region search by online DSA, a paper presented at a panel session at the *IEEE PES General Meeting*, Minneapolis, MN, July 2010, pp. 1–4.

Zhang, P., Li, F., and Bhatt, N., Next-generation monitoring, analysis, and control for the future smart control center, *IEEE Transaction on Smart Grid*, 1(2), 186–192, September 2010.

第 17 章　含汽轮发电机电力系统的动态相互作用

Bajarang L. Agrawal
Arizona Public Service Company
Donald G. Ramey（已退休）
Siemens Corporation
Richard G. Farmer
Arizona State University

17.1　引言

汽轮发电机是电力系统中的重要部分，为用户提供电力和能源。电力系统的范围，可以从一台发电机和负荷，到一个复杂系统，后者有许多电压等级不同的输电线路、变压器、发电机和负荷。电力系统及其部件正常运行时，同步发电机会发出同步频率（美国是 60Hz）和期望幅值的正弦电压。电压使电流以同步频率沿电力系统流入负荷。发电机转子上唯一电流是直流励磁电流。汽轮发电机上，涡轮产生恒定、单向的机械转矩。发电机中还有磁场产生的反作用转矩，用来平衡机械转矩，获得恒定转速。系统同步时，系统和汽轮发电机间没有相互作用。

当电力系统及其部件受到扰动时，电力系统部件间可能产生周期性能量交换。如果周期性能量交换发生在汽轮发电机和电力系统间，我们称其为电力系统和汽轮发电机的动态交互作用。此时，发电机的磁相互作用，及发电机转子运动，在发电机转轴上产生振荡转矩。如果该转矩的频率等于或接近汽轮发电机自然机械频率，发电机转子关键部位可能会承受过大机械应力。另外，发电机和电力系统中还会出现过电压和过电流。受交互作用影响的汽轮发电机部件，包括转轴、涡轮叶片、发电机扣环等。

电力系统和汽轮发电机的动态交互作用，可能引起很多意外事件，包括汽轮发电机的重大损坏。对这些事件的分析，让电力行业意识到电力系统动态交互作用，可能对发电机造成更严重的损坏。因此，已经建立一些方法，来识别和分析电力系统动态交互作用的可能性，以及控制交互作用的应对策略。

本章介绍了潜在危险的电力系统和汽轮发电机交互作用的类型。对每一种类型，讨论已知事件、物理原理、分析方法、可能应对策略、文献。需要探讨的交互作用是：

1) 次同步谐振（SSR）；

2) 感应发电机效应；

3) 装置引起的次同步振荡；

4) 超同步谐振；

5) 装置引起的超同步振荡；

6) 暂态轴系转矩振荡。

对于上述交互作用，除了感应发电机效应，对涡轮－发电机转子系统，自然频率和振型都是关键因素。对老化发电厂，可改造使其现代化或升级。对转子动态有重大影响的改变，是用静态励磁系统替换励磁机，以及替换涡轮转子。有些实例中，发电机或发电机转子被替换。对特定汽轮发电机来说，上述变化可能减少或增加动态交互作用。电力系统工程师、新设备设计工程师、维护工程师等意识到本章提到的交互作用，并了解它们在特定发电厂发生的可能性，这是非常重要的。

17.2 次同步谐振

从 20 世纪 50 年代，串联电容器已被广泛使用，用以有效提高含长线路（150 英里或更长）电力系统的输电能力。串联电容器容抗和输电线路感抗串联，可减小有效感抗。除了可以提供无功补偿和电压控制作用，串联电容器可以显著提高暂态和稳态的稳定极限。一个由 1000 英里、500kV 输电线路组成的输电项目，使用串联电容器估计可以节约 25% 的成本。直到 1971 年，人们普遍认为，在输电线路上，使用多至 70% 的串联补偿，不会引起任何顾虑。然而，在 1971

年，发现串联电容器可能在串补电力系统和汽轮发电机的弹性 – 质量块机械系统间，产生不利交互作用。这种作用被称为次同步谐振（SSR），因为它是由谐振引起，振荡频率低于电力系统额定频率。

17.2.1 已知的 SSR 事件

在 1970 年和 1971 年，位于内华达州南部的一台 750MW Mohave 汽轮发电机经历了转轴损坏，此时系统切换运行方式，发电机通过一条 176 英里的串补 500kV 线路，辐射状连接洛杉矶区域。转轴损坏发生在高压汽轮发电机的集电环区域。冶金分析表明，转轴因为周期性疲劳，导致塑性变形。幸运的是，电厂调度员在转轴断裂前停运机组。汽轮发电机停运几个月进行维修[2]。对电力工业深入研究发现，Mohave 事件是由被称为扭振相互作用的 SSR 引起的。扭振相互作用促使第二个扭振模式发生了持续扭转振荡，使得发电机集电环区域应力过大。

17.2.2 SSR 术语和定义

为便于工程师交流，以下给出常见术语定义[3]：

次同步：与低于电力系统同步频率的有关电气量或机械量。

超同步：与高于电力系统同步频率的有关电气量或机械量。

次同步谐振：以次同步频率，在串联电容补偿电力系统和汽轮发电机的机械弹性 – 质量块系统间的谐振。

自励：没有外部施加激励，动态系统响应持续或增加。

异步电动机效应：在同步旋转发电机的电枢中次同步正序电流的影响。

扭振相互作用：当次同步转子运动产生转矩和转子阻尼转矩方向相反，且前者幅值更大时，汽轮发电机组合机械弹性 – 质量块系统和串联电容补偿电网的自励。

转矩放大：在转子的一个或多个自然频率，汽轮发电机轴系转矩的放大。由串补输电系统次同步自然频率暂态振荡、或者电网合闸时间不当引起。

次同步振荡：以次同步频率，在电网和汽轮发电机机械弹性 – 质量块系统间的能量交换。

扭振模式频率：扭转振荡时，汽轮发电机的机械弹性 – 质量块系统的自然频率。

扭振阻尼：扭转振荡衰减率的一个测度。

模态模型：对应某个机械自然扭转频率的汽轮发电机转子弹性 – 质量块的数学描述。

扭转振型：以自然频率扭转振荡时，汽轮发电机组的独立转子质量块，在任何时刻的相对角位置或速度。

17.2.3　SSR 物理原理

考虑最简单系统，单台汽轮发电机连接串补线路，如图 17.1 所示。汽轮发电机仅有两个质量块，由作为扭转弹簧的转轴连接。在两个质量块之间有阻尼元件，每一个质量块有一个阻尼元件。图 17.1 有一个谐振频率 f_{er}，机械弹簧–质量块系统有一个自然频率 f_n。需要注意的是，实际电力系统可能是复杂网络，有很多串补线路，导致很多谐振频率 f_{er1}、f_{er2}、f_{er3} 等。同样，汽轮发电机可能有多个质量块由转轴（弹簧）连接，导致几个扭转频率（扭转模式）f_{n1}、f_{n2}、f_{n3} 等。即使如此，图 17.1 的系统可以用来表示 SSR 的物理原理。

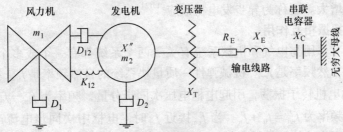

图 17.1　连接串补线路的汽轮发电机

（IEEE Committee Report, IEEE Trans. Power App. Syst., PAS – 104, 1326, 1985.）

SSR 是导致电力系统和汽轮发电机间发生大量能量交换的现象。其频率是一个低于同步频率的汽轮发电机的自然频率 f_0。当图 17.1 系统串联补偿时，将会有一个次同步自然频率 f_{er}。对于任何系统扰动，发电机三相绕组中都会流过频率为 f_{er} 的电枢电流。电枢电流正序分量产生电角速度 $2\pi f_{er}$ 的旋转磁场。由于旋转磁场相对转速和转子转速，转子绕组中将感应出电流，频率是 $f_r = f_0 - f_{er}$。次同步转子电流产生异步发电机效应，将在 17.2.3.1 节讨论。以角频率 f_{er} 旋转的电枢磁场，和以角频率 f_0 旋转的转子直流磁场相互作用，在发电机转子产生角频率是 $f_0 - f_{er}$ 的电磁转矩。这个转矩分量对扭振相互作用的贡献，将在 17.2.3.2 节讨论。转矩放大，将在 17.2.3.3 节讨论[3]。

17.2.3.1　异步发电机效应

异步发电机效应仅仅和电力系统和发电机有关，和汽轮机无关。对于异步电机，分别从电枢和外部电力系统看见的有效转子电阻，由下式给出：

$$R'_r = \frac{R_r}{s} \tag{17.1}$$

$$s = \frac{f_{er} - f_0}{f_{er}} \tag{17.2}$$

式中　　R'_r——电枢看见的转子电阻；

　　　　R_r——转子电阻；

　　　　s——转差率；

　　　　f_{er}——电枢电流次同步分量的频率；

　　　　f_0——同步频率。

结合式（17.1）和式（17.2）得出：

$$R'_r = \frac{R_r f_{er}}{f_{er} - f_0} \tag{17.3}$$

因为 f_{er} 是次同步的，总是小于 f_0。因此，从电枢看见的有效发电机电阻总是负的。如果该等效电阻大于谐振频率 f_{er} 处的正电枢电阻和系统电阻，电枢电流持续或不断增大。这称为异步发电机效应[1,12]。

17.2.3.2　扭振相互作用

扭振相互作用与电气和机械系统有关。两个系统都有一个或多个自然频率。电气系统的自然频率是 f_{er}。机械弹性-质量块系统的自然频率是 f_n。按自然振荡频率 f_n 的发电机转子振荡，引起电枢电压次同步分量，频率为 $f_{en}^- = f_0 - f_n$，和超同步分量，频率为 $f_{en}^+ = f_0 + f_n$。当 f_{en}^- 接近 f_{er} 时，电枢中次同步电流产生转子转矩，加强频率为 f_n 的初始转子转矩。对于模式 n，如果合成转矩大于汽轮发电机固有阻尼转矩，将发生持续或不断增长的振荡。这就称为扭振相互作用。更详细数学讨论，可参见参考文献 [4，5]。

17.2.3.3　转矩放大

当电力系统中发生大扰动（如短路）时，相当多的电能储存在线路电感和串联电容中。切除扰动后，储存的电能将以频率 f_{er} 的电流释放出来。如果全部或部分电流流过发电机电枢，转子上会有一个频率为 $f_0 - f_{er}$ 的次同步转矩。如果这个转矩频率对应汽轮发电机弹性-质量块系统的一个扭振模式，这个弹性-质量块系统将在自然扭振频率被激发。周期性的转轴转矩，可以在几个周期中增长到耐受极限。这被称为转矩放大。对其更深入分析见参考文献 [6，7]。

17.2.4　抑制 SSR

如果采用或考虑采用串联电容，需要彻底研究 SSR 的控制：评估 SSR 可能性，确定应对措施的必要性。当汽轮发电机直接连接串补线路或含有串补线路的电网时，可能存在 SSR 问题。有三种串联电容应用，不会发生 SSR。第一种情况是当涡轮发电机包括一个水轮机。此时，发电机质量块和涡轮质量块比值较大，和汽轮发电机时相比，模态阻尼和模态惯性更大[8]。第二种情况下，汽轮发电机连接一个无补偿输电系统，后者被串补输电系统覆盖，如加州-俄勒冈州输电系统。其 500kV 系统的 70% 串偿，覆盖一个无补偿 230kV 输电系统。汽轮发电机连接在230kV系统。对这个系统深入分析，没有识别出任何SSR问题。第三种情况是串联补偿度低于20%。此时未发现可能的SSR问题。

对于那些被可能会发生SSR问题的串联电容器应用，需要考虑应对策略，可以是简单操作程序，也可以是花费数百万美元的设备。现在已有提出很多SSR应对策略，有些已投入使用[9]。幸运的是，对安装的每个串联电容器，都已找到应对SSR的有效措施。

规划和抑制SSR的方法，包括以下步骤[1]：

17.2.4.1 扫描研究

扫描研究确定每一台靠近串联电容的汽轮发电机发生SSR的可能性。除非汽轮发电机位置合适，可用于测试，否则这些研究需要使用其扭转阻尼和模式频率的估算数据。准确的模式频率和阻尼，只能从测试中获得，尽管制造商通常会提供最佳估计值。扫描研究常用分析工具是频率－扫描技术，可近似评估三种SSR的可能性和严重性：异步发电机效应、扭振相互作用、转矩放大[10]。进行频率－扫描研究，需要电力系统正序模型。将发电机阻抗作为频率的函数，评估其数值。需要汽轮发电机扭转阻尼和弹性－质量块模式的最佳估计值。制造商通常提供估算的弹性－质量块－阻尼模型。如果使用估计值进行扫描，应该检验数据灵敏度。

17.2.4.2 精确分析

如果扫描研究发现可能存在SSR，需要使用精确数据额外研究，这些数据来自厂商和测试。频率－扫描足以评估异步发电机效应和扭振相互作用。但是如果考虑自励措施投资，特征值分析更好一些。如果扫描显示了转矩放大的可能性，需要详细计算预期轴系转矩水平和发生概率。转矩放大研究需要使用来自于制造商的最新弹性－质量块－阻尼模型。随着源于测试的更多精确数据可用，该研究可被升级。电磁暂态程序（EMTP）常用于此类研究。

17.2.4.3 SSR临时保护

如果串联电容器带电，早于从汽轮发电机测试获得准确数据，且前述研究指出可能存在SSR，需要提供临时保护。此类保护可能包含降低串补度、设定运行规程以防止某些补偿度或输电拓扑结构出现、加装保护，使得SSR出现时设备离线运行。当一台新汽轮发电机加到现有串补系统中，且研究表明有SSR可能性时，也需采用上述预防措施。

17.2.4.4 SSR测试

如前述讨论，除非不存在SSR，或其概率极小，否则需要进行SSR测试。在发电机和系统正常运行时，可以大致测量弹性－质量块系统的扭振自然频率。为了测量模式阻尼，必须发电机运行于不同载荷水平下，并激励弹性－质量块系统。17.2.8节将更详细地讨论测试。

17.2.4.5 对策需求

选择对策，必须保证不会发生持续或增长的振荡，可能涉及阻尼振荡的可接受疲劳寿命（FLE）的分析。FLE 讨论参见 17.2.5.3.5 节。实现所选择的对策，需要谨慎协调。如果对策和硬件有关，要通过测试来确定硬件有效性。更详细的对策讨论，参见 17.2.6 节。

17.2.5　SSR 分析

SSR 分析涉及识别引起 SSR 的所有系统和发电机运行状态，通过计算负阻尼和轴系转矩放大来确定 SSR 严重性。电力企业里常用于 SSR 分析的计算机程序是频率扫描、特征值、暂态转矩（EMTP）。通过比较分析结果和实测结果，可以验证前者[1]。

17.2.5.1　频率扫描

频率扫描技术研究从发电机中性点看进去，在感兴趣频率范围的驱动点阻抗[10]，需要以下建模：

从发电机端口看进去的系统正序模型（包括串补）。

所研究发电机用其异步发电机等效阻抗表示，后者是转差的函数。这些数据一般可从制造商获得。如果得不到，参考文献［12］介绍了一种近似方法。其他发电机通常采用短路等效模型。负荷通常用从降压变压器看进去的短路等值阻抗来表示。

图 17.2 是频率 - 扫描程序的一个典型输出，包括从发电机中性点看进去，作为频率函数的电抗和电阻。另外，叠加模态频率的 60Hz 补偿量，并根据模式编号标记。使用频率扫描评估以下三种 SSR，介绍如下：

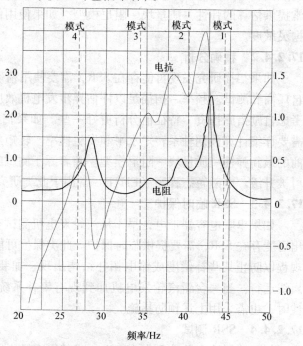

图 17.2　连接 500kV 系统的 Navajo 发电机频率扫描
（Anderson PM, Farmer RG, Subsynchronous resonance,
Series Compensation of Power Systems, PBLSH!,
San Diego, CA, 1996）

17.2.5.1.1　异步发电机效应

频率扫描是分析异步发电机效应的一个很好的工具。当扫描结果显示，在对应负电阻的频率，电抗过零，表明有异步发电机效应。这些点可通过频率扫描图检查出来。这表明电力系统中有不断增长的电流和电压振荡。发电机会遭受振荡转矩，但是除非频率和扭转自然频率接近一致，否则这些振荡不会在转子系统被放大。这种情况通常发生于发电机连接安装串补的辐射状输电线路。

17.2.5.1.2　扭振相互作用

从发电机中性点看过去，若电力系统某谐振频率和汽轮发电机某模态频率相加为 60Hz，汽轮发电机存在负阻尼。如果负阻尼大于发电机的正模态阻尼，会引起持续或不断增长的轴系转矩。根据参考文献〔4〕，从频率 - 扫描结果可以近似得到负阻尼。基于参考文献〔4〕，扭转模式 n 的负阻尼的量，和该模式的电导 G_n 直接相关，近似计算如下：

$$\Delta\sigma_n = \frac{60 - f_n}{8 f_n H_n} G_n \qquad (17.4)$$

式中　$\Delta\sigma_n$——模式 n 的负阻尼（rad/s）；

　　　H_n——等效的纯模态振荡储存能量的标幺值（参见参考文献〔10〕）；

　　　G_n——含有发电机的电力系统的电导的标幺值（基于发电机额定容量、扫描频率为（$60 - f_n$）Hz）：

$$G_n = \frac{R_n}{R_n^2 + X_n^2}$$

式中　R_n——以（$60 - f_n$）Hz 频率扫描的电阻；

　　　X_n——以（$60 - f_n$）Hz 频率扫描的电抗。

因为电流的超同步分量，上式忽略了阻尼。这一般是可忽略的。参考文献〔1〕中方程（6.4）包括超同步效应。参考文献〔10〕给出计算 H_n 的一个例子。

通过比较负阻尼（$\Delta\sigma_n$，由对模式 n 频率扫描和模式 n 汽轮发电机自然机械阻尼确定），可确定扭转相互作用存在与否，以及其严重性：

$$\sigma_{net} = \sigma_n - \Delta\sigma_n \qquad (17.5)$$

式中　σ_{net}——模式 n 的净扭振阻尼；

　　　σ_n——模式 n 的汽轮发电机阻尼；

　　　$\Delta\sigma_n$——由于扭振相互作用导致的模式 n 的负阻尼。

如果净阻尼 σ_{net} 是负的，所研究运行状态下模式 n 的扭振相互作用不稳定。在同一扫描频率下，计算所有其他活跃模式 $\Delta\sigma_n$，然后和相应模式自然阻尼 σ_n 比较。这给出了所研究运行状态下的扭转相互作用的严重程度的指标。对于所有可预期的运行状态，重复该计算过程。

只有测试汽轮发电机，才能准确地知道其自然扭转频率和模态阻尼。如果使用估计数据，应考虑可能的误差。表达模态频率变化的最简单方法，是采用裕度。一种方法是用方程（17.4），在频率范围内计算最大电导。参考文献［10］提出频率范围在预期模态频率的 ±1Hz。经验表明估计的模态阻尼和测量值可能差异很大。因此，除非估计阻尼值是基于其他相似机组的测量值，否则必须使用非常保守的阻尼值。

将用来计算负阻尼的频率扫描技术和测试结果比较，得以验证前者。如参考文献［10］所示，当汽轮发电机模型参数准确时，两者有合理的相关性。研究异步发电机效应和扭振相互作用时，频率扫描计算成本较低。这个结果必须小心使用。若研究结果表明存在非常小的正阻尼，但电抗大幅跌落表明存在明显谐振现象时[10]，在决定不安装应对措施之前，应当进行测试来验证研究结果。同样，如果频率扫描研究表明仅存在较小的负阻尼，在加装昂贵应对策略或减少串补之前，进行测试以验证结果，无疑是谨慎的选择[1]。

17.2.5.1.3 转矩放大

频率扫描不能用于量化特定扰动下的转矩，但是它是确定转矩放大问题可能性和需要详细研究的系统结构的一个良好工具。参考文献［10］提出，对与发电机组模态频率相加等于 60Hz 的频率，若频率扫描在其正负 3Hz 范围内发生了明显电抗跌落，需要分析是否存在转矩放大。这提供了很好的扫描工具，以建立研究转矩放大的算例列表。图 17.2 中的频率扫描结果显示了模式 1 和 2 转矩放大的可能性。最大的阻抗下降接近模式 1，但是被轻微解调谐。模式 2 阻抗下降很小，但是几乎是完美的调谐。用 EMTP 研究图 17.2 系统结构，发现存在严重的转矩放大问题（参见参考文献［22］）。

17.2.5.2 特征值分析

因为采用线性模型，用 SSR 特征值可直接分析扭振相互作用和异步发电机效应[1]。方法如下：

1）用正序模型为电力系统建模。

2）发电机电路建模。

3）零阻尼汽轮发电机弹性 - 质量块系统建模。

4）计算互联系统特征值。

5）与汽轮发电机弹性 - 质量块系统的次同步模式相关的特征值的实部，表示扭振相互作用的严重性。

6）仅与有电力系统谐振频率相关的特征值的实部，表示异步发电机效应问题的严重性。

通过比较每个特征值虚部和弹性 - 质量块系统模态频率，可以确定分析扭振相互作用的特征值。其实部是该模式阻尼的量化指标。如果特征值实部为负，表示有正阻尼。如果特征值实部为正，表示有负阻尼。特征值实部是每个模式正或负阻尼的一个直接测度。用代数方法，把计算的阻尼加到固有模态阻尼上，得到系统净模态阻尼。特征值分析建模的数学处理，见参考文献 [5]。

17.2.5.3　暂态分析

暂态分析用来确定 SSR 转矩放大的可能性。EMTP 很适合这样的分析[13]。程序版本有很多种。BPA 建立该程序，加入了其他工程师的贡献，在这些年里逐渐升级。ATP 版本是免费使用的，其他几个版本是商业化的。对于那些评估 SSR 转矩放大严重性所需的元件，EMTP 提供了详细模型，包括电力系统、发电机、所研究汽轮发电机的机械模型。

17.2.5.3.1　EMTP 电力系统模型

用三相电路、中性点电路、对地连接，对电力系统元件建模。模型数据通常由相分量或对称分量的形式提供。对串联电容器特性进行建模，包括间隙放电的电容器保护及非线性电阻。负荷通常用短路等效电路，连接电网，对电网详细建模。

17.2.5.3.2　EMTP 汽轮发电机建模

EMTP 中同步发电机电气模型，是两轴 Park 等效模型，包括直轴和交轴上的几个转子绕组电路。输入数据形式可以是绕组数据，也可以是常用的稳定数据。从制造商可得到稳定数据形式的发电机数据。系统中所有发电机，除了所研究发电机，一般能用电压源和阻抗来表示，并不影响研究精度。SSR 分析中发电机模型的详细处理，见参考文献 [5]。

17.2.5.3.3　EMTP 汽轮发电机的机械模型

EMTP 中汽轮发电机的机械模型，由集中质量块、弹性系数、阻尼器组成。转矩放大研究中，机械阻尼不是关键因素。当阻尼由 0 增长至最大值时，轴系扭矩峰值变化幅度大约只有 10%。因此，在 EMTP 研究中，一般忽略汽轮发电机机械阻尼的影响。

17.2.5.3.4　转矩放大的关键因素

EMTP 在 SSR 分析中最重要的用处是，当使用串联电容时，找到预期的轴系转矩峰值。由 SSR 引起的严重转矩放大事件，不仅会发生于电力系统故障时，也会发生于在故障切除后。故障时储存在串联电容中的能量，将以次同步频率电流放电，流经发电机电枢，引起次同步转矩放大。预期轴系转矩峰值和很多因素有关。经验表明：在转矩放大研究期间，主要因素是电力系统调谐、故障位置、故障清除时间、电容器控制参数，以及发电机组满载时的最大暂态转矩。

系统调谐和故障的详细讨论见参考文献 [1]。电容器控制信息见参考文献 [7]。

17.2.5.3.5　计算疲劳寿命损耗

当汽轮发电机轴系转矩大于特定水平（疲劳极限）时，在每个扭转周期，都会损耗轴的疲劳寿命。发电机制造商一般会提供每个周期对应每个转轴上轴系转矩幅值的 FLE 估计值。把它绘制出来，称为 $S - N$ 曲线。对于给定系统扰动，可以用 EMTP 预测 FLE。一种方法是完整仿真每个事件，计算 FLE，时间超过 30s。如果要分析很多场景，很耗时也很麻烦。另一种方法需要一些近似。这种方法中，EMTP 旨在发现在给定情形下出现的轴系转矩峰值。因为轴系转矩峰值一般在 0.5s 以内发生，EMTP 仿真和 FLE 计算时间大大减少。假设轴系转矩达到峰值后，以一定速率衰减，衰减率对应于受激模式的机械阻尼。仿真事件的 FLE，可以通过转矩峰值、衰减率、$S - N$ 曲线计算得到。这给出了 FLE 的保守估计值。每个事件对 FLE 的影响是累加的。当累加 FLE 达到 100% 时，转轴表面将会裂缝，但不是整体故障。计算 FLE 的更多详细，见参考文献 ［1］。

17.2.5.4 SSR 分析的数据需求

SSR 分析需要的数据，包括系统数据和汽轮发电机数据。

17.2.5.4.1 系统数据

特征值和频率扫描分析需要的系统数据，与潮流、短路、稳定研究采用的正序数据格式相同。这些数据需要进一步细化，以包括电阻随频率变化及系统等效。当等效系统含有串联电容时，传统等效短路电路不再适用。此时，建立 RLC 等效电路。该电路需要用频率扫描程序检查，以确定在感兴趣频率范围（10 ~ 15Hz）内，等效模型是否合理地近似表达研究系统驱动点阻抗。靠近所分析发电机的大负荷中心，需要用特定等效模型。有一个显著例子：对亚利桑那州菲尼克斯负荷，从所研究发电机端口看视在阻抗，实际测量时频率范围超出了 10 ~ 45Hz，因此必须对菲尼克斯负荷详细建模以改进等效准确度[14]。

此案例中，采用以下负荷模型，能准确等效：全部负荷 60% 采用 $x''_d = 0.135$pu 的异步电动机，40% 是纯电阻。但在其他位置，该模型有效性还未得到验证。

用 EMTP 进行的转矩放大研究，需要的系统数据更广泛，因为所有三相数据和对地支路都要表示。在 EMTP 中，串联电容器可以详细建模，包括电容器保护设备。SSR 分析所需系统数据的更多细节，见参考文献 ［1］。

17.2.5.4.2 汽轮发电机数据

IEEE SSR 工作组建立了一组 SSR 的推荐数据，是由汽轮发电机制造商提供的。这是一般 SSR 研究需要的最少数据。以下简要介绍。

发电机电气模型：

1）从发电机端口看进去的电阻和电抗，是发电机频率的函数。包括电枢和转子回路。

2）"Park 等效" 发电机模型的典型稳定格式数据。

汽轮发电机机械模型：

1）每个涡轮元件、发电机、励磁机的惯性时间常数。

2）连接到涡轮、发电机、励磁机的每个轴的弹性常数。

3）由1）与2）定义的机械模型所确定的固有扭振频率与振型。

4）模态阻尼，是对应由1）与2）定义机械模型的载荷的函数。

寿命损耗曲线：

对于连接涡轮元件、发电机、励磁机的每一根轴，将每个暂态事件对其寿命损耗，绘制成振荡转矩峰值的函数曲线；或者是显示转矩和生成/扩散裂缝的周期数的 $S-N$ 曲线。厂家应提供绘制这些曲线的所有设定条件。更加细致地了解汽轮发电机建模，可参见参考文献 [1, 5]。

17.2.6 SSR 应对措施

如果采用串联电容，且 SSR 分析表明，在一个或多个系统结构中可能存在破坏性的相互作用，即使 SSR 发生概率较小，也必须提供应对措施。此类应对措施无法完全消除汽轮发电机组轴系疲劳寿命损耗。即使这样，慎重选择应对措施，可使传动轴 FLE 小于汽轮发电机预期寿命的100%。SSR 应对措施的选取策略，应在其分析阶段就已经形成，以便指导后续研究。参考文献 [15] 介绍了一个电力公司准则，用来指导选择包括 SSR 在内的应对方案。

诸多 SSR 应对措施得到了研究[9,16]，其中约 12 种得到应用。以下介绍已知得到应用的应对措施，并附上了参考文献。这些应对措施被分为切机类与非切机类。

17.2.6.1 切机类 SSR 应对措施

下列应对措施，在检测到危险状况时断开发电机与电力系统间的电气连接。

扭振运动继电器[17,18]：通常以汽轮发电机某处或某两处的转子运动作为输入信号。转子运动信号通常取自转轴上的齿轮。信号经处理后，分析其是否存在模态分量。跳闸逻辑主要是基于信号大小及增加速率。合理设置这些继电器，需要了解汽轮发电机的应力与疲劳周期的关系。上述继电器通常在应对 SSR 导致扭振相互作用时非常有效。然而，应对最恶劣条件下扭矩放大问题时，速度不够快。相较于老式模拟继电器，新的扭振运动继电器多采用微处理器。

电枢电流继电器[19,20]：采用发电机电流作为输入信号，对其进行处理以滤除正常 50/60Hz 分量。然后通过滤波得到电流模态分量。跳闸逻辑是基于 SSR 电流水平与增长速率。此类继电器能够在出现扭振相互作用、异步发电机效应、扭矩放大等 SSR 时，提供保护。考虑到 SSR 电流是系统阻抗的函数，通常需要设定较高的继电器灵敏度。灵敏度设定较高的不利因素，是可能误动作。

切机逻辑方案[21]：通常为硬件逻辑方案。当预定系统状态发生时，切除发电机。应用场合：SSR 概率较低、且可确信没有其他未知系统状态可能引起

SSR。评估所有可能引起 SSR 的状态难度较高，该措施应用时应十分谨慎。

17. 2. 6. 2　非切机类 SSR 应对措施

不需要断开发电机与电力系统间连接，就可以提供不同程度的 SSR 保护。每种措施被设计用来抑制特定类型 SSR。选择方案取决于所关注 SSR 特性与严重程度。其中静态阻塞滤波器保护范围最宽，但其价格较高，且维护要求较为严苛。

1）静态阻塞滤波器[22,23]；

2）动态稳定器[24-26]；

3）励磁系统阻尼器[27,28]；

4）发电机组改造[1]；

5）极面阻尼绕组[9,22]；

6）串联电容器旁路[7]；

7）串联电容器与负荷的协调控制[9]；

8）运行规程[1]。

17. 2. 6. 3　可控串联电容补偿器（TCSC）

TCSC 是串联在输电线路上的电容器，与一对晶闸管与一个较小电感并联。当晶闸管关断时，实现串联电容器功能。当晶闸管完全导通时，表现为一个串联电感。若晶闸管占空比变化，可视作一个可变阻抗。TCSC 已被用于改善薄弱交流电网的稳定性，防止串联电容器过电压。未来 TCSC 还有望控制 SSR 的相互作用。

美国两套 TCSC 装置已经展示了抑制 SSR 的控制算法[29,30]。虽然这些项目所在地发生持续或增长振荡的可能性不大，但是提供了控制算法演示、设备安装与运行。这些项目还提供了 TCSC 元件所需容量，以及电力电子元件、冷却系统、控制系统可靠性等相关信息。

针对 TCSC 控制算法、设备大小、最佳安装位置，已有大量研究，可参见参考文献 [31 -33]。TCSC 被视为直接控制 SSR 的最有效方法。

17. 2. 7　疲劳损伤与监视

人们希望避免汽轮发电机组轴系的疲劳损伤，但实际上无法完全消除。因此，了解疲劳损伤后果，知道如何量化轴系经受的各类疲劳损伤，是十分重要的。这有利于避免轴系整体故障[3,18]。

高周波疲劳与低周波疲劳的后果存在差异。前者由大量幅值较低的应力周期构成，仅存在弹性形变而无永久形变和无法修复的损伤。通常认为，当轴系表面应力集中点出现裂痕时，就达到100%疲劳寿命损耗。此时，在裂痕末端的应力集中点处，额外扭转应力超过疲劳极限，裂痕不断延伸。但达到100%疲劳寿命损耗，并不意味着轴系失效。相反，轴系扭转力并没有遭到明显削弱。它只表明：若不采取适当措施，裂缝数量与大小会不断增长。幸运的是，通过加工轴系表面、移除裂痕，能够有效完全恢复轴系的整体性。轴系应力点处的裂缝，通过肉眼就可以观察到。但是在事故可能造成明显疲劳寿命损耗时，停机观察的成本太高。因此，扭矩监视技术提供每个发电机组轴系所经受力矩的永久历史记录。幅值受到非线性阻尼抑制的持续扭振相互作用，最有可能导致高周期疲劳。

低周期疲劳由少量幅值较大的应力周期构成。此时发生塑性形变，其结果与高周期疲劳存在较大差异。塑性形变发生时，扭转使得轴系发生不可恢复的形变（扭结）。在最严重的情况下，在每个周期内，轴系被施加一个弯曲力矩。若发电机组在该条件下继续运行，可能发生弯曲模式的轴系损坏。若监视器监测到低周期疲劳，并且横向振动相应增加，应当尽快检修轴系。扭矩放大作用最可能导致低周期疲劳。

轴系力矩监视技术，用来提供每个汽轮发电机轴系扭矩近似值的永久历史记录。在 SSR 继电器动作停机或发生失步等事件时，这些信息极其有用。存在如下选项：

1）将发电机组停机，检查轴系。

2）在发电机组下次计划停运时，检查轴系。

3）同步，让发电机承受负载，继续运行。

错误决定可能会造成轴系严重损坏或不必要停机。参考文献 [18，34 – 38] 中提出了多种监视轴系扭矩的方法。

17. 2. 8 SSR 测试

SSR 分析的解析模型与相关软件已十分详细，然而其应用价值取决于电力系统、发电机与发电机组弹簧 – 质量块 – 阻尼系统所需数据及其准确性。扭转频率的测试值与厂家预计值的差异，通常相差 1Hz 范围内。这表明了弹簧 – 质量块模型的准确性。但是汽轮发电机厂家预估扭转阻尼，与实际测得数据存在较大差异。因此除非基于类似机组实测数据，否则预估阻尼的可信度不高。准确的扭转阻尼值，只能够通过测试得到。

依据目的、发电机转子运动可用监控点数、励磁系统类型、电力系统结构以及其他要素，SSR 测试复杂程度存在较大差异，其中最小、最简单的测试，是确定发电机组自然扭转频率。测试扭转阻尼相对复杂些，尤其是在重载时。可以制定不同类型测试，以检验应对措施的效果。

17. 2. 8. 1 扭转模式频率测试

此类测试通常对轴上对应所有感兴趣的模式的点处的转子转速以及轴系扭转应变，进行频谱分析。转子运动信号，可由安装在转子齿轮旁边的位移计的信号解调得到。轴系应变可由固定在轴上的应变仪得到[39]。利用数字频谱分析仪，仅需测量在正常运行状态下的信号，就能够分析得到自然扭转频率[1]。

17.2.8.2 模态阻尼比测试

测量阻尼的最有效方法，是通过某种途径，激励弹簧 - 质量块系统，然后测量激励消除后的自然衰减率。常用两种方法来激励扭振模式，分别称之为冲击法和稳态法。

冲击法对测试发电机施加电磁转矩暂态，其暂态过程必须足够剧烈，使得所有模态响应的衰减率都能被测量到。常采用转子运动作为测量信号，但轴系应力也被成功应用。考虑暂态激发全部模态，需要采用一系列窄频带与带阻滤波器，从响应信号中分离出感兴趣的模态分量。投切电容器组或线路，能提供所需的暂态。将发电机重新与电网同步，也能提供足够的激励。参考文献［39，40］描述了此类测试。

稳态法向励磁系统电压控制器输入一个正弦信号，从而在发电机励磁电压中产生一个正弦分量。某些励磁系统能产生足够大的发电机转子正弦响应，从而可以进行有效分析。通过改变信号频率，以获取单独的转子运动或轴系应力的模态响应。当得到包含单模态激励的稳态条件时，移除激励，记录并绘制衰减模式振荡现象。其衰减率是模态阻尼的一个测度。对所有感兴趣的扭振模态，重复上述操作。考虑激励得到模态的单一性，稳态法更受欢迎。稳态法仅适用于那些发电机：励磁系统有足够大的增益和转速响应，从而通过改变电压控制器信号能够造成较大转矩。参考文献［39，40］中详细描述了该类测试。

上述两种方法测得阻尼是机电耦合系统的净阻尼。根据阻尼测试采用系统结构的差异，由于机械系统与电磁系统的相互作用，测量得到阻尼可能包含正阻尼与负阻尼。其效果可通过特征值分析或频率扫描分析，并采用式（17.4）计算得到。为了得到真实的机械系统阻尼，需要修正测量阻尼，以计及相互作用的影响：

$$\sigma_n = \sigma_{\text{meas}} \pm \Delta\sigma_n \qquad (17.6)$$

式中　σ_n ——模式 n 的机械模态阻尼；

　　　σ_{meas} ——测试测量得到的阻尼；

　　　$\Delta\sigma_n$ ——由于相互作用产生的正阻尼或负阻尼。

将所有活跃的次同步模式的扭转阻尼表示为负载（由空载到满载）的函数，是十分必要的。获得满载时阻尼更困难，因为载荷增加，阻尼增加，模态响应减小。在满载时，可能无法获取足够的扭振激励。参考文献［39］中图 17.3 给出此类测试结果。幸运的是，轻载时阻尼更值得关注，因为此时相互作用最为剧烈。

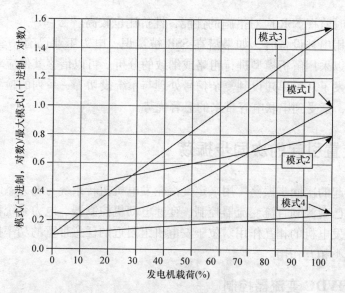

图 17.3　Navajo 发电机模态阻尼比随发电机负载的变化（Andersom PM，Farmer RG，Subsynchronous resonance，Series Compensation of Power Systems，PBLSH！，San Diego，CA，1996）

17.2.8.3　应对措施测试

测试应对措施的有效性十分重要，但未必可行。例如，若某种措施是为了在最严重暂态过程中，限制轴系寿命的损失，对其进行测试不可行。针对扭振相互作用的应对措施的测试，应当可行，而且在任何时候都可以进行。一种方法是如17.2.8.2 节进行阻尼测试。当投入应对措施后，由于扭振相互作用，系统结构产生明显负阻尼。参考文献 [23，41] 中描述了此类测试。

如果安装了 SSR 继电器，可人为控制运行状态，使得 SSR 继电器动作切除机组，以校验其动作的正确性。通过简化继电器设置以提高其灵敏度，并按照稳态法引发转子振荡，至少一个电厂采用了 SSR 继电器。增大激励，获得持续振荡模态，从而使继电器启动。在简化设置下，轴系转矩始终被控制在疲劳极限下。此类测试既验证了继电器切除发电机的能力，又保证了继电器输出到断路器跳闸线圈接线的正确性。

17.2.9　总结

当采用串补电容时，必须考虑到潜在的 SSR 问题。近 30 年来，针对严重问题的 SSR 分析与控制，被清晰展示。多种 SSR 控制的应对措施得到了发展与成功应用。在许多情形下，由继电器提供单独 SSR 保护。监视可能受 SSR 影响的机组，具有较大价值。它提供了轴系所受扭矩，以及累积轴系寿命损耗的历史记录。此类信息可用来规划轴系检修与维护，从而维持轴系的完整性。通过现代数字设备，实时监视 SSR 应对措施的性能，性价比也较高。

考虑采用串补设备时，如果潜在 SSR 被辨识，电力工业已有一套清楚的应对方案。可以采用解析模型进行粗略或细致的分析。可以借鉴其他应对措施采取的导则。开发了从简单建设到复杂信号处理与系统投切等一系列的检测方法。从而控制 SSR，享受到串联电容带来的显著优势。

17.3 装置引起的次同步振荡

装置引起的次同步振荡，用来定义汽轮发电机扭转系统与电力系统元件间的相互作用。已观测到直流变流器控制、变速电动机控制器、电力系统稳定器等设备，与汽轮发电机的相互作用。位于发电机组附近的任意带宽的功率控制器，都可能产生此类相互作用。

17.3.1 HVDC 变流器控制

1977 年进行了测试，以确定北达科他州的 Square Butte HVDC 变流器与 Milton Young #2 发电机组间的相互作用。发现高增益的功率调制控制器与 HVDC 触发角控制，会破坏发电机组在 11.5Hz 的首个扭振模式的稳定性。相关人员还发现：对于几乎将汽轮发电机和 HVDC 与其余交流电网隔离开的特定系统结构下，HVDC 基本控制引起了汽轮发电机在首个扭振模式的持续增加的扭转振荡。详细分析发现，任意 HVDC 变流器都有可能在与其连接同一条母线的汽轮发电机组中引起扭矩振荡。随着两者间阻抗增加，或增加交流线路，振荡可能性降低。HVDC 系统可视作汽轮发电机的负荷。粗略的触发角控制，将正阻尼负荷。变流器的成功运行，要求对触发角的复杂控制，使得变流器可视为 2 ~ 20Hz 范围内的负阻尼负荷。HVDC 变流器控制与汽轮发电机间相互作用，可由特征值分析发现。若出现负阻尼系数，可以通过调节变流器控制予以解决。此外参考文献 [42] 还概念设计了次同步阻尼控制器。参考文献 [43] 介绍了现场测试，分析了发电机与 HVDC 系统间相互作用。

17.3.2 变速电动机控制器

在 1979 年与 1980 年，某欧洲火电厂的 775MW、3000/min 的发电机发生了次同步振荡。该电厂为锅炉给水泵装设了变速驱动，由 6 脉冲次同步变流器级联而成。由于该变流器，电机负载功率包含其转差频率的 6 倍频分量。在给定负载水平条件下，给水泵速度使得负荷含有与某一发电机组自然扭振频率相加为 50Hz 的频率分量。此时，泵负荷成为汽轮发电机组的一个连续扭转激励。依据扭转振荡幅值的大小，该条件下可能产生疲劳寿命损耗。转矩应力监视器可以检测到上述问题。采用 EMTP 或类似程序进行建模与分析，有可能预测该类事件发生，但并没有相关记录。该问题的应对措施，是通过控制给水泵转速，以避开会引起汽轮发电机自然扭振模式。

17.3.3   电力系统稳定器（PSS）

1969 年，1 台 500MW 发电机在 Lambton 电厂投入运行，随后安装了 PSS，为本地振荡模式（约 1.67Hz）提供正阻尼。PSS 从发电机质量块邻近的某点处转子运动处取得输入信号。当 PSS 刚开始测试时，发电机上观测到 16.0Hz 的持续扭转振荡，而 16.0Hz 正好对应发电机组机械系统的首个扭振模式[45]。通过分析与模拟，研究人员确定，如果该扭转振荡持续下去，会对发电机轴系造成严重损伤。此外还发现，在首个扭振模式（16.0Hz）的任何发电机转子运动，都会生成 16.0Hz 的 PSS 输入信号。PSS 增益与相位及励磁系统，在发电机产生 16.0Hz 的振荡转矩，进一步增强了初始 16.0Hz 的振荡。此类问题可采用特征值或 EMTP 类型的计算机程序进行分析。该类软件中提供了发电机组的机械系统模型。

针对 PSS 引起的问题有多种应对措施。Lambton 采用的应对措施包括：将转子运动传感器安装地点转移至弹簧 - 质量块系统，从而在扭振模式下不发生扭转运动，提供正阻尼。此外，在 PSS 上加装 16.35Hz 的陷波滤波器，从而大幅减小首个扭振模式的增益。其他措施包括在 PSS 回路中加装高阶低通滤波器或宽频带的带阻滤波器，来保证 PSS 不产生扭转振荡。

17.3.4   可再生能源项目与其他相互作用

随着可再生能源项目的扩大，其与输电网络可能产生的动态相互作用，可能引发问题。西德克萨斯 2009 年 10 月事故印证了该担忧。事故过程中，由于 345kV 网络中单相接地故障的清除，两个风电场通过一条串补线路相连。由此引发的次同步频率振荡电流，在故障清除后使得串联电容器被旁路 1.5s。该事故对风电场部分双馈异步电机中的转子变流器造成了损坏。

继电器记录的 345kV 的暂态电流中包含了多种次同步频率分量，其主频率约为 25Hz。振荡从故障清除发生，在 0.2s 时间内幅值逐步增长，超过故障前线路电流幅值，一直持续到串联电容被旁路为止。这是 SSR 异步发电机效应的典型特征。该振荡电流流入风电机组，并进一步进入转子回路与相连变流器。

完整模拟该事件、分析其在其他系统中发生 SSR 的可能性，比较困难，原因在于可再生能源项目中广泛使用电力电子变流器。大型风电项目多采用双馈异步电机、或者异步电机与全功率变流器连接电网。动态模型需要同时考虑电机的定子与转子回路，以及变流器控制回路。当考虑 TCSC 等保护措施时，其控制器动态过程也必须予以考虑。如果发电机包含转子绕组，类似于同步发电机，其转子回路在直轴与交轴上也存在励磁回路与阻尼回路。

虽然在记录的 SSR 事故中，没有风电机组机械损伤的相关报道，但其转矩脉冲可能与发电机额定转矩一样大。这些脉冲的频率，约为 60Hz 减去线路电流振荡频率。如果在这些频率附近存在机械系统谐振频率，就可能造成机械损伤。对其可能性评估，需要类似于大型汽轮发电机所需的机械模型。

总体而言，任何控制或快速响应在次同步频率范围内功率或速度变化的设备，都有可能成为引发次同步振荡的来源。相关文献还分析了调速器对发电机组轴系扭振的影响[46]，以及与 SVC 相互作用引起的次同步扭振相互作用[47]。

17.4　超同步谐振（SPSR）

SPSR 指发电机组机械系统在大于发电机额定转速与电力系统额定频率的范围，发生的谐振现象。此类谐振可由电力系统激励。迄今至少有 3 次涡轮机叶片故障，由汽轮发电机接近 2 倍交流运行频率的扭振模式引起。

引起振荡的主要原因，是交流系统不平衡相电流引起的两倍频转矩。标幺制下，该转矩幅值接近等于交流电流负序分量幅值。该幅值主要取决于输电线路设计与三相负荷对称程度。对于大部分系统而言，低于额定转矩的 2%，但是在某些事故下它可能会增加。该激励频率随着同步频率变化而改变。后者在薄弱系统与孤立系统中，更为明显。

17.4.1　已知的 SPSR 事件

1985 年美国境外的一台汽轮发电机组，其 43 英尺、1800/min 的低压涡轮机故障，导致 8 块叶片损坏。由于高周期疲劳，连接转子圆盘根部的叶片故障，至少需要 1 年停运时间才能修复该机组。1993 年，美国的一台发电机经历了 38 英尺、1800/min 的低压涡轮机处故障，2 块叶片损坏。叶片故障发生于转子圆盘的接合处，需要停运 49 天以修复故障。两起事故的发电机组来自同一生产厂家，且均在 1800/min 的涡轮上安装了较长的叶片。20 世纪 70 年代，类似事故发生在不同厂家的 1800/min 的发电机组上[48]。

17.4.2　SPSR 物理原理

1800r/min 低压涡轮上的长叶片（如 38 英尺与 43 英尺），当其连接至转子圆盘时，常具有接近 120Hz 的固有振荡频率，可能被接近 120Hz 的扭振频率所激发[49]。虽然涡轮机设计时避免了 120Hz 的固有振荡模式（扭振模式）且至少留有 0.5Hz 的裕度，但是在这些频率处，耦合轴系系统的复杂模式，导致精度不够高。下列场景可能导致由于高周期疲劳造成的涡轮机叶片损坏：

不平衡负载、未换位线路、不平衡故障，会导致发电机电枢流过负序电流。由此产生的磁链，与施加在发电机转子上两倍交流系统频率的电磁转矩的励磁磁链相互作用。若该频率下存在轴系扭振模式，且发电机转子上有足够大的净转矩，就会引起扭转振荡。如果叶片 – 圆盘固有频率与转子模式频率（对于 60Hz 交流系统而言为 120Hz）大致相等、且转子模式频率可激励耦合模式，在长机叶片与轴相连处，扭转振荡会导致叶片振动。持续的叶片振动或无数的暂态事件，将在应力集中处产生裂痕，最终导致叶片损坏。

在之前提到的场景中，通常都会有与 120Hz 相差 0.5Hz 范围内的扭转模式。发电机组设计人员努力避免在 120Hz 附近的扭振频率，但始终未能开发出 120Hz 附近更高扭振频模式的精确计算方法。1993 年的叶片故障事故，已被归咎于未检测到与 120Hz 相差 0.5Hz 的扭振模式。1985 年的叶片故障事故中虽然没有与 120Hz 相差 0.5Hz 的固有振荡模式，但发电机当时运行于频率变化剧烈的小型电力系统中。频率变化与负序发电机电流，最终引起了与 120Hz 相差 1 ~ 2Hz 的扭振模式。

测试与经验表明，发电机会持续流过 1% 到 3% 的负序电流。当然，在不平衡故障发生时会流过更大的负序电流。因此，如果叶片 – 圆盘的固有频率接近 120Hz，保证发电机转子施加转矩不会激发 119.5 到 120Hz 范围内的自然扭振频率十分必要。汽轮发电机组厂家计算叶片 – 圆盘的固有频率与自然扭转频率。但是，计算得到的频率值不够精确，无法确定是否会发生叶片故障。可通过测试得到汽轮发电机组自然频率的精确值。已经实现离线测试，精确获取空载时的自然扭振频率。这被称为斜坡测试，在发电机电枢流过负序电流且发电机组加速时，监测关键点的扭转力。通过发电机机端两相短路、且采用独立电源控制励磁电压，可得到负序电流。参考文献［48，50］中介绍了斜坡测试等。采用精确测试数据，通过迭代可建立解析模型，用来寻求合适的应对措施。

17.4.3　SPSR 应对措施

为解决由 SPSR 引起的涡轮叶片故障，应对措施包括：使得自然扭振频率偏离 120Hz，或改变 120Hz 左右振荡模式的振型，使其无法被发电机转子电磁转矩所激励。有多种途径实现上述方法：一种采用铜焊末级叶片的扎线，从而增加扭转频率，改变单个叶片参与振荡的情况；另一种是在扭转弹簧 – 质量块系统的合适位置加装质量环。这种改动会减小关键扭转频率并改变振型。其他方法包括加工轴系上关键截面并改变发电机截面槽，来改变扭振频率及振型。为验证解析模型，需要进行测试以验证改变后的自然扭振频率[48,50]。还可以采用继电器，使其在发电机组在流过负序电流且存在过量的非额定频率运行态时，发出警报或切除机组。

17.5 装置引起的超同步振荡

曾发生过一些由电力系统设备引起 SPSR 并损坏发电机的事件，这种相互作用通常被称为装置引起的超同步振荡（DDSPSO）。

17.5.1 已知的 DDSPSO 事件

科罗拉多州 Puelo 附件 Comanche 2 号机组 1975 年投入运行。在 1987～1994 年间，该机组遭受损坏。1987 年轴系出现裂痕。1993 年转子励磁机两次故障。1994 年定位环故障，引起严重的定、转子损坏[51]。所有的故障都是由同一物理现象引起的。

17.5.2 DDSPSO 物理原理

Comanche 2 号机组距离容量为 2～60MVA 轧钢厂电弧炉约 3 英里。这些电弧炉采用 SVC 抑制电压闪变。SVC 存在控制环失稳，导致 2 号机组电枢流过频率约 55Hz 的负序电流。失稳现象导致 SVC 60Hz 电流按照 5Hz 进行调幅，从而在三相形成了 55～60Hz 频带、反向旋转的电流。65Hz 分量未出现在 SVC 的三角形绕组外，但是 55Hz 负序分量流入发电机电枢。受轧钢厂运行状态影响，该分量频率在 54～58Hz 范围内变化，进而引起频率 114～118Hz 的电磁转矩分量。定位环故障前，2 号机组第 6 个自然振荡频率约为 118Hz。模式 6 振型显示发电机两端发生显著位移。因此 SVC 引起扭转振荡，其振幅与持续时间足以在发现故障根源前，导致发电机轴系、励磁机与定位环产生高周期疲劳。

17.5.3 DDSPSO 应对措施

大量测试被用来确定汽轮发电机的自然模态频率、电枢电流分量，以及电弧炉与 SVC 的激励。一旦问题的根本原因得到了确认，通过调节 SVC 控制回路参数就可以轻易地解决问题。

17.6 暂态轴系转矩振荡

多年来，一直以轴系强度要求的简单标准，来指导汽轮发电机设计。美国国家标准协会（IEEE/ANSI）标准 C59.13：

在额定负荷与 1.05pu 额定电压下，在机端发生任意类型短路后，发电机设计应使其仍能继续运行，只要故障受如下限制：

1）最大相电流不超过三相突然短路相电流。

2）不超过定子绕组短时热稳定限制[52]。

尽管并未针对发电机轴系系统，多年来该暂态过程一直用于校核轴系设计。通常认为短路越远、异相同期越多、输电线路投切越多，冲击频率越高，但冲击幅值小、次数少，故不需要考虑疲劳问题。经验证明了该假设。虽然有连接面与连轴螺栓故障的事故记录，但发生严重损坏的记录很少。

当考虑汽轮发电机与输电系统相互作用对轴系损伤时，需要对短路与线路投切暂态过程，进行更细致的分析[53]。研究表明，除非系统涉及到动态相互作用、串联电容或多重投切事故，否则它对轴系施加的转矩，不会大于短路施加的转矩。多重投切的最常见场景，是输电系统故障切除。电网故障时，发电机组转矩承受阶跃变化。当故障在 50～150ms 切除时，发电机组转矩按相反方向再发生阶跃变化。如果时间与一个轴系自然频率对应临界时间一致，第二次冲击就会增强故障引起的振荡。快速重合失败与弱阻尼轴系振荡，可能导致轴系振荡加剧。因此，汽轮发电机厂家要求连接发电厂的输电线路，不能采用快速重合装置。

2004 年美国的一个早期核电站，发生了设备损坏[54]。该核电站的两台汽轮发电机振动变化过于剧烈，不得不停止运行。经检查，在发电机轴系耦合键槽处发现了较长的裂缝。分析表明，发电机运行过程中多次遭受扭转冲击，是裂缝的可能原因。发电机连接点与轴系间键槽的几何结构，也是造成高应力集中的一个原因。该暂态过程并没有详细历史记录，但重新设计耦合点与键槽等修复工作，降低了发电机遭受后续损坏的可能性。该事故使电力行业深化了对暂态轴系转矩振荡的认识，并表明该现象还需要进一步的分析与监视。

参 考 文 献

1. Anderson, P.M. and Farmer, R.G., Subsynchronous resonance, *Series Compensation of Power Systems*, PBLSH!, San Diego, CA, 1996, Chapter 6.

2. Hall, M.C. and Hodges, D.A., Experience with 500-kV subsynchronous resonance and resulting turbine generator shaft damage at Mohave Generating Station, *Analysis and Control of Subsynchronous Resonance*, IEEE PES Special Publication 76 CH 1066-0-PWR, 1976, pp. 22–29.

3. IEEE Committee Report, Terms, definitions and symbols for subsynchronous resonance, *IEEE Transactions on Power Apparatus and Systems*, PAS-104, 1326–1334, June 1985.

4. Kilgore, L.A., Ramey, D.G., and Hall, M.C., Simplified transmission and generation system analysis procedures for subsynchronous resonance, *IEEE Transactions on Power Apparatus and Systems*, PAS-96, 1840–1846, November/December 1977.

5. Anderson, P.M., Agrawal, B.L., and Van Ness, J.E., *Subsynchronous Resonance in Power Systems*, IEEE Press, New York, 1990.

6. Joyce, J.S., Kulig, T., and Lambrecht, D., Torsional fatigue of turbine-generator shafts caused by different electrical system faults and switching operations, *IEEE Transactions on Power Apparatus and Systems*, PAS-97, 965–977, September/October 1978.

7. IEEE Committee Report, Series capacitor controls and settings as a countermeasure to subsynchronous resonance, *IEEE Transactions on Power Apparatus and Systems*, PAS-101, 1281–1287, June 1982.

8. Anderson, G., Atmuri, R., Rosenqvist, R., and Torseng, S., Influence of hydro units generator-to-turbine ratio on damping of subsynchronous oscillations, *IEEE Transactions on Power Apparatus and Systems*, PAS-103, 2352–2361, August 4, 1984.

9. IEEE Committee Report, Countermeasures to subsynchronous resonance problems, *IEEE Transactions on Power Apparatus and Systems*, PAS-99, 1810–1818, September/October 1980.

10. Agrawal, B.L. and Farmer, R.G., Use of frequency scanning technique for subsynchronous resonance analysis, *IEEE Transactions on Power Apparatus and Systems*, PAS-98, 341–349, March/April 1979.

11. IEEE Committee Report, Comparison of SSR calculations and test results, *IEEE Transactions on Power Systems*, PWRS-4, 336–344, February 1, 1989.

12. Kilgore, L.A., Elliott, L.C., and Taylor, E.T., The prediction and control of self-excited oscillations due to series capacitors in power systems, *IEEE Transactions on Power Apparatus and Systems*, PAS-96, 1840–1846, November/December 1977.

13. Gross, G. and Hall, M.C., Synchronous machine and torsional dynamics simulation in the computation of electro-magnetic transients, *IEEE Transactions on Power Apparatus and Systems*, PAS-97, 1074–1086, July/August 1978.

14. Agrawal, B.L., Demcko, J.A., Farmer, R.G., and Selin, D.A., Apparent impedance measuring system (AIMS), *IEEE Transactions on Power Systems*, PWRS-4(2), 575–582, May 1989.

15. Farmer, R.G. and Agrawal, B.L., Guidelines for the selection of subsynchronous resonance countermeasures, *Symposium on Countermeasures for Subsynchronous Resonance*, IEEE Special Publication 81TH0086-9-PWR, pp. 81–85, July 1981.

16. IEEE Committee Report, Reader's guide to subsynchronous resonance, *IEEE Transactions on Power Systems*, PWRS-7(1), 150–157, February 1992.

17. Bowler, C.E.J., Demcko, J.A., Menkoft, L., Kotheimer, W.C., and Cordray, D., The Navajo SMF type subsynchronous resonance relay, *IEEE Transactions on Power Apparatus and Systems*, PAS-97(5), 1489–1495, September/October 1978.

18. Ahlgren, L., Walve, K., Fahlen, N., and Karlsson, S., *Countermeasures against Oscillatory Torque Stresses in Large Turbogenerators*, CIGRÉ Session, Paris, France, 1982.

19. Sun, S.C., Salowe, S., Taylor, E.R., and Mummert, C.R., A subsynchronous oscillation relay—Type SSO, *IEEE Transactions on Power Apparatus and Systems*, PAS-100, 3580–3589, July 1981.

20. Farmer, R.G. and Agrawal, B.L., Application of subsynchronous oscillation relay—Type SSO, *IEEE Transactions on Power Apparatus and Systems*, PAS-100(5), 2442–2451, May 1981.

21. Perez, A.J., Mohave Project subsynchronous resonance unit tripping scheme, *Symposium on Countermeasures for Subsynchronous Resonance*, IEEE Special Publication 81TH0086-9-PWR, pp. 20–22, 1981.

22. Farmer, R.G., Schwalb, A.L., and Katz, E., Navajo Project report on subsynchronous resonance analysis and solution, *IEEE Transactions on Power Apparatus and Systems*, PAS-96(4), 1226–1232, July/August 1977.

23. Bowler, C.E.J., Baker, D.H., Mincer, N.A., and Vandiveer, P.R., Operation and test of the Navajo SSR protective equipment, *IEEE Transactions on Power Apparatus and Systems*, PAS-95, 1030–1035, July/August 1978.

24. Ramey, D.G., Kimmel, D.S., Dorney, J.W., and Kroening, F.H., Dynamic stabilizer verification tests at the San Juan Station, *IEEE Transactions on Power Apparatus and Systems*, PAS-100, 5011–5019, December 1981.

25. Ramey, D.G., White, I.A., Dorney, J.H., and Kroening, F.H., Application of dynamic stabilizer to solve an SSR problem, *Proceedings of American Power Conference*, 43, 605–609, 1981.

26. Kimmel, D.S., Carter, M.P., Bednarek, J.N., and Jones, W.H., Dynamic stabilizer on-line experience, *IEEE Transactions on Power Apparatus and Systems*, PAS-103(1), 198–212, January 1984.

27. Bowler, C.E.J. and Baker, D.H., Concepts of countermeasures for subsynchronous supplementary torsional damping by excitation modulation, *Symposium on Countermeasures for Subsynchronous*

Resonance, IEEE Special Publication 81TH0086-9-PWR, pp. 64–69, 1981.

28. Bowler, C.E.J. and Lawson, R.A., Operating experience with supplemental excitation damping controls, *Symposium on Countermeasures for Subsynchronous Resonance*, IEEE Special Publication 81TH0086-9-PWR, pp. 27–33, 1981.

29. Christl, N., Hedin, R., Sadek, K., Lützelberger, P., Krause, P.E., Mckenna, S.M., Montoya, A.H., and Torgerson, D., *Advanced Series Compensation (ASC) with Thyristor Controlled Impedance*, CIGRÉ Session 34, Paper 14/37/38-05, Paris, France, 1992.

30. Piwko, R.J., Wagner, C.A., Kinney, S.J., and Eden, J.D., Subsynchronous resonance performance tests of the slatt thyristor-controlled series capacitor, *IEEE Transactions on Power Delivery*, 11, 1112–1119, April 1996.

31. Hedin, R.A., Weiss, S., Torgerson, D., and Eilts, L.E., SSR characteristics of alternative types of series compensation schemes, *IEEE Transactions on Power Systems*, 10(2), 845–851, May 1995.

32. Pilotto, L.A.S., Bianco, A., Long, W.F., and Edris, A.-A., Impact of TCSC control methodologies on subsynchronous oscillations, *IEEE Transactions on Power Delivery*, 18(1), 243–252, January 2003.

33. Kakimoto, N. and Phongphanphanee, A., Subsynchronous resonance damping control of thyristor-controlled series capacitor, *IEEE Transactions on Power Delivery*, 18(3), 1051–1059, July 2003.

34. Walker, D.N., Placek, R.J., Bowler, C.E.J., White, J.C., and Edmonds, J.S., Turbine-generator shaft torsional fatigue and monitoring, *CIGRÉ Meeting*, Paper 11–07, 1984.

35. Joyce, J.S. and Lambrecht, D., Monitoring the fatigue effects of electrical disturbances on steam turbine-generators, *Proceedings of American Power Conference*, 41, 1153–1162, 1979.

36. Stein, J. and Fick, H., The torsional stress analyzer for continuously monitoring turbine-generators, *IEEE Transactions on Power Apparatus and Systems*, PAS-99(2), 703–710, March/April 1980.

37. Ramey, D.G., Demcko, J.A., Farmer, R.G., and Agrawal, B.L., Subsynchronous resonance tests and torsional monitoring system verification at the Cholla station, *IEEE Transactions on Power Apparatus and Systems*, PAS-99(5), 1900–1907, September 1980.

38. Agrawal, B.L., Demcko, J.A., Farmer, R.G., and Selin, D.A., Shaft torque monitoring using conventional digital fault recorders, *IEEE Transactions on Power Systems*, 7(3), 1211–1217, August 1992.

39. Walker, D.N. and Schwalb, A.L., Results of subsynchronous resonance test at Navajo, *Analysis and Control of Subsynchronous Resonance*, IEEE Special Publication 76 CH 1066-0-PWR, pp. 37–45, 1976.

40. Walker, D.N., Bowler, C.E.J., Jackson, R.L., and Hodges, D.A., Results of the subsynchronous resonance tests at Mohave, *IEEE Transactions on Power Apparatus and Systems*, PAS-94(5), 1878–1889, September/October 1975.

41. Tang, J.F. and Young, J.A., Operating experience of Navajo static blocking filter, *Symposium on Countermeasures for Subsynchronous Resonance*, IEEE Special Publication 81TH0086-9-PWR, pp. 23–26, 1981.

42. Bahrman, M.P., Larsen, E.V., Piwko, R.J., and Patel, H.S., Experience with HVDC—Turbine-generator interaction at SquareButte, *IEEE Transactions on Power Apparatus and Systems*, PAS-99, 966–975, 1980.

43. Mortensen, K., Larsen, E.V., and Piwko, R.J., Field test and analysis of torsional interaction between the Coal Creek turbine-generator and the CU HVDC system, *IEEE Transactions on Power Apparatus and Systems*, PAS-100, 336–344, January 1981.

44. Lambrecht, D. and Kulig, T., Torsional performance of turbine generator shafts especially under resonant excitation, *IEEE Transactions on Power Apparatus and Systems*, PAS-101(10), 3689–3702, October 1982.

45. Watson, W. and Coultes, M.E., Static exciter stabilizing signals on large generators—Mechanical problems, *IEEE Transactions on Power Apparatus and Systems*, PAS-92, 204–211, January/February 1973.

46. Lee, D.C., Beaulieu, R.E., and Rogers, G.J., Effect of governor characteristics on turbo-generator

shaft torsionals, *IEEE Transactions on Power Apparatus and Systems*, PAS-104, 1255–1259, June 1985.

47. Piwko, R.J., Rostamkolai, N., Larsen, E.V., Fisher, D.A., Mobarak, M.A., and Poitras, A.E., Subsynchronous torsional interactions with static var compensators—Concepts and practical implications, *IEEE Transactions on Power Systems*, 5(4), 1324–1332, November 1990.

48. Raczkowski, C. and Kung, G.C., Turbine-generator torsional frequencies—Field reliability and testing, *Proceedings of the American Power Conference*, Chicago, IL, Vol. 40, 1978.

49. Kung, G.C. and LaRosa, J.A., Response of turbine-generators to electrical disturbances, Presented at the *Steam Turbine-Generator Technology Symposium*, Charlotte, NC, October 4–5, 1978.

50. Evans, D.G., Giesecke, H.D., Willman, E.C., and Moffitt, S.P., Resolution of torsional vibration issues for large turbine generators, *Proceedings of the American Power Conference*, Chicago, IL, Vol. 57, 1985.

51. Andorka, M. and Yohn, T., Vibration induced retaining ring failure due to steel mill—Power plant electromechanical interaction, *IEEE 1996 Summer Power Meeting Panel Session on Steel-Making, Inter-Harmonics and Generator Torsional Impacts*, Denver, CO, July 1996.

52. IEEE Power and Energy Society (IEEE)/ANSI Standard C50.13, *Standard for Cylindrical-Rotor 50 and 60 Hz, Synchronous Generators Rated 10 MVA and Above*, 2005.

53. Ramey, D.G., Sismour A.C., and Kung, G.C., *Important Parameters in Considering Transient Torques on Turbine-Generator Shaft Systems*, IEEE Power & Energy Society (PES) Special Publication 79TH0059-6-PWR, pp. 25–31, 1979.

54. Exelon Corporation Internal Report, Root cause report, Dresden unit 2 & 3 generator cracked rotors caused by intermittent oscillating torsional loads requiring unit shutdowns.

第 18 章 电力系统风电接入

Reza Iravani

University of Toronto

18.1 引言

本章将对下列问题进行简单介绍
1）电力系统中风能并网现状；
2）Ⅰ型至Ⅳ型风电机组及其控制结构；
3）陆上和海上风电场（WPP），包括海上风电场的功率传输方式；
4）风电机组（WTG）和风电场用于系统研究的模型，着重讨论Ⅲ型与Ⅳ型风力发电技术；
5）风电场控制。在本章末尾给出一些文献介绍该领域的背景以及研究水平。

18.2 背景

风能目前仅占有世界电力供应的相对较小部分，但它是全球发展最快的能源形式之一。2005 年和 2010 年，全球平均累计风电容量分别为 60GW 和 130GW，累计发电量 124TWh 和 299TWh。预计 2030 年风电容量将达 1120GW，累计发电量达到 2768TWh[1, 2]。风电迅速发展的驱动力，是逐渐降低/有竞争力的风电成本，大多数主流能源成本的增加，反对传统电厂对环境影响的有利的能源政策，电力工业对清洁电能的竞争，能源多样化/防止电能短缺的保证，有效捕捉风能的技术的进步，更趋灵活的大型风电场并网技术。从20世纪70年代开始，尤其是在90年代中期以后，风能利用技术得到了持续快速发展。目前风电已普遍被认为是电力供应系统的一部分[1]。

捕获风能的主要设备是WTG，包括4个主要部分：风力机、发电机、电力电子变流器/调节器、WTG级控制器。风电场通常由一组相同的WTG构成，通过互联点（Point of Interconnection，POI）与主网相连。从互联点看，风电场可视为一个整体。在早期，如20世纪80年代及90年代早期，仅希望风电场最大程度捕捉风能并输送至主网。希望电力系统处理风电功率间歇性、功率/电压波动、闪变、谐波以及风电场相关的运行问题。在暂态过程中，风电场可以与主网解列，随后再并网。希望电力系统处理风电场解列/再并网过程中突然功率波动的影响。

此后，随着WTG额定容量逐渐增大，风电场中WTG数逐渐增加，以及相应的风电场容量增加，多个风电场并网，电网导则也逐渐改进，要求风电场像常规发电厂一样主动参与电网控制和运行[3]。这些要求促进了研发内容，从短期风速预测，到详细控制/保护策略的建立，促使风电场在稳态和动态时主动参与电网的控制和运行。在本章中，采用WPP替代风电场来描述一群WTG。在稳态、动态和暂态时WPP集体与电网互动，帮助电网运行。

主要的WTG技术，特别是应用于WPP的技术，是基于水平轴三叶片逆风风力机结构[4]。在过去20年中，该技术取得重大进展。例如，直到1995年，商业风电机组容量可达750kW，转子直径达50m。在2010年，已有额定功率7.5MW、转子直径150m的WTG投入运行。

根据容量和应用，风电机组可被分为4类：①小型WTG，容量不超过15kW，应用于家庭、小型农场、电池充电；②中型WTG，15~750kW，主要作为大型农场、小型社区、混合柴油机组的的分布式电源；③大型WTG，750kW~2.5MW，作为小、中型WPP中分布式电源；④超大型WTG，2.5~7.5MW，在中、大型陆上和海上风电场使用。本文涉及的主要是特大型及大型WTG。

18.3　风力机发电单元结构

WTG分为恒速和变速两类。

18.3.1　恒速WTG

对于恒速WTG，转子转速由电网频率决定，与风速无关。发电机为异步电机，与电网通过联络变压器直接相连。异步发电机通常装设有电子软起动器和并联电容器用于无功补偿。为提高效率，发电机转子可以有两组绕组，分别对应高风速（如 4 极运行）和低风速（如 8 极运行）。

恒速 WTG 主要特点是：部件简单鲁棒、成本相对较低，缺点是需要无功、机械应力过大、因恒速运行引起的输出波动。恒速 WTG 被称为 I 型 WTG[5]。

图 18.1 给出 I 型 WTG 原理框图，由风力机、变速箱、笼型异步发电机（SCIG）、并联电容器、并网变压器组成。I 型 WTG 含有一个启动器以实现平稳并网。I 型 WTG 要求连接点（Point of Connection，PC）电压稳定，以维持自己稳定运行。另外，要求机械结构设计可以承受较大的机械应力。I 型 WTG 装有失速控制、桨距角控制。主动失速保护在 20 世纪 90 年代广泛被采用。在 20 世纪 90 年代早期，恒速 WTG 是主流机型，然而它不是现在大型 WTG 和风电场的选择。

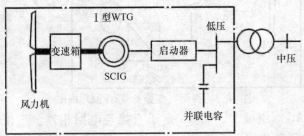

图 18.1　I 型（固定转速）WTG 原理框图

18.3.2　变速 WTG

由于 I 型 WTG（固定速度）的不足，变速 WTG 得以快速发展。与恒速 WTG 结构和运行范围相比，变速 WTG 空气动力学特性更高效，使得发电机可以提供相对恒定的转矩，传动轴机械应力更小，增加捕获功率，减小连接点功率/电压波动，因此对电能质量的不利影响更小。根据运行速度范围的不同，变速 WTG 被分为 II 型、III 型和 IV 型[5]。

18.3.2.1　II 型：有限变速 WTG

图 18.2 给出 II 型 WTG 原理框图。通过转子可变电阻，该型 WTG 可实现有限范围的变速运行。II 型 WTG 包括风力机、变速箱、带转子电阻器调节设备的绕线转子式异步发电机、用于无功控制的并联电容器、并网变压器。

可变电阻器改变接入转子电阻，实现转差控制，通常最大可达 10%。II 型 WTG 通常装有桨距角控制。但与 I 型相同，II 型 WTG 也不是大型 WTG 和风电场的首选。

18.3.2.2　III 型：变速 WTG（部分功率变流系统）

图 18.3 给出 III 型 WTG 原理框图，由桨距角控制的风力机、变速箱、双馈异

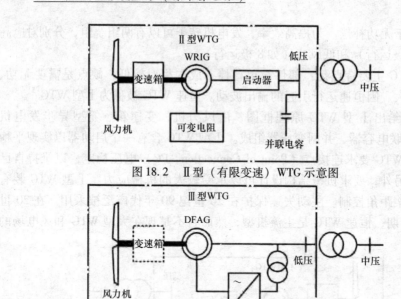

图 18.2　Ⅱ型（有限变速）WTG 示意图

图 18.3　Ⅲ型（变速）WTG 原理框图

步发电机（DFAG）组成[6]。DFAG 定子直接与电网相连。三相转子回路通过 AC - AC 电力电子能量转换系统与电网相连。实际上，AC - AC 背靠背变流器由两个串联的 AC - DC 电压源变换器（VSC）组成，形成一个双向的 AC - DC - AC 功率变换系统。变流器只控制转子功率，因此其容量比机组额定容量（MVA）小很多（一般 0.3 倍）。这是Ⅲ型 WTG 相对于Ⅳ型 WTG 的一个经济优势。Ⅲ型 WTG 可以在额定电网频率的 - 40% ~ + 30% 变速运行。其主要缺点在于需要装设集电环，需要保护以免受系统故障影响。Ⅲ型 WTG 可达到商业使用数 MW 的要求（如 3.6MW），在大型风电场得到广泛应用。

18.3.2.3　Ⅳ型：变速 WTG（全功率变流系统）

图 18.4 给出Ⅳ型 WTG 原理框图。带桨距角控制的风力机，或通过变速箱（传统方式），或直接（直接驱动）连接发电机。传统发电机和直驱发电机的结构有较大区别。对于前者，发电机转速高（如 4 极），因此需要变速箱。与之相比，直驱式结构中，发电机转速较低（如 84 极），因此与转子转轴直接相连。Ⅳ型 WTG 可以是常规励磁控制的绕线转子同步发电机（WRSM）、直驱永磁同步发电机（PMSM）、或者绕线转子式异步发电机（WRAM）[7]。

Ⅳ型 WTG 中，AC - AC 变流器连接 WTG 输出和电力系统，将 WTG 所有功率输送至电网。相比于Ⅲ型 WTG，变流器与 WTG 额定容量相同。AC - AC 变量器通常由两个串联 AC - DC 电力电子变流器组成，两者共用一个直流电容。变流器允许 WTG 运行于所有转速范围，并可控制连接点无功。Ⅳ型和Ⅲ型 WTG 是大型 WTG 和风电场的优先选择。

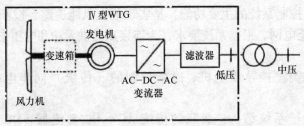

图 18.4 Ⅳ型（变速）WTG 原理框图

18.3.3 Ⅲ型和Ⅳ型 WTG 控制

本节简要介绍Ⅲ型和Ⅳ型并网 WTG 最常用控制系统。

18.3.3.1 Ⅲ型 WTG 控制系统

如前所述，DFAG 转子通过变流器与电网相连。变流器由共用一个直流电容的两个串联 AC - DC VSC 组成，允许 DFAG 转子和电网间功率的双向传输。从概念上，每个 VSC 可以控制有功、无功和频率，转子可以变频运行，实现Ⅲ型 WTG 多种运行控制模式。其变流器系统提供了定子回路的一个并联路径，用于实现 DFAG 与电网间功率交换[2,8-10]。Ⅲ型 WTG 的设计，允许在一定频率范围内运行（即额定转速的30%）。在风速过高和过低时，通常运行于恒定转速。

Ⅲ型 WTG 的一项控制策略，是将转子电流分解为相互垂直的 d、q 分量，以控制发电机转矩和机端电压[2]，其中一个电流分量通过测量转子转速调节转矩，实现最大风能追踪。另一个电流分量通过转子侧变流器，实现电压控制或功率因数控制。另外，网侧变流器（见图 18.3）也可用于控制电压。

Ⅲ型 WTG 的另一项控制策略是基于转子磁通幅值和角度控制（FMAC），来调节端电压和输出功率[2,9]。图 18.5 给出其原理框图，其中发电机内电压幅值的参考值，根据机端电压确定，误差用于得到转子电压。类似地，测量转子转速，根据功率 - 转速特性，得到功率参考值，误差用于得到角度参考值。角度误差用于得到转子电压相角。

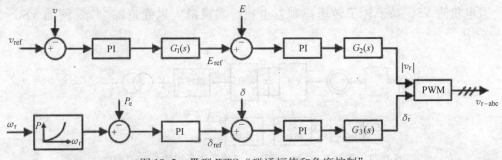

图 18.5 Ⅲ型 WTG "磁通幅值和角度控制"

18. 3. 3. 2　Ⅳ型 WTG 控制系统

Ⅳ型 WTG 控制系统的主要功能，是实现最大风能追踪、按额定频率将捕获的风电功率输至电网、根据系统要求，为连接点提供无功和电压支撑。详细控制功能取决于：

1）发电机类型：异步电机、磁场控制的（传统）同步电机、永磁同步电机[11-13]；

2）电力电子系统结构：级联的传统 AC – DC 整流器、DC – DC 变流器、VSC 或共用直流电容的两个串联 VSC。

对于给定容量等级，相对于磁场受控的传统同步电机，Ⅳ型 PMSM 电机有以下特点：体积小、质量轻、转子损耗小、无须集电环、建构更简单（因为无需励磁系统及相应控制）。然而，永磁同步发电机不能控制自己的端电压及无功。

图 18.6 所示为采用 PMSM 发电机和 AC – DC – AC 变流器的Ⅳ型 WTG 上层控制框图，变流器系统由二极管整流器、用于放大直流电压的斩波器和 VSC 组成。直流电压控制器通过测量直流电容电压，调节 DC – DC 斩波器使直流电压在允许范围内，同时测量转子转速并基于最大风能追踪控制 VSC。VSC 控制，可以通过负荷角控制法[14]或 dq 坐标电流控制[15]来实现。dq 坐标系控制是基于电机动态模型实现的，可以更加精确描述电机内部的动态性能。

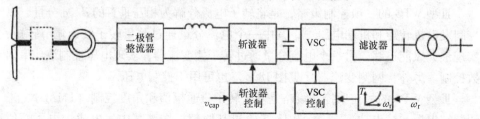

图 18.6　Ⅳ型 WTG 控制系统框图，其中变流系统使用二极管整流器、
DC – DC 斩波器和 DC – AC VSC

图 18.7 所示为采用 PMSM 和基于 VSC 变流器的Ⅳ型 WTG 的上层控制框图。发电机侧 VSC 基于转子转速控制发电机，实现最大风能追踪[2,15]。网侧 VSC 采用：

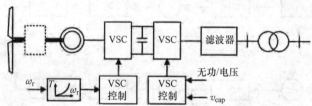

图 18.7　Ⅳ型 WTG 控制框图。变流系统采用两个 VSC 级联

1）测量直流电容电压并调节其为设定值，实现捕捉风电功率输送至于交流电网；

2）测量交流侧电压（或期望注入电网无功），控制交流电压（或注入交流系统无功）。

对于采用传统磁场受控的同步发电机的Ⅳ型 WTG，图 18.8 和图 18.9 给出基于 dq 坐标系的机侧和网侧变流器控制[2,14]。机侧 d 轴可由转子磁链定向，q 轴超前 d 轴 $90°$[6]。采用传统异步电机的Ⅳ型 WTG 的 dq 坐标系详细控制策略，可参考文献 [16]。

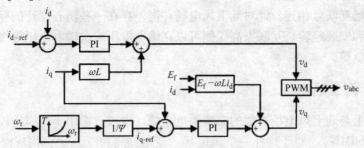

图 18.8　基于 dq 坐标系的Ⅳ型 WTG 机侧 VSC 控制

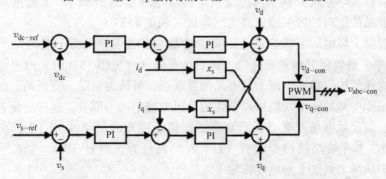

图 18.9　基于 dq 坐标系的Ⅳ型 WTG 网侧 VSC 控制

18.4　风力发电系统

风电场可以是陆上或海上。海上风速相对较高，可以捕获更多风能，而且陆上大型风电场安装位置受限以及 WTG 造成视觉污染，因此海上风电场数量持续增长。但是与陆上风电场相比，海上风电场投资成本和维护成本更高。未来海上风电场采用大型 WTG（3MW 以上），容量预期在 $250\sim1000\mathrm{MW}$[3]。

18.4.1　陆上风电场

常规陆上风电场（见图 18.10）由数十台相同 WTG 组成。这些 WTG 通常是

Ⅲ型或Ⅳ型，通过风电场交流集电系统并联。集电系统通常采用三相中压（最高 36kV），通过地下电缆或架空线，将风电场内 WTG 连接至互联点。通常 WTG 容量在 1.5MW 以上，输出电压在 400V 至 5kV 之间。每台 WTG 通过升压变压器与集电系统相连。风电场运行过程中还需要其他辅助设备，如无功补偿和储能装置，通常直

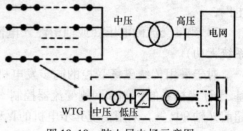

图 18.10　陆上风电场示意图

接与风电场互联点相连。针对陆上风电场并网，存在一些精心设计的标准/导则，以及设计和安装经验。互联点高压侧可以在输电电压或次输电电压等级，也可以直接供应负荷。

18.4.2　海上风电场

　　概念上与陆上风电场类似的交流集电系统，也被考虑用于规模比较小的近海风电场（60MW）。对于这样一个风电场，变电站将位于陆上，构成海上风电场的互联点。集电系统是基于海底交流电缆（电压最高 36kV）[3]。根据风电场与陆地变电站的距离，可采用更高电压等级（例如 45kV）。

　　随着海上风电场装机容量及距离的增加，有必要建立海上变电站用于汇集 WTG 功率，进而将其输送至陆地，然后送至电网（见图 18.11）。由于海上变电站不供应任何用户负荷，海上风电场的互联点，可认为是陆上变电站。因此，两个变电站和中间的输电线路可以被认为是风电场中的一部分。这样的配置为控制风电场，满足风电场互联点运行要求，提供了更高的灵活性。图中，高压交流（HVAC）、基于线路换相变流器（LCC）的高压直流（HVDC）、VSC - HVDC，都可用于从海上到陆上的电能传输[17]。

图 18.11　海上风电场及专用输电系统示意图

18.4.2.1　HVAC 输电交流集电系统

　　图 18.12 为海上风电场及其与电网相连的 HVAC 输电系统[18]。海上中压和高压可取 30kV 和 150kV。每条交流线路都为三相海底电缆。随着交流线路的增长，两侧变电站可能都需要无功补偿。

18.4.2.2　LCC - HVDC 输电交流集电系统

　　交流输电的一个替代方案，是图 18.13 所示点对点 LCC - HVDC 系统[19, 20]。

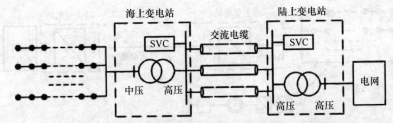

图 18.12　海上风电场及其交流输电系统示意图

但是 LCC 运行要消耗无功，因此在海上变电站需要有柴油发电机和/或无功补偿（如静态无功补偿器，STATCOM），用于维持各种情况下（如风速较低时）的正常运行。

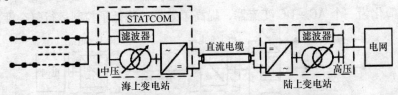

图 18.13　海上风电场及 LCC – HVDC 输电系统示意图

18.4.2.3　VSC – HVDC 输电交流集电系统

图 18.14 中，海上风电场采用交流集电系统，通过 VSC – HVDC 线路将风电输送给陆上变电站[3,18,20]。相对于 LCC – HVDC，VSC – HVDC 对交流系统互联点没有刚性要求，因此可以降低结构的复杂性、重量、体积，简化风电场的运行。虽然 VSC 损耗比 LCC 高，但是差距正在快速缩小，且 VSC 技术优势超过 LCC，例如四象限运行能力、有功/无功解耦控制能力、较低滤波要求、黑启动能力。这些优势使得 VSC – HVDC 已成为大型海上风电场输电的主要选择。

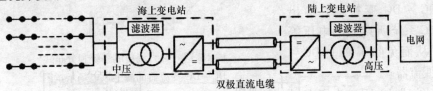

图 18.14　海上风电场及专用 VSC – HVDC 输电系统示意图

18.4.2.4　直流集电系统和直流输电

电力半导体开关的不断发展，用于大功率应用的高效 DC – DC 变流器，以及 VSC 技术，使得使海上风电场直流集电系统得以应用[3,21,22]，直流集电系统为改变和简化风电场直流输电系统，提供了更高的灵活性。图 18.15 显示了使用中、低压直流集电系统的海上风电场原理框图。该配置以升压 D – DC 变流器，替换了Ⅳ型 WTG 的 DC – AC 变流器，避免使用升压变压器。海上变电站 DC – DC 变流器，将集电系统直流电压升高到输电系统直流电压。

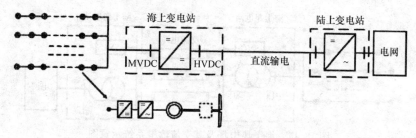

图 18.15 带直流集电系统的海上风电场示意图

图 18.15 中 DC – DC 变流器数量，可根据图 18.16 所示排列缩减。图 18.16 中，多个距离相近的 WTG 由一个 DC – DC 变流器汇聚[3]。此时，每台 WTG 转换系统简化为一个 AC – DC 变流器，提高了效率，降低了控制运行复杂性。

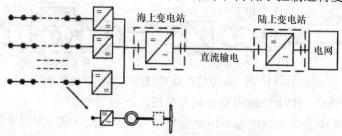

图 18.16 通过 DC – DC 变流器汇集 WTG 的海上风电场示意图

另一种直流集电系统和直流输电系统的配置如图 18.17 所示。每个 WTG 有一个 DC – DC 变换器，输出 HVDC 系统所期望的电压等级，从而免除了海上 DC – DC 变流器。

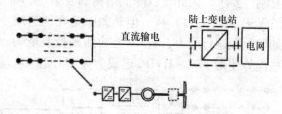

图 18.17 含直流集电系统和分布式 DC – DC 变流器的海上风电场示意图

图 18.18 所示为海上风电场集中 DC – DC 变流器，直流集电系统直接与每台 WTG 直流侧相连。与图 18.16 所示配置相似，这种配置也简化了每台 WTG 及其控制系统的变流系统。

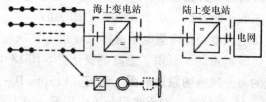

图 18.18 含直流集电系统和集中 DC – DC 变流系统的海上风电场示意图

海上风电场集电和输电系统的其他选择有：

1）中压，低频交流集电系统，即从 16 2/3 到 25Hz（工频的 1/3 到 1/2），高压输电系统与之频率相同，最后在陆上变电站将频率转换为系统额定频率；

2）多端 VSC – HVDC 系统[24,25]。

18.5 风电场建模与控制

18.5.1 风电场建模

风电场影响评估、规划、运行、性能评估/验证等，需要一系列分析和仿真工具，以便形成风电场模型。一般而言，电力系统研究被分为两类：稳态分析和动态分析。前者是基于系统非线性代数方程确定系统潮流。后者是基于系统的代数微分方程。动态分析被分为下列两个领域：

1）小扰动动态分析。在稳态运行点将系统非线性方程线性化。基于线性化方程（模型），计算系统特征结构，为电力系统控制设计提供了分析平台；

2）大信号动态分析。对电力系统非线性方程（模型）进行逐步积分运算。研究一定频率范围内电力设备及系统暂态行为和性能时，大扰动动态分析得到广泛应用。

电力系统动态现象涉及频率范围很宽，从区域间发电机群振荡（小于1Hz），到气体绝缘变电站（GIS）的雷电现象和电磁暂态（数十万 Hz）。低频动态现象在电力系统内大范围传播，涉及大量设备。然而，由于现象的低频特性，描述设备所需模型的阶数通常较低。相反，高频动态限于系统很小一部分，不会影响大范围地理区域。但是，用于分析高频现象模型，必须在大范围频率内精确，通常采用高阶模型。

为了在不同频率范围内研究各种动态现象，在过去几十年里，传统电力设备（如汽轮发电机、变压器、输电线路、HVDC 变流器、柔性交流输电系统控制器）的数学模型，得到了长足发展和深入评估。相应地，大量以计算机时域仿真（数值积分）为基础的分析工具，得到了开发和商业化。这些工具被用于短期、中期和长期的功角（暂态）稳定研究、电压稳定研究、短路研究、继电器/保护协调、电磁暂态分析。

近十年来，由于更多风电场的出现、风电渗透率的增加，开发适用于不同系统研究的 WPP 模型，并将其加入软件工具，都面临着较大挑战。对包含风电场电力系统的影响评估研究、规划可靠性评估，风电场模型都极其必要。

建立风电场模型的挑战在于：

1）与传统电力设备（如汽轮发电机组和变压器）相比，风电场内部电气结构是一个大型电气实体，包括各种架空线路和地下电缆、大量多质量块的发电机组以及电力电子变流器。

2）对交流或直流集电系统的选择。

3）在海上风电场和系统间的 HVDC 输电，以及对风电场 - HVDC 系统控制/保护和运行策略的影响。

4）WTG 不同类型（如Ⅲ型和Ⅳ型）和技术，以及各 WTG 变流器结构和控制保护策略的多样性。

5）风力机技术、性能特性、控制保护功能和策略的演变和发展。

6）由于稳态/动态期间控制/保护和运行要求/约束不同，导致并网导则的多样性和不统一。

7）取决于 WTG 类型和结构，风电场控制选择的多样性：控制有功、无功、电压、频率、阻尼系统振荡等。

与风电场有关的电力系统研究分为两类：①风电场内部的研究，此时公共互联点以外的外部系统，用一个合适的等效电路表示；②风电场外部的研究，相对于电力系统外部，风电场在 POI 点被看成一个等效电路（等效负荷）。前者以详细时域仿真研究为基础，需要风电场电气系统详细信息，以及只有制造商才能提供的 WTG 详细资料。后者需要根据研究目的，在 POI 处建立风电场的通用等效模型，以便能充分表示风电场。

图 18.19 给出了用于电力系统稳定研究的一个Ⅲ型 WTG 框图，包括发电机和变流器、风力机、WTG 级控制等的模型。为表示风电场模型，配备向 WTG 提供指令信号的风电场级控制。各模块（桨距角控制模型、风力机空气动力学模型、典型功率 - 速度特性、有功控制模型、无功控制模型，以及发电机和变流器模型）的详细信息，见参考文献［28］。

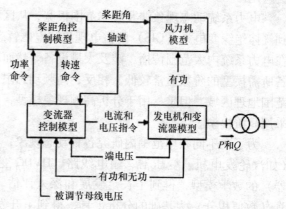

图 18.19　用于电力系统稳定研究的Ⅲ型 WTG 框图

图 18.20 给出了Ⅳ型 WTG[33] 的框图表示，包括发电机/变流器模型、变流器控制模型、风力机模型。与Ⅲ型风力机相似，4 号风力机模型组成的风电场，也需要场级控制。图中详细资料，包含发电机和变流器模型、变流器电流限幅模型、风力机模型，在参考文献［28］中给出。

缩放Ⅲ型和Ⅳ型 WTG 模型以推导相应的风电场模型时，都假设风电场中所

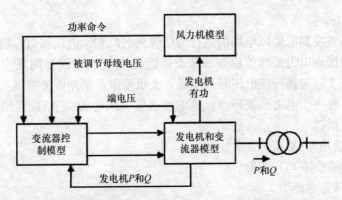

图 18.20 用于电力系统稳定研究的Ⅳ型 WTG 框图

有 WTG 风速相同，运行参数一样。此假设未必有效，特别是在大型风电场中，此时 WTG 地理分布广泛，各机组风速可能不一样。此时要建立风电场的多个等效模型。每个等效模型代表一组在电气上和地理上相近的 WTG。随着感兴趣频率的增加，简化 WTG 表示风电场模型的准确度过低。例如，对简化的Ⅲ型 WTG 模型，用于研究风电场低频惯性振荡时准确度可接受，但用于研究风电场机械传动系统扭转动态模型时，可能不够精确。

根据各 WTG 风速的不同，风电场级控制器可能会对各 WTG 施加不同的控制命令，使得各 WTG 间的运行条件差异更大。这降低了基于单个 WTG 简化的风电场等效模型的准确度。图 18.19 和图 18.20 的通用模型只代表概念上的运行控制，未包括供应商规定的保护、控制限制、可能在特定运行条件下激活的控制性能。这可能使模型结果不精确。所以，用户必须对被采用模型有充分的认识。一些厂商给出了详细模型，对技术用户开放。但是，此模型在公开领域不可用，而本文关注后者。

18.5.2 风电场级控制

风电场级控制系统包括两个层次[34,35]：风电场级控制、各个 WTG 的 WTG 级控制（见图 18.21）。风电场级控制的控制命令，来自电力系统运行人员、本地测量、风电场内各 WTG 的可用风能状态。场级控制的输出包括 WTG 级控制的设定值。根据从场级控制得到的设定值，每个 WTG 确定相应的有功/无功输出。如果风电场有能量储存和无

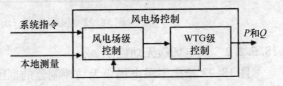

图 18.21 风电场控制系统的典型结构

功补偿装置（如电池储能和无功补偿），则风电场级控制要与 WTG 级控制相

协调。

风电场级控制能使风电场的运行与传统火电厂和水电厂相似，根据电网导则需求，主动提高电力系统的稳态和动态运行性能[36]。电网导则规定了发电厂运行和并网需求，包括传统电厂和风电场、大负荷以及辅助服务提供者。这些需求差异很大，取决于电力系统特点、风电渗透率、风电场中 WTG 类型和技术。这些新规定包括：

1）有功功率/频率控制；

2）无功功率/电压控制；

3）故障穿越能力。

18.5.2.1　风电场级有功控制

图 18.22 中风电场级有功控制器的目的[37]，是调节注入公共连接点的有功。有功控制器的输入，是系统有功的控制需求、POI 点测得的注入有功以及每个WTG 可获得有功。如果 POI 配备储能系统，后者作为风电场的一部分，则 POI点测量也需考虑储能系统，并且风电场级有功控制必须考虑其协调控制。图中场级控制方案主要由三个模块组成[34,37]：

1）控制函数模块[38]：根据系统有功需求，启动增量控制、平衡控制或限速控制。其输出是 POI 点处的风电场有功参考值。

2）主控制模块[34]：把从控制函数模块得到的参考值与相应的 POI 点测量值进行对比，把误差信号送到 PI 控制器中。其输出是送到调度模块的风电场有功输出的参考值。

3）调度模块[37,39,40]：把接收到的风电场有功参考值直接分配给风电场中各WTG。可以不核实风电场总的可用有功而直接分配，或者经优化后再分配，以满足系统有功需求[40]。

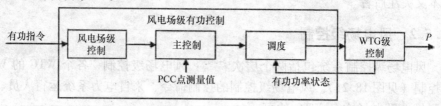

图 18.22　风电场级有功控制框图

18.5.2.2　风电场级无功控制

图 18.23 给出了风电场级无功控制器的框图，功能类似于有功控制，包含风电场级控制和 WTG 级控制[34]。系统输入信号为无功需求、电压幅值或 PCC 点功率因数。输入信号及与无功控制策略的选择，要根据电力系统特性，如 X/R比和 POI 点短路比。POI 测量值可能包含电压和无功信息。风电场级控制器主要

包括两个模块：

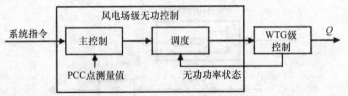

图 18.23　风电场级无功控制框图

1）主控制模块：接收系统指令和相应的本地测量信息，计算误差大小，通过 PI 控制器处理误差信号。根据输入信号不同，模块输出要么是风电场所需无功，要么是电压参考值[37]。图 18.24 中，可以通过基于电压的无功校正，对 POI 点施加电压约束。类似地，在采用电压控制策略时，根据无功辅助信号也有望类似增强。图 18.24 的主控制模块的一种替代结构，参见参考文献［39］。

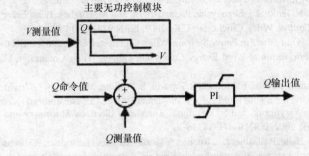

图 18.24　图 18.23 所示系统的主要控制模块

2）调度模块：接收主控制模块的输出信息和每个 WTG 的有功，确定风电场中每个 WTG 无功设定值或电压设定值。需要注意的是，电压设定值可能需要转化为等效无功设定值。可以根据 WTG 可用无功、直接根据主控制模块的输出信息[40]，或根据优化策略[40,41]，确定无功设定值[38]。

风电场无功控制协调，是为了满足并网导则对 POI 点电压和无功需求，并满足风电场内部性能需求。实现此目标的一个方法时是：在风电场级控制中设置慢速控制下垂，在各 WTG 级控制中设置电压控制的快速下垂特性[42]。

18.5.2.3　风电场频率控制

在电力系统受到扰动后，若频率偏离额定值，希望包括风电场在内的电厂响应频率偏移，并把频率设定为一个可控变量。如果频率不是额定值，自动发电控制将起作用，把频率拉回额定值。图 18.22 的主控制模块，可加入基于功率/频率下垂特性的辅助有功命令信号，通过风电场级控制器进行频率控制（见图18.25）。频率控制可以在 WTG 有功控制中直接进行，利用机组惯性响应、有功储备或桨距角控制。根据系统低频分量，各 WTG 有功需求也可阻尼电力系统振荡，类似电力系统稳定器（PSS）的作用。

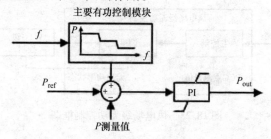

图 18.25　图 18.22 所示系统的风电场级主要控制模块，
包括用于频率控制的辅助频率偏移信号

参 考 文 献

1. IEA Wind Energy, Annual Report 2008, July 2009, ISBN 0-9786383-3-6.
2. O. Anaya-Lara, N. Jenkins, J. Ekanayake, P. Cartwright, and M. Hughes, *Wind Energy Generation—Modeling and Control*, Wiley, Chichester, U.K., 2009, ISBN 978-0470-7433-1.
3. T. Ackermann, *Wind Power in Power Systems*, Wiley, Chichester, U.K., 2005, ISBN 0-470-85508-8.
4. S. Heier, *Grid Integration of Wind Energy Conversion System*, Wiley, Chichester, U.K., 1988, ISBN 0-471-97143-x.
5. R. Piwko, E. Camm, A. Ellis, E. Muljadi, R. Zavadil, R. Walling, M. O'Mally, G. Irwin, and S. Saylors, A whirl of activity, *IEEE Power and Energy Magazine*, 7(6): 26–35, November/December 2009.
6. P.C. Krause, O. Wasynczuk, and S.D. Sudhoff, *Analysis of Electrical Machinery and Drive Systems*, Wiley, New York, 2002, ISBN 0-471-14326-X.
7. L.H. Hansen, L. Helle, F. Blaabjerg, E. Ritchie, S. Munk-Nielson, H. Bindner, P. Sorensen, and B. Bak-Jensen, Conceptual survey of generators and power electronics for wind turbines, Riso-R-1-1205 (EN), Riso National Laboratory, Roskilde, Denmark, December 2001.
8. J.B. Ekanayake, L. Holdsworth, X. Wu, and N. Jenkins, Dynamic modeling of doubly-fed induction generator wind turbine, *IEEE Transactions on Power System*, PWRD-18(2): 803–809, April 2003.
9. F.M. Hughes, O. Anaya-Lara, N. Jenkins, and G. Strbac, Control of DFIG-based wind generation for power network support, *IEEE Transactions on Power Systems*, PWRS-20(24): 1958–1966, November 2005.
10. O. Anaya-Lara, F.M. Hughes, N. Jenkins, and G. Strbac, Rotor flux magnitude and control strategy for doubly fed induction generators, *Wind Energy*, 9(5): 479–495, 2006.
11. V. Akhmatov, V. Nielson, and A.H. Pedersen, Variable-speed wind turbines with multi-pole synchronous permanent generators—Part 1: Modelling and in dynamic simulation tools, *Wind Engineering*, 27: 531–548, 2003.
12. A. Grauers, Design of direct driven permanent magnet generators for wind turbines, PhD thesis, Chalmers University of Technology, Gothenburg, Sweden, No. 292L, 1996.
13. Z. Chen and E. Spooner, Grid interface options for variable-speed permanent magnet generator, *IEE Proceedings Electric Power Application*, 145(4): 273–283, 1998.
14. P. Kundur, *Power System Stability and Control*, McGraw Hill, New York, 1994, ISBN 0-07-03598-x.
15. A. Yazdani and R. Iravani, *Voltage-Sourced Converters in Power Systems—Modeling, Control, and Applications*, Wiley-IEEE, Hoboken, NJ, 2010, ISBN 978-0-470-52156-4.
16. A. Tabesh, Dynamic modelling and analysis of multi-machine power systems including wind farms, PhD thesis, University of Toronto, Toronto, Ontario, Canada, 2005.

17. M. Hausler and F. Owman, AC or DC for connecting offshore wind farms to the transmission grid? *Proceeding of 3rd International Workshop on Large-Scale Integration of Wind Power and Transmission Network for Offshore Wind Farms*, Royal Institute of Technology, Stockholm, Sweden, 2002.

18. E. Ericksoon, P. Halvarsson, D. Wensky, and M. Hausler, System approach on designing an offshore windpower grid connection, *Proceeding of 4th International Workshop on Large-Scale Integration of Wind Power and Transmission Network for Offshore Wind Farms*, Royal Institute of Technology, Stockholm, Sweden, 2003.

19. P. Cartwright, L. Xu, and C. Saase, Grid integration of large offshore wind farms using hybrid HVDC transmission, *Proceedings of the Nordic Wind Power Conference*, Chalmers University of Technology, Gothenburg, Sweden, 2004.

20. S. Weigel, B. Weise, and M. Poller, Control of offshore wind farms with HVDC grid connection, *Proceedings of the 9th International Workshop on Large-Scale Integration of Wind Power into Power Systems and Transmission Networks for Offshore Wind Power Plants*, pp. 419–426, Quebec, Canada, October 2010.

21. J. Pan, L. Qi, J. Li, M. Reza, and K. Srivastava, DC connection of large-scale wind farms, *Proceedings of the 9th International Workshop on Large-Scale Integration of Wind Power into Power Systems and Transmission Networks for Offshore Wind Power Plants*, pp. 435–441, Quebec, Canada, October 2010.

22. C. Meyer, M. Hing, A. Peterson, and R.W. Doncker, Control and design of DC grids for offshore wind farms, *IEEE Transactions on Industry Applications*, IAS-43(6): 1474–1482, November/December 2007.

23. T. Schutte, B. Gustavsson, and M. Strom, The use of low-frequency AC for offshore wind farms, *Proceedings of the 2nd International Workshop on Transmission Networks for Offshore Wind Farms*, Royal Institute of Technology, Stockholm, Sweden, 2001.

24. K. Rudin, H. Abildgaard, A.G. Orths, and Z.A. Styczynski, Analysis of operational strategies for multi-terminal VSC-HVDC system, *Proceedings of the 9th International Workshop on Large-Scale Integration of Wind Power into Power Systems and Transmission Networks for Offshore Wind Power Plants*, pp. 411–418, Quebec, Canada, October 2010.

25. C. Ismunandar, A.A. van der Meer, M. Gibescu, R.L. Hendrik, and W.L. Kling, Control of multi-terminal VSC-HVDC for wind power integration using voltage-margin method, *Proceedings of the 9th International Workshop on Large-Scale Integration of Wind Power into Power Systems and Transmission Networks for Offshore Wind Power Plants*, pp. 427–434, Quebec, Canada, October 2010.

26. R. Gagnon, G. Turmel, C. Larose, J. Brochu, G. Sybille, and M. Fecteau, Large-scale real-time simulation of wind power plants into Hydro-Quebec power system, *Proceedings of the 9th International Workshop on Large-Scale Integration of Wind Power into Power Systems and Transmission Networks for Offshore Wind Power Plants*, pp. 73–80, Quebec, Canada, October 2010.

27. CIGRE Technical Brochure, Modeling and dynamic performance of wind generations as it relates to power system control and dynamic performance, CIGRE Study Committee C4, August 2007.

28. Joint Report—WECC WG on dynamic Performance of Wind Power Generation and IEEE WG on Dynamic Performance of Wind Power Generation, Description and technical specifications for generic WTD models—A status report, to be published in the *IEEE PES Transactions on Power Systems* (in press).

29. E. Muljadi, C.P. Butterfield, A. Ellis, J. Mechenbier, J. Hocheimer, R. Young, N. Miller, R. Zavadil, and J.C. Smith, Equivalencing the collector system of a large wind power plant, *IEEE PES General Meeting*, Montreal, Quebec, Canada, 2006.

30. E. Muljadi and E. Ellis, Validation of the wind power plant models, *IEEE PES General Meeting*, Pittsburgh, PA, 2008.

31. IEEE Task Force Report—Ah hoc TF on Wind Generation Model Validation of IEEE PES WG on Dynamic Performance of Wind Power Generation, Model validation for wind turbine generator models, to be published in the *IEEE Transactions on Power Systems* (in press).

32. Y. Kazachkov and S. Stapleton, Does the generic dynamic simulation wind turbine model exist? *Wind Power Conference*, Denver, CO, May 2005.

33. K. Clark, N.W. Miller, and J.J. Sanchez-Gasca, Modeling of GE wind turbine-generator for grid studies, General Electric International, Schenectady, NY, Version 4.5, April 2010.

34. M. Altin, R. Teodorescu, B.B. Jenson, P. Rodriguez, F. Iov, and P.C. Kjaer, Wind power plant control—An overview, *Proceedings of the 9th International Workshop on Large-Scale Integration of Wind Power into Power Systems and Transmission Networks for Offshore Wind Power Plants*, pp. 581–588, Quebec, Canada, October 2010.

35. O. Goksu, R. Teodorescu, P. Rodriguez, and L. Helle, A review of the state of the art in control of variable-speed wind turbines, *Proceedings of the 9th International Workshop on Large-Scale Integration of Wind Power into Power Systems and Transmission Networks for Offshore Wind Power Plants*, pp. 589–596, Quebec, Canada, October 2010.

36. M. Altin, G. Guksu, R. Teodorescu, P. Rodriguez, B.B. Jenson, and L. Helle, Overview of recent grid codes for wind power integration, *Proceeding of Optimization of Electrical and Electronic Equipment Conference*, Brasov, Romania, 2010.

37. A. Hansen, P. Sorensen, F. Iov, and F. Blaabjerg, Centralized power control of wind farm with doubly fed induction generators, *Renewable Energy*, 27: 351–359, 2006.

38. J.R. Kristoffersen and P. Christiansen, Horns Rev offshore windfarm: Its main controller and remote control system, *Wind Energy*, 27: 351–359, 2003.

39. J. Rodriguez-Amenedo, S. Arnalte, and J. Burgos, Automatic generation control of wind farm with variable speed wind turbines, *IEEE Transactions on Energy Conversion*, 17(2): 279–284, May 2002.

40. R.G. de Almeida, E. Castronuovo, and J. Pecas Lopez, Optimum generation control in wind parks when carrying out system operator request, *IEEE Transactions on Power Systems*, 21(2): 718–725, 2006.

41. General Electric Patent, Windfarm collector system loss optimization, patent #EP2108828A2, 2007.

42. J. Footmann, M. Wilch, F. Koch, and I. Erlrich, A novel centralized wind farm collector utilizing voltage control capability of wind turbines, *Proceeding of Power System Computational Conference*, Glasgow, Scotland, 2008.

第 19 章　柔性交流输电系统（FACTS)

Rajiv K. Varma

University of

Western Ontario

John Paserba

Mitsubishi Electric

Power Products, Inc.

19.1　引言

IEEE 把柔性交流输电系统（FACTS）定义为："综合了电力电子技术和其他静态控制器以提高可控性和输电能力的交流输电系统"[1]。FACTS 控制器可使输电网络灵活运行，从而增加其稳定裕度[2-11]。

图 19.1 阐述了受温升、静态稳定、暂态/功角稳定及阻尼影响下，典型输电线路的输电极限[5]。在特定的情形下，阻尼对电力传输的约束，可能比暂态/功角稳定更严。从图中也可看出，输电线路的利用显然远没有达到其温升极限。在相同输电通道上提高输电能力，只能通过建设新线路，成本很高。FACTS 能够提高现有输电线路稳定裕度直到温升极限，从而避免或推迟建设新线路。

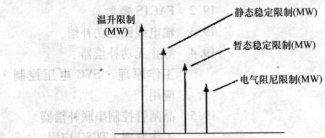

图 19.1　输电线路功率传输的限制因素（Mathur RM，Varma RK，Thyristor - Based FACTS Controllers for Electrical Transmission Systems，Wiley - IEEE Press，New York，Feb. 2002）

FACTS 用于输电系统可实现以下一个或多个目标：

1）提高/控制线路输电能力，避免环流；

2）改善系统暂态稳定极限；

3）增加系统阻尼；

4）缓解次同步谐振（SSR）；

5）减轻电压不稳定性；

6）限制短路电流；

7）改善高压直流（HVDC）变流器端口性能；

8）实现风力发电系统并网。

FACTS 控制器大概分为以下几类：

1）基于晶闸管的 FACTS：

a. 静止无功补偿器（SVC）；

b. 晶闸管控制串联补偿器（TCSC）。

该类型的 FACTS 控制器还有：晶闸管控制调相器（TCPAR）、晶闸管控制电压限制器（TCVL）、晶闸管控制制动电阻（TCBR）。

2）基于电压源变流器（VSC）的 FACTS：

a. 静止同步补偿器（STATCOM）；

b. 静止同步串联补偿器（SSSC）；

c. 统一潮流控制器（UPFC）。

线间潮流控制器（IPFC）是此类型的另一种控制器。电力电子变流器技术促进了储能并网，产生了两种重要的 FACTS 控制器：电池储能系统（BESS）和超导磁储能系统（SMES）。

本章将简单概述一些主要 FACTS 控制器的工作原理及应用。

19.2　FACTS 概念

FACTS 概念可用一简单输电系统来解释。线路电抗为 X，两端电压分别为 $V_1 \angle \delta$ 和 $V_2 \angle 0$，如图 19.2 所示。线路输电功率为

$$P = \left[\frac{(V_1 V_2)}{X} \right] \sin\delta \tag{19.1}$$

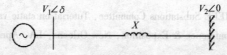

图 19.2　FACTS 的概念（Mathur RM，Varma RK，Tyristor – Based FACTS Controllers for Electrical Transmission Systems，Wiley – IEEE Press，New York，Feb. 2002）

不同 FACTS 控制器就是基于对上述关系的理解。提高输电能力的方法有：

1）增加 V_1 和 V_2。此方法效果有限，因为电压变化范围通常在额定传输电压的 ±5% ~ 6% 之间。

2）减小 X。可通过以下方法减小 X：

a. 新建一条并联线路，成本极高，且需要获得输电路径许可，耗时较长。

b. 在线路中点提供并联无功补偿以控制电压。这导致了并联 FACTS 的概念（SVC 和 STATCOM）。

c. 在线路上接入串联电容器以补偿感性电压降。这就是 TCSC 的原理。

d. 在线路上串联一个与感性电压降方向相反的电压源。这就是 SSSC 的原理。

3）控制线路两端相角差 δ。这可以用 TCPAR 来实现。

19.3　输电线路无功补偿

图 19.3 给出了一条无损线路的电压分布，线路两端都被调节。最大电压出现在轻载条件下的线路中间位置，而最小电压出现在重载条件下的线路中间位置。

如图 19.4 所示，在轻载条件下吸收无功，而在重载条件下注入无功，可以调节线路中点电压。在这两种情况下，交换的无功都必须是变化的、可控的，以获得所需的母线电压。这就是 SVC 的基本功能[12-16]。

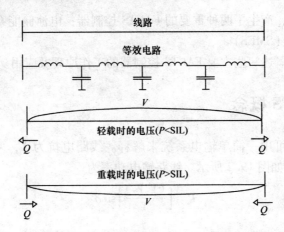

图 19.3　长线路上电压（IEEE Substations Committee, Tutorial on static var compensators, Module 1, IEEE PES T&D Conference & Exposition, New Orleans, LA, Apr. 20 – 22, 2010）

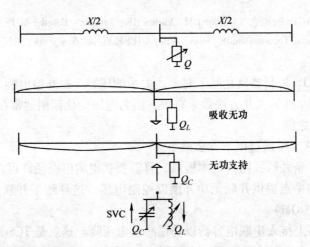

图 19.4　带中点无功补偿的长线路电压（IEEE Substations Committee, Tutorial on static var compensators, Module 1, IEEE PES T&D Conference & Exposition, New Orleans, LA, Apr. 20 –22, 2010）

19.4　静止无功补偿器

　　SVC 是应用最为广泛的一种 FACTS 控制器[5,12-14]。它与输电系统连续交换无功（从感性到容性），以调节特定系统参数（一般是母线电压）。SVC 的主要元件是晶闸管（TCR）。为了理解 SVC 的概念，图 19.5 给出了一个单相 TCR。TCR 由两个反向并联的晶闸管与一个固定电感组成。两个晶闸管（T_1 和 T_2）的触发角，在 90°~180°间对称变化，导致非正弦变化的晶闸管电流 I_{TCR}，后者在两边的触发脉冲对称。

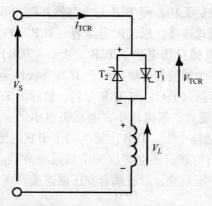

图 19.5　SVC：单相 TCR（Mathur RM，Varma RK，Thyristor – Based FACTS Controllers for Electrical Transmission Systems，Wiley – IEEE Press，New York，Feb. 2002）

　　图 19.6 给出了 TCR 运行的变量[5,12,13]。对于恒正弦输入电压 V_S，改变触发角，使得 TCR 电流基频分量变化，从而得到一个变化的感性电纳。TCR 电纳和触发角之间的关系是非线性的[12,13]。三相 TCR 按三角形方式连接，以阻止 3 次谐波进入电网。电感通常会被分为两个，分别安装在两个晶闸管上，以保护晶闸管，防止短路电流流过电感[5]。

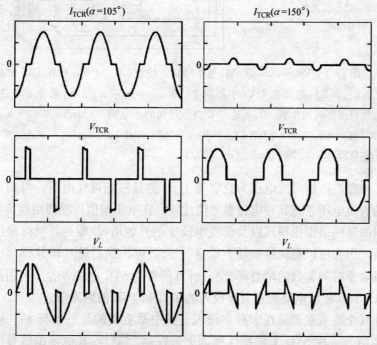

图 19.6　TCR 不同触发角 α 产生的电流和电压（Mathur RM，Varma RK，Thyristor – Based FACTS Controllers for Electrical Transmission Systems，Wiley – IEEE Press，New York，Feb. 2002）

　　TCR 能连续控制滞后无功，而 TCR 与电容器并联，可以连续控制超前无功。并联电容可以固定模式连接，形成固定电容 – TCR（FC – TCR）；或者以机械投切方式连接，形成机械投切电容 – TCR（MSC – TCR）。通常，基于 TCR 的 SVC 的固定电容作为一个滤波器，滤除由于 TCR 非线性运行所产生的谐波。

　　将晶闸管投切电容器（TSC）与 TCR 并联，被称为 TSC – TCR。与 FC – TCR 相比，TSC – TCR 成本更高，但损耗小，电感值也小[13]。图 19.7 给出了 TSC – TCR 类型 SVC 的通用结构[5, 15]。TCR 支路上的小串联电感，可以滤除由 TCR 产生的特征谐波[13,14]。有时候，还会装设一个高通滤波器。由于晶闸管的电压等级，SVC 通常工作在中压系统，通过耦合变压器连接到高压输电系统。

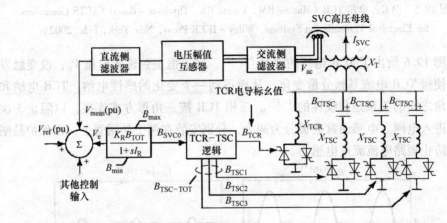

图 19.7　TSC – TCR 型 SVC 基本结构。注意：$B_{min} = B_{SVC}$ 只在 TCR 中成立。$B_{max} = B_{SVC}$ 在所有 TSCs 中都成立。$B_{TOT} = B_{max} - B_{min}$。$K_R$ 是静态增益。T_R 是稳压器时间常数。B_{SVC0} 是 SVC 高压母线的净电纳。（Mathur RM，Varma RK，Thyristor – Based FACTS Controllers for Electrical Transmission Systems，Wiley – IEEE Press，New York，Feb. 2002）

　　SVC 控制高压侧母线电压为设定值 V_{ref}。测量三相母线电压，得到与其均方根相等的直流电压，将其与电压参考值比较。在电压幅值传感器两端装设合适滤波器，以滤除网络谐振模式以及母线电压中的其他谐波/噪声。对测量信号滤波十分重要，因为可以避免控制器不稳定[15-17]。电压误差进入调节器（一般是比例积分或者带时间常数的增益环节），计算所需的 SVC 电纳 B_{SVC}。利用此输入信号，TCR – TSC 逻辑电路确定需要投入的 TSC 和 TCR 的触发角。

　　其他几个输入量都是在求和点输入。其中最重要的是一个与 SVC 电流成比例的控制信号，在 SVC 工作特性施加下垂控制[5,14,15]。其他辅助信号可为 SVC 提供各种性能，如阻尼控制、SSR 控制等。

19.4.1　工作原理

SVC 稳态和动态电压－电流特性如图 19.8 所示[5,14,15]。SVC 在其线性控制范围内，通过连续改变电流，维持电压恒定（实际上有一定的斜率，一般为 1%~3%）。系统负荷特性与 SVC $V-I$ 曲线的交点，即为 SVC 的运行点。在控制范围外，在低压侧 SVC 相当于一个固定电容器，在高压侧相当于一个定值电抗器。若母线电压持续升高，通过适当触发角控制，限制限制晶闸管电流以保护阀片。

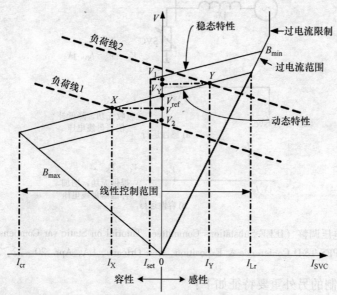

图 19.8　SVC 伏安特性

除了电压死区外，SVC 稳态和动态 $V-I$ 特性曲线类似。SVC 功能是在扰动过程中提供动态无功支撑。若稳态母线电压趋于变化（没有扰动时），SVC 将会在其控制范围内来回移动，以提供稳态电压支撑。这将导致在响应故障时，SVC 无功范围很小。电纳控制死区可以避免此种情况[18]。这凸显了 SVC 控制运行的两个重要方面：

1) SVC 要提供动态电压支撑而非稳态电压支撑。

2) SVC 在稳态时是处于浮点的（不与系统交换无功）。

更多讨论见 19.10.2 节。

19.4.2　SVC 电压控制

图 19.9 给出了从 SVC 母线看进去的电力系统戴维南等值电路。补偿母线电

压 V_C 表示为

$$V_C = V_S - jX_S I_{svc} \tag{19.2}$$

相量图 19.9a、b 分别描述了 SVC 感性和容性补偿时的电压控制。SVC 对电压控制的贡献由 $X_S I_{svc}$ 决定。这意味着在下列情况下，SVC 电压控制更有效。

1) I_{svc} 很大，即 SVC 无功范围很大。

2) X_S 很大，即系统很弱、短路阻抗较大。因此，对于在很容易遭受电压波动的弱电网中，SVC 是必要和有效的。

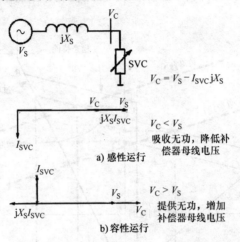

图 19.9 SVC 电压调整（IEEE Substations Committee, Tutorial on Static var Compensators, Module 1, IEEE PES T&D Conference & Exposition, New Orleans, LA, Apr. 20 – 22, 2010.）

SVC 控制的另外重要特征如下：

1) 优化 SVC 控制系统，使得在弱系统结构中快速响应[12, 15]。

2) 当电网结构增强时，SVC 响应速度将会被降低[5, 14]。

需要安装自适应特征，如增益优化器，以便在较大运行范围内，提供 SVC 的快速响应[19]。

以上电压控制原则同样适用于 STATCOM。

19.4.3 SVC 应用

在 FACTS 控制器中，SVC 应用最为广泛，已有很多应用[5]。

19.4.3.1 增加线路输电容量

长线路输电能力如图 19.2 所示，由式（19.1）给出。假设 V_1 和 V_2 幅值为 1pu，相角 δ 为 90°，最大传输功率 P_{12max} 可表示为

$$P_{12max} = \frac{1}{X} \tag{19.3}$$

图 19.10a 表示同样线路，在其中间点安装有 SVC，将电压调整到 V_m。相应输电能力为

$$P = \left[\frac{V_1 V_m}{0.5X}\right]\sin\left(\frac{\delta}{2}\right) \tag{19.4}$$

若认为 V_1、V_2 和 V_m 都是 1pu，相角差 δ 为 180°，最大输电功率为

$$P'_{12max} = \frac{2}{X} \tag{19.5}$$

通过在线路中点安装 SVC 调节电压，可使最大输电能力翻倍。这是 SVC 的一个巨大优点。然而，这种加倍需要一个理想 SVC，即容量很大[12]。图 19.10b 描述了未补偿线路潮流 P，补偿线路潮流 P_C，理想 SVC 无功出力 Q_{SVC} 的变化。一个实际规模的 SVC，尽管不能将输电能力翻倍，但是仍然显著增加了输电能力。

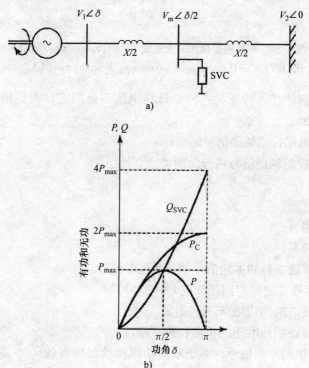

图 19.10　a）输电线路中点安装 SVC　b）安装理想 SVC 与否时的有功/无功变化、理想 SVC 的无功变化（Mathur RM，Varma RK，Thyristor – Based FACTS Controllers for Electrical Transmission Systems，Wiley – IEEE Press，New York，Feb. 2002.）

19.4.3.2　提高电力系统暂态稳定极限

图 19.10 显示了采用功角曲线进行暂态稳定分析的等面积定则，其中输电系

统安装 SVC。结果表明，安装有限容量 SVC 后，暂态稳定裕度大幅增加[14]。

19.4.3.3 增加系统阻尼

SVC 主要用于电压控制，不会主动增加系统阻尼[4,5,12]。然而，采用 SVC 辅助控制，可有效增加电力系统电气阻尼[14,15,20]。这种控制概念通过带线路中点并补的单机无穷大系统表示，如图 19.11 所示。

若 $d(\Delta\delta)/dt$ 为正，即发电机转子由于储存动能而加速，控制 SVC 端电压 V_m 以增加发电机有功输出（参见式（19.4））；若 $d(\Delta\delta)/dt$ 为负，即转子由于失去动能而减速，控制 SVC 端电压 V_m 以减少发电机有功输出（参见式（19.4））。

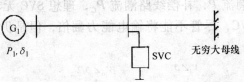

图 19.11　线路中点有 SVC 补偿的单机无穷大系统（IEEE Substations Committee, Tutorial on static var compensators, IEEE PES T&D Conference Exposition, New Orleans, LA, Apr. 20 – 22, 2010.）

该阻尼控制的显著特征是：SVC 母线电压不是固定，而是根据转子振荡辅助信号来调节的。

19.4.3.3.1　阻尼控制辅助信号的选择

SVC 阻尼控制辅助信号可分为两类[5,15,18]：

1. 本地信号

1）线路电流；

2）有功潮流；

3）母线频率；

4）基于系统参数和本地信号的合成远端信号。

2. 远端信号（通过专用光纤或 PMU）[21]）

1）远端发电机的功角/转速变化；

2）输电线路两端电压的相角和频率差。

所选择的辅助控制信号，对于双向功率流动都应有效[15]。适当的阻尼信号的特征，如可观性、可控性，以及 SVC 控制对电压信号的影响，这些已在第 9 章中给出。

19.4.3.3.2　案例分析

图 19.12 给出了两区域四机系统[22,23]。未装 SVC 时，母线 8 发生持续 5 个周波的三相短路，导致系统失稳，如图 19.13a 所示。在输电线路中间安装 SVC，比较了不同信号抑制区域模式振荡的效果。4 种信号分别为：①无阻尼信号

（SVC 只用来控制电压）；②线路电流幅值信号；③远端发电机 G3 的转速信号；和④远端发电机 G2 的转速信号。

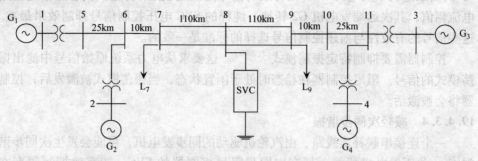

图 19.12　两区域研究系统（IEEE Substations Committee, Tutorial on static var compensators, Module 1, IEEE PES T&D Conference & Exposition, New Orleans, LA, Apr. 20 – 22, 2010; Kundur P, Power System Stability and Control, McGraw – Hill, Inc., New York, 1994.）

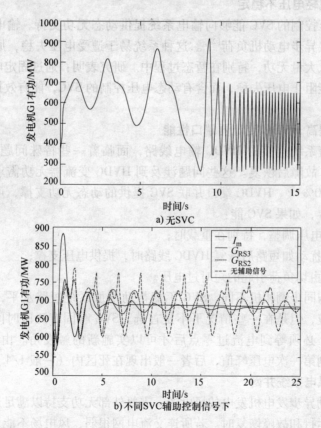

图 19.13　系统响应（IEEE Substations Committee, Tutorial on static var compensators, Module 1, IEEE PES T&D Conference & Exposition, New Orleans, LA, Apr. 20 – 22, 2010.）

通过参与因子分析，确定了 4 种信号的优先级：对于区域模式振荡，发电机 G3 的贡献远大于发电机 G2。最有效的信号是发电机 G3 转速，接着是本地线路电流幅值，其次远端发电机 G2 转速。纯粹的 SVC 电压控制信号抑制效果最差。这些信号的有效性与前述控制信号选择的标准是一致的。

控制器需要抑制特定振荡模式[5,第9章]。这要求从电力系统原始信号中滤出振荡模式的信号。阻尼控制器在稳态时处于闲置状态，当振荡模式被激发后，控制器将会被激活。

19.4.3.4 减轻次同步谐振

一个连接串联补偿线路、由汽轮机驱动的同步发电机，可能会发生次同步谐振[24]。位于发电机机端，带有次同步阻尼控制器的 SVC，能有效抑制频率在 10 ~ 40Hz 的扭转振荡。这些情况下，SVC 本质上是一个并联电感，通过响应转子振荡或发电机转速来调整电流。

19.4.3.5 减轻电压不稳定

含有电压控制的 SVC 能够向输电系统提供动态无功支持。输电系统可能强连接或弱连接异步电动机负荷[27]。这种系统易于遭受电压失稳，原因在于需要通过线路输入大量无功，特别在暂态过程中。研究表明：通过固定电容的简单无功支撑，不能阻止电压失稳，而含有动态电压控制的 SVC，能有效提高系统电压稳定性[27,28]。

19.4.3.6 提高 HVDC 变流器端口性能

与弱交流系统连接的 HVDC 输电线路，面临着一些特殊问题，如稳定性、短时过电压、故障后恢复。这些问题涉及到 HVDC 变流器无功需求，可能高达额定有功的 60%[8]。HVDC 端口并联 SVC 提供的动态无功支撑，可以有效缓解这些问题[8,29]，如果 SVC 能：

1）提供电压调整，特别在重载时；

2）在大扰动如短路后恢复 HVDC 线路时，提供电压支撑；

3）抑制由切负荷引起的短时过电压。

但是，与同步调相机不同，SVC 不能帮助增加系统短路水平，因此尽管它们能快速响应，但是在一些情况下不是首选。SVC 有固有死区时间，因为其只能半控整流，必须等到电流过零点后才可以实施新的触发角。由于这些特性，SVC 不能控制第一次电压峰值，后者一般出现在死区内（一般 1/4 周波）[14,29]。

19.4.3.7 风电系统并网

利用自励异步发电机发电的风电场，需要外部无功支持以满足运行要求，特别是在开始运行和故障恢复时。若所连交流电网很弱，风电场不能从线路故障中恢复，反而会影响相邻发电机[30,31]。将 SVC 安装在风电场附近，可提供动态无功支持和电压调节能力[32]。

19.5　晶闸管控制串联补偿器

TCSC 是一个串联可控容抗的控制器，可以连续调节线路功率[33-36]。其基本模块包括串联电容（C），以及与之并联的 TCR（L_S），如图 19.14a 所示。控制 TCR 使得其电流增加了在固定串联电容两端的有效电压。相对于同样的线路电流，电压增加改变了串联容抗的有效值。实际的 TCSC 模型包括保护设备，如金属氧化物压敏电阻（MOV）、断路器（CB）、连接阀两端的超高速接触器（UH-SC），一般和串联电容安装在一起，如图 19.14b 所示[5]。

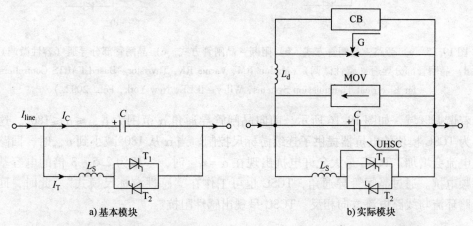

a)基本模块　　　　　　　　　　　　b)实际模块

图 19.14　TCSC 模块（Mathur RM，Varma RK，Thyristor – Based FACTS Controllers for Electrical Transmission Systems，Wiley – IEEE Press，New York，Feb. 2002.）

19.5.1　工作原理

TCSC 运行方式主要有 3 种[5,36]，介绍如下，参见图 19.15。

1. 旁路 – 晶闸管方式

晶闸管全部导通，即导通角为 180°。TCSC 模块特性表现为电容和电感的并联。流入电流呈感性，这是因为电抗器的电纳大于电容器的电纳。用于控制目的以及限制短路电流。

2. 阻断 – 晶闸管方式

闭锁晶闸管阀触发脉冲。当流过电流过零点后，晶闸管立即关断。TCSC 变为固定串联电容器，净电抗呈容性。这种模式也被称为"等待"模式。此时监测电容中的直流偏移电压，通过直流偏移控制迅速放电。

3. 部分导通 – 晶闸管模式（游标尺模式）

TCSC 表现为连续可调的容抗或感抗，通过在合适范围内改变晶闸管对的导通角予以实现。但不允许从容性到感性的平滑过渡，这是由于两种模式之间存在

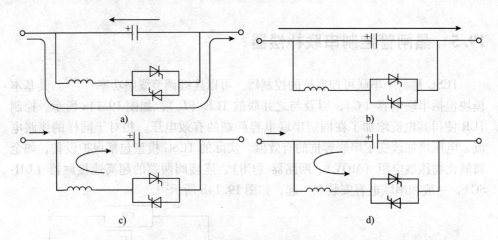

图 19.15　a）旁路 - 晶闸管方式　b）阻断 - 晶闸管方式　c）晶闸管部分导通（容性微调）
d）晶闸管部分导通（感性微调）（Mathur RM，Varma RK，Thyristor - Based FACTS Controllers
for Electrical Transmission Systems，Wiley - IEEE，New York，Feb. 2002.）

着谐振区域，如图 19.16 所示。前向晶闸管导通角 α 范围为 $\alpha_{min} \leqslant \alpha \leqslant 180°$，这
为 TCSC 模块的电抗器提供了连续游标尺控制。当 α 从 180°减小到 α_{min} 时，回路
电流会增加。TCSC 最大允许电抗出现在 $\alpha = \alpha_{min}$ 时，一般为 2.5 ~ 3 倍的电容基
频电抗。通过晶闸管导通角，TCSC 也可工作在"感性游标尺模式"。此时，回
路环流与线路电流方向相反，TCSC 呈现出感性阻抗。

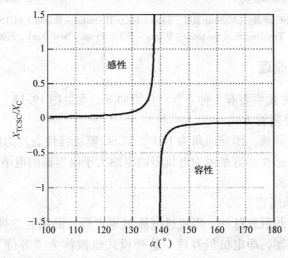

图 19.16　TCSC 的阻抗特性（Mathur RM，Varma RK，Thyristor - Based FACTS Controllers for
Electrical Transmission Systems，Wiley - IEEE，New York，Feb. 2002.）

　　TCSC 的电压、线路电流、电容电流、TCR 电流、容性/感性微调模式的阀

电压，如图 19.17 所示。在感性模式运行条件下，电流为正弦曲线，但是 TCSC
电压中含有更多谐波。

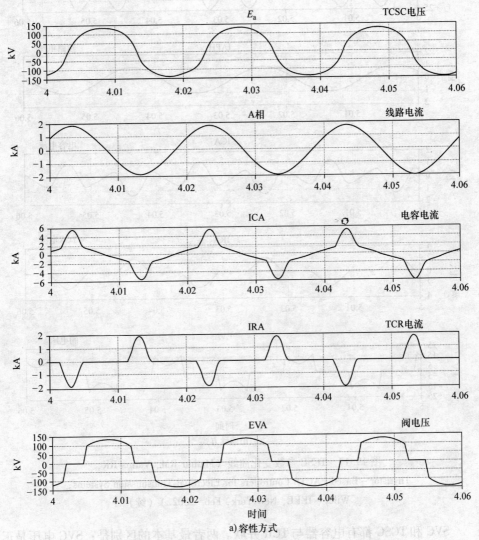

图 19.17　TCSC 参数变化曲线（Mathur RM，Varma RK，
Thyristor – Based FACTS Controllers for Electrical Transmission Systems，
Wiley – IEEE，New York，Feb. 2002.）

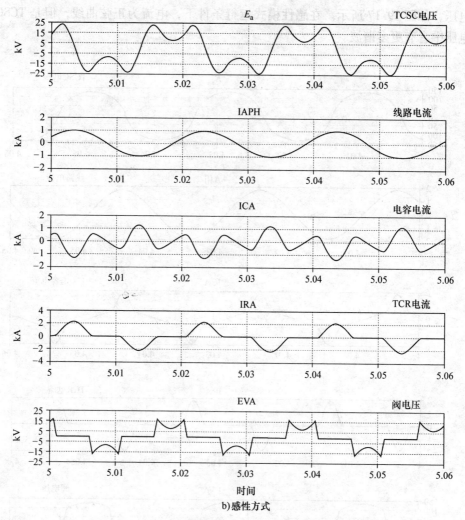

图 19.17 TCSC 参数变化曲线（Mathur RM，Varma RK，

Thyristor – Based FACTS Controllers for Electrical Transmission Systems,

Wiley – IEEE, New York, Feb. 2002.）（续）

　　SVC 和 TCSC 都有电容器与 TCR 并联。两者最基本的区别是：SVC 电压是正弦，但电流不是正弦；TCSC 电流是正弦，电压不是正弦。在 TCSC 中，谐波常常在 FC – TCR 回路里流通，不会传播到电网里。

　　TCSC 可提供平滑可调的感性和容性阻抗。但是由于存在谐振区域，不能平滑地从一种模式转换到另一种模式[35,36]。图 19.18 给出了包括不同模块的 TCSC 的电抗 – 电流能力曲线。总视在功率相同，采用更多模块时，连续可控范围增加，但成本也增加。

TCSC 可运行在开环或闭环控制模式[37,38]。在开环控制下，改变 TCSC 电抗提供期望串补，以控制潮流。在闭环恒电流控制下，改变 TCSC 电抗以维持线路电流在期望幅值。也可以控制 TCSC，以维持线路两端相角差恒定。

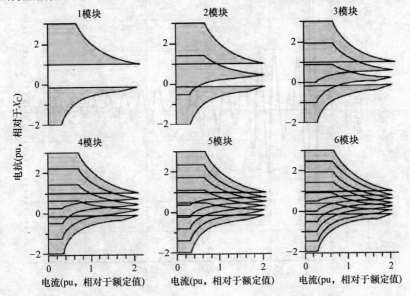

图 19.18　多模块 TCSC 的电抗 – 电流特性（Mathur RM，Varma RK，Thyristor – Based FACTS Controllers for Electrical Transmission Systems，Wiley – IEEE，New York，Feb. 2002.）

19.5.2　TCSC 应用

19.5.2.1　提高系统功率传输容量

TCSC 通常用于与固定串联电容一起工作。相比于全部用 TCSC 完成相同串补，成本要低得多。不同于 SVC，TCSC 提供串补的安装位置更加灵活。TCSC 可以快速改变输电线路串补度，从而实现期望的潮流值。在与图 19.2 相似系统的线路上加入 TCSC 补偿线路，潮流功率 P_{12} 为

$$P_{12} = \left[\frac{V_1 V_2}{X - X_C} \right] \sin\delta \tag{19.6}$$

式中，X_C 由 TCSC 电抗和固定串联电容共同决定。

19.5.2.2　增强系统阻尼

通过可以控制电抗，TCSC 可响应系统振荡，增强振荡模式的净阻尼。其原理和前述 SVC 原理相似，用来调整 TCSC 阻抗的附加信号，也和 SVC 相似，除了 TCSC 也可使用母线电压作为调制信号[5]。TCSC 在抑制区域间振荡时非常有效[39]。图 19.19 展示了 TCSC 增强阻尼[5]。

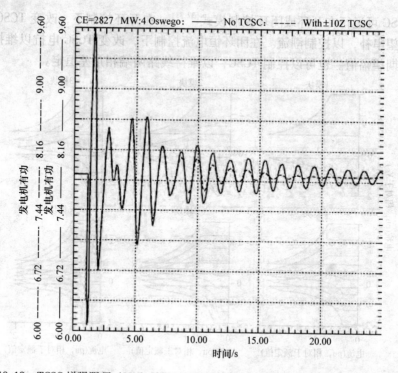

图 19.19　TCSC 增强阻尼（Mathur RM，Varma RK，Thyristor – Based FACTS Controllers for Electrical Transmission Systems，Wiley – IEEE，New York，Feb. 2002.）

19.5.2.3　减轻次同步谐振

在额定频率下，TCSC 提供了容性补偿。在次同步频率下，TCSC 提供了一个固有电阻和感抗，这不仅改变了 SSR 条件，也有助于抑制次同步振荡[40]。如果采用了基于线路功率/线路电流的电抗调制方案，TCSC 抑制 SSR 的能力，得到进一步增强[5]。

19.5.2.4　避免电压失稳

TCSC 能显著提高输电网的载荷能力，在现有输电水平下避免电压失稳[28]。TCSC 能降低线路电抗、增加线路无功，从而正面影响节点电压。

其他晶闸管类的 FACTS[4,11]，还包括 TCPAR[4,41]、TCVL 和 TCBR，尽管并未投入实际应用。

19.6　静止同步补偿器

STATCOM 通过 VSC 处理电压和电流波形，可提供连续可控的无功输出或吸收[42,43]。由于不需要电容器和并联电感来发出或吸收无功，STATCOM 具有设计紧凑、占地面积小、谐波噪声低、磁冲击低等优点。

19.6.1　工作原理

　　STATCOM 电路的单线图如图 19.20a 所示。直流侧常连接电容器以维持直流电压稳定。VSC 通过变压器与电网节点相连。如图 19.20b 所示，STATCOM 可等效为可控电压源与电感的串联，更类似于同步调相机[43]。

　　改变变流器三相输出电压 E_s 幅值，即可调节变流器与 AC 系统间的无功交换，如图 19.20c 所示。当输出电压高于电网电压 E_t 时，电流方向为变流器沿电抗流向电网，变流器发出容性无功；当输出电压低于电网电压时，电流方向为电网流向变流器，变流器从 AC 系统吸收感性无功。相应电压波形如图 19.21 所示。如果输出电压与电网电压相等，无功交换为零，STATCOM 将处于漂浮状态。

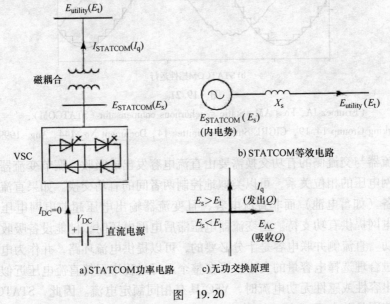

图　19.20

（Mathur RM，Varma RK，Thyristor – Based FACTS Controllers for Electrical Transmission Systems，Wiley – IEEE，New York，Feb. 2002.）

　　通过交换交流系统相间的瞬时无功，STATCOM 为电网提供所期望的无功。变流器内部发出或吸收无功的机理，可通过考虑变流器输出/输入功率的关系来理解。变流器开关连接直流输入电路和交流输出电路。因此，忽略损耗时，交流输出端的净瞬时功率必须与直流输入端的净瞬时功率相等。假设变流器仅发出无功。此时，由直流侧提供给变流器的有功为零。直流侧向变流器输入无功为零，也就是说，DC 侧不参与变流器发出无功。此时，变流器连接交流侧三相电路，其中无功输出电流自由流通和交换[5]。

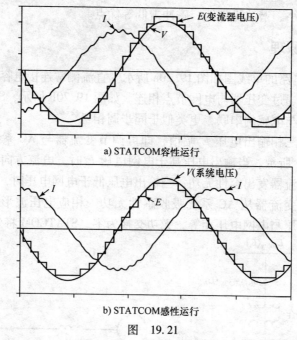

a) STATCOM容性运行

b) STATCOM感性运行

图 19.21

（Erinmez IA，Foss AM，Static synchornous compensator（STATCOM），
Working Grounp 14.19，CIGRE Study Committee 14，Document No. 144，Aug. 1999.）

变流器与交流侧的有功交换需要由直流电容发出或吸收。调节变流器输出电压与电网电压的相位关系，可以类似地控制两者间的有功交换。如果直流侧连接储能设备（如蓄电池）而非直流电容，且变流器输出电压超前电网电压，变流器可向电网提供有功支持。当变流器电压滞后电网电压时，储能设备吸收来自电网的有功。直流侧并联电容是十分必要的，可以提供电流环路，并作为电压源工作。通过合理选择电容量的大小，可在整个运行过程中保持直流电压近似不变。

发出容性或感性无功电流时，VSC 具有相同额定电流。因此，STATCOM 动态无功范围是单个 VSC 的 2 倍[44-46]。

STATCOM 的典型 $V-I$ 特性，如图 19.22 所示[5]。STATCOM 可提供容性和感性补偿，能够在容量和感性范围内，独立控制输出电流，无论交流电压高低。在任何实际系统下，STATCOM 均能提供完全的容性无功。STATCOM 的这个特性反映了该技术的强大：STATCOM 容性无功补偿能力几乎与系统电压无关，在低电压条件下也能提供恒定的输出电流。这在故障后电压恢复过程中十分有用。

19.6.2　STATCOM 应用

STATCOM 适用于 19.4.3 节所述的所有 SVC 应用场合[43]。相比于采用晶闸

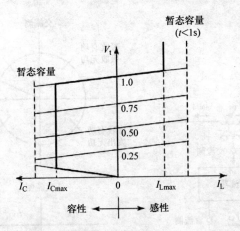

图 19.22　STATCOM 的典型 $V-I$ 特性（Mathur RM，Varma RK，Thyristor－Based FACTS
Controllers for Electrical Transmission Systems，Wiley－IEEE，New York，Feb. 2002.）

管导通的 SVC，由于采用了 IGBT 或 GTO 的导通/关断能力，STATCOM 响应更
快、性能更好。

19.7　静止同步串联补偿器

静止同步串联补偿器，通常称为 SSSC 或 S³C，由同步电压源串联而成。在
线路上施加一个与其电流存在适当相位差的电压，可改变输电线路的有效阻
抗[47,48]。SSSC 由带直流电容或直流储能系统的多脉冲 VSC 组成，如图 19.23a
所示。SSSC 串联在输电线路上。耦合变压器的阀侧额定电压比线路侧额定电压
高，以降低自换相阀的额定电流。同时，阀侧绕组为三角形联结，以消除 3 次谐
波。在线路电流过大或 VSC 不运行时，通过阀侧固态开关旁路 VSC。由直流电
容提供直流电压。通过 PWM 技术完成 DC－AC 变流[11]。以直流纹波电压最小为
准则，选择直流电容大小。直流电容两侧安装有 MOC，以限制电压和保护阀。

19.7.1　工作原理

SSSC 运行模式如图 19.23b 所示。SSSC 可以与输电线路交换有功和无功功
率[48,49]。例如，如果注入电压相角与线路电流相同，则交换有功。如果注入电
压与线路电流垂直时，则交换无功。

19.7.2　SSSC 应用

19.7.2.1　潮流控制

通过注入适当的正交电压，SSSC 可以有效控制线路潮流[10,49]。

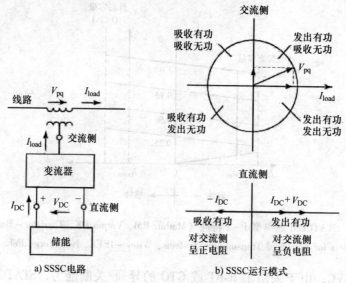

a) SSSC电路　　　　b) SSSC运行模式

图 19.23

Mathur RM, Varma RK, Thyristor – Based FACTS Controllers for Electrical Transmission Systems, Wiley – IEEE, New York, Feb. 2002.)

19.7.2.2　抑制功率振荡

相比 TCSC，SSSC 有可能成为更好的控制器。它能够根据功率摇摆，控制线路电抗与电阻，从而可以加强对功率振荡的阻尼效果。阻尼控制的概念如下[47]：

1）如果 $d\delta/dt > 0$，则发电机加速，调节 SSSC，增加从发电机吸收功率，降低发电机动能。这可以通过加强 SSSC 提供的串联容性补偿来实现。

2）如果 $d\delta/dt < 0$，则发电机减速，调节 SSSC，提供感性补偿，降低从发电机吸收功率。

如果 SSSC 与直流储能设备配合，则可实现有功功率交换，有可能实现一种额外的阻尼控制方案：

1）如果 $d\delta/dt > 0$，则发电机加速，控制 SSSC 从系统吸收有功，相当于在输电网中增加正电阻。

2）如果 $d\delta/dt < 0$，则发电机减速，控制 SSSC 向系统注入有功，相当于在输电网中增加负电阻。

19.7.2.3　减轻 SSR

SSSC 是一种独特的设备。它提供容性串联补偿来降低线路电抗，有助于提高输电能力。由于通过注入正交电压提供无功补偿，而不是通过实际电容器，所以 SSSC 不会引起 SSR。

19.7.2.4　减轻电压不稳定

SSSC 通过注入正交电压，可以快速降低线路串联电抗、降低电压失稳的可能性。安装于 NYPA 的可变化静止补偿器是一个现有的装置，多数时间下工作于 SSSC 模式[4,50,51]。

19.8　统一潮流控制器

迄今为止，UPFC 是功能最全面的 FACTS 控制器，它具有电压调节、串联补偿和移相的能力，可以快速独立地控制输电线路的有功和无功潮流[52-55]。

UPFC 结构如图 19.24 所示[5]，包括两个 VSC，通过一个直流电容耦合。其中变流器 1 经耦合变压器与线路并联。变流器 2 经接口变压器与线路串联。由直流电容为两变流器提供直流电压。串联变流器 2 注入与线路串联的电压 V_{pq}，在 0 到 $V_{pq max}$ 范围内可调。V_{pq} 相角在 0° 到 360° 之间可独立变化。在此过程中，串联变流器与输电线路交换有功与无功。其中，无功可由串联变流器内部发出或吸收；有功则需由直流储能设备（直流电容）发出或吸收。

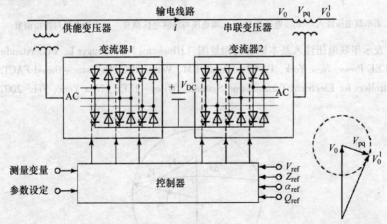

图 19.24　带两个 VSC 的 UPFC（Mathur RM，Varma RK，Thyristor – Based FACTS Controllers for Electrical Transmission Systems，Wiley – IEEE，New York，Feb. 2002.）

并联变流器 1 主要为串联变流器提供有功（来自输电线路），并负责维持直流电压恒定。因此，从交流系统中吸收的净有功等于两变流器及耦合变压器的有功损耗。此外，并联变流器的功能类似 STATCOM，通过发出或吸收无功，调节相连节点的电压。

19.8.1　工作原理

UPFC 实现各种潮流控制，如图 19.25 所示[4]。图 19.25a 在节点电压 V_0 上叠加电压相量 V_{pq}，后者相角在 0° ~ 360° 变化。注入电压与电网节点电压同相位（$V_{pq} = \Delta V_0$）时，可实现电压调节功能，如图 19.25b 所示。图 19.25c 实现了电压调节与串联补偿功能，其中 V_{pq} 由电压调节分量 ΔV_0 和串联补偿分量 V_c 共同组成，后者相位滞后线路电流 90°。图 19.25d 给出了移相功能，其中注入电压 V_{pq} 由电压调节分量 ΔV_0 和移相电压分量 V_α 共同组成，后者作用是改变调节后电压 $V_0 + \Delta V_0$ 的相角，使其偏移 α。图 19.26 描述了同时实现 UPFC 三种潮流控制功能的情形。UPFC 控制器可根据系统运行要求，选择某一功能或其组合作为控制目标。

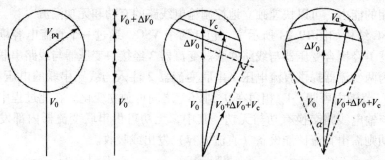

a)串联电压注入　　b)端电压调节　　c)端电压与线路电抗调节　　d)端电压与相角调节

图 19.25　表示串联电压注入基本概念的相量图（Hingorani NG, Gyugyi L, Understanding FACTS, IEEE Press, New York, 19999; Mathur RM, Varma RK, Thyristor – Based FACTS Controllers for Electrical Transmission Systems, Wiley – IEEE, New York, Feb. 2002.）

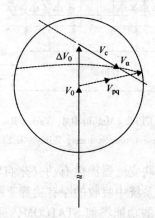

图 19.26　通过串联电压，同时调节节点电压、线路电抗与相角（Hingorani NG, Gyugyi L, Understanding FACTS, IEEE Press, New York, 19999; Mathur RM, Varma RK, Thyristor – Based FACTS Controllers for Electrical Transmission Systems, Wiley – IEEE, New York, Feb. 2002.）

19.8.2　UPFC 应用

作为功能最全面的 FACTS 控制器，UPFC 可高效执行其他前述 FACTS 设备

的全部功能[56-59]。参考文献［5］给出了潮流控制与阻尼增强的案例，如图
19.27 所示。两个区域电网通过两条输电线路交换功率，一条 345kV，另一条
138kV。输电能力取决于 345kV 线路的暂态稳定考虑。UPFC 安装于 138kV 电网。
当 345kV 线路发生三相对地故障，4 个周波后线路被切除。考虑稳定因素，没有
UPFC 时，138kV 线路最大输电能力为 176MW；安装 UPFC 后，最大输电能力增
加到 357MW，如图 19.28 所示。

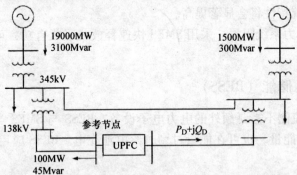

图 19.27 含 UPFC 测试系统（Mathur RM，Varma RK，Thyristor – Based FACTS Controllers for
Electrical Transmission Systems，Wiley – IEEE，New York，Feb. 2002.）

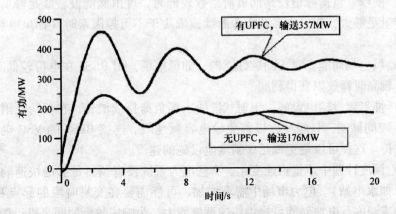

图 19.28 加入 UPFC 前后，输电容量提高，阻尼功率振荡加强（Mathur RM，Varma RK，
Thyristor – Based FACTS Controllers for Electrical Transmission Systems，Wiley – IEEE，
New York，Feb. 2002.）

19.9 带储能的 FACTS 控制器

这类 FACTS 控制器分为两类：SMES[60,61]和 BESS[60,62]。储能设备接入 VSC
的直流母线，可能经过二次能量转换。

19.9.1 超导储能（SMES）

SMES 在超导线圈上流过电流环流，转换为直流电压后，向 VSC 直流母线供电。这需要额外的电力电子设备。短时间内，SMES 可向系统提供大量能量。SMES 主要应用如下：

1）提高电能质量。如果线路开断造成的功率损失，可瞬时由 SMES 中能量补充，那么系统特性将会显著提高。

2）增强电力系统阻尼。采用 SMES 快速释放或吸收有功，可抑制机电振荡和暂态扰动。

19.9.2 电池储能（BESS）

除了在直流侧不需要额外的电力电子设备，BESS 与 SMES 类似。电池可为 STATCOM 提供能量，也可在能量过剩时给电池充电。BESS 应用与 SMES 类似。其他应用包括：

1）黑启动。使用高效储能设备，BESS 能产生电压，以连接负荷，允许附近发电机同期。

2）削峰。负荷峰值较高而负荷系数较低时，可由储能设备满足峰荷。如果储能容量足够大，在发电系统能源断续或取决于不可控因素时（如风电场），效果更好。

3）风电场储能。对于间歇性能源，如风电场，用 BESS 在电价较低时储能，在电价较高时释放以获得利润。

4）推迟建设输电设施。辐射状馈线末端负荷持续增长，在负荷点附近安装 BESS。夜间储能，日间释放以避免输电容量越限。连接 BESS 的 VSC 也可提供无功支持。这样可以避免或延缓新输电设施的建设。

5）调度计划中承担快速变化。有些电力系统没有预留足够的快速响应发电容量（如水电站）。电力市场中需求增加，可能需要在交易时段的起点和终点，提供快速调度。电池储能可提供快速调度能力，为响应较慢的同步机组调节输出功率，预留足够时间。

19.10 FACTS 控制器的协调控制

19.10.1 多个 FACTS 控制器间的协调

由于其快速控制，FACTS 控制器间可能产生不利互相作用。通常在优化控制参数时，假设电力系统其余部分是被动的。然而，当其他控制器，如 FACTS

控制器、HVDC 系统或 PSS 存在时，这些控制参数可能并非最优。例如，当两个 FACTS 控制器在同一系统中运行，若独立优化两者控制系统，可能导致不稳定。协调控制意味着同时优化不同的控制器（响应速度相似），以全面提高控制特性。控制交互作用可能在以下设备间发生：

1）单个 FACTS 的不同控制系统之间；

2）FACTS 控制与电网之间；

3）FACTS 控制与 HVDC 线路之间。

这些交互作用取决于电网强度与控制参数。某些交互作用只能被电磁暂态程序（EMTP）发现；传统采用代数方程模拟电网的特征值算法无法识别。因此，研究快速响应 FACTS 控制器之间的不利相互作用，同时协调优化这些控制系统，是非常重要的。

19.10.2　长期电压 – 无功管理中与传统设备的协调

19.10.2.1　协调的概念

SVC 和 STATCOM 的主要控制目标，是通过注入或吸收无功，支持所连节点电压。采用节点测量反馈的调节器可予以实现。通常，以电压控制为主要功能的 FCACTS 控制器，阶跃响应时间在 50ms 左右（从阶跃输入到稳态的时间）。

例如，图 19.29 给出 STATCOM 的基本控制[69]，包括两个主要部分：带节点电压反馈的自动电压调节器（AVR），带无功输出反馈的自动无功调节器（AQR）。图中也给出了相关限幅环节。AVR 采用辅助电压信号作为输入，用于功率摇摆阻尼控制。AQR 的辅助输入，可用于本地与远方的电容器组协调控制，实现快速电压控制与长期无功管理，具体讨论见下文。

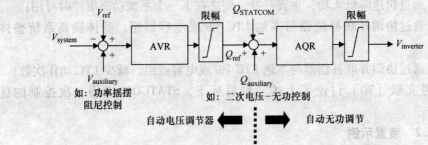

图 19.29　STATCOM 的基本控制（Paserba JJ, Secondary voltage – var controls applied to static copensators（STATCOMs）for fast voltage control and long – term var management, Proc. the IEEE PES Summer Power Meeting, Chiacago, IL, July 2002）

在严重系统扰动时，确保补偿器在足够动态范围内，是 SVC 和 STATCOM 二次控制的主要目的。在系统故障后（长期）、日常负荷周期调整（长期）、电压控制期间（快速）后，二次控制输出投切电容器组，将并补补偿器的无功输出重置于预定水平。一次和二次控制原理如图 19.30 所示。

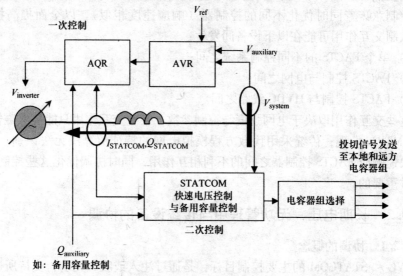

图 19.30　STATCOM 的一次和二次控制原理（Paserba JJ, Secondary Voltage – var Controls Applied to Static Copensators（STATCOMs）for Fast Voltage Control and Long – Term var Management, Proc. the IEEE PES Summer Power Meeting, Chiacago, IL, July 2002）

参考文献［70］讨论了并联补偿器与本地电压无功控制设备（如 LTC 和电容器组）协调控制的概念，以满足电压无功管理需求。介绍了长期电压无功管理的概念，其目标是以下三个之一：

1）通过快速降低无功，重置并补，使之在下一个系统动态事件时可用；

2）通过协调并联补偿器与本地 LTC 和/或电容器组，整体提高系统整体电压；

3）通过协调并联补偿器与本地 LTC 和/或电容器组，减少 LTC 动作次数；

参考文献［70］讨论了上述三种目标下，STATCOM 应用二次控制的优缺点。

19.10.2.2　装置示例

19.10.2.2.1　STATCOM 系统的描述

夏天负荷增加，使得系统更容易受干扰影响，因此安装 STATCOM 以提供补偿。STATCOM 的作用，是在系统重要故障期间，提供动态无功补偿，实现快速电压支持。

如图 19.31 所示，STATCOM 装置包括两组 VSC（单台容量 37.5MVA）和两组并联电容器（单台容量 37.5Mvar）。每个变流器组由三个 12.5MVA 模块与

5Mvar 的滤波器组成，额定相间交流电压为 3.2kV，额定直流电压为 6000V。通过两个三相逆变变压器，两个 STATCOM 组连接 115kV 系统，变压器额定参数为 43MW，3.2kV/115kV。

除了前述的一次控制要求，要求该 STATCOM 承担一些二次控制控制要求。二次控制与备用容量控制和快速电压控制有关。因此，STATCOM 与本地和远方电容器组协调控制，实现二次控制要求。STATCOM 监视并控制 7 个电容器组的投切：4 个本地 24.75Mvar 电容器组、3 个远方 24.75Mvar 电容器组。STATCOM 变电站预留了两个电容器组的安装位置。

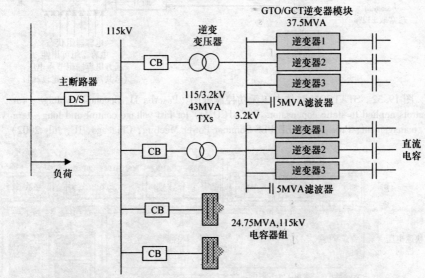

图 19.31　STATCOM 系统单线图（Paserba JJ, Secondary voltage – var controls applied to static copensators (STATCOMs) for fast voltage control and long – term var management, Proc. the IEEE PES Summer Power Meeting, Chiacago, IL, July 2002）

19.10.2.2.2　快速电压控制

如图 19.32 所示，二次控制中的快速电压控制，监视 STATCOM 一次控制（AVR）的电压误差。如果在给定时间内误差超过阈值，则发出连接（电压过低时）或断开（电压过高时）信号。STATCOM 控制器的快速电压控制面板如图 19.33 所示。其中可用设置包括电压误差（通常 ±2%）、超出电压误差阈值的延时长度（通常几秒）、下次开关信号的间隔（通常几十秒或几分钟）。连接与开断控制操作，分别有定时器设置。

监控电压误差是基于 STATCOM 变电站，但是快速电压控制主要用于系统严重情况，此时 STATCOM 处于运行范围极限。电容器组的投切动作，可使 STAT-COM 返回可控范围。

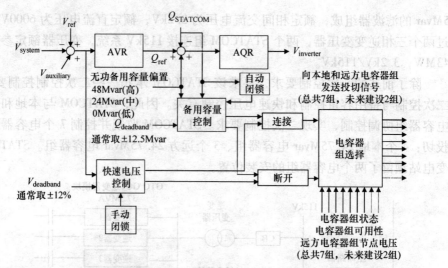

图 19.32　STATCOM 整体电压无功控制框图（Paserba JJ, Secondary voltage – var controls applied to static copensators（STATCOMs）for fast voltage control and long – term var management, Proc. the IEEE PES Summer Power Meeting, Chiacago, IL, July 2002）

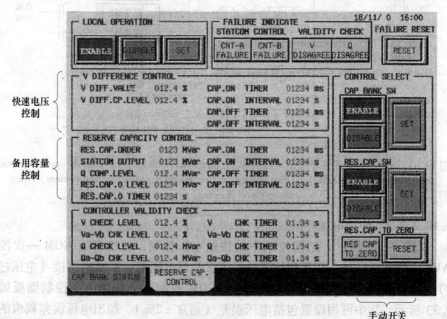

图 19.33　STATCOM 二次控制面板（快速电压控制和备用容量控制）（Paserba JJ, Secondary voltage – var controls applied to static copensators（STATCOMs）for fast voltage control and long – term var management, Proc. the IEEE PES Summer Power Meeting, Chiacago, IL, July 2002）

19.10.2.2.3　备用容量控制

备用容量控制的目的，是确保 STATCOM 逆变器的运行点进入感性区域，以得到期望的"净容性范围"或"备用容量"。后者定义为：从当前运行点到容性区域边界的 STATCOM 逆变器输出。如果 STATCOM 输出为零，备用容量等于逆变器的最大额定输出（75Mvar）。如果运行点偏离进入感性区域，输出为感性 24或 48Mvar，那么备用容量为 99 或 123Mvar。STATCOM 备用容量，有三个高、中、低三个等级，供运行人员选择。每个等级分别在设定运行点增加 48、24、0Mvar 的感性偏移，如图 19.32 所示。

理想的备用容量，与系统负荷水平有关。在重载条件下，通常需要更高的备用容量。在轻载条件下，系统需要的备用容量很低。STATCOM 可运行于低或中备用容量设置，以降低损耗。通过自动投切本地 STATCOM 和远方变电站的并联电容器，实现备用容量需求。

STATCOM 控制器的备用容量控制面板如图 19.33 所示。电容器组选择逻辑见下节。

19.10.2.2.4 电容器组选择

STATCOM 的二次控制（快速电压控制或备用容量控制），向电容器组发送投切命令。STATCOM 首先投切本地电容器组，所用逻辑是"最早投入、最后切除"。对于远方变电站的电容器组，根据其节点电压投切。如果所选的电容器组已投入、或者不可用，控制器自动搜索列表中的下一个电容器组。STATCOM 控制器的电容器组状态面板如图 19.34 所示。

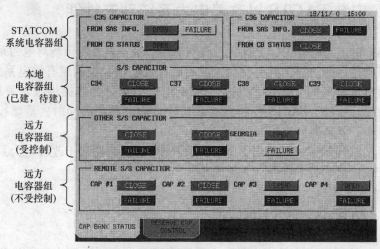

图 19.34　STATCOM 控制器的电容器组状态面板（Paserba JJ, Secondary voltage – var controls applied to static copensators（STATCOMs）for fast voltage control and long – term var management, Proc. the IEEE PES Summer Power Meeting, Chiacago, IL, July 2002）

无论位于 STATCOM 变电站的 4 个本地电容器组、2 个远期本地电容器组或 3 个远方电容器组，都受控制规则约束。图 19.32 给出了从本地和远方电容器组，传输到 STATCOM 二次控制选择逻辑的信息：

1）电容器组状态；

2）电容器组可用性；

3）远方电容器组节点电压。

在快速电压控制中，为避免频繁投切电容器组，选择逻辑包含死区电压。电力公司人员可在 STATCOM 控制面板上设置，如图 19.33 所示。控制器的初始设定如下：

1）无功备用容量等级：中（24Mvar）；

2）无功控制死区：±12.5Mvar；

3）无功控制的电容投切定时器：10s；

4）无功控制的电容投切间隔：55s；

5）无功控制的自动切除：总无功输出（STATCOM 与电容）超过 100Mvar，持续 20s；

6）电压控制的死区：±2%；

7）电压控制的电容投切定时器：10s；

8）电压控制的电容投切间隔：30s。

19.10.2.3 其他装置

长期电压无功管理中 FACTS 控制器与传统设备协调控制的概念，已经由许多厂家应用到无数 SVC 和 STATCOM 装置[71-78]。

19.11 安装 FACTS 以改善电力系统动态性能

在当前的电力行业中，更优化，获利更多一直是财务与市场对电力系统的要求。为了满足运行可靠与财务获利，需要更有效利用和控制现有输电系统设施。基于电力电子设备的 FACTS 控制器，为新出现的运行挑战提供技术解决方案。相比于建设新线路，FACTS 控制器能够在改善输电系统的同时，基础投资、环境冲击更小，安装时间更短。

参考文献 [79-96] 给出了 10 年来，FACTS 控制器对于改善电力系统动态特性的安装价值和技术进展（无论大小）。

19.12 结论

FACTS 控制器能够高效改善电力系统特性。在实际系统中，通过与传统无源器件或传统解决方案协调，FACTS 控制器得到最有效利用，从而充分利用投资资源，同时无需降低其技术优势。参考文献 [97-130] 提供了 FACTS 研究的完整文献综述。

参 考 文 献

1. A. Edris, R. Adapa, M.H. Baker, L. Bohmann, K. Clark, K. Habashi, L. Gyugyi, J. Lemay, A.S. Mehraban, A.K. Myers, J. Reeve, F. Sener, D.R. Torgerson, and R.R. Wood, Proposed terms and definitions for flexible AC transmission system (FACTS), *IEEE Transactions on Power Delivery*, 12(4), 1848–1853, October 1997.

2. IEEE Power Engineering Society/CIGRE, *FACTS Overview*, Publication 95-TP-108, IEEE Press, New York, 1995.

3. IEEE Power Engineering Society, *FACTS Applications*, Publication 96-TP-116-0, IEEE Press, New York, 1996.

4. N.G. Hingorani and L. Gyugyi, *Understanding FACTS*, IEEE Press, New York, 1999.

5. R.M. Mathur and R.K. Varma, *Thyristor-Based FACTS Controllers for Electrical Transmission Systems*, Wiley-IEEE Press, New York, February 2002.

6. Y.H. Song and A.T. Johns, *Flexible AC Transmission Systems (FACTS)*, IEEE Press, London, U.K., 1999.

7. E. Acha, C.R. Fuerte-Esquivel, H. Ambriz-Perez, and C. Angeles-Camacho, *FACTS Modelling and Simulation in Power Networks*, John Wiley & Sons, Ltd., London, U.K., 2004.

8. V.K. Sood, *HVDC and FACTS Controllers: Applications of Static Converters in Power Systems*, Springer, London, U.K., 2004.

9. X.-P. Zhang, C. Rehtanz, and B. Pal, *Flexible AC Transmission Systems: Modelling and Control*, Springer, Berlin, Germany, 2006.

10. K.K. Sen and M.L. Sen, *Introduction to FACTS Controllers: Theory, Modeling, and Applications*, Wiley-IEEE Press, Hoboken, NJ, 2009.

11. K.R. Padiyar, *FACTS Controllers in Power Transmission and Distribution*, New Age International Publishers, New Delhi, India, 2007.

12. IEEE Power Engineering Society, *Application of Static var Systems for System Dynamic Performance*, IEEE Special Publication 87TH0187-5-PWR, IEEE PES, New York, 1987.

13. T.J.E. Miller, *Reactive Power Control in Electric Systems*, John Wiley & Sons, Inc., New York, 1982.

14. I.A. Erinmez, (ed.), *Static var Compensators*, Working Group 38-01, Task Force No. 2 on SVC, CIGRE, Paris, France, 1986.

15. EPRI Report TR-100696, Improved static VAR compensator control, Final Report Project 2707-01, General Electric Company, Schenectady, NY, June 1992.

16. IEEE Substations Committee, Tutorial on static var compensators, Module 1, *IEEE PES T&D Conference & Exposition*, New Orleans, LA, April 20–22, 2010.

17. L. Gerin-Lajoie, G. Scott, S. Breault, E.V. Larsen, D.H. Baker, and A.F. Imece, Hydro-Quebec multiple SVC application control stability study, *IEEE Transactions on Power Delivery*, 5(3), 1543–1551, July 1990.

18. IEEE Special Stability Controls Working Group, Static var compensator models for power flow and dynamic performance simulation, *IEEE Transactions on Power Systems*, 9(1), 229–239, February 1994.

19. J. Belanger, G. Scott, T. Anderson, and S. Torseng, Gain supervisor for thyristor controlled shunt compensators, CIGRE Paper 38-01, August 1984.

20. K.R. Padiyar and R.K. Varma, Damping torque analysis of static var system controllers, *IEEE Transactions on Power Systems*, 6(2), 458–465, May 1991.

21. Electric Power Research Institute (EPRI), Real time phasor measurement for monitoring and control, EPRI Report TR-103640S, December 1993.

22. P. Kundur, *Power System Stability and Control*, McGraw-Hill, Inc., New York, 1994.

23. R. Peng, R.K. Varma, and J. Jiang, New static var compensator (SVC) based damping control using remote generator speed signal, *International Journal of Energy Technology and Policy*, 4(3/4), 255–273, 2006.

24. K.R. Padiyar, *Analysis of Subsynchronous Resonance in Power Systems*, Kluwer Academic Publishers, Boston, MA, 1999.

25. N.C.A. Samra, R.F. Smith, T.E. McDermott, and M.B. Chidester, Analysis of thyristor controlled shunt SSR counter measures, *IEEE Transactions on Power Apparatus and Systems*, 104(3), 584–597, March 1985.

26. D.G. Ramey, D.S. Kimmel, J.W. Dorney, and F.H. Kroening, Dynamic stabilizer verification tests at the San Juan station, *IEEE Transactions on Power Apparatus and Systems*, 100, 5011–5019, December 1981.

27. A.E. Hammad and M.Z. El-Sadek, Prevention of transient voltage instabilities due to induction motor loads by static var compensators, *IEEE Transactions on Power Systems*, 4(3), 1182–1190, August 1989.

28. C.A. Canizares and Z.T. Faur, Analysis of SVC and TCSC controllers in voltage collapse, *IEEE Transactions on Power Systems*, 14(1), 158–165, February 1999.

29. O.B. Nayak, A.M. Gole, D.G. Chapman, and J.B. Davis, Dynamic performance of static and synchronous compensators at an HVDC inverter bus in a very weak AC system, Paper 93 SM 447-3 PWRD, Presented at the *IEEE PES 1993 Summer Meeting*, Vancouver, British Columbia, Canada, July 1993.

30. P. Pourbeik, R.J. Koessler, D.L. Dickmander, and W. Wong, Integration of large wind farms into utility grids (Part 2—Performance issues), *Power Engineering Society General Meeting 2003*, Toronto, Ontario, Canada, Vol. 3, pp. 1520–1525, July 13–17, 2003.

31. R.K. Varma, S. Auddy, and Y. Semsedini, Mitigation of subsynchronous resonance in a series-compensated wind farm using FACTS Controllers, *IEEE Transactions on Power Delivery*, 23(3), 1645–1654, July 2008.

32. S. Irokawa, L. Andersen, D. Pritchard, and N. Buckley, A coordination control between SVC and shunt capacitor for wind farm, *CIGRE 2008*, Paris, France, 2008.

33. E. Larsen, C. Bowler, B. Damsky, and S. Nilsson, Benefits of thyristor controlled series compensation, *International Conference on Large High Voltage Electric Systems*, Paper 14/37/38-04, CIGRE, Paris, France, 1992.

34. CIGRE Working Group 14.18, Thyristor controlled series compensation, Technical Brochure, CIGRE, Paris, France, 1996.

35. E.V. Larsen, K. Clark, S.A. Miske Jr., and J. Urbanek, Characteristics and rating considerations of thyristor controlled series compensation, *IEEE Transactions on Power Delivery*, 9(2), 992–1000, April 1994.

36. J.J. Paserba, N.W. Miller, E.V. Larsen, and R.J. Piwko, A thyristor controlled series compensation model for power system stability analysis, *IEEE Transactions on Power Delivery*, 10(3), 1471–1478, July 95.

37. N. Martins, H.J.C.P. Pinto, and J.J. Paserba, TCSC controls for line power scheduling and system oscillation damping—Results for a small example system, *Proceedings of the 14th Power System Control Conference*, Trondheim, Norway, June 28–July 2, 1999.

38. E.V. Larsen, J.J. Sanchez-Gasca, and J.H. Chow, Concepts for design of FACTS Controllers to damp power swings, *IEEE Transactions on Power Systems*, 10(2), 948–955, May 1995.

39. C. Gama, R.L. Leoni, J. Gribel, R. Fraga, M.J. Eiras, W. Ping, A. Ricardo, J. Cavalcanti, and R. Tenorio, Brazilian north south interconnection—Application of thyristor controlled series compensation (TCSC) to damp inter-area oscillation mode, CIGRE Paper 14–101, Paris, France, 1998.

40. W. Zhu, R. Spee, R.R. Mohler, G.C. Alexander, W.A. Mittelstadt, and D. Maratukulam, An EMTP study of SSR mitigation using the thyristor controlled series capacitor, *IEEE Transactions on Power Delivery*, 10(3), 1479–1485, July 1995.

41. M.R. Iravani and D. Maratukulam, Review of semiconductor-controlled (static) phase shifters for power system applications, *IEEE Transactions on Power Systems*, 9(4), 1833–1839, 1994.

42. L. Gyugyi et al., Advanced static var compensator using gate turn-off thyristors for utility applications, CIGRE Paper 23–203, 1990.

43. I.A. Erinmez and A.M. Foss (eds.), Static synchronous compensator (STATCOM), Working Group 14.19, *CIGRE Study Committee 14*, Document No. 144, August 1999.

44. C. Schauder, M. Gernhardt, E. Stacey, T. Lemak, L. Gyugyi, T. Cease, and A. Edris. TVA STATCON project: Design, installation, and commissioning, CIGRE Paper 14–106, 1996.

45. C.D. Schauder and H. Mehta, Vector analysis and control of advanced static var compensators, *IEE Proceedings C*, 140(4), 299–306, 1993.

46. C.D. Schauder et al., Development of a ±100 MVAR static condenser for voltage control of transmission lines, *IEEE Transactions on Power Delivery*, 10(3), 1486–1493, July 1995.

47. L. Gyugyi, C.D. Schauder, and K.K. Sen, Static synchronous series compensator: A solid-state approach to the series compensation of transmission lines, *IEEE Transactions on Power Delivery*, 12, 406–417, January 1997.

48. K.K. Sen, SSSC-static synchronous series compensator: Theory, modelling and applications, *IEEE Transactions on Power Delivery*, 13(1), 241–246, January 1998.

49. C.J. Hatziadoniu and A.T. Funk, Development of a control scheme for series connected solid state synchronous voltage source, *IEEE Transactions on Power Delivery*, 11(2), 1138–1144, April 1996.

50. L. Gyugyi, K.K. Sen, and C.D. Schauder, The interline power flow controller Concept: A new approach to power flow management in transmission systems, *IEEE Transactions on Power Delivery*, 14(3), 1115–1123, July 1999.

51. B. Faradanesh and A. Schuff, Dynamic studies of the NYS transmission system with the Marcy CSC in the UPFC and IPFC configurations, *IEEE Conference on Transmission and Distribution*, New York, Vol. 3, pp. 1175–1179, September 2003.

52. L. Gyugyi, A unified power flow control concept for flexible AC transmission systems, *IEE Proceedings C*, 139(4), 323–331, July 1992.

53. CIGRE Task Force 14–27, Unified Power Flow Controller, CIGRE Technical Brochure, Paris, France, 1998.

54. L. Gyugyi, C.D. Schauder, S.L. Williams, T.R. Reitman, D.R. Torgerson, and A. Edris, The unified power flow controller: A new approach to power transmission control, *IEEE Transactions on Power Delivery*, 10(2), 1085–1093, April 1995.

55. C.D. Schauder, L. Gyugyi, M.R. Lund, D.M. Hamai, T.R. Reitman, D.R. Torgerson, and A. Edris, Operation of the unified power flow controller (UPFC) under practical constraints, *IEEE Transactions on Power Delivery*, 13(2), 630–639, April 1998.

56. M. Rahman et al., UPFC application on the AEP system: Planning considerations, *IEEE Transactions on Power Systems*, 12(4), 1695–1071, November 1997.

57. B.A. Renz et al., AEP unified power flow controller performance, *IEEE Transactions on Power Delivery*, Paper PE-042—PWRD-0-12-1998, 14(4), 1374–1381, 1999.

58. B.A. Renz et al., World's first unified power flow controller on the AEP system, CIGRE Paper No. 14–107, 1998.

59. K.K. Sen and E.J. Stacey, UPFC–Unified power flow Controller: Theory, modelling and applications, Paper Presented in *IEEE PES 1998 Winter Meeting*, Tampa, FL, 1998. IEEE, New York.

60. P.F. Ribeiro, B.K. Johnson, M.L. Crow, A. Arsoy, and Y. Liu, Energy storage systems for advanced power applications, *Proceedings of the IEEE*, 89(12), 1744–1756, 2001.

61. L. Chen, Y. Liu, A.B. Arsoy, P.F. Ribeiro, M. Steurer, and M.R. Iravani, Detailed modeling of superconducting magnetic energy storage (SMES) system, *IEEE Transactions on Power Delivery*, 21(2), 699–710, 2006.

62. Z. Yang, C. Shen, L. Zhang, M.L. Crow, and S. Atcitty, Integration of a StatCom and battery energy storage, *IEEE Transactions on Power Systems*, 16(2), 254–260, 2001.

63. CIGRE Working Group 14.29, Coordination of controls of multiple FACTS/HVDC links in the same system, CIGRE Technical Brochure 149, Paris, France, December 1999.

64. CIGRE Task Force 38.02.16, Impact of interactions among power system controls, CIGRE Technical Brochure 166, Paris, France, August 2000.

65. EPRI Report TR-109969, Analysis of control interactions on FACTS assisted power systems, Final Report, Electric Power Research Institute (EPRI), Palo Alto, CA, January 1998.

66. E.V. Larsen, D.H. Baker, A.F. Imece, L. Gerin-Lajoie, and G. Scott, Basic aspects of applying SVCs to series compensated AC transmission lines, *IEEE Transactions on Power Delivery*, 5(3), 1466–1473, July 1990.

67. P. Pourbeik and M.J. Gibbard, Simultaneous coordination of power system stabilizers and FACTS device stabilizers in a multimachine power system for enhancing dynamic performance, *IEEE Transactions on Power Systems*, 13(2), 473–479, May 1998.

68. J.J. Sanchez-Gasca, Coordinated control of two FACTS devices for damping interarea oscillations, *IEEE Transactions on Power Systems*, 13(2), 428–434, May 1998.

69. J.J. Paserba, Secondary voltage-var controls applied to static compensators (STATCOMs) for fast voltage control and long term var management, *Proceedings of the IEEE PES Summer Power Meeting*, Chicago, IL, July 2002.

70. J.J. Paserba, D.J. Leonard, N.W. Miller, S.T. Naumann, M.G. Lauby, and F.P. Sener, Coordination of a distribution level continuously controlled compensation device with existing substation equipment for long term var management, *IEEE Transactions on Power Delivery*, 9(2), 1034–1040, April 1994.

71. G. Reed, J. Paserba, T. Croasdaile, M. Takeda, N. Morishima, Y. Hamasaki, L. Thomas, and W. Allard, STATCOM application at VELCO Essex substation, Panel session on FACTS applications to improve power system dynamic performance, *Proceedings of the IEEE PES T&D Conference and Exposition*, Atlanta, GA, October/November 2001.

72. G. Reed, J. Paserba, T. Croasdaile, R. Westover, S. Jochi, N. Morishima, M. Takeda, T. Sugiyama, Y. Hamazaki, T. Snow, and A. Abed, SDG&E Talega STATCOM Project-system analysis, design, and configuration, Panel session on FACTS technologies: Experiences of the past decade and developments for the 21st century in Asia and the world, *Proceedings of the IEEE PES T&D-Asia Conference and Exposition*, Yokahama, Japan, October 2002.

73. D. Sullivan, J. Paserba, G. Reed, T. Croasdaile, R. Pape, D. Shoup, M. Takeda, Y. Tamura, J. Arai, R. Beck, B. Milošević, S.-M. Hsu, and F. Graciaa, Design and application of a static VAR compensator for voltage support in the Dublin, Georgia area, *Proceedings of the IEEE PES T&D Conference and Exposition*, Dallas, TX, May 2006.

74. D.J. Sullivan, J. Paserba, J.J. Reed, G.F. Croasdaile, T. Westover, R. Pape, R. M. Takeda, S. Yasuda, H. Teramoto, Y. Kono, K. Kuroda, K. Temma, W. Hall, D. Mahoney, D. Miller, and P. Henry, Voltage control in southwest Utah with the St. George static var system, *Proceedings of the IEEE PES Power System and Exposition*, Atlanta, GA, October 2006.

75. D. Sullivan, J. Paserba, T. Croasdaile, R. Pape, M. Takeda, S. Yasuda, H. Teramoto, Y. Kono, K. Temma, A. Johnson, R. Tucker, and T. Tran, Dynamic voltage support with the rector SVC in California's San Joaquin Valley, *Proceedings of the IEEE Transmission and Distribution Conference*, Chicago, IL, April 2008.

76. D. Sullivan, R. Pape, J. Birsa, M. Riggle, M. Takeda, H. Teramoto, Y. Kono, K. Temma, S. Yasuda, K. Wofford, P. Attaway, and J. Lawson, Managing fault-induced delayed voltage recovery in metro Atlanta with the barrow county SVC, *Proceedings of the IEEE PES Power Systems Conference and Exposition*, Seattle, WA, March 2009.

77. A. Scarfone, B. Oberlin, J. Di Luca Jr., D. Hanson, C. Horwill, and M. Allen, Dynamic performance studies for a ±150 Mvar STATCOM for northeast utilities, *Proceedings of the IEEE PES Transmission and Distribution Conference and Exposition*, Dallas, TX, September 2003.

78. A. Oskoui, B. Mathew, J.-P. Hasler, M. Oliveira, T. Larsson, Å. Petersson, and E. John, Holly STATCOM–FACTS to replace critical generation, operational experience, *Proceedings of the IEEE PES Transmission and Distribution Conference and Exposition*, Dallas, TX, April 2006.

79. IEEE PES, Power System Dynamic Performance Committee, Panel Session on modeling, simulation, and applications of FACTS Controllers in angle and voltage stability studies, *Proceedings of the IEEE PES 2000 Winter Meeting*, Singapore, January 2000.

80. IEEE PES, Power System Dynamic Performance Committee, Panel session on FACTS applications to improve power system dynamic performance, *Proceedings of the T&D Conference and Exposition*, Atlanta, GA, September 2001.

81. IEEE PES, Power System Dynamic Performance Committee, Panel session on power system stability controls using power electronic devices, *Proceedings of the IEEE PES Summer Power Meeting*, Chicago, IL, July 2002.

82. IEEE PES, Power System Dynamic Performance Committee, Panel session on FACTS technologies: Experiences of the past decade and developments for the 21st century in Asia and the world, *Proceedings of the IEEE PES T&D-Asia Conference and Exposition*, Yokahama, Japan, October 2002.

83. IEEE PES, Power System Dynamic Performance Committee, Panel session on FACTS VSC applications for improving power system performance, *Proceedings of the IEEE PES General Meeting*, Toronto, Ontario, Canada, July 2003.

84. IEEE PES, Power System Dynamic Performance Committee, Panel Session on SVC refurbishment & life extension, *Proceedings of the IEEE PES General Meeting*, Toronto, Ontario, Canada, July 2003.

85. IEEE PES, Power System Dynamic Performance Committee, Panel session on FACTS applications to improve power system dynamic performance, *Proceedings of the T&D Conference and Exposition Meeting*, Dallas, TX, September 2003.

86. IEEE PES, Power System Dynamic Performance Committee, Special technical session on FACTS fundamentals, *Proceedings of the IEEE PES T&D Conference and Exposition*, Dallas, TX, September 2003.

87. IEEE PES, Power System Dynamic Performance Committee, Special technical session on FACTS fundamentals, *Proceedings of the IEEE PES General Meeting*, Denver, CO, June 2004.

88. IEEE PES, Power System Dynamic Performance Committee, Panel session on FACTS/power electronic applications to improve power system dynamic performance, *Proceedings of the T&D Conference and Exposition*, Dallas, TX, April 2006.

89. IEEE PES, Power System Dynamic Performance Committee, Panel session on FACTS/power electronic applications to improve power system dynamic performance, *Proceedings of the Power Systems Conference and Exposition (PSCE)*, Atlanta, GA, October/November 2006.

90. IEEE PES, Power System Dynamic Performance Committee, Panel session on Planning and implementing FACTS Controllers for improving power system performance, *Proceedings of the IEEE PES General Meeting*, Tampa, FL, June 2007.

91. IEEE PES, Power System Dynamic Performance Committee, Panel session on FACTS/power electronic applications to improve power system dynamic performance, *Proceedings of the T&D Conference and Exposition*, Chicago, IL, April 2008.

92. IEEE PES, Power System Dynamic Performance Committee, Panel session on Network solutions using FACTS, *Proceedings of the Power Systems Conference and Exposition*, Seattle, WA, March 2009. Sponsored by the T&D Committee.

93. IEEE PES, Power System Dynamic Performance Committee, Panel session on FACTS/power electronic applications to improve power system dynamic performance, *Proceedings of the Power Systems Conference and Exposition*, Seattle, WA, March 2009.

94. IEEE PES, Power System Dynamic Performance Committee, Panel session on network solutions using FACTS, *Proceedings of the Transmission and Distribution Conference and Exposition*, New Orleans, LA, April 2010.

95. IEEE PES, Power System Dynamic Performance Committee, Panel session on FACTS/power electronic applications to improve power system dynamic performance, *Proceedings of the Transmission and Distribution Conference and Exposition*, New Orleans, LA, April 2010.

96. IEEE PES, Power System Dynamic Performance Committee, Panel session on FACTS/power electronic installations, *Proceedings of the Power Systems Conference and Exposition*, Phoenix, AZ, March 2011.

97. S.A. Rahman, R.K. Varma, and W.H. Litzenberger, Bibliography of FACTS applications for grid integration of wind and PV solar power systems: 1995–2010, IEEE working group report, *Proceedings of the IEEE PES General Meeting*, Detroit, MI, 2011.

98. J. Berge, R.K. Varma, and W.H. Litzenberger, Bibliography of FACTS 2009–2010—Part I, IEEE working group report, *Proceedings of the IEEE PES General Meeting*, Detroit, MI, 2011.

99. J. Berge, R.K. Varma, and W.H. Litzenberger, Bibliography of FACTS 2009–2010—Part II, IEEE working group report, *Proceedings of the IEEE PES General Meeting*, Detroit, MI, 2011.

100. J. Berge, S.S. Rangarajan, R.K. Varma, and W.H. Litzenberger, Bibliography of FACTS 2009–2010—Part III, IEEE working group report, *Proceedings of the IEEE PES General Meeting*, Detroit, MI, 2011.

101. J. Berge, S.S. Rangarajan, R.K. Varma, and W.H. Litzenberger, Bibliography of FACTS 2009–2010—Part IV, IEEE working group report, *Proceedings of the IEEE PES General Meeting*, Detroit, MI, 2011.

102. I. Axente, R.K. Varma, and W.H. Litzenberger, Bibliography of FACTS 1998: IEEE working group report, *Proceedings of the IEEE PES General Meeting*, Detroit, MI, 2011.

103. I. Axente, R.K. Varma, and W.H. Litzenberger, Bibliography of FACTS 1999: IEEE working group report, *Proceedings of the IEEE PES General Meeting*, Detroit, MI, 2011.

104. I. Axente, R.K. Varma, and W.H. Litzenberger, Bibliography of FACTS 2000—Part 1, IEEE working group report, *Proceedings of the IEEE PES General Meeting*, Detroit, MI, 2011.

105. I. Axente, R.K. Varma, and W.H. Litzenberger, Bibliography of FACTS 2000—Part 2, IEEE working group report, *Proceedings of the IEEE PES General Meeting*, Detroit, MI, 2011.

106. R. Varma, W. Litzenberger, and I. Axente, Bibliography of FACTS: 2006–2007—Part I IEEE working group report, *Proceedings of the IEEE PES General Meeting*, Minneapolis, MN, July 2010.

107. R. Varma, W. Litzenberger, and I. Axente, Bibliography of FACTS: 2006–2007—Part II IEEE working group report, *Proceedings of the IEEE PES General Meeting*, Minneapolis, MN, July 2010.

108. R. Varma, W. Litzenberger, and I. Axente, Bibliography of FACTS: 2006–2007—Part III IEEE working group report, *Proceedings of the IEEE PES General Meeting*, Minneapolis, MN, July 2010.

109. R. Varma, W. Litzenberger, and S.A. Rahman, Bibliography of FACTS: 2008—Part I IEEE working group report, *Proceedings of the IEEE PES General Meeting*, Minneapolis, MN, July 2010.

110. R. Varma, W. Litzenberger, and S.A. Rahman, Bibliography of FACTS: 2008—Part II IEEE working group report, *Proceedings of the IEEE PES General Meeting*, Minneapolis, MN, July 2010.

111. R. Varma, W. Litzenberger, and S.A. Rahman, Bibliography of FACTS: 2008—Part III IEEE working group report, *Proceedings of the IEEE PES General Meeting*, Minneapolis, MN, July 2010.

112. R. Varma, J. Berge, and W. Litzenberger, Bibliography of FACTS 2009—Part 1, IEEE working group report, *Proceedings of the IEEE PES General Meeting*, Minneapolis, MN, July 2010.

113. R. Varma, J. Berge, and W. Litzenberger, Bibliography of FACTS 2009—Part 2, IEEE working group report, *Proceedings of the IEEE PES General Meeting*, Minneapolis, MN, July 2010.

114. R. Varma, J. Berge, and W. Litzenberger, Bibliography of FACTS 2009—Part 3, IEEE working group report, *Proceedings of the IEEE PES General Meeting*, Minneapolis, MN, July 2010.

115. R.K. Varma, Elements of FACTS Controllers, Panel paper presented in FACTS panel session on FACTS fundamentals, *Proceedings of the 2010 IEEE PES T&D Conference & Exposition*, New Orleans, LA, April 20–22, 2010.

116. R.K. Varma, W. Litzenberger, A. Ostadi, and S. Auddy, Bibliography of FACTS 2005–2006 part I: IEEE working group report, *Proceedings of the IEEE PES General Meeting*, Tampa, FL, June 2007.

117. R.K. Varma, W. Litzenberger, A. Ostadi, and S. Auddy, Bibliography of FACTS 2005–2006 part II: IEEE working group report, *Proceedings of the IEEE PES General Meeting*, Tampa, FL, June 2007.

118. R.K. Varma, W. Litzenberger, and J. Berge, Bibliography of FACTS 2001—Part I: IEEE working group report, *Proceedings of the IEEE PES General Meeting*, Tampa, FL, June 2007.

119. R.K. Varma, W. Litzenberger, and J. Berge, Bibliography of FACTS 2001—Part II: IEEE working group report, *Proceedings of the IEEE PES General Meeting*, Tampa, FL, June 2007.

120. R.K. Varma, W. Litzenberger, and J. Berge, Bibliography of FACTS 2002—Part I: IEEE working group report, *Proceedings of the IEEE PES General Meeting*, Tampa, FL, June 2007.

121. R.K. Varma, W. Litzenberger, and J. Berge, Bibliography of FACTS 2002—Part II: IEEE working group report, *Proceedings of the IEEE PES General Meeting*, Tampa, FL, June 2007.

122. R.K. Varma, W. Litzenberger, and J. Berge, Bibliography of FACTS 2003–Part I: IEEE working group report, *Proceedings of the IEEE PES General Meeting*, Tampa, FL, June 2007.

123. R.K. Varma, W. Litzenberger, and J. Berge, Bibliography of FACTS 2003—Part II: IEEE working group report, *Proceedings of the IEEE PES General Meeting*, Tampa, FL, June 2007.

124. R.K. Varma, W. Litzenberger, S. Auddy, J. Berge, A.C. Cojocaru, and T. Sidhu, Bibliography of FACTS: 2004–2005—Part I: IEEE working group report, *Proceedings of the IEEE PES General Meeting*, Montreal, Quebec, Canada, 2006.

125. R.K. Varma, W. Litzenberger, S. Auddy, J. Berge, A.C. Cojocaru, and T. Sidhu, Bibliography of FACTS: 2004–2005—Part II: IEEE working group report, *Proceedings of the IEEE PES General Meeting*, Montreal, Quebec, Canada, 2006.

126. R.K. Varma, W. Litzenberger, S. Auddy, J. Berge, A.C. Cojocaru, and T. Sidhu, Bibliography of FACTS: 2004–2005—Part III: IEEE working group report, *Proceedings of the IEEE PES General Meeting*, Montreal, Quebec, Canada, 2006.

127. W. Litzenberger, R.K. Varma, and J.D. Flanagan (eds.), An annotated bibliography of high voltage direct-current (HVDC) transmission and flexible AC transmission systems (FACTS) 1996–1997, on behalf of the IEEE Working Group on HVDC and FACTS Bibliography and Records, Presented at the *IEEE Power Engineering Society Summer Meeting*, San Diego, CA, July 1998, 521pp. E.P.R.I. and Bonneville Power Administration (B.P.A.), Portland, OR.

128. W. Litzenberger and R.K. Varma (eds.), An annotated bibliography of high voltage direct-current (HVDC) transmission and flexible AC transmission systems (FACTS) 1994–1995, on behalf of the IEEE Working Group on HVDC and FACTS Bibliography and Records, Presented at the *IEEE Power Engineering Society Summer Meeting*, Denver, CO, July 1996, 346pp. Department of Energy, Washington, DC, and Bonneville Power Administration (B.P.A.), Portland, OR.

129. W.H. Litzenberger (ed.), An annotated bibliography of high-voltage direct-current transmission and flexible AC transmission (FACTS) devices, 1991–1993, Bonneville Power Administration and Western Area Power Administration, Portland, OR, 1994.

130. W.H. Litzenberger (ed.), An annotated bibliography of high-voltage direct-current transmission, 1989–1991. Bonneville Power Administration and Western Area Power Administration, Portland, OR, 1992.

第3部分 电力系统运行与控制

Bruce F. Wollenberg

Wollenberg 于 1964 年和 1966 年分别获得纽约州美国伦斯勒理工学院电气工程学士学位和电力工程硕士学位。1974 年，他在宾夕法尼亚州费城的宾夕法尼亚大学获得系统工程博士学位。

从 1966 年到 1974 年，Wollenberg 博士曾在宾夕法尼亚州费城的利兹 Northrup 公司工作，负责开发运营商潮流，约束经济调度和应急分析软件。从 1974 年到 1984 年，他在纽约 Schenectady 的 Power Technologies Inc.（PTI）工作，负责开发 PTI 的电力系统仿真器。他对最优潮流，应急选择，电力系统规划软件，能源管理系统成本效益以及先进的状态估计算法进行了研究。1979 年至 1984 年间，他还曾在伦斯勒理工学院电力工程系担任兼职教授。

1984 年至 1989 年，在明尼苏达州普利茅斯工作。Wollenberg 博士曾在控股数据公司的能源管理系统部门工作，他负责开发了人工智能应用，他参与了能源管理系统应用软件高级研究项目，还参与了电力研究所电力系统运营人员培训模拟器项目。Wollenberg 博士从 1984 年至 1989 年，还承担明尼苏达大学电气工程系的教学工作，并担任兼职教授。

1989 年，他被任命为明尼苏达州明尼阿波利斯明尼苏达大学的教授，他研究方向涉及使用矢量处理超级计算机开发大型网络解决方案算法，将传统电力系统控制技术的扩展纳入现货定价算法和分布式计算技术，以及专家系统的应用，以增强使用实时计算机向电力系统运营商呈现的信息。他还与 Allen Wood 合著，由 Wiley 出版过教科书"发电、操作和控制"。

Wollenberg 博士是美国国家工程院院士，IEEE 会士，是 Tau Beta Pi，Eta Kappa Nu 和 Sigma Xi 荣誉会员的成员，IEEE 电力工程学会电力系统工程委员会的前任主席。

第 20 章 能量管理

Neil K. Stanton

Stanton Associates

Jay C. Giri

ALSTOM Grid, Inc.

Anjan Bose

Washington State

University

能量管理是指监测、协调和控制发电、输电和配电等过程。能量管理的物理对象包括发电厂（发电厂产生的电能通过变压器输送到高压输电网络）、互联发电厂，以及负荷中心。输电线路终止于变电站，变电站执行开关、电压转换、测量和控制等操作。负荷中心的变电站将电压降到区域电网或配电网的电压等级，这些低压网络通常是辐射状供电，也就是说在这些用于区域电网或配电网的变电站网络之间没有闭环（大型城市的地下电缆网络属于例外）。

由于输电系统提供的储能几乎可以忽略，所以必须实现发电侧和负荷侧的供需平衡。在发电厂调节汽轮机转速可以控制发电量，而控制中心的计算机可以远程调控发电过程以实现自动发电控制。负荷管理，又称为需求侧管理，可以扩展远程监控系统对区域电网和配电网的控制，实现包括对民用、商业和工业的负荷控制。

一些事故，例如雷击、短路、设备故障等事件可能引起系统故障。继电保护装置在操作员做出响应之前通过断路器进行快速的局部控制。目标是最大限度地提高安全性、减少损失、在给用户带来最少不便的前提下保证负荷。数据采集部分为操作员和计算机控制系统提供了实时测量信息，以实现全局运行监控。安全控制部分分析故障后果，以建立稳定的、经济的运行环境。

如图 20.1 所示，能量管理在控制中心进行，通常被称为系统控制中心，在计算机系统中称为能量管理系统（Energy Management Systems，EMS）。数据采集和远程控制在计算机系统中称为监控和数据采集系统（Supervisory Control And

Data Acquisition，SCADA）。后几种系统可以安装在许多地方，包括系统控制中心。典型的 EMS 包括前端 SCADA，前端 SCADA 可以与发电厂、变电站和其他远程设备交互。

图 20. 2 所示的是现代 EMS 的应用层，以及应用层下面的基础层，包括操作系统、数据库管理器、效用/服务层。

图 20. 1　加拿大马尼托巴省温尼伯的马尼托巴水电控制中心
（照片使用权已经得到 ALSTOM ESCA 公司的许可）

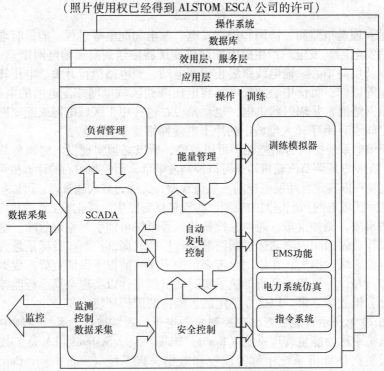

图 20. 2　现代 EMS 的层次结构

20.1　电力系统数据采集和控制

　　SCADA 系统由一个通信主站构成，通信主站负责与远程终端单元（RTUs）通信，使得操作员可以观察和控制物理设备，发电厂和输变电站负责保证 RTUs 的正常工作，在配电子站中以较低成本安装这些 RTUs 已经越来越常见。RTUs 向主站传输设备的状态和测量信息，接受主站发来的控制指令和指定数据。通信一般是通过专用网络实现，RTU 对主站每 2～10s 发出的周期指令做出响应，速度一般在 600～4800bit/s 的范围内，具体速度取决于数据的重要性。

　　传统的 SCADA 系统的功能总结如下：

　　1）数据采集：为操作员提供遥测结果和状态信息。

　　2）监控：允许操作员远程控制设备，例如打开和关闭断路器。"操作前先选择"的过程对于保证安全性具有很重要的意义。

　　3）标签：对设备的特定操作限制进行标记，以避免未经授权的操作动作。

　　4）警告：通知操作员意外故障和不良运行状态。警告按照重要性、责任区及故障时间进行排序。此外，警告也需要确认操作。

　　5）日志记录：记录所有输入操作、警告信息和选定的信息。

　　6）切负荷：针对系统突发情况，提供自动以及由操作员发起的切断负载操作。

　　7）显示趋势：在选定的时间范围内绘制测量结果。

　　因为主站是电力系统运行的关键，它的功能一般根据特定的设计分布于多个计算机系统中，最常见的是双计算机系统配置中的初级模式和待机模式。以下列出的 SCADA 功能中没有说明哪个计算机具体负责的功能。

　　1）管理通信电路的结构；

　　2）下载负载 RTU 文件；

　　3）维护扫描表，执行轮询；

　　4）检查和纠正错误信息；

　　5）工程用单位转换；

　　6）检测状态和测量信息的改变；

　　7）监测异常和超限的情况；

　　8）记录时间序列上的事件日志；

　　9）检测并发出警报；

　　10）对操作请求做出响应；

　　–显示信息

　　–输入数据

–执行控制操作

–确认警报

11）对 RTUs 传输控制操作；

12）禁止未授权的操作；

13）保护历史文件；

14）记录事件、准备报告；

15）执行切负荷。

20.2 自动发电控制

自动发电控制（AGC）系统包括两个主要功能和几个次要功能，对负荷进行在线实时操作，以最低成本调整发电过程。主要功能是负荷频率控制和经济调度，每一项将在下文中详细描述。次要功能包括确保系统具有充足备用的备用容量监测，启动和完成预定交互任务的交互计划，以及其他类似的监控和记录功能。

20.2.1 负荷频率控制

负荷频率控制（Load Frequency Control，LFC）必须实现三个基本目标，以重要程度排序为：

1）保持频率在计划值；

2）维持频率在计划值时保持与相邻控制区域的净功率交换；

3）以经济期望值实况各发电单元间的功率分配。

前两个目标可以通过监视一个称为区域控制误差（Area Control Error，ACE）的误差信号来实现，它是净交互误差和频率误差的组合，表示某一时刻发电侧与负载侧的功率不平衡程度。为了避免 ACE 中过度或者随机变化对控制操作的影响，需要对 ACE 进行滤波或者平滑处理。因为对于不同的系统，这些过度变化是不同的，滤波器参数必须针对每个控制区域进行调整。滤波后的 ACE 用来获取比例和积分控制信号，这个信号根据特定系统的限幅器、死区以及增益常数进行修正，之后根据参与因子，在发电单元之间分配该控制信号，来获得单元控制误差（Unit Control Errors，UCE）。

这些参与因子与单位发电成本的二阶导数成反比，因此发电单元根据成本确定负载容量，以实现上述第三个基本目标。然而，成本不是唯一需要考虑的因素，因为不同的发电单元具有不同的响应速度，可能需要驱动更多发电机来获得可以接受的响应速度。然后，将 UCEs 在可控范围内送到不同发电单元，观察被监控的发电单元的误差修正过程。这个控制动作每 2 ~ 6s 重复一次。

尽管存在积分控制，随着时间的变化，误差和净交互的误差依然是积累的过程，所以必须根据整体互联中的既定步骤调整控制器的设置，来纠正这些时间误差和累积交互误差。这些累积误差和 ACE 都是评价 LFC 的指标。

LFC 的主要设计理念是每个系统在正常运行期间，要紧跟负荷变化，在紧急状况下，根据该系统在互联网络中的相对大小承担任务，而不考虑紧急状况发生的位置。因此，实现良好控制的最重要因素是系统自身跟随负荷的能力，可以由系统足够的调节余量和响应能力来保证。主要由火力发电机组组成的系统往往很难跟上负荷，因为单元机组的响应速度慢。

控制器本身的设计很重要，需要适当调整控制器参数，来获得良好的控制功能，而且控制单元不产生超调。对于不同系统，调整过程都是不同的，虽然系统仿真是辅助工作，大部分的参数调整都是在系统仿真中利用启发式程序实现的。

20. 2. 2　经济调度

因为所有在线的发电机组具有不同的发电成本，所以需要针对每个机组找到能够以最低成本满足负荷的发电量。但是需要注意的是一台发电机的发电成本和它的发电量不成正比而是非线性关系。此外，电力系统在地域上分散分布，输电损耗依赖于发电模式，所以必须考虑寻找最佳发电模式。

为了获得最佳发电模式，还有一些因素需要考虑。第一个因素是发电模式需要提供足够的备用容量，可以通过限制发电水平在较低的界限内，而不是发电量的大小。另一个更困难的限制条件是输电限制。在某些实时情况下，最经济的模式不一定可行，因为不满足线路潮流或者电压要求。现有的经济调度算法（economic dispatch：ED）不能处理这些安全约束，而基于最优潮流算法的替代算法已经被提出但还未被用于实时调度。

所有发电机的增量成本相等时的调度就是最低成本调度。发电机的成本函数是非线性不连续函数，对于相同的边际成本算法，成本函数必须是凸函数。增量成本曲线通常表示为单调递增的分段线性函数。通过对比在一定边际成本时累积的所有发电量和总需求量的大小，可以完成最优边际成本的二分法搜索。如果需求量高，则需要更高的边际成本，反之亦然。这种算法为所有有特定需求的发电机提供最理想的设定值，并且按照需求量的改变，每几分钟计算一次。

电力系统的损耗是发电模式的函数，通过发电增量成本和合适的惩罚因子相乘，将电力系统的损耗引入考虑范围。每台发电机的惩罚因子反映了发电机对系统损耗的灵敏度，这些灵敏度可以由输电损耗因子得到。

这种 ED 算法一般适用于单一的火力发电机组，这种机组的成本特性就是本书讨论的类型。水电站的调度需要考虑其他的因素，虽然水本身没有成本，但是在一段时间内的可用水量是有限的，这些水可以代替的化石燃料量决定了水的价值。因此，如果已知一段时间内水的使用限制（假设可以从之前的水力优化中得到），可以在水电机组的调度中利用水力价值。

LFC 和 ED 功能都是实时自动实现，但是具有截然不同的时间周期。它们都可以调整发电水平，但是 LFC 每隔几秒跟踪负荷变化，ED 则是每几分钟动作一次以保证最低成本。为避免控制冲突，需要协调控制误差。如果机组的 LFC 和 ED 控制误差是相同方向，不会产生冲突，否则，就需要设置逻辑规则为跟随负载（许可控制）或者跟随经济性（强制控制）。

20.2.3　备用监测

保证足够的备用可以防止供电不足。下文中有明确的公式确定汽轮机旋转备用（已同步）和冷备用（10min）。可以由操作员手动操作，或者像之前提到的，通过 ED 减小发电机的可调度上限，来维持发电可用性。

20.2.4　交互任务调度

LFC 和 ED 的函数还要考虑在公用事业间的合约化电力交互，可以通过计算净交互（综合所有买卖协议），然后与 LFC 和 ED 中需要的发电量相加。因为大部分交互起止于小时点，交互在一个小时内以 10~20min 的周期从一个电量水平到新的电量水平。交互任务调度安排可以自动实现交易列表中的预定交互任务。

20.3　负荷管理

SCADA 系统在配电站安装有相对昂贵的 RTUs，可以为变电站的配电反馈器提供状态信息和测量信息。现有的配电自动化设备可以测量和控制配电线路上的分散位置。该设备可以监测分段装置（电闸、开关、熔断器），操纵开关进行电路重构，控制电压，读取客户端仪表信息，实施基于时间的定价操作（峰值比例和非峰值比例），转换客户端设备来管理负载。该设备要求在配电控制中心显著增加功能。

配电控制中心的功能在不同公司间有明显不同，下面列出项也在快速发展中。

1）数据采集：获取数据，并通过特定的设备指导操作员，包括数据处理，质量检查和数据存储。

2）反馈开关控制：提供反馈开关的远程控制操作。

3）标记和报警：提供类似于 SCADA 的功能。

4）图表和地图：检索、显示分布式图像，支持设备从这些显示内容中进行选取，显示内容包括遥测和操作输入的数据。

5）切换指令的准备：为断路、隔离、重新连接和激励设备的指令准备提供模板和信息。

6）切换指令：通过预先准备好的切换操作指导操作员动作。

7）故障分析：将数据源联系起来，以评估故障报告的涵盖范围，确认工作人员的可能调度方案。

8）故障定位：分析现有信息，确定故障的范围和位置。

9）服务恢复：确定最大化恢复服务的远程控制动作组合。帮助操作员确定调度工作人员的方案。

10）电路连续性分析：分析电路拓扑结构和设备状态显示电路连接段（通电或断电）。

11）功率因数和电压控制：结合变电站和反馈器的数据与预定的操作参数，来控制配电线路的功率因数和电压值。

12）电路分析：进行电路分析，判断是单相还是三相电路，或者是平衡还是不平衡电路。

13）负荷管理：通过设备开关（如热水器）直接控制客户端负载，通过电压控制间接控制客户端负载。

14）仪表读取：记录客户端电表的电费、峰值需求和收费时间；提供远程连接或断开操作。

20.4　能量管理

目前，发电控制和 ED 可以在可控范围内最小化发电成本和输电成本。能量管理处于一个管理层中，要求在全局范围内经济化地调度发电和输电，并从长远考虑成本的优化。例如，储存在蓄水电站里的水资源在未来可能更宝贵，因此不应该在现在使用，即使目前水力发电的成本比火力发电低。通过电力互联系统，全球范围内对电能的购买和销售能力越来越受到重视，购买电能可能比直接控制发电厂发电更经济。在实际操作中，利用电能计量处理电能交易信息和电能测量信息，并作为电能买卖的付款基础。

能量管理包括以下的功能：

1）系统负荷预测：在特定 1 ~ 7 天的预测期内，每小时预测一次系统电能需求。

2）机组组合：在特定的 1 ~ 7 天的预测期内，每小时确定一次火电机组最经济运行的启停时间。

3）燃料调度：在满足电厂的要求、燃料采购协议，以及燃料储存量的前提下，确定最经济的燃料选择。

4）水力、火力发电调度：在最多 7 天的研究时间内，每小时确定一次最佳的水力和火力发电调度量，同时保证二者都在限定范围内。

5）交易评价：确定与其他公司交易（购买与销售）额外的电能中最佳的增量和发电成本。

6）输电损耗最小化：为了减少整体电力系统网络损耗，需要对控制器的动作提供建议。

7）安全约束调度：确定发电机的最优输出，以降低生产成本，同时保证网络不违反安全约束。

8）发电成本计算：按小时计算每台发电机的实际经济发电成本。

20.5　安全控制

电力系统的设计，需要满足电力系统可以应对所有可能的突发事件。一个事件可以被定义为意外事件，当该事件可以引起输电线、发电机或变压器中的一个或多个重要部件意外脱离服务状态。具有可应对突发事件的能力意味着在没有负荷损失的前提下，系统在可接受的电压和频率值下稳定持续运行。运行需要处理大量系统可能经历的情况，其中许多情况都是超出计划的。分析所有可能的系统状态是几乎不可能完成的任务，因此安全控制由一个特定的状态开始：如果按照实时网络事件序列执行系统任务，该状态为当前状态；如果按照研究序列执行系统任务，该状态为假设状态。序列的意思是执行下列步骤程序的执行顺序：

1）基于当前或者假设条件确定系统状态。

2）处理一系列意外事件，以确定系统中每个事件在特定状态产生的后果。

3）对于一些后果无法接受的意外事件，确定预防或纠正措施。

图 20.3 所示的内容是实时及研究网络分析序列。

安全控制需要拓扑结构来建立网络模型，并利用大规模 AC 网络分析以确定系统条件。所需的应用可以根据网络子系统分组，通常包括以下功能：

1）拓扑处理器：处理实时状态测量结果，以确定电力系统网络的电路连接（总线）模型。

2）状态估计器：利用实时状态量和模拟测量结果，确定电力系统状态的最佳估计值。它利用一组冗余的测量结果计算电压、相角，通过系统中所有元件的潮流，报告过载条件。

3）潮流计算：对于特定的发电站和负载模式，确定电力系统网络的稳态条件，计算整个系统的电压、相角和潮流。

4）意外事件分析：评估一组对电力系统状态有影响的意外事件，确定可能引起操作限制的有害意外事件。

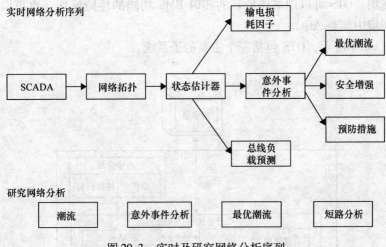

图 20.3　实时及研究网络分析序列

5）最优潮流：为控制器优化特定的目标函数（例如系统运行成本或亏损值）提供建议，这些目标参数受到电力系统运行条件的限制。

6）安全增强：在保证操作成本最小的前提下，为系统现有或潜在的过载情况提供纠正措施的建议。

7）预防措施：如果发生意外事件，在意外事件发生前排除过载情况，为控制器在预防模式下提供此类建议。

8）总线负载预测：利用实时测量信息对电力系统网络的电路连接（总线）模型进行自适应预测。

9）输电损耗因子：确定发电机组的增量损耗敏感性，计算单位机组增加1MW 的输出对输电损耗造成的影响。

10）短路分析：对于整个电力系统网络中的故障位置，确定单相和三相故障的故障电流。

20.6　操作员培训仿真系统

培训仿真系统最初是作为一般系统被制造的，目的是将操作员引入电力系统的电气特性和动态特性控制。目前，具有合理保真度的实际电力系统模型可以和EMS 集成在一起为操作员和调度员采取规范的每日运行任务及步骤提供现实环境，也可以体验紧急操作情况。各种训练活动可以安全方便地实现，仿真系统的响应与实际电力系统的响应方式相似。

一个调度员培训仿真系统（Operator Training Simulator，OTS）可以根据侦查方式重现之前的实际操作方案，制定系统恢复程序。操作方案可以被创建、保存和重复使用。OTS 可以用来评价新的实时 EMS 功能的性能好坏，也可以在离线的安全环境中调整 AGC。

如图 20.4 所示，OTS 包括三个主要的子系统。

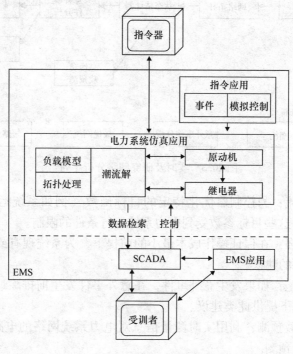

图 20.4　OTS 结构图

20.6.1　能量控制系统

能量控制系统（Energy Control System，ECS）模拟正常 EMS 的功能与 OTS 的一部分，即受训者互动。它包括监控和数据采集（SCADA）系统、发电控制系统和所有 EMS 的功能。

20.6.2　电力系统动态仿真

该子系统模拟电力系统的动态特性，利用"长期动态"系统模型模拟系统频率，假设所有机组的频率相同。

原动机的动态特性可以由机组、汽轮机、调速器、锅炉及锅炉辅机的模型表示。按照周期间隔计算网络潮流和状态（母线电压和相角、拓扑结构和变压器抽头等）。建立继电器模型可以模拟现场设备的实际行为。

20.6.3　指令系统

该子系统包括启停、重新启动和控制仿真过程的能力，还包括创建保存区，检索保存区，重新初始化新的时间，及初始化特定的实时情况。

该系统也被用来定义事件序列表。事件和电力系统仿真及 ECS 功能都有关系，它可能是确定的（发生在预定时间），有条件的（基于一些组预定义的电力系统条件），随机的（随机发生）。

20.7　能量管理的发展趋势

同步亚秒级测量技术以及先进的可视化功能研究的发展，使得电网运行的有效管理能力显著提高。这些进步提高了电网的自动化程度，反过来也能帮助电网运营商做出更好的决策以维持电网完整性。

电网自动化正在向分布式智能化和本地控制方向发展，即一种自愈式电网。自愈式电网将像人体一样，快速识别干扰、在本地处理故障，以保证机体其他部分的整体健康。

此外，亚秒级范围内的全球同步测量技术已被一些控制中心应用，以便及早快速检测出问题，更容易评估出电网范围内的运行工况。

不断开发的控制中心的新应用，使这种新型的同步测量技术可用来进一步提高维护电力系统完整性的能力。这些应用还能以亚秒级的更快的速度识别突发事件、计划外事件以及稳定性问题。

研究的目的是为操作者提供一双"眼睛"，以始终了解当前的系统状况和可能存在的潜在问题。速度是能够快速浏览和深入研究新问题原因的关键。随着测量数据的数量和频率的增长，特别是亚秒级同步测量的增长，如相量测量单元（PMUs），将大量的数据海啸转化为相关的有用信息，简洁地显示在操作者显示屏幕上就很重要了，方便操作者随时做出决定。

现在大多数控制中心的操作人员的决定本质上都是被动的，利用当前信息以及最近的历史信息被动地评估系统当前状态及漏洞，然后根据当前情况进行推断，并根据个人经验和计划的预测时间表来预测未来状况。

所以下一步是帮助操作者做出预防性决策。一旦操作者对做出反应性决策的能力有信心，操作者就需要依靠"假设"的分析工具来做出决策。如果发生特定的事故或干扰，这些决策将防止不利的情况发生。因此，研究重点从"问题分析"（反应性）转向"决策制定"（预防性）。

可以预料到未来的产业趋势是积极主动的决策制定。今后的系统将使用更准确的预测信息和更先进的分析工具，以成功预测系统状况和假设情景，以便及时采取行动，以排除未来产生问题的可能性。

参 考 文 献

Application of Optimization Methods for Economy/Security Functions in Power System Operations, IEEE tutorial course, IEEE Publication 90EH0328-5-PWR, 1990.

Distribution Automation, IEEE Power Engineering Society, IEEE Publication EH0280-8-PBM, 1988.

Energy Control Center Design, IEEE tutorial course, IEEE Publication 77 TU0010-9 PWR, 1977.

Erickson, C.J., *Handbook of Electrical Heating*, New York: IEEE Press, 1995.

Fundamentals of Load Management, IEEE Power Engineering Society, IEEE Publication EH0289-9-PBM, 1988.

Fundamentals of Supervisory Controls, IEEE tutorial course, IEEE Publication 91 EH0337-6 PWR, 1991.

Kleinpeter, M., *Energy Planning and Policy*, New York: Wiley, 1995.

Special issue on computers in power system operations, *Proc. IEEE*, 75, 12, 1987.

Turner, W.C., *Energy Management Handbook*, Lilburn, GA: Fairmont Press, 1997.

补 充 信 息

目前新技术和算法的改变与应用在以下出版物中可以查询到。

- IEEE Power Engineering Review (monthly)
- IEEE Transactions on Power Systems (bimonthly)
- Proceedings of the Power Industry Computer Application Conference (biannual)

第 21 章　发电控制：经济调度和机组组合

Charles W. Richter, Jr.

Charles Richter

Associates, LLC

　　一个地区电力生产单位的最优调度对电力控制系统的成本和利润有巨大影响。良好的调度计划确定了哪个机组运行，以及为实现某个设定经济目标每台运行发电机组发多少电这些问题通常分别称为机组组合问题（UC）和经济调度计算。目标是选择一个最小损失（最大利益）控制方案，该方案有明确需求目标及其他系统约束。下面这部分定义了经济调度计算，机组组合问题以及解决这些问题方法。实际的电力网络要想保持稳定和安全，需加以精细的控制，值得注意的是在本文中提到方法适用于稳态运行工况。系统的暂态（低于几秒）变化则需要动态和暂态系统控制来实现系统的安全和稳定运行。但这不属于本次讨论的范围。

21.1　经济调度

21.1.1　经济调度的定义

　　经济调度计算（EDC）是执行调度或者计划的依据，这些调度计划为满足经济性要求，设定了共同发电的在线发电机组出力水平。每一个发电机组有许多特点，这些特点在计算时必须被重视。电力需求变化非常迅速，经济调度计算要在不影响成本和利润的情况下使得机组响应和适应这种变化。而电力系统可能有影响 EDC 的约束（比如，电压、传感器等），因此也需要考虑。发电机组会由于共振频率而伤害的或者引发系统的其他问题，因此也会对发电水平造成影响。也应该考虑传输线路的损耗、拥堵和约束可能会影响特殊地区机组（低损耗发电机）负载能力。在做特定要求和经济运行时，市场的调控范围和相关规定也必须考虑。相较于发电公司（GENCO）在竞争中期望利益最大化的经济性，独立电力系统运营商（ISO）在追求社会利益最大化的情况下更倾向于使用一个不同的"经济性"定义。EDC 必须考虑所有这些因素并依据经济目标函数来制定计划。

21.1.2　EDC 中需要考虑的因素

21.1.2.1　机组成本

当计算机组运行经济性时，成本是必须考虑的发电机组基本特征之一。EDC 聚焦于短期运行成本，它主要取决于燃料的成本和使用情况。燃料使用情况与功率等级密切相关。多数情况下，出力水平与燃料消耗之间的关系接近于二次曲线：$F = aP^2 + bP + c$。c 是一个常数项，表示机组运行成本；b 是线性项，与出力水平线性相关；a 是与机组出力相关的二次项。二次曲线关系通常用于学术研究。然而，由于某一出力水平下的工况变化（例如，大阀门的开闭影响发电成本），出力水平与燃料成本的实际关系要比二次方程复杂得多。在 EDC 中，发电机组的长期成本很多可以忽略（例如机组的启动与停止成本、建设成本）。影响 EDC 的其他发电机组特点还有机组在最大还是最小功率等级运行。当综合考虑时，这些约束条件将直接影响 EDC 的调度计划。

21.1.2.2　价格

供电商价格补偿是决定最优经济计划的另外一个重要的因素。世界上很多地区，电力已经或者一直被当做是自然垄断。法规以公共事业定价来确保正常利润。在竞争市场中，加入了各种因素，价格由供需关系决定，经济学理论和常识告诉我们，如果总的供应高于需求，价格就会降低，反之亦然。如果价格一直低于发电公司的总平均成本，这个公司很快就会破产。

21.1.2.3　供电量

对于 EDC，供电的峰值是另一个基本的输入。世界上很多地区规定电力公共事业作为特定服务领域来提供电能，限制竞争。如果消费者打开电动机的开关，供电商必须发电来运行电动机。在竞争市场中，有这个服务责任的仅限于已签合同的发电公司。超出合同范围，发电公司将会（如果机会出现）提供消费者额外的需求。由于消费者可以选择供电商，发电公司可以自己决定在线机组运行调度，全部满足、不满足或者只满足一部分客户的额外需求。这取决于 EDC 计算的客观结论。

21.1.3 EDC 和系统限制

一套复杂输、配电网络和设备要求将电能从发电机组转移到用户负载端。这个网络能否安全运行取决于母线电压的大小和相角是否在一定的容许范围内。过量的输电线路负载也会影响电力系统网络的安全性。由于超导是一个相对较新的领域，无损输电线昂贵，不常用。因此输电能量中有一部分被转换成热量流失。EDC 的计划调度直接影响系统损失和安全，因此在解决 EDC 的问题时必须考虑这个约束来保证正常的系统运行。

21.1.4 EDC 的目的

在受监管的垂直一体化垄断环境中，必需保证电力供应的供电企业由自己完成对供电区域的 EDC 计算。在这样的环境中，以一个经济的方式供电意味着最大限度地降低发电成本，并且满足所有的需求和其他系统运行的约束。在竞争环境中，因市场结构的不同 EDC 的方式也不同。例如，在一个分散市场中，EDC 可以通过一个单一的发电公司来运行，通过给定的价格、需求、成本及以上所有描述约束来达到期望的利润最大化。在电力市场中，由中央调度机构运行 EDC 来集中调度许多发电公司发电。基于市场规则，电厂的业主可能会隐蔽他们的发电成本信息。在这种情况下，在需要以不同的价格投标并体现在 EDC 中。

21.1.5 传统 EDC 的数学公式

假设我们在垂直一体化垄断的环境下运行，必须要满足所有电力需求，我们也必须考虑每个发电机组的最小和最大出力限制 $P_i^{\min}$ 和 $P_i^{\max}$ 。我们可以假设第 i 个运行机组的燃料成本可以由式（21.1）给出的二次方程建模，如图 21.1 所示，式（21.1）也给出了平均燃料成本。

$$F_i = a_i P_i^2 + b_i P_i + c_i（第 i 个发电机燃料成本） \qquad (21.1)$$

因此，对于 N 个在线发电机组，我们可以写出拉格朗日方程 L，这个方程描述了总的成本与需求 D 之间的约束关系。

$$L = F_T + \lambda \left(D - \sum_{i=1}^N P_i \right) = \sum_{i=1}^N (a_i P_i^2 + b_i P_i + c_i) + \lambda \left(D - \sum_{i=1}^N P_i \right)$$

$$F_T = \sum_{i=1}^N F_i（燃料成本总和是所有在线机组成本的总和）$$

$$P_i^{\min} \leq P_i \leq P_i^{\max}（机组出力必须被设置在最大和最小值之间）\qquad (21.2)$$

此外，值得注意的是 c_i 是一个常数项，表示第 i 个运行机组成本，b_i 是线性项，与出力水平 P_i 线性相关，a_i 是与机组出力相关的二次项。

在这个例子中，目标是最大限度的减少在线发电机组的成本。由微积分运算可知，通过求取拉格朗日方程对变量的 $N+1$ 次导数，并令它归零，可以找到方程的最大值或最小值。这个形式的曲线表现很好，凸单调递增，因此不用二次求导。

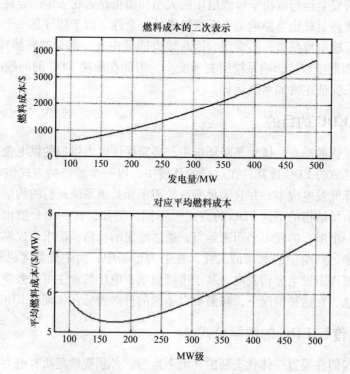

图 21.1 燃料输入和电力输出之间的关系

$$\frac{\partial L}{\partial P_i} = 2a_i P_i + b_i - \lambda = 0 \Rightarrow \lambda = 2a_i P_i + b_i \tag{21.3}$$

$$\frac{\partial L}{\partial \lambda} = D - \sum_{i=1}^{N} P_i = 0 \tag{21.4}$$

λ_i 是第 i 个机组的通用边际成本符号，在运行边界，边界成本表示每增加 1MW 出力，发电公司将会增加多少美元的成本。如果用二次方程来表示单元机组的燃料曲线，边界成本曲线就是正斜率线。越高的产出量，额外商品生产的成本增加越大。经济学理论指出，如果发电公司有许多机组，且想增加一个单位的产量，那么它将用能够以最少的花费实现最大的利润的机组来实现产出。发电公司应该这么做直到该机组不再能够以给定的成本提供最大的利润。此时发电公司继续寻找收益 - 成本比最高的机组来增加产量。上述步骤将一直重复直到所有机组的边际成本一致。当所有未约束在线机组拥有相同的边际成本 λ（即 $\lambda_1 = \lambda_2 =$

… = λ_i = … = λ_{system} ）时，即实现了生产成本的最小化。如果有约束限制，将会阻碍发电厂完成这个方案。

如果在一个特殊机组上设置限制（例如，当试图增加产量时，P_i 变成 P_i^{max}），该机组的生产成本被认为是无限的。若能增加机组的产量，无论提高多少成本都是可以接受的，但是不能这么做。（当然，长远来看，这些可能会降低约束的影响，但是这超出本文讨论的范围）。

21.1.6　EDC 求解技术

有很多种方法能获得实现 EDC 目标的最优出力水平，对于非常简单的情况，可以进行遍历计算，但是约束条件引入的非线性项增多时，迭代搜索技术成为必要。Wood 和 Wollenberg（1996）发表了很多经济调度计算的方法，包括图形技术，lambda 迭代法，一阶和二阶梯度法。在简单的二次方程不能对燃料成本建模时，另一个行之有效的方法是遗传算法。

在竞争激烈的情况下，模型中的每一个错误都可能导致发电公司的损失。一个详细的模型可能包括许多非线性部分（例如，阀点的加载、非法域操作等）。这种非线性可能意味着不能进行求导计算。如果非线性关系处理不好，可能无法证明这个解决方案是最佳的。更详细的模型可能导致 EDC 运行时间增加。由于 EDC 的执行频繁（几分钟执行一次）且实时，其求解技术应当具有较快的速度。另一方面，一个不准确的计算可能对公司的利润产生负面影响，因此求解方案还务必保证其准确性。

21.1.7　EDC 成本最小化的例子

举例说明如何通过图形方法求解 EDC。假设一个发电公司要供应 1000MW 的电力需求，表 21.1 描述了传统调度体系下，也就是垂直一体化垄断环境下的发电机组。图 21.2 展示了机组在整个出力范围内的边界成本。它还表示了聚合边界成本曲线，也可称之为系统边界成本曲线。这种汇总系统曲线是由四个独立图的水平求和得来的。系统曲线一旦建立，很容易在 X 轴上找到期望功率等级（例如 1000MW），然后沿着曲线向左看。在 Y 轴上，可以读到系统的边界成本。因为没有达到约束边界，每个独立的 λ_i 和系统的 λ 相同。发电公司可以找到每个机组曲线上的 λ_i，然后以边界成本 λ 与曲线的交点为起点做垂线，从而找到该机组的出力。由此，可以方便地得出每个在线机组的发电量，求解结果在表 21.1 的右侧列中。上述过程是 EDC 的图解法。如果系统的边界成本超过个别机组曲线上的一点，我们就将该机组出力设为 P_{max}。

表 21.1 EDC 例子的电气参数和结果

机组序号	机组参数					解决方案		
	P_{min}	P_{max}	A	B	C	P_i/MW	\$/MW（λ_i）	Cost \$/hour
1	100	500	0.01	1.8	300	233.2456	6.4649	1263.90
2	50	300	0.012	2.24	210	176.0380	6.4649	976.20
3	100	400	0.006	2.35	290	342.9094	6.4649	1801.40
4	100	500	0.008	2.5	340	247.8070	6.4649	1450.80

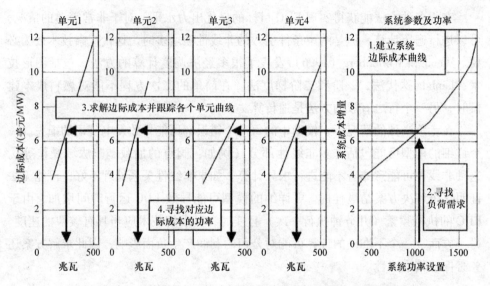

图 21.2 用图形方法解决 EDC 的单元和系统边界成本曲线

21.1.8 EDC 与竞拍

　　竞争性电力市场在运营规则、社会目标以及用价格和数量来分配参与者的机制上有所不同。通常认为用竞拍方式来匹配买家与卖家，以实现一个双方都认为公平的价格。拍卖可以分为密封投标，公开叫价，英式增价拍卖，荷兰式降价拍卖等。不管求解技术找到的最优分配方案如何，经济调度取得的结果从本质上来说与拍卖结果是一致的。假如一个拍卖商想要叫价，他会询问参与生产的机组在当前价格下它们愿意发出多少电量。它们答复的电量总和就是当前价格水平下的电量生产水平。如果所有约束，包括需求都能实现，那么经济调度就能最大限度的实现。如果不能，拍卖商调整价格，问询在新价格下的总量。重复这个过程直到满足这些约束条件。在英式拍卖会上价格可能上升，在荷兰式拍卖会上价格可能下降。图 21.3 是对这个过程的图形描述。如需进一步讨论这个问题，有兴趣的读者可以参见 Sheblé（1999）。

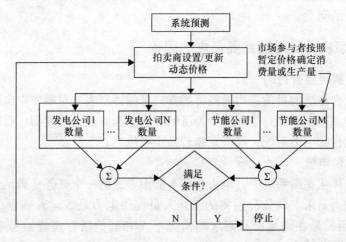

图 21.3　竞拍的经济调度和单元承诺

21.2　机组组合问题

21.2.1　机组组合定义

机组组合（UC）问题的定义是为满足特定目标如何在一定时间段内规划系列发电机组的启停、冷/热备用状态。对于垂直一体化垄断运行的电力系统，机组组合问题由调度部门集中式地进行求解，其目标是在满足所有需求（并保证备用）的情况下，最大限度的降低成本（或者储备利润）。在竞争环境下，每一个发电公司必须决定在合同约定的上网电量下哪一些机组运行，才能使利润最大化；多少 MWh 的额外电量能够在现货交易中通过预测，从竞争对手手中抢夺过来，以及定什么样的价格才能得到政策的补贴。

一个 UC 机组组合方案由 N 个机组和 T 时间段构成，一个典型的 UC 机组组合方案如图 21.4 所示。由于输入不确定性，超出一周将变得十分巨大，UC 方案一般针对接下来的一周。一般来说，方案会考虑到机组状态以小时为单位发生变化，因此每周计划表由 168 个时段组成。为了找到最优组合方案，必须考虑的问题包括燃料成本随时间的变化，机组启停成本，最大斜率，最小上升时间和最小下降时间，人工约束，输电限制，电压限制等。由于这是一个离散问题，并且发电公司可能有很多机组，

机组组合调度计划表

Hour:	1 2 3 4 5 6 ... T
Gen#1:	1 1 1 1 1 1 ... 0
Gen#2:	0 0 0 1 1 1 ... 1
Gen#3:	1 1 1 0 0 0 ... 1
...	
Gen#N:	1 1 1 1 1 1 ... 0

0=离线单元　　1=在线单元

图 21.4　典型机组组合调度

大量的时间段需要考虑，约束条件也非常多，所以找到最优的 UC 组合方案是一个非常复杂的问题。

21.2.2 解决 UC 问题需要考虑的因素

21.2.2.1 机组组合目的

机组组合算法的目的是用最经济的方式来做计划表。对需要作出机组组合决策的发电公司而言，在竞争环境中经济的方式意味着最大化利润。而对于垂直一体化垄断运行的电力系统，经济意味着最小化成本。

21.2.2.2 供电量

垂直一体化垄断系统中，电力公共事业很常见的一个义务是满足其所服务区域所有的电力需求。做负荷预测的工作人员提供电力系统运营商预估的电力需求。UC 的目的是在满足所有需求的情况下（和其他所有需要被考虑的问题），最小化总体运营成本。

在竞争电力市场中，发电公司组合机组使利益最大化。它依赖于现场交易和双边合同使总体需求的一部分优先被满足。而剩余份额则需要在现货市场中预测。由于这取决于与其他供应商的价格比较，因此剩余市场份额比较难预测。

发电公司可能会供应比实际能力更少的需求。在竞争环境中，那些有义务供电的仅限于那些签有合同的公司。发电公司可能会考虑产量小于预测需求的调度计划。相较于启动一个额外的机组来生产一两个不令人满意的 MW，可以允许竞争对手来生产 1MW 或 2MW，因为这样可能会大幅增加平均成本。

21.2.2.3 供电补偿

在竞争市场中最大化利润要求发电公司要了解哪些利润是售电所得。然而在传统的电力公共事业中，利润是根据成本以一定利润率核算出来的，可是竞争电力市场有着不同的定价方案，如依据最终成交竞价，平均购买价格，价格问询和销售报价等。当给拍卖商提交报价时，发电公司提供的价格应该反映所预测的市场份额，因为这决定了他们要开启多少机组或者投入多少进入备用模式。那些希望通过提出一系列报价来实现回收成本的发电公司会发现，UC 计划将直接影响平均成本，并间接影响产品价格，使其成为所有成功投标的考虑因素。

需求预测和市场价格预测是基于利润的 UC 算法非常重要的输入量；它们用来确定预期收入，这反过来还会影响预期利润。如果发电公司制定两个 UC 调度计划，各自有不同的预测成本和不同的预测利润，那么它应该执行能提供最大利润的那个调度计划，并不需要该调度计划成本最低。由于价格与需求同样重要，决定最优 UC 调度计划时，价格和需求的预测必不可少。一个易于阅读的最小化成本描述 UC 问题和一个考虑现货市场的随机求解方案认为现货市场已经被 Takriti Krasenbrink 和 Wu（1997）提出。

21.2.2.4 电能的来源

发电公司的主要业务是发电，但如果比自己公司生产机组成本低的话，也要考虑从市场上购电。从流动性市场的存在赋予了能源交易公司额外的电力来源，这在垄断系统中可能并不普遍。如图 21.5 所示。对于发电公司，市场供给曲线可以当做虚拟机组。虚拟机组的供给曲线描述了在这个问题的时间内所有参与市场的机组的供给曲线集合。这台机组的参数设置基于价格预测。该虚拟机组没有最小运行时间、最小停机时间和斜率限制；调度过程也没有直接的启停成本。

流动性市场使发电公司拥有了一台虚拟机组参与计划，但同时也是一个需要供应的负荷。总的能量供应应该由事先安排的双边或多边合同通过市场来决定（还包含相关的备用或损耗）。当发电公司决定最优机组组合，市场的电能需求（市场需求）可以作为另一个参与购电的 DISTCO 或 ESCO 来表示。每个购买电能的实体应该有它自己的需求曲线。市场需求曲线应该反映参与市场的所有购买者的需求曲线总和。

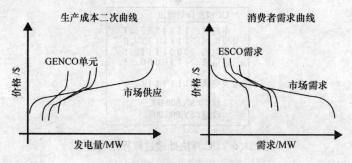

图 21.5 将市场当作发电机或负载

21.2.3 UC 的数学公式

UC 的数学建模取决于目标和主要的约束条件。一般来说，垄断性最小化成本 UC 问题可用下式来表示（Sheblé，1985）：

$$\text{Minimize} F = \sum_n^N \sum_t^T \left[(C_{nt} + \text{MAINT}_{nt}) \cdot U_{nt} + \text{SUP}_{nt} \cdot U_{nt}(1 - U_{nt}) + \text{SDOWN}_{nt} \cdot (1 - U_{nt}) \cdot U_{nt-1} \right] \quad (21.5)$$

需要满足如下约束：

$$\sum_n^N (U_{nt} \cdot P_{nt}) = D_t \quad \text{（需求约束）}$$

$$\sum_n^N (U_{nt} \cdot P\text{max}_n) \geq D_t + R_i \quad \text{（生产约束）}$$

$$\sum_n^N (U_{nt} \cdot Rs\text{max}_n) \geq R_t \quad \text{（系统备用约束）}$$

而当在竞争环境中为利润最大化 UC 问题建模时，供电的义务消失。需求约束从等于变成小于等于。在式中，我们把备用容量考虑进需求中。这相当于假设要求购买者在每份合同中都购买一定容量的备用容量。除了上述这些不同，竞争性发电公司 UC 问题模型把成本最低目标函数转变为利润最高目标函数，如式 (21-6) 中所示。UC 求解过程如图 21.6 所示。

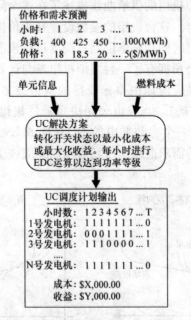

图 21.6　UC 算法处理过程程序模块

$$\text{Max}\Pi = \sum_n^N \sum_t^T (P_{nt} \cdot fp_t) \cdot U_{nt} - F \tag{21.6}$$

满足条件：

$$D_t^{\text{contracted}} \leq \sum_n^N (U_{nt} \cdot P_{nt}) \leq D'_t \text{（需求约束/义务供应输出）}$$

$$P\text{min}_n \leq P_{nt} \leq P\text{max}_n \text{（容量约束）}$$

$$|P_{nt} - P_{n,t-1}| \leq Ramp_n \text{（斜率约束）}$$

专有名词的定义如下：

U_{nt}——在 t 时间内机组 n 的启停状态（$U_{nt}=1$ 机组开启，$U_{nt}=0$ 机组停运）；

P_{nt}——在 t 时间内发电机组 n 的发电量；

D_t——在 t 时间内的负载水平；

D'_t——在 t 时间内的预测需求（包括备用容量）；

D_t^{contract}——在 t 时间内的约定需求；

fp_t——在 t 时间内每 MWhr 的预测价格；

R_t——在 t 时间内系统备用需求；

C_{nt}—— 在 t 时间内机组 n 的生产成本；

SUP_{nt}—— 在 t 时间内机组 n 的启动损耗；

$SDOWN_{nt}$—— 在 t 时间内机组 n 的停运损耗；

$MAINT_{nt}$—— 在 t 时间内机组 n 的维护成本；

N——机组的数量；

T——时间；

$Pmin_n$—— 机组 n 的最低生产约束；

$Pmax_n$—— 机组 n 的最大生产约束；

$Rsmax_n$—— 机组 n 提供的最大备用容量。

　　然而在某些的条件下，可能会发生计划表的成本最小而计划表的利润并不一定最大的情况。接下来证明：垄断中 UC 成本最小化与竞争中发电公司利润最大化之间的另一个区别是供电任务；竞争性发电公司可能会使得发电量小于总体的消费需求。这使 UC 计划表更灵活。进一步来说，我们模型假设价格波动依据是供求关系。在成本最小化范例中，假设负载曲线是水平的有利于成本最小化。当追求利润最大化时，发电公司可能找到某些特定的情况，使得非水平的负载曲线利润最大。利润并不仅仅取决于成本，也与收入有关。如果收入增长的比成本快，利润也会增加。

21.2.4　EDC 对于 UC 求解的重要性

　　经济调度计算（EDC）是 UC 的重要组成部分。它可用来确保在 UC 计划表中每小时的需求目标都能够被满足。在垂直一体化垄断性环境下，EDC 在满足需求的前提下设定发电量来使成本最小化。基于价格的 UC 方案来说，基于价格的 EDC 通过调整每个在线机组的出力水平使其拥有相同的边际成本（即 $\lambda_1 = \lambda_2 = \cdots = \lambda_i = \cdots\cdots = \lambda_T$）。如果发电公司在竞争环境下运行，要求它的竞价要涵盖维修、启动、停机和状态切换所涉及的其他成本，所以 EDC 的边际成本必须包括这些损耗。为此，我们引入一个改进的虚拟边际成本 λ。当虚拟边际成本 λ 小于或等于竞争价格时，竞争性的电力生产商将会发电。一个简单的以美元/MWh 为单位的维修和状态过渡成本引入方法如式（21.7）所示。

$$\lambda_t = fp_t - \frac{\sum_t \sum_n (\text{交易成本}) + \sum_t \sum_n (\text{维修成本})}{\sum_n^N \sum_t^T P_{nt}} \tag{21.7}$$

　　其他根据时间或电价来调整边际成本价格的引入方案也非常容易实现，并且同样可以考虑进竞价策略制定中。过渡成本包括启动，停运，备用成本以及维修成本（体现在在线机组每个运行时段中），这将通过常数项在典型二次成本曲线拟合中体现出来。在本章后面的结果中，通过预测电力需求，我们用该方法来拟合总发电曲线。

假设竞争价格等于预测价格。如果发电的供给曲线能够表达系统供给曲线，那么竞争价格就对应着需求曲线与供给曲线的交叉点。EDC 设定的发电量对应点是发电公司供给曲线与需求曲线的交叉点，或者预测价格等于供给曲线的点，以较低的为准。

21.2.5 解决方案

对于 UC 问题来说，找到最优的解决方案是困难的。这个问题有大量离散非线性的解空间。如上所述，解决 UC 问题需要进行大量的经济调度计算。确定最优方案的一个途径是做详尽的搜索。对于一个小系统而言，我们能够详尽的考虑所有可能的机组启停方式，但是对于一个相当大的系统来说这将耗时很长。对于一个实际系统，要想求解 UC 问题，一般涉及使用拉格朗日松弛、动态编程、遗传算法或者其他启发式搜索方法。感兴趣的读者可以在 Sheblé 和 Fahd（1994）与 Wood 和 Wollenberg（1996）的文献中，发现许多关于垄断性成本最小化的 UC 问题的理论。另一种启发式的技术是遗传算法，它具有很好的应用前景和优势（例如大系统的快速求解方案和同时形成多个求解方案的能力）。

21.2.6 UC 遗传算法

21.2.6.1 遗传算法基础

遗传算法（GA）是一种常用的非线性离散优化问题的搜索算法。遗传算法的发展是受到生物进化论的启发。最初是由 John Holland 提出的，并由 David Goldberg 通过对基本遗传算法（Goldberg，1989）的研究得以推广。在遗传算法中，数据以匹配问题解的数据结构进行随机初始化，并随着时间的推移而进化，成为这个问题的最终合适解。一个完整的问题候选解种群（对于求解正在研究中的问题的适当形式的数据结构）经过自由初始化后依据 GA 的规律进化。数据结构通常由二进制数据字符串组成，然后映射到解决方案空间进行评估。每一个解决方案（通常被当做一种生物）。针对其适应性进行启发式的评估。在进化过程中，那些有更高的适应性的生物，在母体筛选过程中受到青睐并且允许进一步繁殖。母体筛选是一个有一定偏好的重要的自由选择过程。合适的偏好形式是母体筛选原理决定的。接下来的母体选择过程，利用交叉与突变过程实现新生物发展，在解决空间理想地探索不同的区域。在目前种群中新生物代替不适应的生物。图 21.7 表示一般 GA 的模块图。

21.2.6.2 基于 UC 价格遗传算法

这里提出的算法解决了发电公司在竞争环境中利润最大化的 UC 问题（Richter et al.，1999）。调查表明遗传算法被研究者大量使用以解决 UC 问题

（Kondragunta，1997；Kazarlis et al.，1995）。然而，这里提出的算法是基于垄断环境中成本最小化 UC 遗传算法的修正，是由 Maifeld 和 Sheblé（1996）提出的。这些修正主要是针对评估函数的，使得它不再以成本最小化为评价目标，而是以利润最大化为评价目标。智能变异器以它们的原始形式被保存了下来。计划表也一样，算法在图 21.8 图形模块中显示。

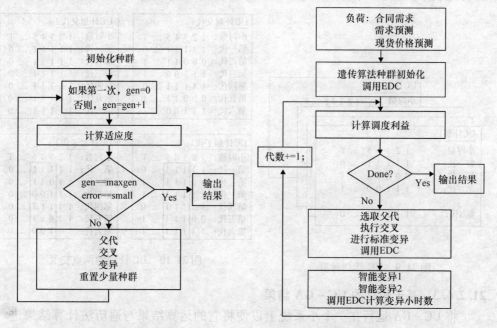

图 21.7　简单的遗传算法　　　　　图 21.8　遗传算法—UC 模块程序

算法首先从合同中读取电量需求和价格，并预测剩余需求和现货市场价格（通过另一个方法计算出每小时的价格，这里暂不讨论）。在初始化步骤中，UC 计划表种群随机初始化。如图 21.9 所示。针对每一个方案，调用 EDC 来设置每个机组的发电量。每个计划表的成本可以基于发电机和程序初始数据计算。下一步，种群中每个计划表的适应度（即利润）可以计算出来。完成了吗？检查算法是否经过任意循环后已经达到最大允许发电机运行数据，或者是否已经符合其他的停止标准。如果完成了这个结果可以输出，如果没有，这个算法继续重复上述过程。

在繁衍过程中新的计划被创建。繁衍的第一步就是从种群中筛选母体。在筛选母体以后，候选子计划由两点交叉法构建，如图 21.10 所示。该交叉过程中运用了标准变异法。标准变异法的主要思想是在给定计划表中开启或停运一些随机选择的机组。

以前开发的 UC – GA（Maifeld 和 Sheblé，1996）的一个重要特征是用尽可能少的时间来做 EDC。在标准突变之后，EDC 仅对突变小时的理论进行更新。在繁衍的过程中，一小时利润数可以保持并且储存，这大大减少了 EDC 本来需要的计算利润的时间，如果 EDC 必须工作在适当评价的点处。除了标准突变外，这个算法还引入了两个智能变异器来解决因状态转换成本和最小启停机时间限制而不允许出现的 101 或者 010 组合问题。第一个变异器会通过随机地将 1 变成 0，或者 0 变成 1 来进行第一次变异，过滤这些不允许的组合，第二个智能变异器通过判断是否有利于利润目标实现 1 到 0 或者 0 到 1 的变异，从而第二次过滤这些不允许的组合。

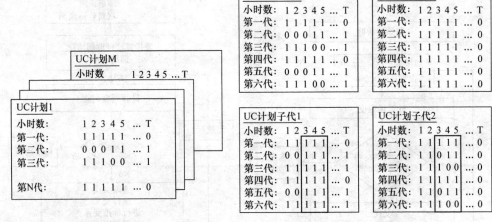

图 21.9　UC 计划种群　　　　　图 21.10　UC 计划的两点交叉

21.2.6.3　基于价格的 UC – GA 结果

将 UC – GA 运行在一个小系统上以便将它的运算结果与遍历法计算结果进行比较。在运行 UC – GA 之前，发电公司首先要找到一个准确的分时电力需求和计算周期内的预测价格。数据预测是一个很重要的课题，但是超出了我们的分析范围。在本节展示的结果中，预测负荷与价格将在表 21.2 中显示。除了读取每小时的预测价格与需求，UC – GA 程序还需要考虑读取每个发电机的参数。我们对发电商建立二次成本曲线（例如 $A + B(P) + C(P)^2$），P 是机组的功率。两机组的数据情况如表 21.3 所示。

表 21.2　两电机情况下需求与价格预测

小时数	负荷预测 /MWhr	价格预测 /($/MWhr)	小时数	负荷预测 /MWhr	价格预测 /($/MWhr)
1	285	25.87	8	328	8.88
2	293	23.06	9	326	9.12
3	267	19.47	10	298	8.88
4	247	18.66	11	267	25.23
5	295	21.38	12	293	26.45
6	292	12.46	13	350	25.00
7	299	9.12	14	350	24.00

表 21.3　双电机机组单元数据

	发电机 0	发电机 1
P_{min} （MW）	40	40
P_{max} （MW）	180	180
A （constant）	58.25	138.51
B （linear）	8.287	7.955
C （quadratic）	7.62e − 06	3.05e − 05
Bank cost （$）	192	223
Start − up cost （$）	443	441
Shut − down cost （$）	750	750
Min − uptime （hr）	4	4
Min − downtime （hr）	4	4

　　除了两机组的案例外，本章还包括 10 机组 24h 的案例来证明 GA 算法在更大的问题上工作良好。而此时动态程序对于问题求解的计算负担很快变得十分庞大，随着小时数与机组线性增长，遗传算法的规模急剧扩大。表 21.11 展示了 10 个机组的成本和平均成本（不包括状态转换成本），还包括未来 48h 的价格和负荷预测。我们在已知最优方案的情况下进行数据的选择。已知负荷预测中的虚线是 10 个机组的最大输出。

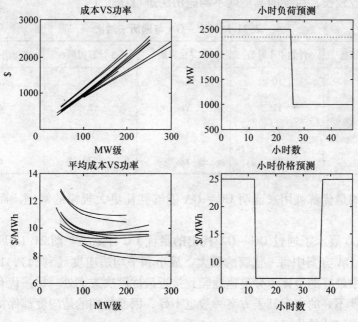

图 21.11　10 单元 48h 机组数据

在运行这个 UC – GA 以前，用户选定的控制参数如表 21.4 中所示，包括研究中需要考虑的机组的数量和小时数。程序执行时间与遗传种群规模近似线性变化。代数表明了遗传算法繁衍了多少代。系统备用容量是购买者每份合同必须保证的备用的百分比。每代的子方案数告诉我们每一代中将有多少方案会被代替。改变这个将会影响收敛速度。如果有多个最优解，收敛速度快的能够使遗传算法陷入局部最优解。"UC 计划保留数"指出完成时需要输出的计划数量。此外还有一个设置在 0 和 1 之间的随机数种子。

表 21.4　遗传算法控制参数

参数	设定点	参数	设定点
# of Units	2	System reserve（%）	10
# of Hours	10	Children per generation	10
种群规模	20	UC schedules to keep	1
代数	50	Random number seed	0.20

在两机组案例的测试中，UC – GA 运行表 21.3 中所列的机组，采用的负荷与价格预测情况列在表 21.2 中。参数列在表 21.4 中并做出了适当的调整。为了确保 UC – GA 找到最优解，针对一些规模相对较小的案例运用遍历法进行了计算。表 21.5 列出了 UC – GA 和遍历法以秒为单位的求解时间。由于遍历法的求解时间一般较长，后续的案例就不与遍历法进行比较了。

表 21.5　UC – GA 与遍历法对比

计划中电机数	计划中小时数	GA 寻优算法？	GA 计算时间/s	遍历法执行时间/s
2	10	Yes	0.5	674
2	12	Yes	2	6482
2	14	Yes	10	（estimated）62340
10	48	Yes	730	（estimated）2E138

已知的最优解被用来证明 UC – GA 能够胜任更大规模的案例，而事实上也是如此。

表 21.6 展示了通过 UC – GA 找出的最优 UC 计划表。图 21.12 展示了两机系统 UC – GA 方案中每一代解的最大、最小和平均适应度（利润），14h 时长情形。种群中最好的个体十分迅速地爬到接近最优解决方案处。每一代有一半被代替；适应度不好的方案其子方案一般也不好，因此他们的适应度都保持较低的水平，这是典型的最优 GA。

表 21.6　种群最优 UC – GA 计划

	Best Schedule for 2 – Unit, 10 – Hour Case
Unit 1	1111100000
Unit 2	0000000000
成本	$17, 068.20
收益	$2, 451.01
	Best Schedule for 2 – Unit, 12 – Hour Case
Unit 1	111111000011
Unit 2	000000000000
成本	$24, 408.50
收益	$4, 911.50
	Best Schedule Found by UC – GA for 10 – Unit, 48 – Hour Case
Unit 1	111111111111000000000000000000000000111111111111
Unit 2	111111111111000000000000000000000000000000000000
Unit 3	111111111111000000000000000000000000000000000000
Unit 4	111111111111000000000000000000000000000000000000
Unit 5	111111111111000000000000000000000000000000000000
Unit 6	111111111111000000000000000000000000000000000000
Unit 7	111111111111000000000000000000000000111111111111
Unit 8	111111111111000000000000000000000000000000000000
Unit 9	111111111111000000000000000000000000111111111111
Unit 10	111111111111000000000000000000000000111111111111
成本	$325, 733.00
收益	$676, 267.00

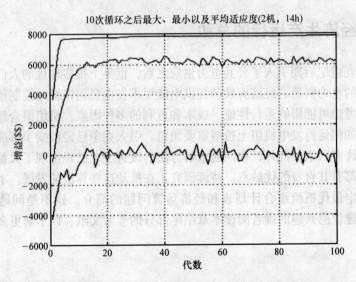

10次循环之后最大、最小以及平均适应度(2机，14h)

图 21.12　2 机系统 14h 之后种群最大、最小以及平均适应度和代数

表 21.6 所示的计划表中，可能会出现违背最小开启和停运时间约束的情况。当计算这个计划表的成本时，该算法为确保所得利润是基于有效的计划表，考虑备用机组运行时间为一串 1，而两边的数字都是 0，停运时间也类似处理。此外，请注意，这里每种案例中只有种群方案中最好的解决方案被展示了出来。额外存在的解决方案，可能对于利润来说是次优的，并没有在这里展示，这是使用遗传算法的优势之一。这使系统运行者可以灵活地从一组计划表中选择最好的。

21.2.7　机组的委托与拍卖

忽略市场的框架、解决方案和 UC 的执行环境，竞拍也能建立和获得最优解决方案。如前文所述的 EDC 部分，拍卖（有很多形式，例如荷兰、英式、密封、双边、单边等）用来匹配买家与卖家，并且认为可以获得公平的价格。一场拍卖可以获得最优的分配，并且机组组合算法本质上在执行拍卖所形成的分配方案。假如一个拍卖商准备进行一个报价，或者针对未来一个时段上报一系列预测价格。拍卖商会问所有的发电机组他们在这个价格水平能发出多少电量。生产商必须考虑哪些机组可以开启，并且在这个水平上发电并销售。他们答复的发电量就决定了在这个价格水平的上的发电量总和。如果所有的约束包括需求都得到满足，那么就找到了最经济的机组运行组合和最经济的设置。如果不行，拍卖商调整价格并在新价格上问询发电总量。这个过程重复直到满足约束。在英式拍卖中价格依次上升，在荷兰式拍卖中价格会依次下降。图 21.3 描述了这个过程。若想对该主题有更进一步的讨论，有兴趣的读者可以在 Sheble（1999）的作品中看到。

21.3　经济生产运行的总和

在十九世纪后期引入了公共电力供应之后，世界上很多地区的人们开始寻求物美价廉的电力资源。经济有效的提供电能要求发电公司谨慎地控制他们的发电机组，并考虑可能影响运行性能、成本和盈利的多种因素。机组组合经济调度算法在决定如何运行发电机组上扮演重要角色。引入竞争已经改变了解决这些问题需考虑的许多因素。此外，在问题求解方法的改进上，已经出现了大量的候选算法，每种都有其自身的优缺点。持续研究正在推动这些算法的发展。本文给读者提供了确定最优机组组合计划表和经济运算问题的简介。这不是问题的最终形式，强烈建议感兴趣的读者阅读本章结尾部分的参考文献，以了解更多细节。

参 考 文 献

Goldberg, D., *Genetic Algorithms in Search, Optimization and Machine Learning.* Addison-Wesley Publishing Company, Inc., Reading, MA, 1989.

Kazarlis, S.A., Bakirtzis, A.G., and Petridis, V., A genetic algorithm solution to the unit commitment problem, *1995 IEEE/PES Winter Meeting*, 152-9 PWRS, New York, 1995.

Kondragunta, S., Genetic algorithm unit commitment program, MS thesis, Iowa State University, Ames, IA, 1997.

Maifeld, T. and Sheblé, G., Genetic-based unit commitment, *IEEE Trans. Power Syst.*, 11, 1359, August 1996.

Richter, C. and Sheblé, G., A Profit-based unit commitment GA for the competitive environment, *IEEE Trans. Power Syst.*, 15(2), 715–721, 2000.

Sheblé, G., Unit commitment for operations, PhD dissertation, Virginia Polytechnic Institute and State University, Blacksburg, VA, March 1985.

Sheblé, G., *Computational Auction Mechanisms for Restructured Power Industry Operation.* Kluwer Academic Publishers, Boston, MA, 1999.

Sheblé, G. and Fahd, G., Unit commitment literature synopsis, *IEEE Trans. Power Syst.*, 9, 128–135, February 1994.

Takriti, S., Krasenbrink, B., and Wu, L.S.-Y., Incorporating fuel constraints and electricity spot prices into the stochastic unit commitment problem, IBM Research Report: RC 21066, Mathematical Sciences Department, T.J. Watson Research Center, Yorktown Heights, New York, December 29, 1997.

Walters, D.C. and Sheblé, G.B., Genetic algorithm solution of economic dispatch with valve point loading, *1992 IEEE/PES Summer Meeting*, 414-3, New York, 1992.

Wood, A. and Wollenberg, B., *Power Generation, Operation, and Control.* John Wiley & Sons, New York, 1996.

第 22 章 状态估计

Jason G. Lindquist
Siemens Energy Automation

Danny Julian
ABB Inc.

在确定影响电力系统运行和控制的关键元素（比如超载线路、可信预想故障集和不足电压）时，在线交流潮流算法是一项有价值的应用。它是任何实时安全评估和增强应用的基础。

交流潮流算法计算有功和无功功率时，是基于大量发电机端输入电压、有功功率母线输入和无功功率母线输入的列表。这表明为了使用潮流算法计算线路潮流，所有输入信息（电压、有功功率输入、无功功率输入）必须在算法执行前获得。

一种最容易想到的获取在线交流潮流状态的方法是在电力系统中的所有节点上对所需要的输入量进行遥测。这不仅要求有大量的远程终端单元，还要求有一个广泛的通信基础设施将测量数据传送到 SCADA 系统，这两者都是成本高的。虽然发电机母线电压通常是现成的，但通常缺少映射数据。这是因为在母线监测网络输入比直接测量单独输入更简单和便宜。同时，这种方法显示了由仪表精度和通信问题导致的在线交流潮流的缺点。当由通信故障或测量设备误操作导致的任何预定义数据不可用时，依赖于一组特定测量数据的在线交流潮流可能无法使用或给出错误结果。这不是一个旨在对系统不安全条件产生警报的在线应用系统的期望结果。

鉴于上述利用交流潮流的障碍，在 1960 年代末和 1970 年代初（Schweppe 和 Wildes，1970 年 1 月）开发了一个执行在线功率潮流的方法，该方法不仅需要经典潮流计算所需的有限数据，还需要所有可用测量数据。这项工作带来了状态估计器，它不仅使用前面提到的电压，还使用其他遥测数据，比如有功和无功线流、断路器状态和变压器抽头设置。

22.1 状态估计问题

状态估计使用一组从电力系统测量得到的冗余数据来确定系统状态。系统的状态是 n 个状态变量的函数：母线电压、相对相位角和抽头切换变压器的位置。虽然状态估计解决方案不是一个系统的"真实"表示，这是基于遥测测量的"最好的"可能结果。同时，测量的数量必须大于状态的数量 $(m > n)$ 来完整的表示系统的状态。这就是所谓的可观测性标准。考虑到大量冗余测量数量，m 通常是 n 的 $2 \sim 3$ 倍。

22.1.1 基本假设

遥测数据通常是损坏的，因为它们容易受到噪声干扰。即使尽量确保其安全性，随机噪声会不可避免地进入测量过程，这会使遥测值失真。

幸运的是，统计特性的测量允许某些假设来估计真实的测量值。首先，它假设测量噪声期望值或平均值为零。这个假设意味着每个测量误差为正值和负值的概率相同。这也假定期望值的二次方测量误差是正常的，有一个标准差 σ，同时测量数据之间的相关性为零。当变量的概率密度函数满足以下形式，该变量是正常的（或高斯）。

$$f(v) = \frac{1}{\sigma \sqrt{2\pi}} e^{-\frac{v^2}{2\sigma^2}} \tag{22.1}$$

由于其对称的形状像一个钟，这个分布也被称为钟形曲线，如图 22.1 所示。正态分布是用来测量误差的建模，因为它是由许多因素导致的分布总体误差产生的分布。

图 22.1 也说明了标准偏差对正态密度函数的影响。标准偏差 σ 是正态分布关于均值 μ 的离散程度的测量值，并指示了多少样本属于一个给定的时间间隔。标准差大表明测量噪声有很大概率是较大值。相反，标准差小表明测量噪声有很大概率是较

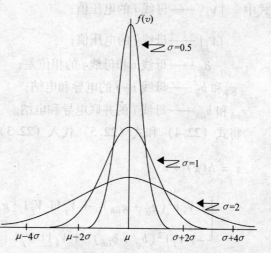

图 22.1 均值为 μ 的正态概率分布曲线

小值。

22.1.2 测量的表达

由于测量不准确，它可以表示成误差分量的形式。

$$z = z_T + v \qquad (22.2)$$

式中 z——测量值；

z_T——真实值；

v——代表测量不确定性的误差。通常，式（22.2）所述测量值与状态量 x 有关，

$$z = h(x) + v \qquad (22.3)$$

式中 $h(x)$——表示测量值与状态变量关系的分线性映射函数向量。$h(x)$ 的应用如图 22.2 的输电线模型所示。

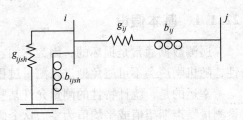

图 22.2 输电线路图

假定在母线 i 上测量有功功率和无功功率，从母线 i 到母线 j 的潮流方程可被确定为：

$$P_{ij} = |\tilde{V}_i|^2 (g_{ij} + g_{ish}) - |\tilde{V}_i||\tilde{V}_j|[g_{ij}\cos(\delta_{ij}) + b_{ij}\sin(\delta_{ij})] \quad (22.4)$$

$$Q_{ij} = -|\tilde{V}_i|^2 (b_{ij} + b_{ish}) - |\tilde{V}_i||\tilde{V}_j|[g_{ij}\sin(\delta_{ij}) - b_{ij}\cos(\delta_{ij})] \quad (22.5)$$

式中 $|\tilde{V}_i|$——母线 i 的电压值；

$|\tilde{V}_j|$——母线 j 的电压值；

δ_{ij}——母线 i 和母线 j 的相位差；

g_{ij} 和 b_{ij}——母线 i-j 的电导和电纳；

g_{ish} 和 b_{ish}——母线 i 的并联电导和电纳。

将式（22.4）和式（22.5）代入（22.3）可得

$$\bar{z} = \bar{h}(x) + \bar{v}$$

$$= \begin{bmatrix} |\tilde{V}_i|^2(g_{ij}+g_{ish}) - |\tilde{V}_i||\tilde{V}_j|[g_{ij}\cos(\delta_{ij})+b_{ij}\sin(\delta_{ij})] \\ -|\tilde{V}_i|^2(b_{ij}+b_{ish}) - |\tilde{V}_i||\tilde{V}_j|[g_{ij}\sin(\delta_{ij})-b_{ij}\cos(\delta_{ij})] \end{bmatrix} + \begin{bmatrix} v_{P_{ij}} \\ v_{Q_{ij}} \end{bmatrix}$$

$$(22.6)$$

该式表达了网络参数（假定已知）和系统状态（母线电压和相角）的完整测量过程。

将母线中各支路导纳，$y_{ij} = g_{ij} - jb_{ij}$加入母线导纳矩阵中，得到了新的导纳矩阵 Y：

$$Y'_{ii} = Y_{ii} + y_{ij}$$
$$Y'_{ij} = Y_{ij} - y_{ij}$$
$$Y'_{ji} = Y_{ji} - y_{ij} \tag{22.7}$$
$$Y'_{jj} = Y_{jj} + y_{ij}$$

母线 i 处的功率注入量可通过求解与此母线相连的全部线路和来计算 $(i.e., j \in N_i)$：

$$P_i = |\tilde{V}_i| \sum_{j \in N_i} |\tilde{V}_j| \left[G_{ij}\cos(\delta_{ij}) + B_{ij}\sin(\delta_{ij}) \right]$$
$$\tag{22.8}$$
$$Q_i = |\tilde{V}_i| \sum_{j \in N_i} |\tilde{V}_j| \left[G_{ij}\sin(\delta_{ij}) - B_{ij}\cos(\delta_{ij}) \right]$$

22.1.3 解决方案

求解状态估计问题的方法有许多种（Filho 等人，1990），并且这些方法与潮流计算方法的不同体现在两个方面：

1）某些输入数据丢失或不精确；

2）该算法可能需要近似计算，这种近似算法是为在线环境下的高速计算设计的。

在本节中，将会介绍两种解决状态估计的方法。

22.1.3.1 加权最小二乘法

解决状态估计问题的最常见方法是使用加权最小二乘法。这是通过确定使性能指标最小的状态变量值 J 来实现的

$$J = \bar{e}^{\mathrm{T}} R^{-1} \bar{e} \tag{22.9}$$

式中，权重因子 R 是测量值的角协方差矩阵，其可表示为：

$$E[\bar{v}\bar{v}^{\mathrm{T}}] = R = \begin{bmatrix} \sigma_1^2 & 0 & 0 & 0 & 0 \\ 0 & \sigma_2^2 & 0 & 0 & 0 \\ 0 & 0 & \cdots & 0 & 0 \\ 0 & 0 & 0 & \cdots & 0 \\ 0 & 0 & 0 & 0 & \sigma_m^2 \end{bmatrix} \tag{22.10}$$

因此，测量精度高则方差小，则具有较高权重系数，测量精度低则因方差大而具有较低权重系数。通过定义式（22.9）中误差 e，可表示真实测量值 z 和估计测量值 $\hat{z}$ 的差别，

$$\bar{e} = \bar{z} - \hat{\bar{z}} \tag{22.11}$$

一种性能指标的新形式可写为：

$$J = (\bar{z} - \bar{h}(x))^{\mathrm{T}} R^{-1} (\bar{z} - \bar{h}(x)) \tag{22.12}$$

为使性能指标 J 最小，必须有一个一阶必要条件

$$\left.\frac{\partial J}{\partial \bar{x}}\right|_{x^k} = 0 \tag{22.13}$$

将式（22.12）作为必要条件评估，可得

$$H(x^k)^{\mathrm{T}} R^{-1} (\bar{z} - \bar{h}(x)) = 0 \tag{22.14}$$

式中，$H(x)$ 是评估迭代 k 次的 $m \times n^3$ 雅各布测量矩阵。

$$H(x) = \begin{bmatrix} \dfrac{\partial h_1}{\partial x_1} & \dfrac{\partial h_1}{\partial x_2} & \cdots & \dfrac{\partial h_1}{\partial x_n} \\[2mm] \dfrac{\partial h_2}{\partial x_1} & \dfrac{\partial h_2}{\partial x_2} & \cdots & \dfrac{\partial h_2}{\partial x_n} \\[2mm] \cdots & \cdots & \cdots & \cdots \\[2mm] \dfrac{\partial h_m}{\partial x_1} & \dfrac{\partial h_m}{\partial x_2} & \cdots & \dfrac{\partial h_m}{\partial x_n} \end{bmatrix}_{x^k} \tag{22.15}$$

在点 x^k 附近进行函数 $\bar{h}(x)$ 的泰勒级数展开，并通过线性化测量量和状态变量之间的关系，可获得迭代解如下：

$$\bar{h}(x^k) = \bar{h}(x^k) + \Delta x^{-k} \frac{\partial \bar{h}(x^k)}{\partial \bar{x}} + 高阶项 \tag{22.16}$$

这组方程可以使用迭代方法如牛顿拉夫逊法求解。在每次迭代中，状态变量的 x 最新值可以通过式（22.17）获得：

$$\bar{x}^{k+1} = \bar{x}^k + (H(x^k)^{\mathrm{T}} R^{-1} H(x^k))^{-1} H(x^k)^{\mathrm{T}} R^{-1} (\bar{z} - \bar{h}(x^k)) \tag{22.17}$$

当满足式（22.18），则获得收敛。式中，ε 是预设的收敛因子：

$$\max(\bar{x}^{k+1} - \bar{x}^k) \leqslant \varepsilon \tag{22.18}$$

若收敛，解 $\bar{x}^{k+1}$ 则对应加权最小二乘估计的状态变量。

22.1.3.2　线性规划

解决状态估计问题的另一种方法是线性规划。线性规划是根据一组约束使目标函数取最小值的优化技术。

$$\min\{\bar{c}^{\mathrm{T}} \bar{x}\}$$
$$\text{s. t. } A\bar{x} = \bar{b} \tag{22.19}$$
$$\bar{x} \geqslant 0$$

有许多不同的方法可以解决线性规划问题，如单点法和内点法。

由于目标函数，如式（22.12）所示，是未知变量的二次方程，它必须写成线性形式。相对主动测量误差 v_p 和被动测量误差 v_n，该误差可通过重写目标函数获得，具体如式（22.3）所示。

$$\bar{z} = \bar{h}(x) + \bar{v}$$
$$= \bar{h}(x) + \bar{v}_p - \bar{v}_n \tag{22.20}$$

将主动误差和被动误差限制为正值来确保问题是有界的。加权最小二乘法不存在这样的问题，因为二次函数是凸的，可保证获得最值。

使用式（22.20）定义的新的测量定义，加权最小二乘法描述的测量权重对角协方差矩阵的逆矩阵，目标函数可写为：

$$J = R^{-1}(\bar{v}_p + \bar{v}_n) \tag{22.21}$$

联接状态量和测量量的约束方程如式（22.20）所示。因为 $\bar{h}(x)$ 是非线性的，它必须围绕 x^k 通过扩大泰勒级数线性展开，如之前在加权最小二乘法所进行的。状态估计问题的解可通过求解以下线性规划获得：

$$\min\{R^{-1}(\bar{v}_p + \bar{v}_n)\}$$
$$\text{s. t. } \Delta\bar{z}^k - H(x^k)\Delta\bar{x}^k + \bar{v}_p - \bar{v}_n = 0$$
$$\bar{v}_p \geqslant 0$$
$$\bar{v}_n \geqslant 0 \tag{22.22}$$

式中，$H(x^k)$ 是式（22.15）所定义的测量值 k 次迭代的 $m \times n$ 阶雅克比矩阵。

22. 2 状态估计操作

状态估计器的执行要么依据需求周期性进行（例如每 5 分钟执行一次），要么随状态改变而进行，例如断路器对线路执行开断操作。为说明状态估计量和其他能量管理系统（EMS）应用程序的关系，EMS 的简单描述如图 22.3 所示。

如图 22.3 所示，状态估计量从监控和数据采集系统（SCADA）和网络拓扑结构评估应用程序获得数据，在中央位置存储系统的状态。电力系统应用程序，如应变分析和最优功率流，可以基于系统状态作为状态估计量计算。

22. 2. 1 网络拓扑结构的评估

在进行状态评估之前，要确定网络的拓扑结构。这通过一个系统或网络配置器完成，它基于遥测断路器和开关状态建立电力系统网络配置。网络配置器通常

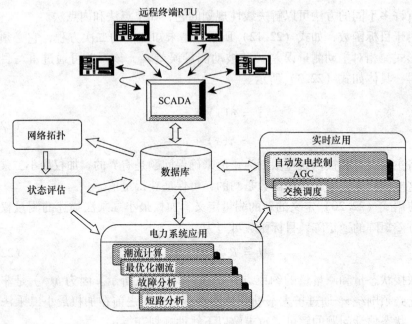

图 22.3　EMS 简单描述

有这样的问题：

1）断路器操作是否将单母线分裂成两个或更多的分裂母线，或者结合成了一个单一母线？

2）线路是断开了还是经重合闸恢复了？

状态估计器使用由网络配置器决定的网络为基础计算确定系统的状态，该网络配置器仅包括带电（在线）线路和设备。

22.2.2　错误识别

因为状态估计器基于遥测量和网络参数进行计算，所以状态估计器的结果取决于测量数据的准确性以及网络模型的参数。幸运的是，由于信息的冗余使得所有可用测量数据带来良好的二次效应。这种冗余使得状态估计器具有更多功能，不仅仅局限于在线交流潮流计算；它还带来了检验坏数据的能力。坏数据有多种来源，如：

1）近似；

2）简化模型假定；

3）人为数据处理误差；

4）由设备（传感器、电流互感器）缺陷导致的测量误差。

22.2.2.1　遥测数据

监测和识别错误测量数据的能力是状态估计器一个非常有用的特性。没有状态估计器，有明显错误的遥测数据几乎不会被发现。通过状态估计器，操作人员能够确定遥测数据没有严重错误。

当测量值与 RTU 的测量/遥测值明显不同时，数据被标记为错误数据。比如，假设母线电压的测量值为 1.85pu 而估计值为 0.95pu。在这种情形下，母线电压可标记为错误数据。一旦数据被标记为错误数据，它应该在被应用之前排除在测量集合之外。

大多数状态估计依赖于预估计和后估计的联合方案来检测和消除错误数据。预估计涉及到总坏数据检测和一致性测试。后估计通过总测量误差检测判定数据是否错误，例如采用网络拓扑评估零电压或线路潮流的合理限度。通过统计特性相关测量，一致性测量将数据分为有效、可疑和原始数据，并用于后估计。如果它们通过一致性测试将测量分成基于一致性阈值的子集，则测量被归类为有效。如果一致性测量失败，则它被列为可疑数据。如果不能进行一致性测试且不能分成任何子集，测量数据被认为是原始的。原始测量通常属于完整测量的非冗余部分。

后估计包括归一化测量残差的统计分析（例如，卡方检验）。规范化的残差定义为：

$$r_i = \frac{z_i - h_i(x)}{\sigma_i} \tag{22.23}$$

式中，σ_i 为协方差矩阵 R 的第 i 个对角元素，R 如式（22.10）所定义。当测量的标准化残差在预设的置信区间之外时（卡方检验失败），数据被认为是错误的。

22.2.2.2 参数数据

在参数错误识别中，需要确定和估计可疑的网络参数（即导纳）。使用错误的网络参数可能会严重影响状态估计解决方案的质量，造成相当大的误差。所有被测量的参数都被要求进行参数估计，这表示被考虑的参数是与测量有关的，从而使设定的测量量的个数增加 l，l 为被估计参数的数量。因此，如果执行参数估计，可观察性标准必须增加为 $m \geqslant n + l$。

22.2.2.3 拓扑数据

电力系统状态估计的一个基本假定是网络的拓扑结构是准确可知的。当它不可知时，由状态估计器获得的结果将不能对应真实系统，并且可能引起差异、错误数据的检测、大量测量的残差以及错误或者未被发现的极限违规行为。拓扑错误主要有两种类型：

1）分支状态错误——网络模型中错误地包含或排除系统分支。

2）变电站配置错误——将变电站总线错误合并或拆分成一条或多条总线。

拓扑错误是系统开关和断路器状态错误的结果。由于状态估计器使用的网络模型中没有逻辑设备的准确模型，发现和识别拓扑错误比发现测量数据和参数数据的错误困难得多。

22.2.3 不可观察性

根据定义，一个状态变量若不可估计则被认为不可观察。当系统不满足可观测性准则（$m < n$），则系统是不可观测的，即没有足够的冗余测量来确定系统的状态。从数学角度来看，即等式（22.17）的增益矩阵 $H(x^k)^T R^{-1} H(x^k)$ 变为奇异矩阵，且矩阵不能转置。解决不可观测问题的最直接解决方案是增加量测数量，那么问题就变成量测集所需量测位置的布置和所需数量的多少。

增加额外的量测会使得成本高，这是因为除了诸如 RTU，通信基础设施和 EMS 之间的软件数据处理之类的测量设备的成本之外，还有许多其他补充因素。因此，专家们已提出了一些方法，尝试在满足可观测性标准的同时，使成本最小化（Baran 等人，1995；Park 等人，1998）。

另一个解决不可观测问题的方案是采用伪量测增加量测集，使网络满足可观测性。当增加伪量测时，用伪量测方程代替实际量测。在这种情形下，与公式（22.10）中相关的这些量测值的协方差应具有较大值，以能够允许状态估计器将伪量测值视为从非常差的计量设备测量，从而将伪量测作为测量精度较低的测量装置来进行状态估计。最常用的伪量测类型是母线注入。最常用的伪量测类型是总线注入。这些伪量测可以从历史信息中产生，也可以从负荷预测和发电调度中生成。

22.3 状态估计问题案例

本节提供了一个简单的例子来说明如何进行状态估计。前面所述的 WLS 法将用于一个实例系统。

22.3.1 系统描述

三母线系统如图 22.4 所示。

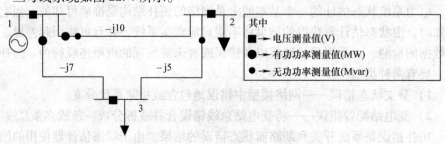

图 22.4 三母线功率潮流系统

母线 1 为同位角 0 的参考母线。所有其他相关系统数据在表 22.1 中给出。

表 22.1 实例系统数据

测量类型	测量位置	测量值	测量协方差
$\mid\tilde{V}\mid$	母线 1	1.02	0.05
$\mid\tilde{V}\mid$	母线 2	1.0	0.05
$\mid\tilde{V}\mid$	母线 3	0.99	0.05
P	母线 1-2	1.5	0.1
Q	母线 1-2	0.2	0.1
P	母线 1-3	1.0	0.1
Q	母线 2-3	0.1	0.1

22.3.2 WLS 状态估计过程

首先，状态量 x 为母线 2 和母线 3 的相角以及电压值：

$$\bar{x} = \begin{bmatrix} \delta_2 \\ \delta_3 \\ \mid\tilde{V}_1\mid \\ \mid\tilde{V}_2\mid \\ \mid\tilde{V}_3\mid \end{bmatrix} \tag{22.24}$$

测量向量定义

$$\bar{z}^{T} = \begin{bmatrix} \mid\bar{V}_1\mid & \mid\bar{V}_2\mid & \mid\bar{V}_3\mid & P_{12} & Q_{12} & P_{13} & Q_{13} \end{bmatrix}$$

这给出了 7 个量测值和 5 个状态变量，满足量测量高于状态量的可观测标准。

使用前面定义的方程对 WLS 状态估计，可确定如下：

$$R = \begin{bmatrix} \sigma_i^2 \end{bmatrix}$$

$$= \begin{bmatrix} (.05)^2 & 0 & 0 & 0 & 0 & 0 & 0 & 0 \\ 0 & (.05)^2 & 0 & 0 & 0 & 0 & 0 & 0 \\ 0 & 0 & (.05)^2 & 0 & 0 & 0 & 0 & 0 \\ 0 & 0 & 0 & (.05)^2 & 0 & 0 & 0 & 0 \\ 0 & 0 & 0 & 0 & (.05)^2 & 0 & 0 & 0 \\ 0 & 0 & 0 & 0 & 0 & (.05)^2 & 0 & 0 \\ 0 & 0 & 0 & 0 & 0 & 0 & (.05)^2 & 0 \\ 0 & 0 & 0 & 0 & 0 & 0 & 0 & (.05)^2 \end{bmatrix}$$

$$H(x) = \begin{bmatrix} 0 & 0 & 1 & 0 & 0 \\ 0 & 0 & 0 & 1 & 0 \\ 0 & 0 & 0 & 0 & 1 \\ -10 & 0 & 0 & 0 & 0 \\ 0 & 0 & 10 & -10 & 0 \\ 0 & -7 & 0 & 0 & 0 \\ 0 & 0 & 0 & 5 & -5 \end{bmatrix}$$

将平滑启动（flat start）作为状态向量的初始值，即电压角度为零，电压幅度为 1.0。状态估计器在迭代后收敛得到一个解，如表 22.2 所示。

可基于预估的电压和角度，计算系统值。表 22.3 给出了总线电压和注入值，表 22.4 给出了支路潮流值。基于上述已知的系统状态，可实现如偶然性分析和最优潮流计算等应用。应当注意，状态估计是基于系统状态处理结果，犹如在未知母线输入前提下，计算电力潮流。

表 22.2　状态估计结果

状态变量 (p. u.)	迭代			
	0	1	2	3
δ_2	0.0	−0.150	−0.147	−0.147
δ_3	0.0	−0.143	−0.142	−0.143
$|\tilde{V}_1|$	1.0	1.023	1.015	1.016
$|\tilde{V}_2|$	1.0	1.003	1.007	1.007
$|\tilde{V}_3|$	1.0	0.984	0.988	0.987

表 22.3　母线注入值

母线号	电压		发电		负荷	
	幅值（p. u.）	相角（rad）	P（p. u.）	Q（p. u.）	P（p. u.）	Q（p. u.）
1	1.016	0.0	2.501	0.477	—	—
2	1.007	−0.147	—	—	−1.522	0.117
3	0.987	−0.143	—	—	−0.979	−0.221

表 22.4　支路潮流值

支路号	母线		从母线输入端		到母线输入端	
	从	到	P（p. u.）	Q（p. u.）	P（p. u.）	Q（p. u.）
1	1	2	1.5	0.203	−1.50	0.019
2	1	3	1.0	0.274	−1.0	−0.125
3	2	3	−0.021	0.098	0.021	−0.096

22.4　定义术语

远程终端单元（RTU）——从不同的现场位置（即变电站、发电厂）至中心位置遥测系统广域数据的硬件。

状态估计器——一个使用统计处理来估计系统状态的应用。

状态变量——用状态估计器来估计的量，通常为母线电压和相角。

网络配置器——一个基于遥测断路器和开关状态决定电力系统配置的应用。

监控和数据采集系统（SCADA）——一个执行电力系统数据采集和远程控制的计算机系统。

能量管理系统（EMS）——采用先进设备检测、控制、优化输电和发电设备的计算机系统。SCADA 系统是 EMS 的一个子集。

参 考 文 献

Baran, M.E. et al., A meter placement method for state estimation, *IEEE Trans. Power Syst.*, 10(3), 1704–1710, August 1995.

Filho, M.B.D.C. et al., Bibliography on power system state estimation (1968–1989), *IEEE Trans. Power Syst.*, 5(3), 950–961, August 1990.

Park, Y.M. et al., Design of reliable measurement system for state estimation, *IEEE Trans. Power Syst.*, 3(3), 830–836, August 1998.

Schweppe, F.C. and Wildes, J., Power system static-state estimation I, II, III, *IEEE Trans. Power Appar. Syst.*, 89, 120–135, January 1970.

第 23 章　最优潮流计算

Mohamed E.
El – Hawary
Dalhousie University

最优潮流（Optimal Power Flow，OPF）函数是通过求满足一组非线性的等式和不等式约束条件的一个目标方程最优解，对电力系统进行调度。其中等式约束条件是传统的潮流计算方程；不等式约束条件是对系统的控制变量及状态变量的限制。从数学上来讲，OPF 可以被定义为一个有约束条件的非线性最优化问题。本节将综述这类问题的特点以及一些针对在线实现所需求的相关变量问题。

当考虑电网约束时，电力系统优化调度往往被认为是其中一个很重要的问题。考虑到电力系统在电压稳定性和在线操作能力的需求，本文依据近期最优潮流计算领域以及传统潮流计算领域的发展来编写。

OPF 问题作为一种传统经济调度的拓展最早是在 20 世纪 60 年代被提出的，用以决定由电网中的多种变量约束的控制变量的最优设置。OPF 是一种紧随着数值优化技术和计算机技术的进步而发展的静态约束非线性最优化问题。它已经被推广到了许多其他领域。通过潮流方程表达的电力系统损耗的最小化问题在二十世纪六十年代走入人们的视野。自此之后，人们又为找到适用于在线实现，实践操作和安全需求的更快更稳定的解决方法做了大量努力。

OPF 对一个确定目标进行寻优，使其既满足潮流网络的约束条件又满足系统与设备的极限工况条件。如今，所有涵盖确定电力系统瞬时最优稳态的问题被统称为 OPF 问题。最优稳态通过调整可控量使目标函数最小化且服从指定的操作与安全需求而获得。通过选择不同的目标函数，不同的控制方法和不同的约束条件，人们制定了多个应用于特殊目的的不同种类的 OPF 问题。所有这些问题都是一个综合问题的子集。在历史上，人们提出了不同的解决方法来解决这些不同种类的 OPF 问题。市面上可买到的 OPF 软件可以相当快地解决非常大量而复杂的计算公式，但或许仍然不能满足在线实现的需求。

这里列出一些可能的 OPF 的计算目标，一些常见的实用目标如下：

1）燃料或有功功率成本优化；

2）有功功率损失最小化；

3）最小控制移位；

4）单位最小电压偏移；

5）重新调度的最少控制次数。

在燃料成本最小化方面，以发电机的电压，变压器终端接线，移相器角度的接线以及开关电容和开关电抗等所有发电机的输出作为控制变量。有功功率损失最小化可通过两种方式计算，无论哪种方法，上述提到的变量里除了发电机有功功率外都会用到。在其中一种方法中，当保持其他生成常数为预定值时，发电机的有功功率在平衡节点处取最小值。这有效地减少了总有功功率的损耗。在另一种方法中，将真实损耗降到最小，这样就排除了边界非最优的情况。

OPF 的主要计算目的是为了解决突发情况，因此安全约束 OPF 最早在 20 世纪 70 年代被提出。随后，在线实现成为推动开放操作环境的新助力。

23.1　传统的最优经济调度

传统的最优经济调度将热电厂的燃料总成本最小化，这可通过动态发电单元的线性或二次函数等各种各样的表达式来近似。系统的总发电有功功率必须等于负载功率加上有源输电损耗，这可以通过著名的 Kron 损耗方程来表示。备用约束条件可根据系统需要来建模。地区和系统旋转、附加、紧急或其他类型的备用需求均属于功能型不等式约束条件。方程的形式通常依赖于对备用建模的方式。虽然从解决问题的方法来看，一个线性方程显得更加吸引人。然而，对于火电机组，由于对机组最大备用容量的限制，其旋转备用模型往往是非线性的。附加约束条件也可以建模，例如区域互换约束条件通常用来模拟网络输电容量限制。这通常用以描述各区域剩余系统网络交换方面的约束条件。

约束条件通过使用拉格朗日乘数法来扩展目标函数。生成两组最优化条件。第一组是约束条件问题，第二组基于每一个发电机组的参数变量：

$$\frac{\partial F_i}{\partial P_i} = \lambda \left[1 - \frac{\partial P_L}{\partial P_i} \right] i = 1, \cdots, N \tag{23.1}$$

最优化条件连同物理约束条件构成一组需通过迭代法求解的非线性方程。在求解电力行业中例如负荷潮流和最优化负荷潮流问题时，被广泛使用的牛顿法是解决这类问题的有力工具。这是因为牛顿法能够使二次方程可靠，快速收敛，已知二次等特点。

在对该方法解的初值预估较好的条件下，其解通过几次迭代后即可获得。因此在解决现有问题时要采用恰当的方法。

23.2 传统的 OPF 计算

最优潮流是一个求下列函数最小值的约束优化问题：

$$f = (x, u) \tag{23.2}$$

且满足：

$$g(x, u) = 0 \tag{23.3}$$
$$h(x, u) \le 0 \tag{23.4}$$
$$u^{\min} \le u \le u^{\max} \tag{23.5}$$
$$x^{\min} \le x \le x^{\max} \tag{23.6}$$

这里 $f(x, u)$ 是一个标量目标函数，$g(x, u)$ 代表非线性等式约束条件（潮流等式），$h(x, u)$ 是以 x, u 为矢量参数的非线性不等式约束条件。矢量 x 包含由包含母线电压幅值和相角以及发电机的无功功率输出组成的因变量，其中发电机通过母线电压控制和固定参数，例如参考母线电压相角、非控制发电机有功无功输出、非控制有功无功负载、固定母线电压线路参数等来指定。向量 u 由以下控制变量组成：

1）有功无功发电量；
2）移相器角度；
3）交换功率；
4）负荷有功与无功功率（甩负荷）；
5）直流输电线潮流；
6）控制电压设定；
7）变压器线路分接头设置。

等式与不等式约束条件如下例所示：

1) 对所有控制变量的限制；

2) 潮流等式；

3) 发电/负荷的平衡；

4) 支路潮流限制；

5) 母线电压限制；

6) 有功、无功备用限制；

7) 无功功率限制。

8) 通路（通信接口）限制。

整个电力系统由 N 条母线组成，其中发电机电压母线有 N_G 条。有 M 条电压控制母线，包括机压母线和恒压母线。由以上可得到其余 $N-M$ 条母线（负荷母线）电压。

网络的等式约束条件可由负荷潮流等式来表达：

$$P_i(V,\delta) - P_{gi} + P_{di} = 0 \tag{23.7}$$

$$Q_i(V,\delta) - Q_{gi} + Q_{di} = 0 \tag{23.8}$$

可以有两种表达形式：

（a）极坐标型

$$P_i(V,\delta) = |V_i| \sum_1^N |V_i||V_{ij}|\cos(\delta_i - \delta_j - \phi_{ij}) \tag{23.9}$$

$$Q_i(V,\delta) = |V_i| \sum_1^N |V_i||V_{ij}|\sin(\delta_i - \delta_j - \phi_{ij}) \tag{23.10}$$

$$Y_{ij} = |Y_{ij}| \angle \varphi_{ij} \tag{23.11}$$

式中　P_i——注入母线 i 的有功功率；

Q_i——注入母线 i 的无功功率；

$|V_i|$——母线 i 的电压；

δ_i——母线 i 的相角；

$|\tilde{Y}_{ij}|,\varphi_{ij}$——导纳矩阵值与相角；

P_{di},Q_{di}——母线 i 的有功，无功负荷。

（b）直角坐标型

$$P_i(e,f) = e_i\left[\sum_1^N (G_{ij}e_j - B_{ij}f_j)\right] + f_i\left[\sum_1^N (G_{ij}f_j + B_{ij}e_j)\right] \tag{23.12}$$

$$Q_i(e,f) = f_i\left[\sum_1^N (G_{ij}e_j - B_{ij}f_j)\right] + e_i\left[\sum_1^N (G_{ij}f_j + B_{ij}e_j)\right] \tag{23.13}$$

e_i——母线 i 的复数电压的实部；

f_i——母线 i 的复数电压的虚部；

G_{ij}——复数导纳矩阵的实部；

B_{ij}——复数导纳矩阵的虚部。

根据最小化的目标改变控制变量。对于燃料成本最小化，控制变量通常为发电机电压大小、发电机有功功率和变压器电压比。因变量是母线负载的电压大小，相角和无功功率。

23. 2. 1 应用于 OPF 的最优化方法

为解决最优潮流问题人们已经提出了多种最优化方法。其中一些方法是早期算法的改进。这包括：

1）广义简化梯度法；

2）简化梯度法；

3）共轭梯度法；

4）Hessian 矩阵法；

5）牛顿法；

6）线性规划法；

7）二次规划法；

8）内点法。

其中的一些技术催生了 OPF 算法并达到了相当成熟的水平，克服了早期在灵活性，可靠性和性能需求方面的一些局限性。

23. 2. 1. 1 广义简化梯度法

广义简化梯度法由 Abadie 和 Carpentier 于 1969 年提出，是应用于非线性约束条件下 Wolfe 简化梯度法的扩展。Peschon 和 Carpentier 分别于 1971 年和 1973 年将此方法应用于 OPF 计算。从那以后人们才开始使用这种方法来解决最优化潮流计算问题。

23. 2. 1. 2 简化梯度法

简化梯度法最早由 Dommel 和 Tinney 提出。通过构造拉格朗日增广方程，使负梯度 $\partial L/\partial u$ 的方向为最陡下降方向。简化梯度法沿着这一方向以较低的 f 值从一个可行点移动到另一个可行点，直到它的解不再有增量。当满足 Kuhn – Tucker 条件时，这一点即为最优点。这就是 Dommel 和 Tinney 利用牛顿法解决潮流方程的过程。

23. 2. 1. 3 共轭梯度法

1982 年，Burchett 等人在简化梯度法上作出改进，提出了共轭梯度法。通过采用相邻点的下降方向以递归方式线性组合的方法取代了使递减梯度 ∇f 以最快下降方向运动的方法。

$$\Gamma_k = -\nabla f + \beta_k \Gamma_{k-1} \beta_0 = 0 \tag{23.14}$$

这里，β_k 代表以 k 为迭代次数的下降方向。

标量 β_k 有两种流行的定义法，Fletcher – Reeves 法和 Polak – Ribiere 法。

23. 2. 1. 4　Hessian 矩阵法

Sasson 借由 Powell 和 Fletcher 提出的问题变形方法，论述了一种可以将有约束条件的最优化问题变形为无约束条件的最优化问题的方法。在这里，Hessian 矩阵并不会被直接求解，而是间接地从单位矩阵开始求解，这样求最优点问题就变成了求 Hessian 矩阵问题。

由于 Fletcher – Powell 法的不足，Sasson 等人发明了一种带 OPF 扩展的 Hessian 潮流算法。在这里，Hessian 矩阵不会像以前那样去估值求解，目标函数被变形为上一个没有约束条件的目标函数。这样便建立一个无约束条件的目标函数，即所有等式约束条件和部分不等式约束条件都被包括在内。利用 Hessian 矩阵的稀疏性来减少数据储存与计算时间。

23. 2. 1. 5　牛顿法

牛顿法是先后由 Sun 等人和 Maria 等人提出的 OPF 方程。首先是形成一个增广的拉格朗日矩阵。然后利用控制变量增广目标的一组一阶导数给出如 Dommel 和 Tinney 法中描述的一组非线性方程。不像在 Dommel 和 Tinney 法那样只有一部分方程用牛顿 – 拉夫逊法求解，在本方法中，所有方程都可以同时通过牛顿 – 拉夫逊法来求解。

此方法的思想本身是非常简单的。但是求解联立不等式组又给研究人员带来极大困难。Sun 等人采取复合执行，曲线监控的手法来处理一部分不等式，而其余部分引入惩罚因子。Maria 等人采用线性规划法来求解联立不等式组。另外还有纯粹地使用惩罚因子进行求解的。一旦联立不等式组已知，牛顿法用极少的迭代次数即可收敛。

23. 2. 1. 6　线性规划法

线性规划法使用一个线性或线性分段的成本函数，某些应用中采用对偶单纯形法。通过忽略损耗和无功功率，电网潮流约束条件被线性化以获得直流负载潮流方程。Merlin（1972）使用连续的线性化技术来重复应用对偶单纯形法。

由于对方程进行了线性化，这类方法具有较高的求解速度并且大多数情况下都能得到最优解。然而，其缺点是线性化问题本身就存在误差而且在忽略损耗过程中损耗线性化并不精确。

23. 2. 1. 7　二次规划法

在这类方法中，通过求原函数收敛于最优解的解以取代直接求解原函数。Burchett 等人利用稀疏矩阵实现了这一方法。原始问题可简单定义为求以下函数的最小值：

$$f(x) \tag{23.15}$$

且满足：

$$g(x) = 0 \qquad (23.16)$$

问题化为求以下函数最小值

$$g^T p + \frac{1}{2} p^T H p \qquad (23.17)$$

且满足：

$$Jp = 0 \qquad (23.18)$$

其中

$$p = x - x_k \qquad (23.19)$$

这里，g 是关于变量组"x"的原目标函数梯度向量。"J"是雅可比矩阵，包含与变量相关的原始等式约束条件的一阶导数。"H"是 Hessian 矩阵，包含与变量相关的约束条件线性组合及目标函数二阶导数。x_k 是线性化的当前点。本方法能够处理由不可实现的起始点导致的问题，以及处理由阻抗、感抗比例失调导致的相关问题。本方法后来被 El – Kady 等人在研究安大略省水电在线电压、无功控制时进行了扩展。后来 Glavitsch、Spoerry（1983）和 Contaxis 又创造了采用非稀疏矩阵研究问题的方法（1986）。

23.2.1.8　内点法

线性规划的投影扩展算法最早由 N. Karmarkar 提出，其主要特点是相比于单形法（Karmarkar，1984），在处理大型问题时速度可大幅提高为原来的 50 倍。在最不利条件下运行时，由于本方法具有多项式约束，所以效果优于椭球算法。Karmarkar 的算法与 Dantzig 的单形法有着天壤之别。Kar – markar 内点法在找到最优结果前几乎用不到多少极值点。内点法讨论范围保持在多面体内部，并试图定位一个当前解作为"全局中心"以为下一次移动找到更好的方向。通过选择合适的步长，经过几次迭代之后便可得到最优解。尽管内点法在寻找移动方向时比传统单形法需要更多的计算时间，但却可以通过找到更好的移动方向从而减少迭代次数。因此，内点法成为了单形法的一个有力的竞争对手，并在最优化问题领域引起了广泛关注。很多内点法的变形形式都成功应用在 OPF 计算中。

23.3　结合负荷模型的 OPF

23.3.1　负荷模型

在 20 世纪末的 20 年间，电力系统负荷模型得到了深入发展。在这方面，有大量的工作都是用以处理电力系统的稳定性问题。应用于电力潮流研究的负荷模型却并不多见。在稳定性研究中，频率与时间才是所关心的变量，这与电力潮流和 OPF 研究并不一致。因此，用于稳定性研究的负荷模型同样应考虑以频率与时间作为变量。这些类型的负载模型通常被称为动态负荷模型。但在电力潮流中，OPF 研究一般忽略偶然性及意外问题，使用预防性控制而不以频率和时间作为变量。因此，用于这类研究的负荷模型无需计及频率与时间的影响。这种负荷模型就是静态负荷模型。

在考虑安全因素时，OPF 研究采用校正控制，计算方程中包含与确定的控制过程相关的时间参数。然而，此时间参数仅用于建立最大可允许校正，许多负荷的动态特性往往在控制动作刚起作用时就已消失了。因此，静态负荷模型甚至可以在这类计算中有所应用。

23.3.2 静态负荷模型

大多数文献中提及的静态负荷模型通常是指数模型或二阶模型。指数模型表示为：

$$P_m = a_p V^{b_p} \tag{23.20}$$

$$Q_m = a_q V^{b_q} \tag{23.21}$$

假设已知每一电压单位产生的功率需求值，系数 a_p 和 a_q 可通过网侧的配电变压器测得，以作为母线上指定的有功、无功功率。在指数已知时，典型的需求测量值和网侧电压对于近似确定系数值来说就已经足够了。虽然文献中给出了指数的变化范围，但 b_p 和 b_q 的典型值通常分别为 1.5 和 2.0。

23.3.3 包含负荷模型的传统的 OPF 研究

在研究安大略水电能源管理系统时，联合负荷模型的 OPF 被考虑为两种情况。在两种情况中均以使损耗最小为目标。Vaahedi 和 El - Din 推导的有载调压变压器运算建模和负荷特性建模在 OPF 计算时起到了重要作用。

OPF 的负荷建模研究是在发电机母线电压保持为预定值的情况下进行的。由于母线电压总是保持固定不变（且发电机母线电压没有无功功率的限制），平均系统电压在大多数情况下保持恒定。这样一来，对于很多几乎没有（或根本没有）无功限制的系统来说会增加负荷建模所引起的燃料成本，而对于有显著无功限制的系统来说会降低燃料成本。保持发电机母线电压为额定值会制约 OPF 的平均自由度，导致其解非最优。

在 OPF 中以最小化燃料成本为目标引入负荷建模（前提是电压可在一定范围内自由变化）而得出的结果与标准 OPF 结果相比较下会有显著的差异。导致这一现象的原因是被建模母线的沿线电压可依据尽量减少燃料成本这一原则而尽可能的保持最低。被建模母线的电压降低可以拉低被建模负荷的功率需求从而降低燃料成本。在进行大量负荷建模时，燃料总成本可能会低于标准 OPF 计算得出的成本。然而，在正常情况下通过降低功率需求来降低燃料成本并非不可取，但这自然也会降低运营总收入。如果减少的总收入大于减少的燃料成本，这也可能导致降低净收入。这是更不可取的。我们需要的是一个在不减少总功率需求的前提下达到最低的燃料成本的 OPF 算法。标准 OPF 算法可以满足这一要求。然而，有大量的负荷是由固定抽头变压器供电的，因此，标准 OPF 与实际应用的OPF 具有显著的不同。

在尝试找到一种能满足标准的联合负荷建模的 OPF 计算方案之前，我们先找出产生此问题的原因。在标准 OPF 计算中，总收入是独立的且不依赖于 OPF的解。因此，与总燃料成本 F_C 线性相关的净收入 R_N 可以由下式定义：

$$R_N = -F_C + \text{constant} \tag{23.22}$$

常数项 constant 代表依赖于总功率需求和用户单位电价的总收入。从这一关系式我们看出，在得到最小燃料成本的解的同时也得到了最大化净收入的解。现在，将负荷模型并入母线，总功率需求不再是一个常数，此时总收入也不再是一个常数，如下式：

$$R_N = -F_C + R_T \tag{23.23}$$

这里，R_T 代表总需求收入而且不再是一个常数。

现在，如果我们不去最小化燃料成本，我们最大化净收入，可以清楚地发现这样避免了论述之前讨论的问题。这相当于缩小了燃料成本和总体收入之间的差距。因此我们可以看出，在标准 OPF 计算中，最大化净收入这一需求是隐晦的，其等价意义即最小化燃料成本才是需要加入计算中进行考虑的。

23.3.4　包含负荷模型的安全约束 OPF

传统 OPF 的结果虽然可以描述系统的优化性，但无法描述一旦发生意外时系统的安全性。这一情况可借由使用带安全约束条件的 OPF 来避免。与上文所述的方法不同，在带安全约束的 OPF 计算中，我们可以以多种方式合并负荷模型。举个例子，我们可以在系统未发生事故时认为负荷电压是独立的，在发生事故时负荷电压依赖于事故而改变。这可以看作是在标准 OPF 中电压出现了偏差，OPF 模型可以与发生事故时的模型作简要比对。由于对未发生事故的系统来说总功率需求不变，那么将两种情况下的燃料成本作对比就显得更合理。当求燃料成本最小值时，我们也可以将负荷模型并入发生事故和未发生事故的系统中。然而，我们同样会遇到上文讨论到的净收入问题。另一种方案是我们仍然将负荷模型并入发生事故和未发生事故的系统中，但所求为总燃料成本减去总收入的最小值。

23.3.5　标准 OPF 解的误差

如前所述，大量负载是由固定抽头变压器供电时，标准 OPF（或标准带安全约束的 OPF）的解与实际观测结果（即从解中应用控制变量值）并不相符。仿真结果与实际观测结果的差异是由为负荷供电的固定抽头变压器母线上电压之间的不同所导致的，其电压是由负荷的指定功率需求而确定。观测结果可以通过运行带负荷模型的潮流来模拟。Dias and El – Hawary, 1990；El – Hawary and Dias, Jan. 1987 等人已经在几种情况下做出了有关负荷建模在潮流中的影响研究。在所有的这些研究中，均假定负荷模型的指定功率需求为每单位母线电压 1.0。潮流的仿真结果只有当使用额外的模型参数时会与实际观测结果相同。

23.4　包含负荷建模的 SCOPF

带安全约束的最优化潮流（Security constrained optimal power flow, 简写为 SCOPF）考虑了输电线路和设备故障中断情况。由于问题在计算上的复杂性，大部分工作一直致力于在更少的储存空间内获得更快的解而实际上并未在计算中加入负荷模型。一个 SCOPF 的解是所有可靠故障的保护，或是可通过矫正方法来使系统得到保护。在一个安全系统中（等级 1），所有负荷不断电，系统强制运行在极限工况，在故障中没有限制性行为。在安全等级为 2 时，所有负荷不断电，满足极限工况，由故障产生的任何影响都可被控制动作在不断电情况下进行矫正。安全等级 1 是由 Dias 和 El – Hawary 设定的。

在潮流和 OPF 负荷电压依赖影响研究中认为，对于带负荷的潮流，标准解在大多数情况下给出的是关于电压的保守结果。然而，曾经在一个测试系统中观察到意外情况。在所带负荷的电压在允许范围内自由变化的条件下，实际燃料成本远低于通过标准 OPF 计算得出的结果。这是由带负荷模型的母线电压的降低而引起功率需求减少导致的。当负荷模型数量很高时，最小燃料成本也许会远比功率需求已显著降低的 OPF 计算得到的燃料成本低。

可以预见在研究带安全约束的 OPF 时也会出现类似的情况。在正常运行状态下，OPF 研究中引入负荷模型时引起的功率需求降低也不是我们想要的效果。这一问题可通过只在发生故障时，在带安全约束的 OPF 中引入负荷模型来避免。这不仅使结果与标准 OPF 结果相比更具有可比性，还能在不降低无故障系统的功率需求的条件下给出较低的燃料成本。负荷建模假定为由固定抽头变压器供电，并使用指数型负荷模型建模。

在 Dias 和 El – Harawy 的研究中，一些母线在三种情况下采用指数型负荷模型来建模。第一种情况，母线建模中指定的负荷通过单位电压来获得。第二种情况，当变压器分接头高压侧符合标准 OPF 解时，在低压侧为所有工业型用户调整为每单位 1.0。第三种情况，对于无故障时的标准安全约束 OPF 计算，指定的功率需求假定发生在高压侧。可以推测，当只在故障时将负荷模型引入带安全约束的 OPF 中的情况下，燃料成本一定会在某些时候得以降低。在由此引起的燃料成本降低的条件下，降低量的大小取决于由固定抽头变压器供电的负荷所占百分比以及这些建模负荷的敏感性。固定抽头变压器抽头的设置也会影响结果。在某些条件下也会出现燃料成本的情况。然而无论哪种情况下，只要给出精确的负荷模型，最优潮流计算得出的结果要比传统 OPF 得出的结果要更精确。建议使用带安全约束的 OPF 近似代替普通 OPF 方法。

23.4.1 固定抽头变压器给负荷供电的影响

标准 OPF 假设所有负荷独立于其他系统变量。这意味着所有所有负荷都通过 ULTC 变压器供电，变压器保持负荷侧电压在很小的幅值内以满足恒定负载的假设。然而，当一部分负荷是由固定抽头变压器供电时，这一假设会引起标准 OPF 的计算结果与实际观测结果之间的差异。在系统平均电压适度超过每单位 1.0 的系统中（特别是由固定抽头变压器供电的负荷电压要大于功率需求所指定的电压），标准 OPF 解的实际观测结果对总体功率需求会更高，燃料成本、总收入、净收入也更高。相反，当电压低于指定的功率需求的电压时，总功率需求、燃料成本和净总收入将低于预期。对于前一种情况，系统电压通常会略低于预期，而后一种情况下系统电压往往会略高于预期。

某些母线上功率需求变化（观测结果）会改变输电线路的潮流，这会引起一些线路分流比预期更多的功率。一旦输电线路的潮流接近最高允许上限时，就会发生安全越限。在通过标准 OPF 解算得到的母线电压有指定的功率需求的地方，标准 OPF 解的观测结果就是它本身，理想情况下观测结果不会有安全越限问题。

上述大多数结论也适用于带安全约束的 OPF 问题。然而，由于带安全约束的 OPF 算法一般会得到更高的电压（以避免发生故障时触发低电压限制保护），功率需求会增加，总收入和净收入会显得更为重要，而如果功率需求下降则会降低总收入和净收入的重要性。同时，在发生故障期间由线路潮流引起的安全越限处理起来更熟练，因为大多数线路潮流现在正常运行时通常是低于最高上限的。对于带安全约束的 OPF 计算来说，只在发生故障时引入负荷模型，否则在正常运行时仿真与观测结果会产生较大差异。如果在发生故障时引入了负荷模型，其平均电压会低于采用标准 OPF 算法得到的电压，因此一般将会导致观测得到的功率需求、燃料成本、总收入、净收入相对于标准情况而下降。

23.5　在线实现的操作要求

对于 OPF 需求最高的就是在线实现方面的应用了。有人主张将 OPF 作为平滑非线性规划方程的一种表达形式，产生的结果是对现实条件的描述及其近似，以完成在线实现。很多 OPF 方程并没有在求解中涉及所有操作指令的能力。此外，一些操作方法与 OPF 方程并不兼容。因此，许多"理论上最优解"对于那些几乎不断遇到 OPF 定义范围之外的问题的运行人员来说并没有什么价值。这些制约因素如果处理得当，并不会阻碍 OPF 方程在实际中的应用，尤其是当操作最优解为未知时。Papalexopoulos 提出了一些需满足的要求以使 OPF 对在线应用的调度员来说更为有用。

23.5.1　速度要求

快速 OPF 程序设计对在线应用来说是必要的，因为在正常情况下，国家电力系统的变化是连续的且在紧急状况下可以迅速改变。这些变化涉及到母线的有功和无功功率的产生和负载随时间的变化，控制变量的改变和随着时间的变化使它们超出限制，以及由于开关操作和其他计划或被迫中断而使拓扑结构发生的变化。尤其是当涉及故障约束建模或反复的 OPF 计算时会产生极高的计算量，这更需要快速 OPF 来解决这一问题。

一般来说，一个在线 OPF 应该在电力系统状态发生轻微改变之前就已经完成。如何决定优化的执行频率以最大化提高计算效率，取决于特定的情况以及有限的计算资源。最好是逐步建立正确和灵活的算法以满足速度和更频繁的调度需求。我们可得出的结论是，传统的方程与算法具有二次收敛性，可以给出非常精确的"数学最优"解，但是忽略了其实际可操作性并不适用于在线实现。快速而频繁的调度需要研发 OPF 的"热启动"能力以利用之前的最优工作点的最优状态。当系统的状态变化率较小且之前的最优工作点与与当前工作条件有相关性时，热启动能力是很重要的。

23.5.2　与初始值相关的 OPF 解的鲁棒性

OPF 程序需要产生连续的解，因此必须对初始值没有依赖性。此外，在不同的运行状态间改变 OPF 的解需要与电力系统运行约束的变化相一致。由于采用迭代法求解，当选择不同的初始猜测点时 OPF 的解并不会完全相同。任何差异应在收敛准则指定的允许范围内，且对于操作者来说这个范围是不重要的。之所以不采用一阶优化方法，是因为当选择不同的初始值来初始化 OPF 算法时，会得到完全不同的结果，仅有一个（甚至没有）解可以构成局部最优。理论上来讲，如果目标函数和可行区域可以被证明是凸的，那么最优解将是唯一的。不幸的是，由于含有非线性方程和不等式约束的 OPF 问题的复杂性使其无法严格证明凸性。如果存在多个局部极小值，那么额外的计算或探索方法必须被用来解决这个问题。

出于两方面的考虑，通常一个 OPF 的可行解空间可能会是一个非凸的解空间（从而导致多重 OPF 解）。一方面是由于使用不连续的方式来模拟特定的操作方法和表现，另一方面是由于建模的局部控制。传统潮流问题没有特解，其局部控制能力的隐含目标可通过一组有限的不等式来满足。然而，对于同一个问题由不同起始条件得到的解通常是极为相近的。偶尔，不同的初值会得到不同的解。这一般发生在有两个及以上可满足非线性负荷的电压等级的情况下。然而，OPF 的应用应该可以克服这类问题。

23.5.3 离散建模

在电网中离散控制的应用是很广泛的。举个例子，用于电压控制的变压器，通过开关并联电容器和电抗器来修正的电压分布以及降低有功功率的输电损耗，通过移相器来调节输电线的电力潮流。一个有效的 OPF 的离散化程序可以协助运行人员以实际最优或接近最优的方式来进行离散控制。OPF 方程中的离散元素包括分支开关，发电机成本曲线的禁止区域，及对优先序列等级的非可行性处理。为在线应用而设计的 OPF 算法应该能够妥善处理这类离散问题。

离散及连续的控制方式将 OPF 转换为混合离散 - 连续优化问题。使用混合整数非线性规划法的一类精确计算方法与普通非线性规划法相比，运算速度慢几个数量级。基于线性规划法的 OPF 算法通过在离散控制步骤中设置成本曲线分段中断点，来实现离散控制的实质性识别。然而，大多数采用非线性规划法求解不可分的目标函数的方法并不能正确模拟离散控制。

目前的 OPF 算法把控制量作为初始化求解过程的连续变量。一旦得到连续的解，每个离散变量都被移动到最近的离散设置处。假设离散控制的步长足够小，这样在变压器抽头和移相器的角度处于一般的情况下时，可以产生一组可接受的解。能够生成接近最优结果的近似解看起来是合理的替代严格解的方法。这就促成了使用惩罚函数进行离散控制的方案。其目标是惩罚那些远离离散步长的离散变量连续近似值。该方案适用于基于牛顿法的 OPF 算法，在求解最优过程中，该方案由一系列规则组成，以确定引入的时间以及在优化过程中更新惩罚的标准组成。这种启发式算法应用范围有限。实质上在效率上，解决与离散自然控制量相关的所有问题和含有其他离散元素的 OPF 问题方面需要做更多的工作。

23.5.4　检测与操作的不可行性

随着符合要求的系统操作需求量的增长，能够同时满足所有限制的区域可行解会变得更少。在这种情况下，有必要建立约束条件的优先次序。对于 OPF 应用来讲，这意味着当无法找到一个可行解时，在工程上提出"最佳优化"解的算法在某种意义上仍是非常重要的，即便它是不可行的。因此在 OPF 中纳入事故约束条件显得更为重要。

解决这一问题有多种途径。其中一种是所有潮流方程都能够满足，且只对真正导致故障而引起瓶颈作用的软约束条件使用最小二乘法逼近。采用线性规划方法为每个绑定的约束条件引入加权松弛变量。当一个约束条件被迫执行时，松弛变量会减少到零以使约束条件得到满足。引起不可行性的约束条件通过将大小成比例的非零松弛变量减小从而实现可行性。通常将所有具有相同不可行性特征的绑定约束条件建模为同一特定类型的约束条件。也就是说，所有对应于绑定约束条件的松弛变量共用相同的成本曲线，其敏感度依据约束条件类型相关的加权因子来缩放。采用牛顿法时，如果 OPF 没有在第一次迭代过程中收敛，与负荷母线电压限制和支路潮流限制相关的罚函数相对应的约束加权因素将不断地减少直到有解为止。这通常会导致除了引起不可行性的负荷母线电压和支路潮流限制的约束条件外，所有约束条件都能够得以满足。应特别注意选择适当的加权因子，以避免产生数值问题，以便得到可接受的解。

另一种方法是发展层次规则来操作 OPF 问题中的控制量和约束条件。此规则介绍了原始 OPF 方程的不连续变化。这些变化包括使用一组不同的控制/约束限制，独立或一类控制组的扩展，分支开关，甩负荷等。它们通常是在一个预定义的优先级序列中实现的，是一致的实用程序。确定何时进入下一个修正优先级对达到可行性来说是极为重要的，特别是当它涉及到径向过载、过载限制和通常称为"软约束"的限制时。该组中其他情况最终最优方案的选择可通过"偏好指数"来实现。一种偏好指数的应用是在发电机故障时最小化发生故障后的线路过载。

23.5.5　通过其他在线函数得到的 OPF 解的一致性

在线 OPF 也可应用于学习模式或闭环模式。在学习模式中，OPF 的解可以为运行人员提供一些建议。在闭环模式中，控制动作可通过 SCADA 系统和 EMS 来在系统中实现。在闭环模式中，OPF 通过多个事件来触发，包括运行人员请求，实时序列的执行与安全分析，执行结构变化，大型负荷变化等。在闭环模式下的 OPF 主要关注的是与其他在线功能接口的设计，它们在不同的频率下执行的。经济调度（ED），实时序列，安全分析，自动发电控制（AGC）等功能各通过相应的单元来完成。为了减少理想与现实潮流的解之间的差异，重点应放在建立这些函数和 OPF 得到的静态最优解之间的一致性。这需要适当的接口以及 OPF 与这些功能整合。集成的设计应该足够灵活，使最优潮流模型与总是处于动态的且有时难以明确的安全问题定义相一致。

23.5.6 无效的最优重调度

生产级的 OPF 算法调用所有可用的控制以获得最优解，但对于许多应用程序，它执行超过一定数量的控制是不切实际的。因此，OPF 就变成了从大量可能的控制中选择一组最好的控制作用的问题。虽然确定了问题，但没有提供具体的解决措施。它无法从现有的全部控制量解决每个问题的 OPF 解给出的范围中，选择一个最好且最有效的解。控制动作无法进行排序，而且动作的有效性与它的大小无关。每个控制元件既参与目标函数的最小化又参与执行约束条件。这两种不能分开评估效果。现有的传统方法不足以解析并定义这一问题。值得注意的是，新兴的智能计算工具，如模糊推理和神经网络可能提供 些解决问题的思路。无效重调度问题与"最小化控制变量"这一问题有相关性，但并不是确定的。它也是与离散控制变量密切相关的问题，因为识别控制设备的离散特性的方法趋向于通过在初始设置时保持低效的离散控制来减少控制作用的数量。

23.5.7 以 OPF 为基础的输电服务定价

OPF 程序能够计算边际成本。最优化状态的信息可以在许多实际应用中使用。其变化与以下变化有关，如负载变化，工作极限的变化，或约束参数的变化。具体而言，母线有功功率注入变化引起的发电成本的灵敏度被称为母线增量成本（Bus Incremental Costs，BIC）。BIC 可以作为定价输电服务的节点价格，因为它们反映了将功率从一点到另一点的输电损耗和阻塞部分。在无约束的无损网络中，所有 BIC 应该都是相等的。然而当操作达到极限时，所有的阻塞部分就失效，且网络中所有 BIC 都不相同。这意味着，阻塞线路节点价格的差异可能比边际损失大得多。大量的经验表明，这是可能由于功率从一个节点价格较高的母线流向节点价格较低的母线，导致负的输电费用。无法正确解释这一问题可能导致输电用户难以接受。这同样适用于缓解拥堵的支援输电情况。事态升级时，增量传输权（正向或负向）没有被适当地考虑，可能会产生相类似的失真现象。

23.6 总结

在介绍最优潮流计算的同时，回顾了近年来电力系统最优经济运行的发展。

我们讨论了传统的最优经济调度计算，传统最优潮流，并计算了依赖于系统电压的功率需求。我们还尝试概述了用于在线应用的最优潮流模型和解决方案。

参 考 文 献

Abadie, J. and Carpentier, J., Generalization of the Wolfe reduced gradient method to the case of nonlinear constraints, *Optimization*, R. Fletcher, Ed., Academic Press, New York, 1969, pp. 37–47.

Alsac, O. and Stott, B., Optimal load flow with steady-state security, *IEEE Trans. Power App. Syst.*, PAS-93, 745–751, May/June 1974.

Benthall, T.P., Automatic load scheduling in a multiarea power system, *Proc. IEE*, 115, 592–596, April 1968.

Burchett, R.C., Happ, H.H., and Vierath, D.R., Quadratically convergent optimal power flow, *IEEE Trans. Power App. Syst.*, PAS-103, 3267–3275, November 1984.

Burchett, R.C., Happ, H.H., Vierath, D.R., and Wirgau, K.A., Developments in optimal power flow, *IEEE Trans. Power App. Syst.*, PAS-101, 406–414, February 1982.

Carpentier, J., Contribution a l'etude du dispatching economique, *Bull. Soc. Francaise Electriciens*, 8, 431–447, 1962.

Carpentier, J., Differential injections method: A general method for secure and optimal load flows, in *IEEE PICA Conference Proceedings*, Minneapolis, MN, June 1973, pp. 255–262.

Concordia, C. and Ihara, S., Load representation in power system stability studies, *IEEE Trans. Power App. Syst.*, PAS-101, 969–977, 1982.

Contaxis, G.C., Delkis, C., and Korres, G., Decoupled optimal power flow using linear or quadratic programming, *IEEE Trans. Power Syst.*, PWRS-1, 1–7, May 1986.

Dias, L.G. and El-Hawary, M.E., Effects of active and reactive modelling in optimal load flow studies, *IEE Proc.*, 136, Part C, 259–263, September 1989.

Dias, L.G. and El-Hawary, M.E., A comparison of load models and their effects on the convergence of Newton power flows, *Int. J. Electr. Power Energy Syst.*, 12, 3–8, 1990.

Dias, L.G. and El-Hawary, M.E., Effects of load modeling in security constrained OPF studies, *IEEE Trans. Power Syst.*, 6(1), 87–93, February 1991a.

Dias, L.G. and El-Hawary, M.E., Security constrained OPF: Influence of fixed tap transformer loads, *IEEE Trans. Power Syst.*, 6, 1366–1372, November 1991b.

Dommel, H.W. and Tinney, W.F., Optimal power flow solutions, *IEEE Trans. Power App. Syst.*, PAS-87, 1866–1876, October 1968.

El-Din, H.M.Z., Burns, S.D., and Graham, C.E., Voltage/var control with limited control actions, in *Proceedings of the Canadian Electrical Association Spring Meeting*, Toronto, Ontario, Canada, March 1989.

El-Hawary, M.E., Power system load modeling and incorporation in load flow solutions, in *Proceedings of the Third Large Systems Symposium*, University of Calgary, Calgary, Alberta, Canada, June 1982.

El-Hawary, M.E. and Dias, L.G., Bus sensitivity to model parameters in load-flow studies, *IEE Proc.*, 134, Part C, 302–305, July 1987a.

El-Hawary, M.E. and Dias, L.G., Incorporation of load models in load flow studies: Form of model effects, *IEE Proc.*, 134, Part C, 27–30 January 1987b.

El-Hawary, M.E. and Dias, L.G., Selection of buses for detailed modeling in load flow studies, *Electr. Mach. Power Syst.*, 12, 83–92, 1987c.

El-Kady, M.A., Bell, B.D., Carvalho, V.F., Burchett, R.C., Happ, H.H., and Vierath, D.R., Assessment of real-time optimal voltage control, *IEEE Trans. Power Syst.*, PWRS-1, 98–107, May 1986.

Fiacco, A.V. and McCormick, G.P., Computational algorithm for the sequential unconstrained minimization technique for nonlinear programming, *Manage. Sci.*, 10, 601–617, 1964.

Fletcher, R. and Powell, M.J.D., A rapidly convergent descent method for minimization, *Comput. J.*, 6, 163–168, 1963.

Gill, P.E., Murray, W., and Wright, M.H., *Practical Optimization*, Academic Press, New York, 1981.

Glavitsch, H. and Spoerry, M., Quadratic loss formula for reactive dispatch, *IEEE Trans. Power App. Syst.*, PAS-102, 3850–3858, December 1983.

Happ, H.H. and Vierath, D.R., The OPF for operations planning and for use on line, in *Proceedings of the Second International Conference on Power Systems Monitoring and Control*, University of Durham, U.K., July 1986, pp. 290–295.

IEEE Committee Report, System load dynamic simulation, effects and determination of load constants, *IEEE Trans. Power App. Syst.*, PAS-92, 600–609, 1973.

IEEE Current Operating Problems Working Group Report, On-line load flows from a system operator's viewpoint, *IEEE Trans. Power App. Syst.*, PWRS-102, 1818–1822, June 1983.

IEEE Working Group Report, The effect of frequency and voltage on power system loads, *IEEE Winter Meeting*, New York, Paper 31 CP 66-64, 1966.

Iliceto, F., Ceyhan, A., and Ruckstuhl, G., Behavior of loads during voltage dips encountered in stability studies, *IEEE Trans. Power App. Syst.*, PAS-91, 2470–2479, 1972.

Karmarkar, N., New polynomial-time algorithm for linear programming, *Combinatorica*, 4, 373–395, 1984.

Kuhn, H.W. and Tucker, A.W., Nonlinear programming, in *Proceedings of Second Berkeley Symposium on Mathematical Statistics and Probability*, University of California, Berkeley, CA, 1951, pp. 481–492.

Lindqvist, A., Bubenko, J.A., and Sjelvgren, D., A generalized reduced gradient methodology for optimal reactive power flows, in *Proceedings of the 8th PSCC*, Helsinki, Finland, 1984.

Liu, E., Papalexopoulos, A.D., and Tinney, W.F., Discrete shunt controls in a Newton optimal power flow, *IEEE Winter Power Meeting 1991*, New York, Paper 91 WM 041-4 PWRS, 1991.

Lootsma, F.A., Logarithmic programming: A method of solving nonlinear programming problems, *Philips Res. Rep.*, 22, 329–344, 1967.

Maria, G.A. and Findlay, J.A., A Newton optimal power flow program for Ontario hydro EMS, *IEEE Trans. Power Syst.*, PWRS-2, 576–584, August 1987.

Merlin, A., On optimal generation planning in large transmission systems (The Maya Problem), in *Proceedings of 4th PSCC*, Grenoble, France, Paper 2.1/6, September 1972.

Momoh, J.A., Application of quadratic interior point algorithm to optimal power flow, EPRI Final report RP 2473-36 II, Palo Alto, CA, EPRI, March 1992.

Papalexopoulos, A.D., Challenges to an on-line OPF implementation, in *IEEE Tutorial Course Optimal Power Flow: Solution Techniques, Requirements, and Challenges*, Publication 96 TP 111-0, IEEE Power Engineering Society, Piscataway, NJ, 1996.

Papalexopoulos, A.D., Imparato, C.F., and Wu, F.F., Large-scale optimal power flow: Effects of initialization, decoupling and discretization, *IEEE Trans. Power App. Syst.*, PWRS-4, 748–759, May 1989.

Peschon, J., Bree, D.W., and Hajdu, L.P., Optimal solutions involving system security, in *Proceedings of the 7th PICA Conference*, Boston, MA, 1971, pp. 210–218.

Polak, E. and Ribiere, G., Note sur la convergence de methods de directions conjugees, *Rev. Fr. Inform. Rech. Operation*, 16-R1, 35–43, 1969.

Sasson, A.M., Combined use of the Powell and Fletcher-Powell nonlinear programming methods for optimal load flows, *IEEE Trans. Power App. Syst.*, PAS-88, 1530–1537, October 1969.

Sasson, A.M., Viloria, F., and Aboytes, F., Optimal load flow solution using the Hessian matrix, *IEEE Trans. Power App. Syst.*, PAS-92, 31–41, January/February 1973.

Schnyder, G. and Glavitsch, H., Integrated security control using an optimal power flow and switching concepts, in *IEEE PICA Conference Proceedings*, Montreal, Quebec, Canada, May 18–22, 1987, pp. 429–436.

Shen, C.M. and Laughton, M.A., Power system load scheduling with security constraints using dual linear programming, *IEE Proc.*, 117, 2117–2127, November 1970.

Stott, B., Alsac, O., and Monticelli, A.J., Security analysis and optimization, *Proc. IEEE*, 75, 1623–1644, December 1987.

Stott, B. and Hobson, E., Power system security control calculations using linear programming. Parts 1 and 2, *IEEE Trans. Power App. Syst.*, PAS-97, 1713–1731, September/October 1978.

Sun, D.I., Ashley, B., Brewer, B., Hughes, A., and Tinney, W.F., Optimal power flow by Newton approach, *IEEE Trans. Power App. Syst.*, PAS-103, 2864–2880, October 1984.

Vaahedi, E. and El-Din, H.M.Z., Considerations in applying optimal power flow to power systems operation, *IEEE Trans. Power Syst.*, PWRS-4, 694–703, May 1989.

Vaahedi, E., El-Kady, M., Libaque-Esaine, J.A., and Carvalho, V.F., Load models for large scale stability studies from end user consumption, *IEEE Trans. Power Syst.*, PWRS-2, 864–871, 1987.

Vargas, L.S., Quintana, V.H., and Vannelli, A., A tutorial description of an interior point method and its applications to security-constrained economic dispatch, *IEEE Trans. Power Syst.*, 8, 1315–1323, 1993.

Wells, D.W., Method for economic secure loading of a power system, *IEE Proc.*, 115, 1190–1194, August 1968.

Wolfe, P., Methods of nonlinear programming, *Nonlinear Programming*, J. Abadie, Ed., North Holland, Amsterdam, the Netherlands, 1967, pp. 97–131.

Yan, X. and Quintana, V.H., Improving an interior-point-based OPF by dynamic adjustments of step sizes and tolerances, *IEEE Trans. Power Syst.*, 14, 709–717, 1999.

Yokoyama, R., Bae, S.H., Morita, T., and Sasaki, H., Multiobjective optimal generation dispatch based on probability security criteria, *IEEE Trans. Power App. Syst.*, PWRS-3, 317–324, 1988.

Yu, D.C., Fagan, J.E., Foote, B., and Aly, A.A., An optimal load flow study by the generalized reduced gradient approach, *Electr. Power Syst. Res.*, 10, 47–53, 1986.

Zangwill, W.I., Non-linear programming via penalty functions, *Manage. Sci.*, 13, 344–358, 1967.

第 24 章　安全性分析

Nouredine Hadjsaid

Institut National Polytechnique de
Grenoble（INPG）

电力系统被认为是有史以来最复杂的系统。它由不同复杂程度的设备、复杂非线性的负载、不同动态响应的电力器件、大规模保护系统、广域通信网络、众多的控制设备和控制中心组成。本设备与一个经常有大量能量转换的大型网络（变压器、输电线路）连接。这个系统在保证不同设备具有良好操作性之外，还遵循一个重要而简单的规则：电力应当在合适的时间，以适当的特性（例如频率和电压质量）输送到需要的地方。由于环境约束，输电投资成本高，投资收益低，周期时间长，通常为了获取更多的成本效益来优化网络，使电力系统的扩展或超大型化变得非常困难。这些约束使得电力系统接近其技术限制，因此降低了安全裕度。

另一方面，电力系统不断受到各种随机干扰，可能在某种情况下，导致不适当的或不可接受的操作情形和系统情形。这些影响包括级联中断，系统分离，大范围停电，超出线路电流紧急限值，母线电压，系统频率和同步损失（Debs and Benson, 1975）。此外，尽管有先进的监控和数据采集系统能够帮助运行商控制系统设备（断路器、在线分接开关、补偿和控制设备等），但系统变化太快，操作员往往没有足够的时间来保证系统安全。因此运行商不仅要保持系统的状态在可接受的情景之内，保证安全操作条件，还要拥有预防功能。这些功能应当允许他有足够的时间来优化系统（减少异常或紧急情况发生的可能性），并确保系统在安全的情境下恢复。

即使对于小规模的系统，运行商最终可以根据自己的经验预防大多数常见故障的后果，并确定适当的手段来恢复到安全状态，但这对于大规模系统是几乎不可能的。因此，在运营商处理问题时，拥有一个能够处理系统安全分析的有效工具是有必要的。这可以通过诊断所有突发事件可能造成的严重后果来实现。这正是安全性分析所关注的问题。

意外事故的发生与输电线路、变压器、发电机的这些组成部分都可能存在关系，可能包含的另一个重要事件涉及母线故障（母线部分），这种事件被认为是罕见的，但后果是严重的。大多数电力系统可以通过 $N-1$ 原则来描述，其中 N 为系统组件的总数。这一原则是规划系统设计抵御任何单一应急情况（或保持在正常状态）的基本要求。一些系统也考虑了在选定或特定的条件下，$N-2/k$（k 为突发事件的数量）原则的可能性。

24.1 定义

NERC（1997）将安全定义为电力系统抵御系统元件电气短路或意外损失等突发干扰的能力（见附录 A）。

安全性分析通常通过动态和静态两个时间框架来进行处理。静态分析中，网络将被认为是一个"固定的图片"或快照。假定系统已成功度过过渡期或者系统是动态稳定的。因此，监测变量是线路潮流和母线电压。并且所有电压都应该在一个预定义的安全范围内，通常取 ±5% 的额定电压（对一些系统，例如分布式网络，此范围可能更宽）。事实上，如果母线电压低于一定水平，除了损耗大外还存在电压崩溃的风险。另一方面，与额定值相比，如果母线电压过高，将会造成设备劣化或损伤。此外，输电线过载可能会造成不可预测的线路跳闸，同时线路跳闸将会降低电压质量。

线路潮流与电路过载（线路和变压器）有关，通常根据线路发热来限制，并应保持低于最大限度。动态安全与失步（暂态稳定性）、振荡波动、动态不稳定性有关。在这种情况下，基本变量的变化将根据所需时间框架（暂态过程）进行监测。

通常情况下，无论是从规划研究的目的出发，还是从监控的目的出发，系统安全性分析都有差异。这些差异与预期有害情况下采取的行动类型有关。然而，对于这两个阶段，所有的变量都应该保持在有限域内，或保持在确定系统正常状态（Fink，1978）。

24.2 安全相关决策的时间框架

安全相关决策通常有三个时间框架。在操作中，决策者是操作员，他必须不断监测控制系统的经济状态，使系统在某种程度上保留（维持）在正常水平。为达到此目的，他有特定的工具诊断他的系统和操作规则，以便在适当的时间作出所需的决定。在业务规划中，操作规则的基础是可靠性/安全性标准所规定的最低操作要求，这定义了可靠突发事件所造成的可承受的结果。在设施规划中，规划人员一般依托于最低工作要求规定的相同干扰性能标准，并基于系统设计的可靠性/安全性标准确定最佳的方式加强输电系统。

有些人可能会认为，这些系统是基于安全规则（N−K）设计的"正常"或"安全状态"，因此在操作期间没有什么事情需要担心。但问题在于，在规划阶段对于一组给定的经济约束，假设条件是最理想的操作条件，其中包括拓扑、发电和用电。由于在系统规划阶段和运行阶段之间可能存在好几年的时间，系统安全的不确定性可能会非常显著。因此，安全性分析是运行规划和运营研究的补充。

所有安全性分析的结果都可以被分为两大类：预防措施和纠正措施。对纠正措施而言，在一个意外事故或一个事件已经确定存在潜在危险，操作员应该确信，在该事件发生的情况下，他能够在操作系统环境（发电、负载、拓扑）下，通过适当的操作来调整系统，并保持系统维持在一个正常状态，甚至使其远离不安全区域。运营商也应制订一套正确的保护措施预防能够预料到的危险事件。

在操作中，主要约束为分析系统状态所需的时间，以及遵循安全分析结果做出决定需要的时间。安全分析程序应该能够处理所有可能的突发事件，通常在 N−1 或在特定的 N−2 的基础上。对于大多数程序，这个任务的总时间窗口一般在 10min 和 30min 之间。实际上，在这个时间窗口中，系统的状态被认为是恒定的或准恒定的，并且在这个时间框架内是可分析的。这也意味着发电或负荷的变化是微不足道的。

对于大型系统，即使有非常强大的计算机，时间也非常短。众所周知，只有一小部分突发事件可能导致系统紊乱，因此没有必要对所有可能的事件进行详细分析，因为这些事件可能是成千上万的。为此，操作员可以通过工程判断选择那些最有可能导致系统紊乱的突发事件。这个程序在世界各地的控制中心已经使用多年，并仍在使用。然而，由于系统具有众多的不确定性，这种方法可能不是非常高效，尤其对于大型系统。为减少具有潜在有害因素的突发事件列表，应急选择的概念已经出现。这个选择过程应该在准确识别危险的情况下足够快速（Hadjsaid, 1992）。在所有操作的安全性研究中，无论是静态的还是动态的或者短暂的目标，这个过程已经存在许多年，至今仍然是一个主要问题。

24.3　模型

静态安全分析主要基于潮流方程。通常情况下，有功/角度和无功/电压问题是解耦的。有功/角度可以表示为（Stott and Alsac，1974）

$$\Delta\theta = [dP/d\theta]^{-1}\Delta P \tag{24.1}$$

式中　$\Delta\theta$——具有 Nb − 1 维的角变化矢量（Nb = 节点数）；

ΔP——一个注入有功功率的矢量（Nb − 1）；

$[dP/d\theta]$——雅克比矩阵的一部分。

在直流法中，此雅克比矩阵可通过 B'（电纳）矩阵替代 Y_{bus} 矩阵中的虚部得到。此式用于计算任何系统组件丢失之后的最新角度。在运用适当的数值模拟技术后，更新方程中唯一必要因素将会变得很简单。角度计算出来后，所有线路的功率流就可以扣除。因此，检查不满足约束条件的线路是可行的。

另一种方法称为移位因子法。此方法至今仍在许多实用程序中使用，用来评价线路功率突变造成的影响。使用原则为：任务一条线路发生断路，将导致以前流经此线路的功率将重新分配给其他剩余线路。如何分配由网络拓扑结构决定。因此，线路 km 断路后，任意线路 ij 的功率可以表示为（Galiana. 1984）（更多细节见附录 B）

$$P_{ij/km} = P_{ij} + \alpha_{ij/km} * P_{km} \tag{24.2}$$

式中　$P_{ij/km}$——线路 km 断路后，线路 ij 的有功功率；

P_{ij}，P_{km}——断路前线路 ij 和线路 km 的有功功率；

$\alpha_{ij/km}$——线路 km 断路，线路 ij 的转换因子。

式（24.2）表明当线路 km 停运时，线路 ij 的功率（$P_{ij/km}$）为线路 km 停运前的初始功率（P_{ij}）与线路 km 功率的一个比例的和。这个比例定义为 $\alpha_{ij/km} * P_{km}$。

移位因子以矩阵形式确定。这些因子的重要特点是计算的简单性和网络拓扑的依赖性。因此，如果拓扑结构不变，任何工作点的因子保持不变。这些因子的缺点在于它们都是在直流近似的基础上确定的，同时拓扑结构中的任何变化都应更新移位因子矩阵。另外，对于一些复杂的干扰，如母线分裂，更新这些因子很复杂。

基于无功功率转移因子的相似方法已被提出。有兴趣的读者可以参考 Ilic -Spong、Phadke（1986）、Taylor、Maahs（1991）详情。

无功电压问题可以参考（Stott and Alsac，1974）：

$$\Delta V = [dQ/dV]^{-1}\Delta Q \tag{24.3}$$

式中　ΔV——电压变化矢量（$Nb - Ng$，Ng 为发电机数量）；

ΔQ——注入无功功率变化矢量（$Nb - Ng$，Ng 为发电机数量）；

$[dQ/dV]$——雅克比矩阵。

在著名的 FDLF（快速解耦潮流）模型（Stott and Alsac，1974）中，用 B（电纳）矩阵代替 $Nb - Ng$ 维的 Y_{bus} 矩阵的虚部来得到雅克比矩阵。其中 Nb 为电压调节（发电机）总线的总数。另外矢量 $\Delta Q/V$ 取代 ΔQ。

一旦母线电压断电，检查到限制违规行为，母线电压存在突发情况，就可以进行评估。

最常见的应急分析框架是使用选定过程的近似模型，如直流模型，并使用交流潮流模型对线路潮流和母线电压给定突发情况的实际影响进行评估（见图 24.1）。

关于动态安全分析的选择和评价，框架与静态分析相似。选择过程使用简化模型（如暂态能量函数法（TEF）），并使用一个详细的评估工具（如时域仿真）评估。动态方面与暂态/稳态稳定技术更加相关，因此也使得此问题比稳态问题更加复杂。事实上，除了要分析突发事件的数量外，每一次分析还需要用适当的网络组件模型进行详细的稳定性计算，如发电机模型，励磁机（AVR 自动电压调节器；PSS 电力系统稳定器），调节器（核、热、水电等），负载（非线性、恒功率特性等）。此外，集成和数值解也是这些分析的重要方面。

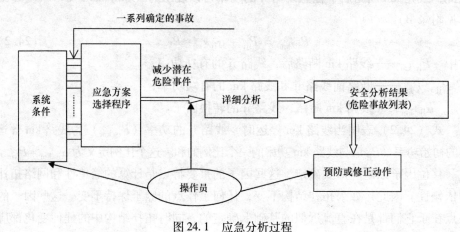

图 24.1　应急分析过程

24.4　决定论与概率

安全分析的基本要求是评估任何可能的突发事件对系统性能的影响。为了使系统能够安全运行，有必要考虑设置规划和运行规则，对于给定的性能标准也需要考虑所有可信的突发事件，网络的不同，操作点的不同。因此，在确定性方法中，即使每个阶段分析有一个选择过程，这些评估也可能涉及大量的计算机模拟。在这种情况下，决策是基于满足所选择性能评价标准的系统中一个指定的列表、应急组，是在结果中的每个中断事件上建立的（Fink and Carlsen, 1978）。要在所有可能的情况下，通过详细研究处理这些评估一般是不合理的。由于安全规则可能导致投资需求以及经营规则的结算进度，为确保没有不必要的或不合理的投资和经营成本，优化安全措施的经济影响是很重要的。可信事件导致过于保守的解决方案，这是多年以来的情况。

从安全分析早期发生突发事件的概率入手可以解决这个问题。从技术与经济角度看，为适应更多现实电力系统，可以在适当的情景下，结合使用统计方法。

24.4.1   安全管制

随着管制放松，电力行业已经指出，必须优化电力系统运行，从而减少在新设施中的投资，并推动系统向更接近极限的方向发展。此外，开放获取导致互连过程中功率交换增加。在一些公共事业中，现在一天的交易数量已经达到以前一年的交易数量。这些增加的交易和电力交换将导致并行流量的增加，进而导致不可预知的负荷和电压问题。这些交易中有相当一部分是非固定且不稳定的。因此，安全性分析不应以区域为基础，而应该在大的互联系统上进行。

24.A   附录 A

NERC 策略 2 - 传送（Pope, 1999）中 NERC 基本可靠性标准为（见图 24.2）：

24.A.1   标准

1. 关于单次突发事件的基本可靠性要求：所有的控制区在运行，最严重的单一应急的结果为不稳定，不受控制的分离，或级联中断不会发生。

   1.1   多个突发事件：可信多重中断（如区域政策指定的）也应被检查。在实际情况中，应及时动作控制区域以防止多个中断导致出现不稳定，不受控制的分离或级联中断。

   1.2   操作安全限制：定义可接受的操作边界。

2. 安全限制违规操作：在导致违反安全限值的意外事故或其他事件发生后，控制区应尽快将输电系统恢复到运行安全范围内。

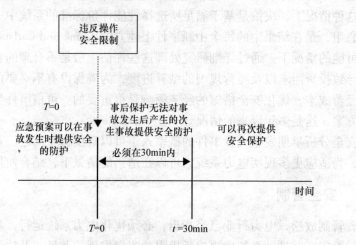

图 24.2　目前 NERC 基本可靠性要求（Pope, J. W., Transmission Reliability under Restructuring, in Proceedings of IEEE SM 1999, Edmonton, Alberta, Canada, 162 - 166, July 18 - 22, 1999. 获许）

24. B　附录 B

24. B. 1　转移因子的推导（Galiana, 1984）

考虑基本情况下直流潮流：

$$[B']\underline{\theta} = \underline{P}$$

式中　$\underline{\theta}$——基本情况下的相位角的矢量；

　$[B']$——基本情况下导纳矩阵；

　$\underline{P}$——基本情况下有功注入矢量。

假设线 jk 的导纳减少 ΔY_{jk}，矢量 ΔP 不变，然后：

$$\left[[B'] - \Delta Y_{jk}\,\underline{e}_{jk}\,\underline{e}_{jk}^{T}\right]\underline{\theta} = \underline{P}$$

其中 $\underline{e}_{jk}$ 为矢量（$Nb - 1$）在位置 j 时为 1，在位置为 k 时为 -1，其他位置为 0；T 表示转置。现在我们可以计算当线 jk 停运时，任意线 lm 的潮流：

$$\underline{P}_{lm/jk} = Y_{lm}(\underline{\theta}_{1} - \underline{\theta}_{m}) = Y_{lm}\,\underline{e}_{lm}^{T}\underline{\theta} = Y_{lm}\,\underline{e}_{lm}^{T}\left[[B'] - \Delta Y_{jk}\,\underline{e}_{jk}\,\underline{e}_{jk}^{T}\right]^{-1}P$$

通过使用矩阵求逆引理，我们可以计算：

$$\underline{P}_{lm/jk} = Y_{lm}\,\underline{e}_{lm}^{T}\left[[B'] + ([B']^{-1}\,\underline{e}_{jk}\,\underline{e}_{jk}^{T}\,[B']^{-1})/((\Delta Y_{jk}) - 1 - \underline{e}_{jk}^{T}\,[B']^{-1}\,\underline{e}_{jk})\right]P$$

最终：

$$P_{\text{lm/jk}} = P_{\text{lm}} + \alpha_{\text{jk/jk}} * P_{\text{jk}}$$

其中

$$\alpha_{\text{jk/jk}} = Y_{\text{lm}} * (\Delta Y_{\text{jk}} / Y_{\text{jk}}) * (\underline{e}_{\underline{\text{lm}}}^{\text{T}} [B']^{-1} \underline{e}_{\underline{\text{jk}}}) / (1 - \Delta Y_{\text{jk}} \underline{e}_{\underline{\text{jk}}}^{\text{T}} [B']^{-1} \underline{e}_{\underline{\text{jk}}})$$

参 考 文 献

Debs, A.S. and Benson, A.R., Security assessment of power systems, in *System Engineering for Power: Status and Prospects*, Henniker, NH, pp. 144–178, August 17–22, 1975.

Fink, L. and Carlsen, K., Operating under stress and strain, *IEEE Spectr.*, 15, 48–53, March 1978.

Galiana, F.D., Bound estimates of the severity of line outages in power system contingency analysis and ranking, *IEEE Trans. Power App. Syst.*, PAS-103(9), 2612–2624, September 1984.

Hadjsaid, N., Benahmed, B., Fandino, J., Sabonnadiere, J.-C., and Nerin, G., Fast contingency screening for voltage-reactive considerations in security analysis, in *IEEE Winter Meeting*, New York, WM 185-9 PWRS, 1992.

Ilic-Spong, M. and Phadke, A., Redistribution of reactive power flow in contingency studies, *IEEE Trans. Power Syst.*, PWRS-1(3), 266–275, August 1986.

McCaulley, J.D., Vittal, V., and Abi-Samra, N., An overview of risk based security assessment, in *Proceedings of IEEE SM'99*, Edmonton, Alberta, Canada, pp. 173–178, July 18–22, 1999.

Pope, J.W., Transmission reliability under restructuring, in *Proceedings of IEEE SM'99*, Edmonton, Alberta, Canada, pp. 162–166, July 18–22, 1999.

Schlumberger, Y., Lebrevelec, C., and De Pasquale, M., Power system security analysis: New approaches used at EDF, in *Proceedings of IEEE SM'99*, Edmonton, Alberta, Canada, pp. 147–151, July 18–22, 1999.

Stott, B. and Alsac, O., Fast decoupled load flow, *IEEE Trans. Power App. Syst.*, PAS-93, 859–869, May/June 1974.

Taylor, D.G. and Maahs, L.J., A reactive contingency analysis algorithm using MW and MVAR distribution factors, *IEEE Trans. Power Syst.*, 6, 349–355, February 1991.

The North American Electric Reliability Council, NERC Planning Standards, approved by NERC Board of Trustees, September 1997.

Power System Stability and Control 3rd Edition/by Leonard L. Grigsby/ISBN：9781439883204 Copyright © 2012 by CRC Press.

Authorized translation from English language edition published by CRC Press，part of Taylor & Francis Group LLC；All rights reserved；本书原版由 Taylor & Francis 出版集团旗下，CRC 出版公司出版，并经其授权翻译出版。版权所有，侵权必究。

China Machine Press is authorized to publish and distribute exclusively the Chinese（Simplified Characters）language edition. This edition is authorized for sale throughout Mainland of China. No part of the publication may be reproduced or distributed by any means，or stored in a database or retrieval system，without the prior written permission of the publisher. 本书中文简体翻译版授权由机械工业出版社独家出版并限在中国大陆地区销售。未经出版者书面许可，不得以任何方式复制或发行本书的任何部分。

Copies of this book sold without a Taylor & Francis sticker on the cover are unauthorized and illegal. 本书封面贴有 Taylor & Francis 公司防伪标签，无标签者不得销售。

北京市版权局著作权合同登记号　图字：01 - 2013 - 1810 号。

图书在版编目（CIP）数据

电力系统稳定与控制：原书第 3 版/（美）雷欧纳德・L. 格雷斯比（Leonard L. Grigsby）主编；李相俊，李生虎，金恩淑等译 .—北京：机械工业出版社，2017. 12

（国际电气工程先进技术译丛）

书名原文：Power System Stability and Control（Third Edition）

ISBN 978-7-111-58257-1

Ⅰ . ①电…　Ⅱ . ①雷…②李…③李…④金…　Ⅲ . ①电力系统稳定 - 稳定控制　Ⅳ . ①TM712

中国版本图书馆 CIP 数据核字（2017）第 247760 号

机械工业出版社（北京市百万庄大街22号　邮政编码100037）
策划编辑：赵玲丽　　　　　责任编辑：赵玲丽
责任校对：刘雅娜　樊钟英　封面设计：马精明
责任印制：张　博
河北鑫兆源印刷有限公司印刷
2018 年 3 月第 1 版第 1 次印刷
169mm×239mm・27. 25 印张・517 千字
0 001—2600 册
标准书号：ISBN 978 - 7 - 111 - 58257 - 1
定价：139.00 元

凡购本书，如有缺页、倒页、脱页，由本社发行部调换

电话服务	网络服务
服务咨询热线：010 - 88361066	机 工 官 网：www. cmpbook. com
读者购书热线：010 - 68326294	机 工 官 博：weibo. com/cmp1952
010 - 88379203	金 书 网：www. golden - book. com
封面无防伪标均为盗版	教育服务网：www. cmpedu. com